全国水利水电高职教研会规划教材

混凝土结构工程施工

主 编 张 迪 杨 益 赵 楠
主 审 王付全

中国水利水电出版社
www.waterpub.com.cn
·北京·

内 容 提 要

本书按照高等职业教育土建施工类专业的教学要求，以国家现行最新的标准、规范和规程为依据，以土建施工员、二级建造师等职业岗位能力的培养为导向，根据编者多年工作经验和教学实践，在自编教材基础上修改、补充编纂而成。本书对混凝土结构工程的施工工序、施工要点、质量标准等做了详细的阐述，坚持以就业为导向，突出了实用性、实践性和前瞻性；广泛吸取了当前土木建筑领域混凝土结构工程施工的新材料、新技术、新工艺、新方法，其内容的深度和难度按照高等职业教育的特点，重点讲授理论知识在工程实践中的应用，培养高等职业学校学生的职业能力；内容通俗易懂，叙述规范、简练，图文并茂。全书共分 9 个项目，包括脚手架工程施工、模板工程施工、钢筋工程施工、现浇结构混凝土施工、泵送混凝土施工、预应力混凝土工程施工、现浇框架及框剪结构施工、单层钢筋混凝土排架结构厂房施工、混凝土工程季节性施工及绿色施工技术。

本书具有较强的针对性、实用性和通用性，既可作为高等职业教育土建类各专业的教学用书，也可供建筑施工企业各类人员学习参考。

图书在版编目（CIP）数据

混凝土结构工程施工 / 张迪，杨益，赵楠主编. --
北京 : 中国水利水电出版社，2018.8（2024.7重印）.
全国水利水电高职教研会规划教材
ISBN 978-7-5170-6138-0

Ⅰ．①混… Ⅱ．①张… ②杨… ③赵… Ⅲ．①混凝土
结构－混凝土施工－高等职业教育－教材 Ⅳ．①TU755

中国版本图书馆CIP数据核字（2018）第197376号

书　　名	全国水利水电高职教研会规划教材 **混凝土结构工程施工** HUNNINGTU JIEGOU GONGCHENG SHIGONG	
作　　者	主编　张　迪　杨　益　赵　楠 主审　王付全	
出版发行	中国水利水电出版社 （北京市海淀区玉渊潭南路1号D座　100038） 网址：www.waterpub.com.cn E-mail：sales@mwr.gov.cn 电话：（010）68545888（营销中心）	
经　　售	北京科水图书销售有限公司 电话：（010）68545874、63202643 全国各地新华书店和相关出版物销售网点	
排　　版	中国水利水电出版社微机排版中心	
印　　刷	清淞永业（天津）印刷有限公司	
规　　格	184mm×260mm　16开本　21印张　498千字	
版　　次	2018年8月第1版　2024年7月第2次印刷	
印　　数	2001—3000册	
定　　价	65.00元	

前 言

教材事关国家和民族的前途命运，教材建设必须坚持正确的政治方向和价值导向。本书坚持党的二十大精神，全面贯彻党的教育方针，落实立德树人根本任务，为党育人，为国育才，弘扬劳动光荣、技能宝贵、创造伟大的时代风尚。

本书按照高等职业教育土建类专业人才培养目标，以土建施工员、二级建造师等职业岗位能力的培养为导向，依托最新国家、行业的规范标准，在深入建筑施工企业一线和多位企业专家、学者密切调研的基础上，紧密围绕专业课程内容与职业标准对接，教学过程与生产过程对接，学历证书与职业资格对接的原则，同时遵循高等职业院校学生的认知规律，以专业知识和职业技能、自主学习能力及综合素质培养为课程目标，确定本书的内容。本书遵循建筑施工规律编排内容，根据编者多年工作经验和教学实践，在自编教材基础上修改、补充编纂而成。

当前，混凝土结构是目前建筑领域最为常用的结构形式之一，所以混凝土工程施工也是一门实践性很强的专业课程。为此，本书始终坚持"素质为本、能力为主、需要为准、够用为度"的原则进行编写，按照混凝土工程的具体施工项目为主线，分别对脚手架工程施工、模板工程施工、钢筋工程施工、现浇结构混凝土施工、泵送混凝土施工、预应力混凝土工程施工、现浇框架及框剪结构施工、单层钢筋混凝土排架结构厂房施工、混凝土工程季节性施工及绿色施工做了详细的阐述。本书结合我国建筑工程施工的实际精选内容，力求理论联系实践，注重实践能力的培养，每个项目学习前有项目目标、引例，引发思考和探究，带着问题去学习能够提高学习兴趣，每个项目结束后都有项目实训、典型案例应用与检测习题，突出了实践性和实用性，以满足学生学习的需要。最后本书还介绍了绿色施工技术，以体现学科发展前沿。

本书由杨凌职业技术学院张迪、杨益和四川水利职业技术学院赵楠担任主编，河南水利与环境职业学院张东岭、山西水利职业技术学院樊长军和四川水利职业技术学院李浩洋担任副主编，杨凌职业技术学院刘广斌、辽宁水利职业学院张赛威、山西水利职业技术学院毕小兵参编，由黄河水利职业技术学院王付全教授主审。具体编写分工为：项目1由杨凌职业技术学院杨益、刘广斌共同编写；项目2由四川水利职业技术学院李浩洋编写；项目3由杨凌职业技术学院张迪编写；项目4由杨凌职业技术学院杨益编写；项目5由四川水利职业技术学院赵楠编写；项目6由河南水利与环境职业学院张东岭编写，项目7由山西水利职业技术学院樊长军、毕小兵共同编写，项目8由辽宁水利职业学院张赛威编写，项目9由杨凌职业技术学院杨益编写。最终由张迪、杨益完成全书的统稿和校对工作。

本书在编写过程中，全国水利水电高职教研会的领导和老师提出了许多宝贵意见，主编及参编作者单位给予了大力支持，在此表示最诚挚的感谢！同时感谢中国水利水电出版社的辛苦工作！

本书在编写过程中引用了规范、专业文献和资料，恕未在书中一一注明。在此，对有关作者表示诚挚的谢意。

由于编者水平有限，加之时间仓促，书中难免存在缺点和疏漏，不足之处恳请广大师生和读者批评指正，提出宝贵意见，编者不胜感激。

编者

2017年6月

目　录

项目1 脚手架工程施工

【项目目标】

通过本项目的学习，了解脚手架的分类、选型和构造组成，熟悉脚手架的设计规定，掌握脚手架的设计计算方法、荷载分析，掌握脚手架的搭设、拆除工艺、施工要点以及安全技术要求。

【项目描述】

在建筑施工过程中，脚手架占有特别重要的地位，选择与使用的合适与否，直接影响到施工作业的顺利和安全运行，也关系到工程质量和施工进度等问题。本项目主要介绍常用脚手架的作用、分类和基本要求，多立杆式脚手架、门式脚手架、悬挑脚手架、升降式脚手架等的构造、搭设和拆除要求，以及脚手架的设计计算的一般方法、脚手架使用的安全技术等。

【项目分析】

知识要点	技能要求	相关知识
脚手架的设计计算	(1) 了解脚手架受力情况； (2) 掌握脚手架设计内容； (3) 掌握脚手架计算方法	(1) 自重、风荷； (2) 荷载组合
脚手架的搭设与拆除	(1) 了解脚手架的基本构造； (2) 掌握脚手架的搭设工艺和操作要点	(1) 扣件式脚手架； (2) 碗扣式脚手架； (3) 门式脚手架； (4) 悬挑脚手架； (5) 升降式脚手架
脚手架工程的安全技术要求	(1) 掌握脚手架的搭设和拆除的安全技术要求； (2) 掌握脚手架避电防雷的安全措施要求	(1) 安装与拆卸； (2) 防电避雷装置

【项目实施】

引例：某客运中心工程，屋面为球形节点网架结构，因施工总承包单位不具备网架施工能力，故建设单位另行将屋面网架工程分包给某网架厂，由施工总承包单位配合搭设高空组装网架的满堂脚手架，脚手架高度为26m。为抢工程进度，网架厂在脚手架未进行验收和接受安全交底的情况下，即将运至现场的网架部件（重约40t）全部成捆吊上脚手架，施工作业人员在用撬棍解捆时脚手架发生倒塌，造成人员伤亡。

思考：(1) 发生这起事故的主要原因是什么？

(2) 脚手架工程应该如何检查验收？

任务 1.1 脚手架概述

1.1.1 脚手架的定义

脚手架是土木工程施工必须使用的重要设施,是为保证高处作业安全、顺利进行施工而搭设的工作平台或作业通道,在结构施工、装修施工和设备管道的安装施工中,都需要按照操作要求搭设脚手架。

我国脚手架工程的发展大致经历了三个阶段。第一阶段是新中国成立初期到 20 世纪 60 年代,脚手架主要利用竹、木材料。60 年代末到 70 年代,出现了钢管扣件式脚手架、各种钢制工具式里脚手架与竹木脚手架并存的第二阶段。从 80 年代以后至今,随着土木工程的发展,国内一些研究、设计、施工单位在从国外引入的新型脚手架基础上,开发出一系列新型脚手架,进入了多种脚手架并存的第三阶段。

1.1.2 脚手架的分类及要求

1.1.2.1 脚手架的分类

脚手架的种类很多,按其搭设位置分为外脚手架和里脚手架两大类;按其所用材料分为木脚手架、竹脚手架与金属脚手架;按其构造形式分为多立杆式、框式、桥式、吊式、挂式、升降式以及用于层间操作的工具式脚手架;按搭设高度分为高层脚手架和普通脚手架。目前脚手架的发展趋势是采用金属制作的、具有多功能的组合式脚手架,可以适用不同情况作业的要求。

1.1.2.2 脚手架的基本要求

1. 使用要求

(1) 有适当的宽度、步距高度、离墙距离,能满足工人操作、材料堆置和运输的需要;应考虑多层作业、交叉流水作业和多工种作业的要求,减少多次搭拆。

(2) 具有稳定的结构和足够的承载能力,能保证施工期间在可能出现的使用荷载(规定限值)的作用下不变形、不倾斜、不摇晃。

(3) 搭设、拆除和搬运方便,能长期周转使用。搭拆进度能满足施工安排的需要。

2. 安全要求

(1) 架设工具材料的规格和质量必须符合有关技术规定的要求,自行加工的架设工具必须符合设计要求,并经试验检验合格后才能使用。

(2) 脚手架关键部位一定要经过安全验算,如多立杆脚手架的立杆地基承载力,连墙件的抗滑力,吊篮的吊点,绳索的抗拉力等。

(3) 搭设时要及时设置挂墙件、斜撑杆、剪刀撑以及必要的缆绳和吊索,避免脚手架在搭设过程中发生偏斜和倾倒。搭设完毕后应进行检查验收,检查合格才能使用。高层建筑脚手架和特种工程脚手架在使用前更应进行严格检查。

(4) 严格控制使用荷载,确保有较大的安全储备。

(5) 加强使用中的安全检查。

任务1.2 脚手架设计计算

1.2.1 荷载分析

脚手架上的荷载可分为两类：永久荷载与可变荷载。永久荷载是在结构使用期间不随时间的变化，或其变化与平均值相比可以忽略不计的荷载。脚手架的永久荷载可由结构自重与构配件自重两部分组成。由于脚手架的种类繁多且构造不同，其自重与配件自重十分复杂，要根据具体结构形式进行计算。

1. 扣件式钢管脚手架的自重

在脚手架各项的计算中，主要需要计算自重的两个指标，即脚手架立面单位轮廓面积上的主框架的自重和每米立杆承受的结构自重。

2. 扣件式钢管脚手架构配件自重

构配件由三部分组成，即施工层和构造层的脚手板自重，施工层的栏杆和挡脚板的自重，安全网的自重。

3. 施工荷载

施工作业层的荷载要根据脚手架的使用功能确定。一般常用脚手架，装饰工程施工荷载为 $2kN/m^2$，结构工程施工荷载为 $3kN/m^2$。对于特种要求的脚手架，要根据具体受荷情况进行计算。

4. 风荷

作用于脚手架上的水平风荷标准值计算公式为：

$$\omega_k = 0.7\mu_z\mu_s\omega_0 \tag{1.1}$$

式中　ω_k——风荷标准荷载，kN/m^2；

　　　μ_z——风压高度变化系数；

　　　μ_s——脚手架风荷载体型系数；

　　0.7——修正系数。

荷载规范中 ω_0 是根据 50 年重现期确定的。而脚手架使用期较短，遇到强劲风的概率相对要小得多。应该指出，脚手架上风荷载的作用比较复杂，目前的研究还很不够，尚待积累经验和科学试验，使确定的风荷载体型系数满足各种情况的需要。

5. 荷载组合

对于多立杆脚手架，特别是扣件式钢管脚手架，根据规范要求，不同部件不同项目的计算荷载组合不同，见表1.1。

表 1.1　荷　载　组　合

计算项目	荷载效应组合
纵向、横向水平杆强度与变形	永久荷载＋施工均布活荷载
脚手架立杆稳定	永久荷载＋施工均布活荷载
	永久荷载＋0.85（施工均布活荷载＋风荷载）
连墙件承载力	单排架，风荷载＋3.0kN
	双排架，风荷载＋5.0kN

1.2.2 设计计算的基本原理

1.2.2.1 脚手架工程的主要特点

（1）受力状态不明显。

（2）脚手架所承受荷载的变异性较大。

（3）脚手架使用材料：管件、扣件、脚手板、安全网等，由于是临时性工程，材料的重复使用，造成各部件的弯形，使之荷载偏心较大，与设计计算时的荷载及计算简图产生差异。

（4）连接件与墙体的连接点，由于施工方法不同，连接点的嵌固程度不同，直接影响脚手架节点的约束性，使其变异较大不符合设计要求。

1.2.2.2 基本设计规定

（1）脚手架的承载能力应按概率极限状态设计法的要求，采用分项系数设计表达式进行设计，可只进行下列设计计算：

1）纵向、横向水平杆等受弯构件的强度和连接扣件的抗滑承载力计算。

2）立杆的稳定性计算。

3）连墙件的强度、稳定性和连接强度的计算。

4）立杆地基承载力计算。

（2）计算构件的强度、稳定性和连接强度时，应采用荷载效应基本组合的设计值，永久荷载分项系数应取 1.2，可变荷载分项系数应取 1.4。

（3）脚手架中的受弯构件，尚应根据正常使用极限状态的要求验算变形，验算构件变形时，应采用荷载短期效应组合的设计值。

（4）当纵向或横向水平杆的轴线对立杆轴线的偏心距不大于 55mm 时，立杆稳定性计算中可不考虑此偏心距的影响。

1.2.3 脚手架设计计算内容

（1）脚手架各部件的计算内容主要有：

1）立杆、纵向及横向水平杆的强度和稳定性分析。

2）立杆地基承载力的计算。

3）连墙件的抗滑计算与连接点的受力分析。值得提出的是，按规范进行脚手架设计计算时，必须以满足规范构造要求为前提。在实际工程施工中，如果不按规范的构造要求搭设脚手架，那么按此规范计算的结果是不准确的。计算构件强度、稳定性与连接强度时，应采用荷载效应基本组合的设计值。永久荷载分项系数应采取 1.2，可变荷载分项系数应取 1.4。脚手架中的受弯构件，应根据正常使用极限状态的要求验算变形。验算构件变形时，荷载取标准值。

（2）作用于脚手架上的荷载，按作用性质可分为恒荷与活荷；按受力方向可分为竖向荷载与水平荷载（风荷）。

受力传递路线：

竖向荷载（恒荷载＋活荷载）＋水平荷载（风荷）→大小水平杆、脚手板、斜撑→立杆（竖向力→基础，水平力→主体）。

由上面的荷载传递路线可知：作用于脚手架上的全部竖向荷载和水平荷载最终都是通过立杆传递的；由竖向和水平荷载产生的竖向力由立杆传给基础；水平力则由立杆通过连墙件传给施工中的主体结构。

任务 1.3　脚手架的搭设与拆除

1.3.1　扣件式钢管脚手架

多立杆脚手架由立杆、横杆、斜杆、脚手板等组成。其特点是每步高可根据施工需要灵活布置，取材方便。

扣件式钢管脚手架是属于多立杆式外脚手架中的一种。其特点是：杆配件数量少；装卸方便；利于施工操作；搭设灵活，搭设高度大；坚固耐用，使用方便（图 1.1）。

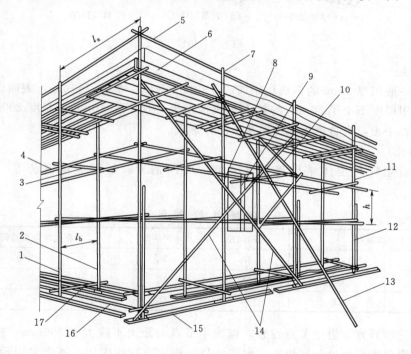

图 1.1　多立杆扣件式脚手架

1—外立杆；2—内立杆；3—横向水平杆；4—纵向水平杆；5—栏杆；6—挡脚板；7—直角扣件；
8—旋转扣件；9—连墙件；10—横向斜撑；11—主立杆；12—副立杆；13—抛撑；
14—剪刀撑；15—垫板；16—纵向扫地杆；17—横向扫地杆

1.3.1.1　基本构造

扣件式脚手架是由标准的钢管杆件（立杆、横杆、斜杆）、脚手板、防护构件、连墙件和特制扣件组成的承重架体，是目前最常用的一种脚手架。

1. 钢管构件

钢管构件一般采用外径 $\phi 48 \times 3.6$ 的钢管。每根钢管的最大质量不应大于 25.8kg。用于立杆、纵向水平杆、斜杆的钢管最大长度不宜超过 6.5m，以便适合人工搬运，用于横向水平的钢管长度宜为 1.5～2.2m，以适用脚手板的宽度。

2. 扣件

扣件用可锻铸铁铸造或用钢板压成，其基本形式有 3 种，供两根成任意角度相交钢管连接用的回转扣件；供两根成垂直相交钢管连接用的直角扣件和供两根对接钢管连接用的对接扣件，如图 1.2 所示。扣件质量应符合有关的规定，当扣件螺栓拧紧力矩达 65N·m 时扣件不得破坏。

（a）回转扣件　　　　（b）直角扣件　　　　（c）对接扣件

图 1.2　扣件

3. 脚手板

脚手板一般用厚 2mm 的钢板压制而成，长度 2～4m，宽度 250mm，表面应有防滑措施。也可采用厚度不小于 50mm 的杉木板或松木板，长度 3～6mm，宽度 200～250mm；或者采用竹脚手板，有竹笆板和竹串片板两种形式。

4. 连墙件

连墙件将立杆与主体结构连接在一起，可用钢管、型钢或粗钢筋等，其间距见表 1.2。

表 1.2　　　　　　　　　　　　连 墙 件 的 布 置

脚手架高度/m		竖向间距	水平间距	每根连墙件覆盖面积/m²
双排	≤50	3h	3l_a	≤40
	>50	2h	3l_a	≤40
单排	≤24	3h	3l_a	≤40

连墙件的布置宜靠近主节点设置，偏离主节点的距离不应大于 300mm；连墙件应从底部第一根纵向水平杆处开始设置，附墙件与结构的连接应牢固，通常采用预埋件连接；宜优先采用菱形布置，也可采用方形、矩形布置。

5. 底座

底座一般采用厚 8mm，边长 150～200mm 的钢板作为底板，上焊 150mm 高的钢管。底座形式有内插式和外套式两种，内插式的外径 D_1 比立杆内径小 2mm，外套式的内径 D_2 比立杆外径大 2mm，如图 1.3 所示。

1.3.1.2　搭设要求

扣件式钢管脚手架搭设中应注意地基平整坚实，设置底座和垫板，并有可靠的排水措施，防止积水浸泡地基。

立杆之间的纵向间距，当为单排设置时，立杆离墙 1.2～1.4m；当为双排设置时，立

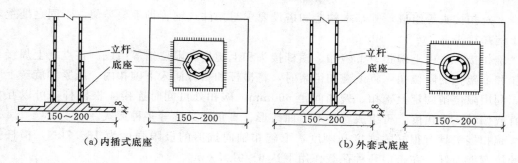

图 1.3　底座示意图

杆离墙 0.4～0.5m，外排之间间距为 1.5m 左右。相邻立杆接头要错开，对接时需用对接扣件连接，也可用长度 400mm、外径等于立杆内径、中间焊法兰的钢管套管连接。立杆的垂直偏差不得大于架高的 1/200。

上、下两层相邻纵向水平杆之间的间距为 1.8m 左右。纵向水平杆杆件之间的连接应位置错开，并用对接扣件连接，如采用搭接连接，搭接长度不应小于 1m，并用三个回转扣件扣牢。与立杆之间应用直角扣件连接，一根杆的两端纵向水平高差不应大于 20mm。

横向水平杆的间距不大于 1.5m。当为单排设置时，横向水平杆的一头搁入墙内不少于 240mm，一头搁于纵向水平杆上，至少伸出 100mm；当为双排设置时，横向水平杆的端头离墙距离为 50～100mm。横向水平杆与纵向水平杆之间用直角扣件连接。每隔三步的横向水平杆应加长，并注意与墙的拉结。

剪刀撑与地面的夹角宜在 45°～60°范围内。剪刀撑的搭设是利用回转扣件将一根斜杆扣在立杆上，另一根斜杆扣在横向水平杆的伸出部分上，这样可以避免两根斜杆相交时把钢管别弯。剪刀撑用扣件与脚手架扣紧的连接接头距脚手架节点（即立杆和横杆的交点）不大于 150mm。除两端扣紧外，中间尚需增加 2～4 个扣节点。为保证脚手架的稳定，剪刀撑的最下面一个连接点距地面不宜大于 500mm。剪刀撑斜杆的接长宜采用回转扣件的搭接连接。

1.3.2　碗扣式钢管脚手架

碗扣式钢管脚手架是我国自行研制的一种多功能脚手架，其杆件节点处采用碗扣连接，由于碗扣是固定在钢管上的，构件全部轴向连接，力学性能好，连接可靠，组成的脚手架整体性好，不存在扣件丢失问题，在我国近年来发展较快，现已广泛用于房屋、桥梁、涵洞、隧道、烟囱、水塔、大坝、大跨度棚架等多种工程施工中，取得了显著的经济效益。碗扣式钢管脚手架构成如图 1.4 所示。

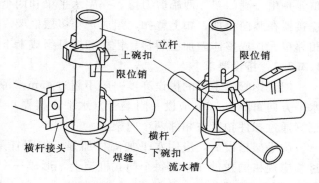

图 1.4　碗扣式钢管脚手架

1.3.2.1　基本构造

碗扣式钢管脚手架由钢管立杆、

7

横杆、碗扣接头等组成，其基本构造和搭设要求与扣件式钢管脚手架类似，不同之处主要在于碗扣接头。

碗扣接头是由上碗扣、下碗扣、横杆接头和上碗扣的限位销等组成。在立杆上焊接下碗扣和上碗扣的限位销，将上碗扣组装时，将横杆和斜杆插入下碗扣内，压紧和旋转上碗扣，利用限位销固定上碗扣。碗扣间距600mm，碗扣处可同时连接4根横杆，可以互相垂直或偏转一定角度，可组成直线形、曲线形、直角交叉形等多种形式。

碗扣接头具有很好的强度和刚度，下碗扣轴向抗剪的极限强度为166.7kN，横杆接头的抗弯能力好，在跨中几种荷载作用下达6～9kN·m。

1.3.2.2　搭设要求

碗扣式钢管脚手架立柱横距为1.2m，纵距根据脚手架荷载可为1.2m、1.5m、1.8m、2.4m，步距为1.8m、2.4m。搭设时立杆的接长缝应错开，第一层立杆应用长1.8m和3.0m的立杆错开布置。往上均用3.0m长杆，至顶层再用1.8m和3.0m两种长度找平。高30m以下脚手架垂直度应在1/200以内。高30m以上脚手架垂直度应控制在1/400～1/600，总高垂直度偏差应不大于100mm。

1.3.3　门式钢管脚手架

门式钢管脚手架是一种工厂生产、现场搭设的脚手架，是当今国际上应用最普遍的脚手架之一。它不仅可作为外脚手架，也可作为内脚手架或满堂脚手架。门式钢管脚手架因其几何尺寸标准化、结构合理、受力性能好、施工中装拆容易、安全可靠、经济实用等特点，广泛应用于建筑、桥梁、隧道、地铁等工程施工，若在门架下部安放轮子，也可以作为机电安装、油漆粉刷、设备维修、广告制作的活动工作平台。

门式钢管脚手架的搭设一般只要根据产品目录所列的使用荷载和搭设规定进行施工，不必再进行验算。如果实际使用与规定有不同，则应采用相应的加固措施或进行验算。

通常门式钢管脚手架搭设高度限制在45m以内，采取一定措施后可达到80m左右。施工荷载取值一般为：当脚手架用途为结构工程施工时，均布荷载为3.0kN/m²；当脚手架用途为装修工程施工时，均布荷载为2.0kN/m²。门式钢管脚手架构成如图1.5所示。

1.3.3.1　基本构造

门式钢管脚手架是用普通钢管材料制成工具式标准件，在施工现场组合而成。其基本单元是由一副门架、两幅剪刀撑、一副水平梁和四个连接器组合而成。若干基本单元通过连接器在竖向叠加，扣上臂扣，组成一个多层框架。在水平方向，用加固杆和水平梁架使相邻单元连成整体。加上斜梯、栏杆和横杆组成上下步相通的外脚手架，如图1.6所示。

1.3.3.2　搭设要求

门式钢管脚手架的搭设高度一般不超过45m，每五层至少应架设水平架一道，垂直和水平方向每隔4～6m应设一附墙管（水平连接器）与外墙连接，整幅脚手架的转角应用钢管通过扣件扣紧在相邻两个门架上。

脚手架搭设后，应用水平加固杆加强，加固杆采用直径42mm或48mm的钢管，通过相应规格的扣件扣紧在每个门式框架上，形成一个水平闭合圈。一般在10层门式框架以下，每三层设一道，在10层门式框架以上，每五层设一道，最高层顶部和最低层底部应各加设一道，同时还应在两道水平加固杆之间加设直径42mm或48mm交叉加固杆，

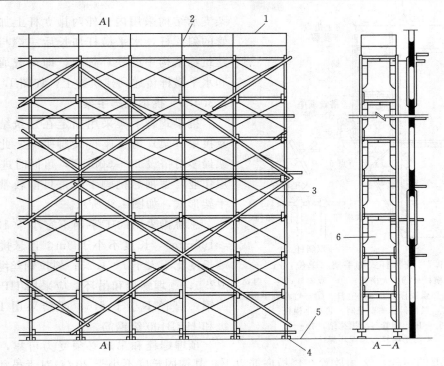

图 1.5　门式钢管脚手架

1—水平栏杆；2—栏杆柱；3—交叉支撑；4—螺旋基脚；5—木板；6—脚手架

其与水平加固杆之夹角不大于 45°。

门式脚手架架设超过 10 层，应加设辅助支撑，一般在高度为 8 层门式框架之间、宽度为 5 个门式框架之间加设一组，使部分荷载也由墙体承受。

1.3.4　悬挑脚手架

在高层建筑施工中，扣件式钢管脚手架搭设的落地脚手架的高度一般不宜超过 13 层（40m），对 13 层（40m）以上的高层建筑应考虑分段搭设，一般采用悬挑式外脚手架（简称悬挑脚手架），既可以是第一段搭设落地脚手架，第二段搭设悬挑脚手架；也可以从建筑物的第二层开始分段搭设悬挑脚手架，每段高度为 6～10 层（20～30m）。

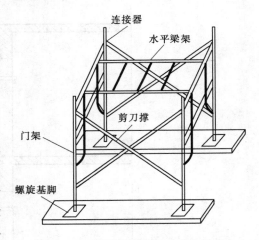

图 1.6　门式外脚手架基本组合单元

悬挑脚手架是将脚手架设置在建筑结构上的悬挑支承结构上，将脚手架的荷载全部或部分传递给建筑物的结构部分。悬挑脚手架根据悬挑结构支撑结构的不同，分为支撑杆式脚手架和挑梁式脚手架两类。

1.3.4.1　支撑杆式脚手架

支撑杆式脚手架的支承结构不采用悬挑梁（架），直接用脚手架杆件搭设。悬挑脚手

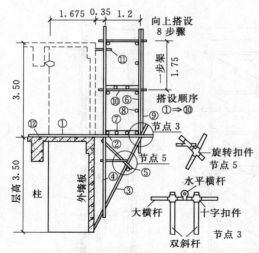

图 1.7 支撑杆式脚手架（单位：m）

①—水平横杆；②—大横杆；③—双斜杆；④—内立杆；⑤—加强短杆；⑥—外立杆；⑦—竹笆脚手板；⑧—栏杆；⑨—安全网；⑩—小横杆；⑪—用短钢管与结构拉结；⑫—水平横杆与预埋环焊接

架支承结构采用内、外两排立杆上加设双钢管的斜撑杆，水平横杆加长后一端与预埋在建筑物结构中的铁环焊牢，即荷载通过斜杆和水平横杆传递到建筑物上，如图1.7所示。

1.3.4.2 挑梁式脚手架

挑梁式脚手架采用固定在建筑结构上的悬挑梁（架）为支座搭设脚手架，此类脚手架最多可搭设 20～30m 高，可同时进行 2～3 层作业，型钢悬挑脚手架是目前较常用的脚手架形式，如图1.8所示。

悬挑梁采用的工字钢不宜小于 16 号（$h \geqslant 160mm$），长度不小于 3m，且悬挑与固定端长度比不大于 1：1.25；斜拉钢丝绳不小于 $\phi12.5$；预埋螺栓和吊环，应采用 HPB300 级圆钢，直径不小于 $\phi16$；严禁采用 HRB335 级和 HRB400 级钢筋。

预埋螺栓和吊环必须受力可靠，对于预埋在楼板上的螺栓，必须放置在楼板底筋以下，其锚固长度不小于 $20d$；对于吊环，应设置在梁中部，并与梁主筋焊接，其锚固长度不小于 $20d$，如图1.9所示。

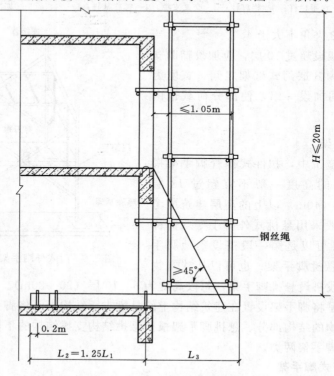

图 1.8 型钢悬挑脚手架构造

悬挑结构预埋件混凝土龄期应不小于 3d 才允许搭设外架，其搭设高度不能大于 1 层。工字钢在放置立杆部位焊接高度不小于 50mm、直径不小于 20mm 的圆钢以固定立杆，如图 1.10 所示。

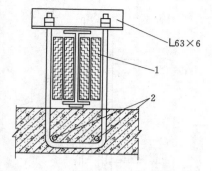

图 1.9 悬挑钢梁 U 形螺栓固定构造
1—木楔侧向楔紧；2—两根直径 18mm 的 HRB335 钢筋

1.3.5 升降式脚手架

落地式脚手架是沿结构外表面满搭的脚手架，在结构和装修工程施工中应用较为方便，但费料耗工，一次性投资大，工期亦长。因此，近年来在高层建筑及筒仓、竖井、桥墩等施工中发展了多种形式的外挂脚手架，其中应用较为广泛的是升降式脚手架，包括自升降式、互升降式、整体升降式三种类型。

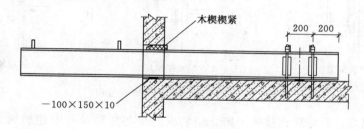

图 1.10 悬挑钢梁穿墙构造

升降式脚手架主要特点是：①脚手架不需满搭，只搭设满足施工操作及安全各项要求的高度；②地面不需做支承脚手架的坚实地基，也不占施工场地；③脚手架及其上承担的荷载传给与之相连的结构，对这部分结构的强度有一定要求；④随施工进程，脚手架可随之沿外墙升降，结构施工时由下往上逐层提升，装修施工时由上往下下降。

1.3.5.1 自升降式脚手架

自升降式脚手架的升降运动是通过手动或电动倒链交替对活动架和固定架进行升降来实现的。从升降架的构造来看，活动架和固定架之间能够进行上下相对运动。当脚手架需要升降时，活动架与固定架中的一个架子仍然锚固在墙体上，使用倒链对另一个架子进行升降，两架之间便产生相对运动。通过活动架和固定架交替附墙，互相升降，脚手架即可沿着墙体上的预留孔逐层升降，如图 1.11 所示。具体操作过程如下：

1. 施工前准备

按照脚手架的平面布置图和升降架附墙支座的位置，在混凝土墙体上设置预留孔。预留孔尽可能与固定模板的螺栓孔结合布置，孔径一般为 40～50mm。为使升降顺利进行，预留孔中心不须在一直线上。脚手架爬升前，应检查墙上预留位置是否正确，如有偏差，应预先修正，墙面突出严重时，也必须先修平。

2. 安装

该脚手架的安装在起重机配合下按脚手架平面图进行。先把上、下固定架临时螺栓连接起来，组成一片，附墙安装。一般每 2 片为一组，每步架上用 4 根 $\phi48\times3.6$ 钢管作为

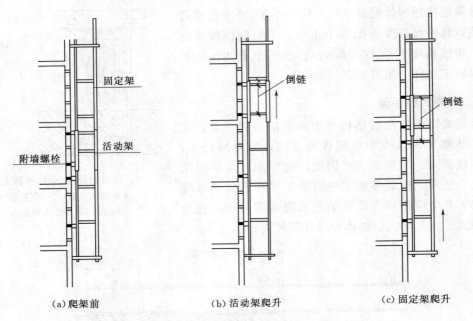

（a）爬架前　　　　　　　（b）活动架爬升　　　　　　（c）固定架爬升

图 1.11　自升降式脚手架爬升过程

纵向水平杆，把 2 片升降架连接成一跨，组装成一个与邻跨没有牵连的独立升降单元体。附墙支座的附墙螺栓从墙外穿入，待架子校正后，在墙内紧固。对壁厚的筒仓或桥墩等，也可预埋螺帽，然后用附墙螺栓将架子固定在螺帽上。脚手架工作时，每个单元体共有 8 个附墙螺栓与墙体锚固。为了满足结构工程施工，脚手架应超过结构一层的安全作业需要。在升降脚手架上墙组装完毕后，用 φ48×3.6 钢管和对接扣件在固定架上面再接高一步。最后在各升降单元体的顶部扶手栏杆处设临时连接杆，使之成为整体，内侧立杆用钢管扣件与模板支撑系统拉结，以增强脚手架整体稳定。

3. 爬升

爬升可分段进行，视设备、劳动力和施工进度而定，每个爬升过程提升 1.5～2m，每个爬升过程分两步进行。

（1）爬升活动架。解除脚手架上部的连墙杆，在一个升降单元体两端升降架的吊钩处，各配置 1 只倒链，倒链的上、下吊钩分别挂在固定活动架的相应吊钩内。操作人员位于活动架上，倒链受力后卸去活动架附墙支座的螺栓，活动架即被倒链挂在固定架上，然后在两端同步提升，活动架即呈水平状态徐徐上升。爬升到达预定位置后，将活动架用附墙螺栓与墙体锚固，卸下倒链，固定架爬升完毕。

（2）爬升固定架。同爬升活动架相似，在吊钩处用倒链的上、下吊钩分别挂入活动架和固定架的相应吊钩内，倒链受力后卸去固定架附墙支座的附墙螺栓，固定架即被倒链挂吊在活动架上。然后在两端同步抽动倒链，固定架即徐徐上升，同样，爬升至预定位置后，将固定架用附墙螺栓与墙体锚固，卸下倒链，固定架爬升完毕。

至此，脚手架完成了一个爬升过程，待爬升一个施工高度后，重新设置上部连接杆，脚手架进入工作状态，以后按此循环操作，脚手架即可不断爬升，直至结构到顶。

4. 下降

与爬升操作顺序相反，顺着爬升时用过的墙体预留倒行，脚手架即可逐层下降，同时把留在墙面上的预留孔修补完毕，最后脚手架返回地面。

5. 拆除

拆除时设置警戒区，有专人监护，统一指挥。先清理脚手架上的垃圾杂物，然后自上而下逐步拆除。拆除升降架可用起重机、卷扬机或倒链，升降机拆下后要及时清理整修和保养，以利重复使用，运输和堆放均应设置地楞，防止变形。

1.3.5.2　互升降式脚手架

互升降式脚手架将脚手架分为甲、乙两个单元，通过倒链交替对甲、乙两单元进行升降。当脚手架需要工作时，甲单元与乙单元均用附墙螺栓与锚固，两架之间无相对运动；当脚手架需要升降时，一个单元仍然锚固在墙体上，使用倒链对相邻一个架子进行升降，两架之间便产生相对运动。通过甲、乙两单元交替附墙，相互升降，脚手架即可沿着墙体的预留孔逐层升降。互升降式脚手架的性能特点是：①结构简单，易于操作控制；②架子搭设高度低、用料省；③操作人员不在被升降的架体上，增加了操作人员的安全性；④脚手架结构刚度较大，附墙的跨度大。它适用于框架剪力墙结构的高层建筑、水坝、筒体等施工。具体操作过程如下：

1. 施工前的准备

施工前应根据工程设计和施工需要进行布架设计，绘制设计图，编制施工组织设计，制定施工安全操作规定。在施工前，还应将互升降式脚手架需要的辅助材料和施工机具准备好，并按照设计位置预留附墙螺栓孔或设置好预留件。

2. 安装

互升降式脚手架的组装可有两种方式：在地面组装好单元脚手架，再用塔吊吊装就位；或是在设计爬升位置搭设操作平台，在平台上逐层安装。爬架组装固定后的允许偏差应满足：沿架子纵向垂直偏差不超过 30mm；沿架子横向垂直偏差不超过 20mm；沿架子水平偏差不超过 30mm。

3. 爬升

脚手架爬升前应进行全面检查，检查的主要内容有：预留附墙连接点的位置是否符合要求，预埋件是否可靠；架体上的横梁设置是否牢固；升降单元的导向装置是否可靠；升降单元与周围的约束是否解除，升降有无障碍；架子上是否有杂物；所使用的提升设备是否符合要求等。

当确认以上各项都符合要求后方可进行爬升，提升到位后，应及时将架子同结构固定；然后，用同样的方法对与之相邻的单元脚手架进行爬升操作，待相邻的单元脚手架升至预定位置后，将两单元脚手架连接起来，并在两单元操作层之间铺设脚手板。

4. 下降

与爬升操作顺序相反，利用固定在墙体上的架子对相邻的单元脚手架进行下降操作，同时把留在墙面上的预留孔修补完毕，最后脚手架返回地面。

5. 拆除

爬架拆除前应清理脚手架的杂物。拆除爬架有两种方式：一种是同常规脚手架拆除方式，采用自上而下的顺序，逐步拆除；另一种用起重设备将脚手架整体吊运至地面拆除。

1.3.5.3 整体升降式脚手架

在超高层建筑的主体施工中，整体升降式脚手架有明显的优越性，它结构整体好、升降快捷方便、机械化程度高、经济效益显著，是一种很有推广使用价值的超高建（构）筑外脚手架，被住房城乡建设部列入重点推广的十项新技术之一。

整体升降式外脚手架以电动倒链为提升机，使整个外脚手架沿建筑物外墙或柱整体向上爬升。搭设高度依建筑施工层的层高而定，一般取建筑物标准层4个层高加1步安全栏的高度为整体的总高度。脚手架为双排，宽以0.8～1.0m为宜，里排杆离建筑物净距0.4～0.6m。脚手架的横杆间距不宜超过1.8m，可将1个标准层高分为2步架，以此步距为基数确定架体横、立杆的间距。

架体设计时，可将架子沿建筑物外围分成若干单元，每个单元的宽度参考建筑物的开间而定，一般在5～9m之间，具体操作如下：

1. 施工前的准备

按平面图确定承力架及电动倒链挑梁安装的位置和个数，在相应位置上的混凝土墙或梁内预埋螺栓或预留螺栓孔。各层的预留螺栓或预留孔位置要求上下相一致，误差不超过10mm。

加工制作型钢承力架、挑梁、斜拉杆。准备电动倒链、钢丝绳、脚手管、扣件、安全网、木板等材料。

因整体升降式脚手架的高度一般为4个施工层层高，在建筑物施工时，由于建筑物的最下几层层高往往与标准层不一致，且平面形状也往往与标准层不同，所以，一般在建筑物主体施工到3～5层时开始安装整体脚手架。下面几层施工时，往往要先搭设落地式脚手架。

2. 安装

先安装承力架，承力架内侧用M25～M30的螺栓与混凝土边梁固定，承力架外侧用斜拉杆与上层边梁拉结固定，用斜拉杆中部的花篮螺栓将承力架调平；再在承力架上面搭设架子，安装承力架的立杆；然后搭设下面的承力桁架。再逐步搭设整个架体，随搭随设置拉结点，并设斜撑。在比承力架高2层的位置安装工字钢挑梁，挑梁与混凝土边梁的连接方法与承力架相同。电动倒链挂在挑梁下，并将电动倒链的吊钩挂在承力架的花篮挑梁上。在架体上每个层高满铺厚木板，架体外面挂安全网。

3. 爬升

短暂开动电动倒链，将电动倒链与承力架之间的吊链拉紧，使其处在初始受力状态。松开架体与建筑物的固定拉结点。松开承力架与建筑物相连的螺栓和斜拉杆，开动电动倒链开始爬升，爬升过程中，应随时观察架子的同步情况，如发现不同步应及时停机进行调整。爬升到位后，在安装承力架高2层的位置安装工字钢挑梁，安装挑梁与混凝土边梁的紧固螺栓，并将承力架的斜杆与上层边梁固定，然后安装架体上部与建筑物的各拉结点。待检查符合安全要求后，脚手架可开始使用，进行上一层的主体施工。在新一层主体施工期间，将电动倒链及其挑梁摘下，用滑轮或手动倒链转至上一层重新安装，为下一层爬升做准备。

4. 下降

与爬升操作顺序相反，利用电动倒链顺着爬升用的墙体预留孔倒行，脚手架即可逐层下降，同时把留在墙面上的预留孔修补完毕，最后脚手架返回地面。

5. 拆除

爬架拆除前应清理脚手架上的杂物。拆除方式与互升式脚手架类似。

另有一种液压提升整体式的脚手架模板组合体系，它通过设在建（构）筑内部的支承立柱及立柱顶部的平台桁架，利用液压设备进行脚手架的升降，同时也可升降建筑的模板。

1.3.6　里脚手架

里脚手架搭设于建筑物内部，每砌完一层墙后，即将其转移到上一层楼面，进行新的一层墙体砌筑。里脚手架也用于室内装饰施工。

里脚手架装拆较频繁，要求轻便灵活，装拆方便。通常将其做成工具式的，结构形式有折叠式、支柱式和门架式。

角钢折叠式里脚手架，其架设间距，砌墙时不超过 2m。粉刷时不超过 2.5m，根据施工层高，沿高度可以搭设两步脚手架。第一步高约 1m，第二步高约 1.65m。

套管式支柱，它是支柱式里脚手架的一种，将插管插入立管中，以销孔间距调节高度，在插管顶端的凹形支托内搁置方木横杆，横杆上铺设脚手架。

门架式里脚手架由两片 A 形支架与门架组成。其架设高度为 1.5～2.4m，两片 A 形支架间距 2.2～2.5m。

1.3.7　满堂脚手架

满堂脚手架主要还是起承重、加固的作用，比如支撑大的梁板、钢结构，支撑加固大的板墙结构，吊装中用来承重等。它不同于一般脚手架，比如砌筑、装修用脚手架，又称"满堂红脚手架"。满堂脚手架，顾名思义，就是满房间搭设脚手架。一般用承重脚手架，根据荷载、高度的不同，脚手架立杆的间距也不同，一般为 600～1200mm。满堂脚手架所使用材料和搭设方法同一般脚手架。

（1）立杆。纵横向立杆间距≤2m，步距≤1.8m。地面应整平夯实，立杆埋入地下 30～50cm，不能埋地时，立杆下应垫枕木并加设扫地杆。

（2）横杆。纵横向水平杆步距≤1.8m，操作层大横杆间距≤40cm。

（3）剪刀撑。四角应设抱角斜撑，四边设剪刀撑，中间每隔四排立杆沿纵向设一道剪刀撑，斜撑和剪刀撑均应由下而上连续设置。

（4）架板铺设。架高在 4m 以内，架板间隙≤20cm，架高>4m，架板必须满铺。

（5）辅助设施。上料通道四周应设 1m 高的防护栏杆，上下架应设斜道或扶梯，不准攀登脚手架杆上下。

（6）施工荷载。一般不超过 $100kg/m^2$，如需承受较大荷载应采取加固措施或经设计复核。

任务 1.4　脚手架工程的安全技术要求

脚手架虽然是临时设施，但对其安全性应给予足够的重视，脚手架不安全因素一般有：①不重视脚手架施工方案设计，对超常规的脚手架仍按经验搭设；②不重视外脚手架的连墙件的设置及地基基础的处理；③对脚手架的承载力了解不够，施工荷载过大。所以，脚手架的搭设应该严格遵守安全技术要求。

1.4.1　一般要求

架子工在作业时，必须戴安全帽，系安全带，穿软底鞋。脚手材料应堆放平稳，工具应放入工具袋内，上下传递物件时不得抛掷。

不得使用腐朽和严重开裂的竹、木脚手板或虫蛀、枯脆、劈裂的材料。

在雨、雪、冰冻的天气施工，架子上要有防滑措施，并在施工前将积雪、冰碴清除干净。

复工工程应对脚手架进行仔细检查，发现立杆沉陷、悬空、节点松动、架子歪斜等情况，应及时处理。

1.4.2　脚手架的搭设和使用

脚手架的搭设应符合前面所述的内容，并且与墙面之间设置足够和牢固的拉结点，不得随意加大脚手杆距离或不设拉结。

脚手架的地基应整平夯实或加设垫木、垫板，使其具有足够的承载力，以防止发生整体或局部沉陷。

脚手架斜道外侧和上料平台必须设置 1m 高的安全栏杆和 18cm 高的挡脚板或挂防护立网，并随施工层次升高而升高。

脚手板的铺设要满铺、铺平或铺稳，不得有悬挑板。

脚手架在搭设过程中，要及时设置连墙杆、剪刀撑以及必要的拉绳和吊索，避免搭设过程中发生变形、倾倒。

对整体提升脚手架还应执行我国《建设工程安全生产管理条例》的相关规定，主要有以下几点：

（1）安装与拆卸。安装与拆卸整体提升脚手架、模板等自升式架设设施，必须由有相应资质的单位承担，应当编制拆装方案、制定安全施工措施，并由准专业技术人员现场监督；安装完毕后，安装单位应当自检，出具自检合格证明，并向施工单位进行安全使用说明，办理验收手续并签字。

有关设施的使用达到国家规定的检验检测期限的，必须具有专业资质的检验检测机构检测。经检测不合格的，不得继续使用，检验检测机构对检测合格的自升式架设设施，应当出具合格证明文件，并对检测结果负责。

（2）使用。在使用前应当组织有关单位进行验收，也可以委托具有相应资质的检验检测机构进行验收。

使用承租的机械设备和施工机具及配件的，由施工总承包单位、分包单位、出租单位和安装单位共同进行验收，验收合格的方可使用。

验收合格之日起 30 日内，向建设行政主管部门或者其他有关部门登记。登记标志应当置于或者附着于该设备的显著位置。

1.4.3　防电、避雷

脚手架与电压为 1～10kV 以下架空电线路的距离不小于 6m，同时应有隔离防护措施。

脚手架应有良好的防电避雷装置。钢管脚手架、钢塔架应有可靠的接地装置，每 50m 长应设一处，经过钢脚手架的电线要严格检查，谨防破皮漏电。

施工照明通过钢脚手架时，应使用 12V 以下的低压电源。电动机具必须与钢脚手架接触时，要有良好的绝缘。

【项目实训】

脚手架专项施工方案编制

1．实训目的

通过实训，使学生掌握钢管扣件落地式脚手架的构造要求，搭设程序，拆除程序，质量规范，安全技术规范等知识要点。达到以下能力目标：

（1）能合理选用外墙脚手架工程所需的材料。

（2）掌握钢管扣件落地式脚手架的基本构造和搭设拆除程序。

（3）根据图纸和施工现场条件合理制定钢管扣件落地式脚手架施工方案。

（4）初步具备钢管扣件落地式脚手架施工质量检验评定能力。

2．实训内容

作为施工技术人员对某工程外墙钢管扣件落地式脚手架工程进行施工技术交底，并编写脚手架专项施工方案。

2.1　实训准备

（1）实训材料：钢管采用外径 48mm，壁厚 3.5mm 焊接钢管，扣件采用铸铁扣件，底座采用焊接底座，垫板采用 50mm×200mm 以上宽木脚手板。

实训检测工具：钢尺、拖线板、靠尺、吊垂线。

（2）实训资料：

1)《建筑施工扣件式钢管脚手架安全技术规范》（JGJ 130—2011）。

2)《钢管脚手架、模板支架安全选用技术规程》（DB11/T 583—2015）。

3)《建筑施工安全检查标准》（JGJ 59—2011）。

4) 工程施工图纸及施工组织设计。

2.2　脚手架专项施工方案编制内容

（1）编制依据。

（2）工程概况。

（3）设计总体思路。

（4）脚手架的构造要求及技术措施。

（5）架体防雷构造措施。

（6）脚手架搭设、拆除。

（7）脚手架检查验收。

（8）安全措施。

3. 技术要求

技术文件编制应达到的技术要求是：

（1）编制的文件内容应满足实用性。

（2）技术措施、工艺方法正确合理。

（3）语言文字简洁、技术术语引用规范、准确。

（4）基本内容及格式符合规范、标准的要求。

4. 考核评价

本实训项目考核标准见表1.3，进行打分考核。

表1.3　　　　　　　　　　　　脚手架施工实训成绩评定表

考核评定方式	评定内容	分值	学生得分
小组自评	工作态度	10	
	搭设、拆除方案	10	
	检查与验收	10	
	进度	10	
小组互评	成果质量	10	
	考勤	10	
教师评定	进度	10	
	成果质量	20	
	规范掌握	10	
合　　计		100	

【项目典型案例应用】

双排扣件式钢管落地脚手架施工方案（节选）

1. 编制依据

（1）《建筑施工扣件式钢管脚手架》（JGJ 130—2011）。

（2）《建筑施工安全检查标准》（JGJ 59—2011）。

（3）《建筑施工高处作业安全技术规范》（JGJ 80—2016）。

（4）《施工现场安全质量标准化管理手册》（陕西建工集团第一建筑工程有限公司）。

（5）工程施工图纸和投标文件。

（6）工程施工组织设计。

2. 工程概况

榆林市第一中学迁建学生宿舍工程，工程建设地点位于榆林市东沙榆麻路路口；建筑面积31782m²，6栋框架六层男女生宿舍楼。层高3.6m，建筑物高度23m。室外地坪标高−0.45m，脚手架搭设高度23.5m。计划采用扣件式双排落地脚手架。

3. 施工部署

（1）组织机构。外墙防护架搭设由外架工长负责组织实施，其他人员配合。外墙防护架所需材料、劳动力计划均由外架工长负责编制，材料员、劳职员负责组织进场。技术交底工作由外架工长负责。

（2）设计总体思路。按总进度计划，待回填至设计标高－0.45m后进行外架基础的处理及外架搭设工作。

（3）劳动力准备。搭设阶段每栋楼各需架子工8名，维护阶段共需架子工4名，拆除阶段共需外架工8名。所有架子工均需持证上岗。架子工由劳务公司提供。搭设阶段安排2名测量放线工配合。

（4）材料准备。本工程外架、卸料平台所用的钢管、扣件、型钢基础垫板均由租赁公司提供。竹串竹笆片和其他材料由项目部自行采购。材料视工程进度分阶段组织进场。

（5）机具准备。搭、拆架子所需机具主要有架子扳手、吊线，由架子工自备。

（6）技术准备。施工前应按要求向架子工做好技术交底。人员变动后应重新交底。

4. 脚手架构造要求

（1）横向水平杆。作业层上非主节点处的横向水平杆，宜根据支承竹笆片的需要等间距设置，最大间距不应大于纵距的1/2。横向水平杆两端均应采用直角扣件固定在纵向水平杆上。横向水平杆靠墙一端外伸长度不小于300mm，以满足铺一块竹笆片的要求。靠墙一端离外墙面距离不大于100mm。

（2）竹笆片。竹笆片应铺满、铺稳，离开外墙面150mm。竹笆片应设置在三根横向水平杆上。竹笆片的铺设可对接平铺，也可搭接铺设，搭接时接头必须支在横向水平杆上，并用16号扎丝扎实。每层端部竹笆片探头长度取150mm，竹笆片长两端应与支承杆可靠固定。

（3）立杆。内立杆距外墙边300mm。每根立杆底部应设置垫板（本工程选用竹笆片）。相邻立杆的对接扣件不得在同一高度内。下端第一根立杆交错用6m杆和3m杆相互错开。

（4）连墙件。为了便于施工，本工程采用刚性连墙件，连墙件水平方向沿每根框架柱设置，高度方向隔步设置。本工程连墙件拉结在框架柱上。立杆安装时，宜尽量选择靠近框架柱的位置，以满足《建筑施工扣件式钢管脚手架安全技术规范》（JGJ 130—2011）中6.4.2连墙件"宜靠近主节点设置，偏离主节点的距离不应大于300mm"（不属于强制性条文）的要求。连墙杆内外两个受力方向均应采用不少于两个直角扣件固定。

（5）门洞。防护架应在安全通道出入口处设置门洞。门洞处挑空一根立杆。门洞处的空间桁架，除下弦平面外，应在其余5个平面内设置斜腹杆。斜腹杆采用旋转扣件固定在与之相交的横向水平杆的伸出端上，旋转扣件中心线至主节点的距离不宜大于150mm。安全通道处的门洞两侧立杆应为双管立杆，副立杆高度应高于门洞口1至2步（外排架2步，内排架1步）。安全通道、卸料平台、升降机通道不得与防护架杆件连接。

（6）剪刀撑。剪刀撑在外侧立面整个长度和高度连续设置，斜杆与地面的倾角按45°控制。每道剪刀撑宽度不应小于4跨。剪刀撑斜杆的接长宜采用搭接。搭接长度不应小于1m，应等间距设置3个旋转扣件固定。

（7）扣件。螺栓拧紧扭力矩不应小于40N·m，且不应大于65N·m。主节点处固定横向水平杆、纵向水平杆、剪刀撑等用的直角扣件、旋转扣件的中心点的相互距离不应大于 150mm。对接扣件开口应朝上或朝内。各杆件端头伸出扣件盖板边缘的长度不应小于 100mm。

5. 脚手架的搭设和拆除施工工艺

（1）落地脚手架搭设施工工艺。

落地脚手架搭设的工艺流程：场地平整、夯实→混凝土基础浇筑→外围设置排水系统→定位设置通长立杆垫板→排放纵向扫地杆→竖立杆→将纵向扫地杆与立杆扣接→安装横向扫地杆→安装纵向水平杆→安装横向水平杆→安装剪刀撑→安装连墙件→扎安全网→作业层铺竹笆片和挡脚板。

根据构造要求在建筑物四角用尺量出内、外立杆离墙距离，并做好标记。用钢卷尺拉直，分出立杆位置，并用小竹片点出立杆标记。垫板应准确地放在定位线上，垫板必须铺放平稳，不得悬空。

在搭设首层防护架的过程中，沿四周每框架格内设一道斜支撑，拐角处双向增设，待该部位与防护架与主体结构的连墙件可靠拉结后方可拆除。当防护架操作层高出连墙件两步时，应采取临时稳定措施，直到连墙件搭设完毕后方可拆除。

双排架宜先立内排立杆，后立外排立杆。每排立杆宜先立两头的，再立中间的一根，互相看齐后，立中间部分各立杆。双排架内、外排两立杆的连线要与墙面垂直。立杆接长时，宜先立外排，后立内排。

（2）脚手架的拆除施工工艺。

拆架程序应遵守由上而下，先搭后拆的原则，一般的拆除顺序为：安全网→栏杆→竹笆片→剪刀撑→纵向水平杆→横向水平杆→立杆。

不准分立面拆架或在上下两步同时进行拆架。做到一步一清、一杆一清。拆立杆时，要先抱住立杆再拆开最后两个扣。拆除纵向水平杆、斜撑、剪刀撑时，应先拆中间扣件，然后托住中间，再解端头扣。所有连墙杆等必须随脚手架拆除同步下降，严禁先将连墙件整层或数层拆除后再拆防护架。

分段拆除高差不应大于 2 步，如高差大于 2 步，应增设连墙件加固。

应保证拆除后架体的稳定性不被破坏，连墙杆被拆除前，应加设临时支撑防止变形、失稳。

当防护架拆至下部最后一根钢管的高度（约 6m）时，应先在适当位置搭临时抛撑加固后再拆连墙件。

6. 目标和验收标准

《建筑施工安全检查标准》（JGJ 59—2011）表 3.0.4-1 总分 10 分，要求全部符合要求，达到 10 分。检查和验收应符合《建筑施工扣件式钢管脚手架》（JGJ 130—2011）8.1、8.2 要求。

【项目拓展阅读材料】

（1）《建筑施工扣件式钢管脚手架安全技术规范》（JGJ 130—2011）。

（2）《钢管脚手架、模板支架安全选用技术规程》（DB11/T 583—2015）。

（3）《建筑施工安全检查标准》（JGJ 59—2011）。

（4）《建筑施工手册》第 5 版，编委会编，中国建筑工业出版社出版，2012 年版。

（5）《职业技能鉴定教材：架子工》——职业技能鉴定教材，黄华田、赵五一主编，中国劳动社会保障出版社出版，2000 年版。

【项目小结】

本项目主要介绍常用脚手架的作用、分类和基本要求，多立杆式脚手架、门式脚手架、悬挑脚手架、升降式脚手架等的构造、搭设和拆除要求，以及脚手架的设计计算的一般方法、脚手架使用的安全技术要求等。

要求了解脚手架的分类、选型和构造组成，熟悉脚手架的设计规定，掌握脚手架的设计计算方法、荷载分析、稳定性计算，掌握脚手架的搭设、拆除工艺、施工要点以及安全技术要求。本项目内容具有非常重要的实用性、普遍性，在工程实践当中应用非常广泛。所以本项目内容非常重要，希望同学们都能够很好地学习掌握。

【项目检测】

1. 名词解释

（1）碗扣式脚手架。

（2）悬挑式脚手架。

（3）吊篮。

（4）爬架。

（5）架子工。

2. 单选题

（1）立杆是组成脚手架的主体构件，主要是承受（　　），同时也是受弯杆件，是脚手架结构的支柱。

A. 拉力　　　　　　B. 压力　　　　　　C. 剪力　　　　　　D. 扭矩

（2）搭设高度（　　）及以上落地式钢管脚手架工程需要专家论证。

A. 20m　　　　　　B. 30m　　　　　　C. 40m　　　　　　D. 50m

（3）挡脚板高度不应小于（　　）mm。

A. 120　　　　　　B. 150　　　　　　C. 180　　　　　　D. 200

（4）用于立杆、纵向水平杆和剪刀撑的钢管长度以（　　）m 为宜。

A. 2.2　　　　　　B. 2.2～4.5　　　　C. 3.5～7　　　　　D. 4～6.5

（5）脚手架底座底面标高宜高于自然地坪（　　）mm。

A. 50　　　　　　B. 70　　　　　　C. 80　　　　　　D. 100

（6）钢管扣件脚手架立杆应均匀设置，通常其纵向间距不大于（　　）m，并应符合设计要求。

A. 1　　　　　　　B. 2　　　　　　　C. 3　　　　　　　D. 4

（7）两根相邻立杆的接头不应设置在同步内，同步内隔一根立杆的两个相隔接头在高度方向错开的距离不宜小于（　　）mm。

A. 200　　　　　　B. 300　　　　　　C. 500　　　　　　D. 800

（8）碗扣式脚手架搭设组装顺序正确的是（　　）。

A. 立杆底座→立杆→横杆→接头锁紧→斜杆→连墙体→上层连接销→横杆

B. 立杆底座→立杆→斜杆→横杆→连墙体→上层链接销→接头锁紧→横杆

C. 立杆底座→立杆→横杆→连墙体→斜杆→接头锁紧→横杆→上层连接销

D. 立杆底座→立杆→横杆→斜杆→连墙件→接头锁紧→上层立杆→立杆连接销→横杆

（9）连墙件必须（　　）。

A. 采用可承受压力的构造　　　　　B. 采用可承受拉力的构造

C. 采用可承受压力和拉力的构造　　D. 采用仅有拉筋或仅有顶撑的构造

（10）（　　）应当组织有关人员对脚手架和模板工程进行验收。

A. 建设单位　　　B. 施工单位　　　C. 中介机构　　　D. 建设局

3. 简答题

（1）简述钢管扣件式脚手架的构造组成和搭设工艺。

（2）简述悬挑式脚手架的构造组成和搭设工艺。

（3）简述门式脚手架的构造组成和搭设工艺。

（4）脚手架受到哪些荷载，如何设计计算？

（5）脚手架工程的安全技术措施有哪些？

项目2 模板工程施工

【项目目标】

通过本项目的学习，了解各种模板的特点以及模板安装、拆除的要点，具备对模板工程施工质量验收的能力，能掌握常用构件模板施工的搭设要求，同时还要求有一定的模板设计的能力。

【项目描述】

混凝土结构依靠模板系统成型。直接与混凝土接触的是模板面板、一般将模板面板、主次龙骨（肋、背楞、钢楞、托梁）、连接撑拉锁固件、支撑结构等统称为模板；亦可将模板与其支架、立柱等支撑系统的施工称为模架工程。模板系统是一个临时架设的结构体系。

【项目分析】

知 识 要 点	技 能 要 求	相 关 知 识
模板的种类及介绍	(1) 了解模板的作用、分类； (2) 熟悉各种模板的构造	(1) 模板的分类； (2) 各种模板的构造
模板施工	(1) 熟悉模板安装和拆除的方法； (2) 能够具备质量验收的能力	(1) 模板安装； (2) 模板质量控制； (3) 模板拆除
现浇结构常用模板施工要点	(1) 了解浅基础模板的施工要点； (2) 掌握梁、板、柱模板的施工要点； (3) 了解楼梯模板的施工要点	(1) 浅基础模板施工要点； (2) 梁、板、柱、楼梯模板安装施工要点
模板设计	(1) 了解模板设计的内容、原则和步骤； (2) 具备一定的模板设计的能力	(1) 模板设计的内容、主要原则与步骤； (2) 模板结构设计的基本内容

【项目实施】

引例：某公建房工程，建筑面积为 $2504m^2$，框架三层，结构类型为全现浇全框架结构。建筑等级为三级民用建筑，建筑防水等级为三级，建筑合理使用年限为50年。该工程为钢筋混凝土框架结构，采用冲抓锥成孔灌注桩，结构设计使用年限为50年，混凝土强度等级分别为：孔桩桩身C20，地梁及主体结构为C25，混凝土垫层C10。

思考：(1) 该工程混凝土结构中可利用的模板有哪些？

(2) 各部位模板采用什么方式，如何施工？

(3) 在模板施工过程中应注意哪些事项？

模板工程的基本要求是：施工中要求能保证结构和构件的形状、位置、尺寸的准确；具有足够的强度、刚度和稳定性；装拆方便，能多次周转使用；接缝严密不漏浆。

现浇混凝土施工，每 $1m^3$ 混凝土构件，平均需用 $4\sim5m^2$ 模板。模板工程所耗费的资源,在一般的梁板、框架和板墙结构中,费用约占混凝土结构工程总造价的30%,劳动量占28%~45%;在高大空间、大跨、异形等难度大和复杂的工程中的比重则更大。在混凝土结构施工中选用合理的模板形式、模板结构及施工方法,对加速混凝土工程施工和降低造价有显著效果。

任务 2.1 模板的种类介绍

2.1.1 模板的分类

2.1.1.1 按材料分类

按模板材料分类,有木模板、竹模板、钢木模板、钢模板、塑料模板、铸铝合金模板、玻璃钢模板等。

2.1.1.2 按施工工艺分类

按模板施工工艺分类,有组合式模板、大模板、滑升模板、爬升模板、永久性模板以及飞模、模壳、隧道模等。

2.1.2 组合式模板

组合式模板是一种工具式的定型模板,由具有一定模数的若干类型的板块、角模、支撑和连接件组成,拼装灵活,可拼出多种尺寸和几何形状,通用性强,适应各类建筑物的梁、柱、板、墙、基础等构件的施工需要,也可拼成大模板、隧道模和台模等,如图2.1所示。根据平面模板材料不同,常用的为定型组合式钢模板和钢木定型模板两类。

图 2.1 组合式钢模板

2.1.2.1 定型组合钢模板

常见的定型组合钢模板系列包括钢模板、连接件、支承件3部分。

1. 钢模板

钢模板包括平面模板、阳角模板、阴角模板和连接角模。单块钢模板由面板、边框和加劲肋焊接而成。面板厚2.3mm或2.5mm,边框和加劲肋上面按一定距离(如150mm)钻孔,可利用U形卡和L形插销等拼装成大块模板。

钢模板的宽度以50mm进级,长度以150mm进级,其规格和型号已做到标准化、系列化。如型号为P3015的钢模板,P表示平面模板,3015表示宽×长为300mm×500mm。又如型号为Y1015的钢模板,Y表示阳角模板,1015表示宽×长为100mm×

1500mm。如拼装时出现不足的模数的空隙时，用镶嵌木条补缺，用钉子或螺栓将木条与板块边框上的孔洞连接。通用钢模板材料、规格和用途见表2.1和表2.2。

表2.1　　　　　　　　　　　　通用钢模板材料、规格　　　　　　　　　　单位：mm

序号	名称	宽　度	长　度	肋高	材料	备注
1	平面模板	600、550、500、450、400、350、300、250、200、150、100	1800、1500、1200、900、750、600、450	55	Q235钢板 $\delta = 2.5$ $\delta = 2.75$	通用模板
2	阴角模板	150×150、100×150				
3	阳角模板	100×100、50×50				
4	连接角模	50×50				

表2.2　　　　　　　　　　　　　通用钢模板的作用

名称	图　示	用　途
平面模板		用于基础、柱、墙体、梁和板等多种结构平面部位
阴角模板		用于结构的内角及凹角的转角部位
阳角模板		用于结构的外角及凸角的转角部位

　　钢模板一次性投资大，需多次周转使用才有经济效益，工人操作劳动强度大，回收及修整的难度大，钢定型模板已逐渐较少使用。

　　2. 连接件的用途

　　连接件有 U 形卡、L 形插销、对拉螺栓、钩头螺栓、紧固螺栓和扣件等。连接件的用途见表2.3。

　　3. 支承件

　　配件的支承件包括钢楞、柱箍、梁卡具、圈梁卡、钢管架、斜撑、组合支柱、钢管脚手支架、平面可调桁架和曲面可变桁架等。

　　（1）钢支架。常用钢管支架如图2.2（a）所示，它由内外两节钢管制成，其高低调节距模数为100mm；支架底部除垫板外，均用木楔调整标高，以利于拆卸；另一种钢管

表 2.3   连 接 件 的 用 途

序号	名称	图 示	用 途
1	U 形卡		用于钢模板纵横向拼接，将相邻钢模板卡紧固定
2	L 形插销		用来增强钢模板的纵向刚度，保证接缝处板面平整
3	对拉螺栓	内拉杆 顶帽 外拉杆 混凝土壁厚 L L	用于拉结两侧模板，保证两侧模板的间距，使模板具有足够的刚度和强度，能承受混凝土的侧压力及其他荷载
4	钩头螺栓		用于钢模板与内、外龙骨之间的连接固定
5	紧固螺栓		用于紧固内外钢楞，增强拼接模板的整体刚度
6	扣件	碟式扣件 3 形扣件	用于钢楞与钢模板或钢楞之间的紧固连接，与其他配件一起将钢模板拼装连接成整体

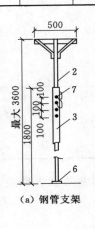

（a）钢管支架

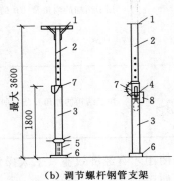

（b）调节螺杆钢管支架

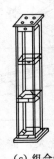

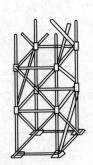

（c）组合钢支架和钢管井架

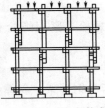

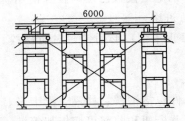

（d）扣件式钢管和门式脚手架

图 2.2　钢支架

1—顶板；2—插管；3—套管；4—转盘；5—螺杆；6—底板；7—插销；8—转动手柄

支架本身装有调节螺杆，能调节一个孔距的高度，使用方便，但成本略高，如图 2.2（b）所示；当荷载较大、单根支架承载力不足时，可用组合钢支架或钢管井架，如图 2.2（c）所示；还可用扣件式钢管脚手架、门式脚手架做支架，如图 2.2（d）所示。

（2）斜撑。由组合钢模板拼成的整片墙模或柱模，在吊装就位后，应由斜撑调整和固定其垂直位置，如图 2.3 所示。

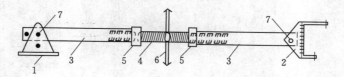

图 2.3　斜撑

1—底座；2—顶撑；3—钢管斜撑；4—花篮螺钉；5—螺帽；6—旋杆；7—销钉

（3）钢桁架。其两端可支承在钢筋托具、墙、梁侧模板的横档以及柱顶梁底横档上，以支承梁或板的模板，常用的钢桁架有整榀式和组合式两种，如图 2.4 所示。

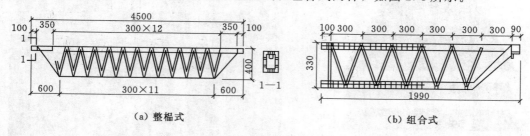

（a）整榀式　　　　　　　　（b）组合式

图 2.4　钢桁架

（4）梁卡具。又称梁托架，用于固定矩形梁、圈梁等模板的侧模板，可节约斜撑等材料，也可用于侧模板上口的卡固定位，如图 2.5 所示。

2.1.2.2　钢木定型模板

钢木定型模板的面板由钢板改为覆塑竹胶合板、纤维板等，自重比钢模板轻约 1/3，用钢量减少约 1/2，是一种针对钢模板投资大、工人劳动强度大的改良模板。常见的有钢框木模板、钢框覆塑竹胶合模板以及钢框木定型模板组合的大模板，如图 2.6 所示。

2.1.3　覆塑竹胶合模板

覆塑竹胶合模板是目前广泛使用的一种模板，有单面覆塑和双面覆塑，规格为 2440mm×1220mm，厚度 10～12mm，通常由 5 层、7 层、9 层、11 层等奇数层单板经热压固化而胶合成

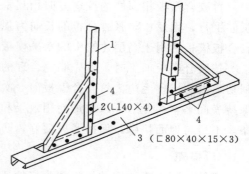

图 2.5　梁卡具

1—调节杆；2—三脚架；3—底座；4—螺栓

型，一般采用竹胶合模板。竹胶合模板组织严密、坚硬强韧，板面平整光滑，可钻可锯，耐低温高温，可用于施工现浇清水混凝土专用模板，如图 2.7 和图 2.8 所示。

（a）钢框木模板　　　　　　　　（b）钢框覆塑竹胶合模板　　　　　（c）钢框木定型模板组合的大模板

图 2.6　常见的几种钢木定型模板

图 2.7　酚醛树脂胶合板模板　　　　　　　图 2.8　竹胶合板模板铺设的楼面模板

　　竹胶合模板相邻层的纹理方向相互垂直，通常最外层表板的纹理方向和胶合板板面的长向平行，因此，整张胶合板的长向为强方向，短向为弱方向，使用时必须加以注意。竹胶合板模板适用于高层建筑中的水平模板、剪力墙、垂直墙板。

　　竹胶合模板加工时，首先制定合理的方案，锯片要求是合金锯片，要在板下垫实后再锯切，以防出现毛边。竹胶合模板前 5 次使用不必涂脱模剂，以后每次应及时清洁板面，保持表面平整、光滑，以增加使用效果和次数。竹胶合模板存储时，板面堆放下应垫方木条，不得与地面接触，保持通风良好，防止日晒雨淋，定期检查。

2.1.4　模壳

　　钢筋混凝土现浇密肋楼板能很好地适应大空间、大跨度的需要，密肋楼板是由薄板和间距较小的双向或单向密肋组成的，其薄板厚度一般为 60～100mm，小肋高一般为 300～500mm，从而加大了楼板截面的有效高度，减少了混凝土的用量，用大型模壳施工的现浇双向密肋楼板结构，省去了大梁，减少了内柱，使得建筑物的有效空间大大增加，层高也相应降低，在相同跨度的条件下，可减少混凝土用量 30%～50%，钢筋用量也有所降低，使楼板的自重减轻。密肋楼板能取得好的技术经济效益，关键因素取决于模壳和支撑系统。单向密肋楼板如图 2.9 所示，双向密肋楼板如图 2.10 所示。

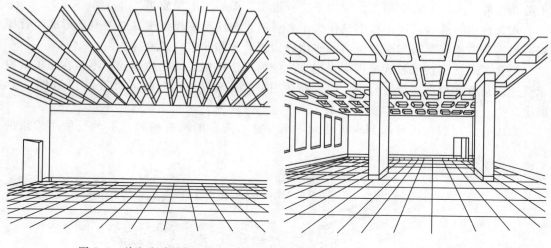

图 2.9 单向密肋楼板　　　　　　　　　　图 2.10 双向密肋楼板

　　模壳是用于钢筋混凝土密肋楼板的一种工具式模板。按照材料分类，模壳可分为塑料模壳和玻璃钢模壳。采用塑料或玻璃钢按密肋楼板的规格尺寸加工成需要的模壳，则具有一次成型、多次周转的便利。

　　塑料模壳是以改性聚丙烯塑料为基材注塑而成，现发展到大型组合式模壳，采用多块组装成钢塑结合的整体大型模壳，在模壳四周增加∟36×3 角钢便于连接，能够灵活组合成多种规格，适用于空间大、柱网大的工业厂房、图书馆等公用建筑。聚丙烯塑料模壳如图 2.11 所示。

　　玻璃钢模壳采用薄壁加肋构造形式，刚度大，使用次数较多，周转率高，可采用气动拆模，但生产成本较高。模壳的几何尺寸、外观质量和力学性能，均应符合国家和行业有关标准以及设计的需要，应有产品出厂合格证。玻璃钢模壳如图 2.12 所示。

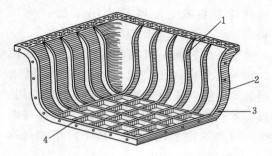

图 2.11 聚丙烯塑料模壳
1—纵横模板；2—边肋用角钢加固；
3—螺栓孔；4—肋高 40mm

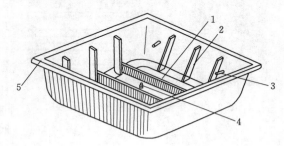

图 2.12 玻璃钢模壳
1—底肋；2—侧肋；3—手动拆模装置；
4—气动拆模装置；5—边肋

2.1.5 永久性模板

　　永久性模板又称一次消耗模板，即在现浇混凝土结构浇筑后不再拆除的模板。永久性

29

模板多用于现浇钢筋混凝土楼（屋）面板，永久性模板简化了现浇结构的支模工艺，改善了劳动条件，节约了拆模用工，加快了工程进度，提高了工程质量。

永久性模板通常采用压型钢板作为主要材料，与压型钢板上现浇的混凝土形成组合楼板，根据压型钢板是否与混凝土共同作用分为组合式和非组合式两种。

组合式压型钢板既起到模板的作用，又作为现浇楼板底面受拉钢筋，不但在施工阶段承受施工荷载和现浇混凝土自重，而且在使用阶段还承受使用荷载，如图 2.13 和图 2.14 所示。

非组合式压型钢板只起到模板功能，承受施工阶段的所有荷载，不承受使用阶段的荷载。

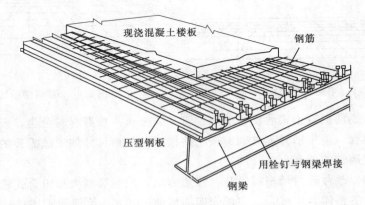

图 2.13　压型钢板组合楼板示意图

图 2.14　压型钢板作为永久性模板

2.1.6　大模板

大模板是一种大尺寸的工具式模板，常用于剪力墙、筒体、桥墩的施工。由于一面墙用一块大模板，装拆均用起重机械吊装，故机械化程度高，能够减少用工量和缩短工期。

大模板的板面是直接与混凝土接触的部分，它承受着混凝土浇筑时的侧压力，要求有足够的刚度，表面平整，能多次重复使用。钢板、木（竹）胶合板以及化学合成材料面板等均可作为面板的材料，其中常用的是钢板和木（竹）胶合板，如图 2.15 和图 2.16 所示。

大模板由面板、次肋、主肋、支撑桁架及稳定装置组成，常用的是组合式大模板，面板要求平整、刚度好；板面须喷涂脱模剂以利脱模。两块相对的大模板通过对销螺栓和顶部卡具固定；大模板存放时应打开支撑架，将板面后倾一定角度，防止倾倒伤人。组合式大模板的构造如图 2.17 所示，大模板的存放如图 2.18 所示。

组合式大模板是目前常用的一种模板形式，它通过固定与大模板板面的角模，能把纵

图 2.15 全钢大模板

图 2.16 钢木大模板

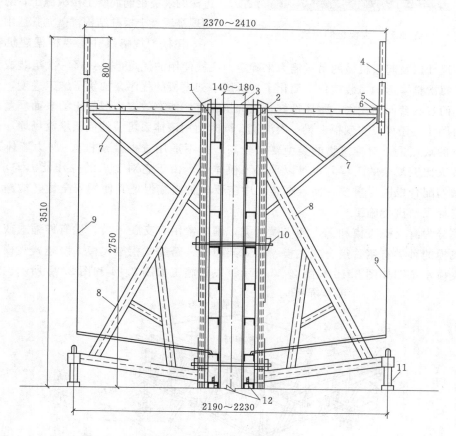

图 2.17 组合式模板构造示意图

1—反向模板；2—正向模板；3—上口卡板；4—活动护身栏；5—爬梯横担；6—螺栓连接；

7—操作平台斜撑；8—支撑架；9—爬梯；10—穿墙螺栓；11—地脚螺栓；12—地脚

横墙的模板组装在一起，房间的纵横墙体混凝土可以同时浇筑，所以房屋整体性好。它还具有稳定，拆装方便，墙体阴角方正，施工质量好等特点，并可以利用模数条模板加以调整，以适应不同开间、进深的需要。

图 2.18 大模板的存放

2.1.7 飞模

飞模，又称台模、桌模，因其形状像一个台面，使用时利用起重机械将该模板体系直接从浇筑完毕的楼板下整体吊运飞出，周转到上层布置而得名。

飞模是一种水平模板体系，属于大型工具式模板，主要由台面、支撑系统（包括纵横梁、各种支架支腿）、行走系统（如升降和滑轮）和其他配套附件（如安全防护装置）等组成。其适用于大开间、大柱网、大进深的现浇钢筋混凝土楼板施工，对于无柱帽现浇混凝土板柱结构楼盖尤其适用。

飞模的规格尺寸主要根据建筑物的开间和进深尺寸以及起重机械的吊运能力来确定。飞模使用的优点是：只需一次组装成型，不再拆开，每次整体运输吊装就位，简化了支拆脚手架模板的程序，加快了施工进度，节约了劳动力。而且其台面面积大，整体性好，板面拼缝好，能有效提高混凝土的表面质量。通过调整台面尺寸，还可以实现板、梁一次浇筑。同时使用该体系可节约模架堆放场地。

飞模的缺点是：对构筑物的类型要求较高，如不适用于框架或框架-剪力墙体系，对于梁柱接头比较复杂的工程，也难以采用飞模体系。由于它对工人的操作能力要求较高，起重机械的配合也同样重要，而且在施工中需要多种措施保证其使用安全性。故施工企业应灵活选择飞模进行施工。

飞模分为有支腿飞模和无支腿飞模两类，国内常用有支腿飞模，设有伸缩式或折叠式支腿。飞模的种类有钢管组合式飞模、门式架飞模、跨越式桁架飞模。跨越式飞模和钢管组合式飞模示意图如图 2.19 和图 2.20 所示。飞模施工如图 2.21 和图 2.22 所示。

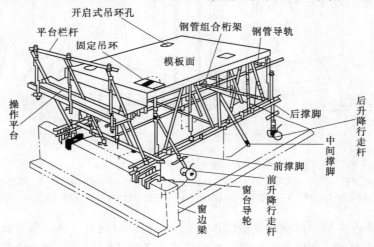

图 2.19 跨越式飞模示意图

2.1.8 滑动模板

滑动模板施工是以滑模千斤顶、电动提升机或手动提升机为提升动力，带动模板（或滑框）沿着混凝土（或模板）表面滑动而成型的现浇混凝土结构的施工方法的总称，简称滑模施工。

滑动模板大致可分为三类：以竖向结构为主的滑模工程，可称为"主竖结构滑模"；以横向结构（框架梁）为主的滑模工程，可

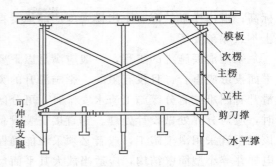

图 2.20　钢管组合式飞模示意图

图 2.21　飞模转层

图 2.22　飞模在楼层间整体移动

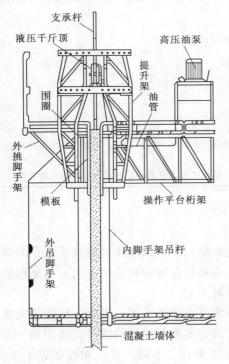

图 2.23　液压滑升模板系统

称为"主横结构滑模"；以竖向与横向结构并重的滑模工程，可称为"全结构滑模"或"横竖结构滑模"。"为主"系指其相应的模板工程量占总模板工程量的绝大部分（如 70% 以上），且"主竖滑模"以竖向连续滑升的工程量为主，"主横滑模"以竖向间隔滑升（中间有大段空滑）的工程量为主，"全结构滑模"则为竖向连续和竖向间隔滑升的工程量相当或相差不多。

滑模装置主要由模板系统、操作平台系统、液压系统、施工精度控制系统和水电配套系统等部分组成。液压滑升模板系统如图 2.23 所示。

液压滑动模板的工作原理为：滑动模板（高 1.5～1.8m）通过围圈与提升架相连，固定在提升架上的千斤顶（35～120kN）通过支承杆（$\phi25$ 钢筋～$\phi48$ 钢管）承受全部荷载并提供滑升动力。滑升施工时，依次在模板内分层（30～45cm）绑扎钢筋、浇筑混凝土，并滑升模板。滑升模板时，整个滑模装置沿不断接长的支承杆向上滑升，直至设计

标高；滑出模板的混凝土出模强度应能承受自重和上部新浇筑混凝土重量，保证出模混凝土不致塌落变形。

采用滑模施工的工程，一般应满足以下要求：①工程的结构平面应简洁，各层构件沿平面投影应重合，且没有阻隔、影响滑升的突出构造。②当工程平面面积较大，采用整体滑升有困难或有分区施工流水安排时，可分区进行滑模施工。当区段分界与变形缝不一致时，应对分界处做设计处理。③直接安装设备的梁，当地脚螺栓的定位精度要求较高时，该梁不宜采用滑模施工，或者必须采取能确保定位精度的可靠措施；对有设备安装要求的电梯井等小型筒壁结构，应适当放大其平面尺寸，一般每边放大不小于 50mm。④尽量减少结构沿滑升方向截面（厚度）的变化。⑤宜采用胀锚螺栓或锚枪钉等后设措施代替结构上的预埋件。必须采用预埋件时，应准确定位、可靠固定且不得突出混凝土表面。⑥各种管线、预埋件等，宜沿垂直或水平方向集中布置排列。⑦二次施工构件预留孔洞的宽度，应比构件截面每边增大 30mm。⑧结构截面尺寸、混凝土强度等级、混凝土保护层和配筋等宜符合表 2.4 的要求。

表 2.4 使用滑模的一般规定

项 目	规 定 事 项
对结构截面的要求	（1）直形墙厚应大于或等于 140mm，圆形变截面筒壁厚度应大于或等于 160mm，素混凝土和轻骨料混凝土墙厚应大于或等于 180mm。 （2）框架柱的边长应大于或等于 300mm，独立柱的边长应大于或等于 400mm。 （3）梁宽应大于或等于 200mm
对混凝土等级的要求	（1）普通混凝土应大于或等于 C20。 （2）轻骨料混凝土应大于或等于 C15。 （3）同一标高段的结构（件）宜采用同一等级混凝土
对混凝土保护层的要求	（1）墙板应大于或等于 20mm。 （2）连续变截面筒壁应大于或等于 30mm。 （3）梁、柱应大于或等于 30mm
对结构配筋的要求	（1）应能在提升架横梁下的净空内进行绑扎。 （2）交汇于节点处的钢筋排列应适应设支承杆的要求。 （3）宜利用结构受力筋做支承杆，但其设计强度应降低 10%～25%，且其焊接接头应与钢筋等强。 （4）与横向结构的连接筋应采用Ⅰ级钢筋，直径不宜大于 8mm，外露部分不应先设弯钩

注 本表用于"体内滑模""体外滑模"时需酌情考虑。

2.1.9 爬模

爬升模板，简称爬模，是通过附着装置支承在建筑结构上，以液压油缸或千斤顶为爬升动力，以导轨为爬升轨道，随建筑结构逐层爬升、循环作业的一种模板工艺，它是钢筋混凝土竖向结构施工继大模板、滑升模板之后的一种新工艺。

爬模的工作原理是：以建筑物的钢筋混凝土墙体为支承主体，通过附着于已浇筑完成的钢筋混凝土墙体上的爬升支架或大模板，利用连接爬升支架与模板的爬升设备，使一方固定，另一方相对运动，交替向上爬升，以完成模板的爬升、下降、就位和校正等工作。爬模系统示意图如图 2.24 所示。

爬升模板施工工艺一般具有以下特点：

（1）施工方便，安全。爬升模板顶升脚手架和模板，在爬升过程中，全部施工静荷载及活荷载都由建筑结构承受，从而保证安全施工。

（2）可减少耗工量。架体爬升、楼板施工和绑扎钢筋等各工序互不干扰。

（3）工程质量高，施工精度高。

（4）提升高度不受限制，就位方便。

（5）通用性和适用性强，可用于多种截面形状的结构施工，还可用于有一定斜度的构筑物施工，如桥墩、塔身、大坝等。

爬模的爬升工艺流程如图 2.25 所示。

爬模综合了大模板和滑模的优点，形成了一种施工中模板不落地，混凝土表面质量易于保证的快捷有效的施工方法，特别适用于高耸建（构）筑物竖向结构浇筑施工。爬模既有大模板的优点，如模板板块尺寸大，成型的混凝土表面光滑平整，能够达到清水混凝土质量要

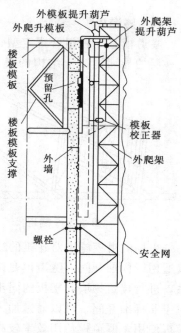

图 2.24 爬模系统示意图

求；又有滑模的特点，如自带模板、操作平台和脚手架随结构的增高而升高，抗风能力强，施工安全，速度快等；同时又比大模板和滑模有所发展和进步，施工精度更高，施工速度和节奏更快更有序，施工更加安全，适用范围更广泛。

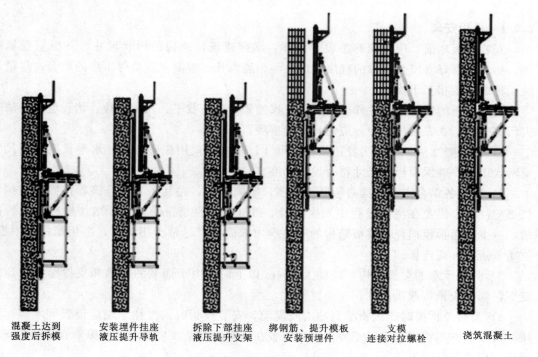

图 2.25 爬模的爬升工艺流程图

2.1.10　隧道模

隧道模是一种组合式定型钢制模板，是用来同时施工浇筑房屋的纵横墙体、楼板及上一层的导墙混凝土结构的模板体系。若把许多隧道模排列起来，则一次浇灌就可以

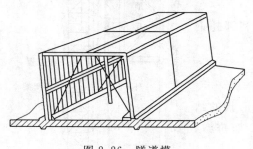

完成一个楼层的楼板和全部墙体。对于开间大小都统一的建筑物，这个施工方法尤为适用。该种模板体系的外形结构类似于隧道形式，故称为隧道模，如图 2.26 所示。采用隧道模施工的结构构件，表面光滑，能达到清水混凝土的效果，与传统模板相比，隧道模的穿墙孔位少，稍加处理即可进行油漆、贴墙纸等装饰作业。

图 2.26　隧道模

采用隧道模施工对建筑的结构布局和房间的开间、进深、层高等尺寸要求较严格，比较适用于标准开间。隧道模是适用于同时整体浇筑竖向和水平结构的大型工具式模板体系，进行建筑物墙与楼板的同步施工，可将各标准开间沿水平方向逐段、逐层整体浇筑。对于非标准开间，可以通过加入插入式调节模板与台模结合使用，还可以解体改装做其他模板使用。隧道模使用效率较高，施工周期短，用工量较少，隧道模与常用的组合钢模板相比，可节省一半以上的劳动力，工期缩短 50％以上。

任务 2.2　模　板　施　工

2.2.1　模板安装

安装模板之前，应事先熟悉设计图样，掌握建筑物结构的形状尺寸，并根据现场条件，初步考虑好立模及支撑的程序，以及与钢筋绑扎、混凝土浇捣等工序的配合，尽量避免工种之间的相互干扰。

（1）模板的安装包括放样、立模、支撑加固、吊正找平、尺寸校核、堵设缝隙及清仓去污等工序。在安装过程中，应注意下述事项：

1）模板竖立后，须切实校正位置和尺寸，垂直方向用线坠校对，水平长度用钢尺丈量两次以上，确保模板的尺寸符合设计标准。

2）模板各结合点与支撑必须坚固紧密，牢固可靠，尤其是采用振捣器捣固的结构部位更应注意，以免在浇捣过程中发生裂缝、鼓肚等不良情况。但为了增加模板的周转次数，减少模板拆模损耗，模板结构的安装应力求简便，尽量少用圆钉，多用螺栓、木楔、拉条等进行加固连接。

3）凡属承重的梁板结构，跨度大于 4m 以上时，由于地基的沉陷和支撑结构的压缩变形，跨中应预留起拱高度。

4）为避免拆模时建筑物受到冲击或震动，安装模板时，撑柱下端应设置硬木楔形垫块，所用支撑不得直接支承于地面，应安装在坚实的桩基或垫板上，使撑木有足够的支承面积，以免沉陷变形。

5）模板安装完毕，最好立即浇筑混凝土，以防日晒雨淋导致模板变形。为保证混凝土表面光滑和便于拆卸，宜在模板表面涂抹肥皂水或润滑油。夏季或在气候干燥情况下，为防止模板干缩裂缝漏浆，在浇筑混凝土之前，需洒水养护。如发现模板因干燥产生裂缝，应事先用木条或油灰填塞衬补。

6）安装边墙、柱等模板时，在浇筑混凝土以前，应将模板内的木屑、刨片、泥块等杂物清理干净，并仔细检查各联结点及接头处的螺栓、拉条、楔木等有无松动滑脱现象。

7）对于现浇结构的模板安装的偏差，应符合表 2.5 中的规定。

表 2.5　　　　　　　　　　　现浇结构模板安装的允许偏差

项　　　目		允许偏差/mm	检 验 方 法
轴线位置（纵、横两个方向）		5	钢尺检查
底模上表面标高		±5	水准仪或拉线、钢尺检查
截面内部尺寸	基础	±10	钢尺检查
	柱、墙、梁	+4，−5	钢尺检查
层高垂直度	不大于 5m	6	经纬仪或吊线、钢尺检查
	大于 5m	8	经纬仪或吊线、钢尺检查
相邻两板表面高低差		2	钢尺检查
表面平整度		5	2m 靠尺和塞尺检查

（2）模板安装施工安全的基本要求如下：

1）模板工程作业高度在 2m 及 2m 以上时，要有安全可靠的操作架子或操作平台，并按要求进行防护。

2）操作架子上、平台上不宜堆放模板，必须短时间堆放时，一定要码放平稳，数量必须控制在架子或平台的允许荷载范围内。

3）冬期施工，对于操作地点和人行通道上的冰雪应事先清除。雨期施工，高耸结构的模板作业，要安装避雷装置，沿海地区要考虑抗风和加固措施。

4）五级以上大风天气，不宜进行大块模板拼装和吊装作业。

5）在架空输电线路下方进行模板施工，如果不能停电作业，应采取隔离防护措施。

6）夜间施工，必须有足够的照明。

2.2.2　模板拆除

2.2.2.1　拆模期限

不承重的侧模板在混凝土强度能保证混凝土表面和棱角不因拆模而受损害时方可拆模。一般此时混凝土的强度应达到 2.5MPa 以上；承重模板应在混凝土达到所要求的强度以后方能拆除，要求的强度见表 2.6。

表 2.6 承重模板拆除时的混凝土强度要求

构件类型	构件跨度/m	达到设计的混凝土立方体抗压 强度标准值的百分率/%
板	≤2	≥50
	>2，≤8	≥75
	>8	≥100
梁、拱、壳	≤8	≥75
	>8	≥100
悬臂构件	—	≥100

2.2.2.2 模板拆除顺序与方法

1. 一般要求

（1）模板拆除的顺序和方法，应按照配板设计的规定进行，遵循先支后拆，后支先拆，先非承重部位，后承重部位以及自上而下的原则。拆模时，严禁用大锤和撬棍硬砸硬撬。

（2）组合大模板宜大块整体拆除。

（3）支承件和连接件应逐件拆卸，模板应逐块拆卸传递，拆除时不得损伤模板和混凝土。

（4）拆下的模板和配件不得抛扔，均应分类堆放整齐，附件应放在工具箱内。

2. 支架立柱拆除

（1）当拆除钢楞、木楞、钢桁架时，应在其下面临时搭设防护支架，使所拆楞梁及桁架先落在临时防护支架上。

（2）当立柱的水平拉杆超过 2 层时，应首先拆除 2 层以上的拉杆。当拆除最后一道水平拉杆时，应与拆除立柱同时进行。

（3）当拆除 4～8m 跨度的梁下立柱时，应先从跨中开始，对称地分别向两端拆除。拆除时，严禁采用连梁底板向旁侧一片拉倒的拆除方法。

（4）对于多层楼板模板的立柱，当上层及以上楼板正在浇筑混凝土时，下层楼板立柱的拆除，应根据下层楼板结构混凝土强度的实际情况，经过计算确定。

（5）阳台模板应保持三层原模板支撑，不宜拆除再加临时支撑。

（6）后浇带模板应保持原支撑，如果因施工方法需要也应先加临时支撑支顶后拆模。

3. 普通模板拆除

（1）拆除条形基础、杯形基础、独立基础或设备基础的模板时，拆除前应先检查基槽（坑）土壤的安全状况，发现有松软、龟裂等不安全因素时，应采取安全防护措施后方可进行作业；模板和支撑随拆随运，不得在离槽（坑）上口边缘 1m 以内堆放；拆除模板时，应先拆内外木楞、再拆木面板，钢模板应先拆钩头螺栓和内外钢楞，后拆 U 形卡和 L 形插销。

（2）拆除梁、板模板时，应先拆梁侧模，再拆板底模，最后拆梁底模，并应分段分片进行，严禁成片撬落或成片拉拆；拆除模板时，严禁用铁棍或铁锤乱砸，已拆下的模板应妥善传递或用绳钩放至地面；待分片、分段的模板全部拆除后，将模板、支架、零配件等按指定地点运出堆放，并进行拔钉、清理、整修、刷防锈油或脱模剂，入库备用。

（3）柱模板的拆除可采用分散拆或分片拆两种方法。

分散拆除的顺序为：拆除拉杆或斜撑→自上而下拆除柱箍或横楞→拆除竖楞→自上而下拆除配件及模板→运走分类堆放→清理→拔钉→钢模维修→刷防锈油或脱模剂→入库备用。

分片拆除的顺序为：拆除全部支撑系统→自上而下拆除柱箍及横楞→拆除柱角 U 形卡→分片拆除模板→原地清理→刷防锈油或脱模剂→分片运至新支模地点备用。

2.2.2.3 拆模注意事项

模板拆卸工作应注意以下事项：

（1）模板拆除工作应遵守一定的方法与步骤。拆模时要按照模板各结合点构造的情况，逐块松卸。首先去掉扒钉、螺栓等连接铁件，然后用撬杠将模板松动或用木楔插入模板与混凝土接触面的缝隙中，以锤击木楔，使模板与混凝土面逐渐分离。拆模时，禁止用重锤直接敲击模板，以免使建筑物收到强烈震动或将模板损坏。

（2）拆卸拱形模板时，应先将支柱下的木楔缓慢放松，使拱架徐徐下降，避免新拱因模板突然大幅度下沉而担负全部自重，并应从跨中向两端同时对称拆卸。拆卸跨度较大的拱模时，则需从拱顶中部分段分期向两端对称拆卸。

（3）高空拆卸模板时，不得将模板自高处摔下，而应用绳索吊卸，以防砸坏模板或发生安全事故。

（4）当模板拆卸完毕后，应将附着在板面上的混凝土砂浆洗凿干净，损坏部分要修整，板上的圆钉及时拔除（部分可以回收使用），拔除的圆钉应统一放置，不得随地乱扔，以免刺脚伤人。卸下的螺栓应与螺母、垫圈等拧在一起，并加黄油防锈。扒钉、铁钉等物均应收捡归仓，不得丢失。所有模板应按规格分放，妥善保管，以备下次立模周转使用。

（5）对于大体积混凝土，为了防止拆模后混凝土表面温度骤然下降而产生表面裂缝，应考虑外界温度的变化而确定拆模时间，并应避免早、晚或夜间拆模。

任务 2.3 现浇结构常用模板施工要点

2.3.1 浅基础模板

基础的作用是将建筑物的全部荷载传递给地基。和上部结构一样，基础应具有足够的强度、刚度和耐久性。在建筑工程事故中，地基基础方面的事故最多，而且地基基础事故一旦发生，补救异常困难，因此，基础在建筑工程中的重要性是显而易见的。

在现浇结构中，常见的浅基础有独立基础、杯形基础、钢筋混凝土条形基础。

2.3.1.1 柱下独立基础施工要点

柱下独立基础通常采用木模板安装，木模板的基本元件是拼板，由板条和拼条（木档）组成，如图 2.27 所示。板条厚 25～50mm，宽度不宜超过 200mm，以保证在干缩时裂隙均匀，浇水后缝隙要严密且板条不翘曲，但梁底板的板条宽度不受限制，以免漏浆。拼条截面尺寸为 25mm×35mm～50mm×50mm，拼条间距根据施工荷载大小及板条的厚度而定，一般取 400～500mm。

阶形独立基础模板安装前，应核对基础垫层标高，弹出基础的中心线和边线，将模板中心线对准基础中心线，然后校正模板上口标高，符合要求后要用轿杠木搁置在下台阶模板上，斜撑及平撑的一端撑在上台阶模板的背方上，另一端撑在下台阶模板背方顶上，如图 2.28 所示。

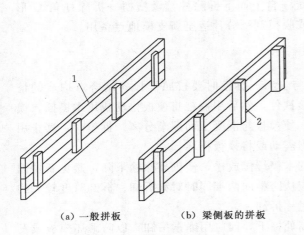

（a）一般拼板　　　（b）梁侧板的拼板

图 2.27　拼板的构造
1—板条；2—拼条

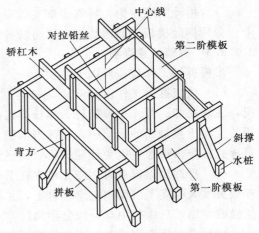

图 2.28　阶形独立基础模板安装

2.3.1.2　杯形基础模板施工要点

杯形基础常用于装配式钢筋混凝土柱的基础，形式有一般杯口基础、双杯口基础、高杯口基础等。

杯形基础的模板支设与阶形独立基础模板支设相同，模板可用木模板或钢模板，可做成整体式，也可做成两半形式，中间各加楔形板一块，拆模时，先取出楔形板，然后分别将两半杯口模板取出。为便于拆模，杯口模板外可包钉薄铁皮一层，也可包裹塑料布或涂以油脂，杯底必须封严，防止浇筑混凝土时混凝土渗入到杯口中。支模时杯口模板要固定牢固，在杯口模板底部留设排气孔，避免出现空鼓。杯芯模两侧要钉上轿杠木，以便搁置在上台阶模板上，杯芯模不设底模板，以利杯口底部混凝土振捣，如图 2.29 所示。

图 2.29　杯形基础模板支设

2.3.1.3　条形基础模板施工要点

墙下或柱下钢筋混凝土条形基础较为常见，工程中，柱下基础底面形状很多情况是矩形的，因此也称其为柱下独立基础，柱下独立基础只不过是条形基础的一种特殊形式。条形基础适宜于"宽基浅埋"的场合下使用，其横断面一般呈倒 T 形。

条形基础模板施工时，先核对垫层标高，在垫层上弹出基础边线，将模板对准基础边线垂直竖立，模板上口拉通线，校正调平无误后用斜撑及平撑将模板钉牢；有地梁的条形基础，上部可用工具式梁卡固定，也可用钢管吊架或轿杠木固定。阶形基础要保证上下模板不发生相对位移。土质良好时，阶形基础的最下一阶可采用原槽浇筑。条形基础如图 2.30 和图 2.31 所示。

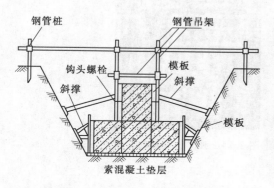

图 2.30　条形基础模板支设示意图

图 2.31　已完成的条形基础

2.3.2　柱模板

钢筋混凝土柱的特点是断面尺寸不大而高度很大，柱模板的关键是要解决柱子的垂直度、施工时的侧向稳定、混凝土浇筑时的侧压力，同时能够方便混凝土浇筑、垃圾清理以及钢筋绑扎等问题。

柱模板一般采用木模板，如图 2.32 所示。施工时，应注意以下几点：

（1）弹线及定位。先在基础面（楼面）弹出柱轴线及边线，同一柱列则先弹两端柱，再拉通线弹中间柱的轴线及边线。按照边线先把底盘固定好，然后再对准边线安装柱模板。

（2）柱箍的设置。为防止混凝土浇筑时模板发生鼓胀变形，柱箍应根据柱模断面大小经计算确定，下部的间距应小些，往上可逐渐增大间距，但一般不超过 1.0m。柱截面尺寸较大时，应考虑在柱模内设置对拉螺栓，如图 2.33所示。

（3）柱模板须在底部留设清理孔，沿高度每 2m 开有混凝土浇筑孔和振捣孔。

（4）柱高≥4m 时，柱模应四面支撑，如图 2.34 所示；柱高≥6m 时，不宜单根柱支撑，宜几根柱同时支撑组成构架。

（5）对于通排柱模板，应先装两端柱模板，校正固定后，再在柱模板上口拉通线校正中间各柱模板。

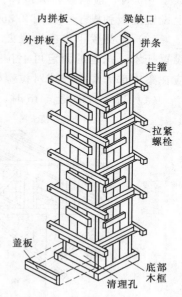

图 2.32　柱子木模板

图 2.33 矩形柱模板支设

图 2.34 独立柱模板的支撑

2.3.3 梁模板

梁的特点是跨度大、宽度小而高度大。梁模板及支撑系统要求稳定性好，有足够的强度和刚度，不产生超过规范允许的变形。梁模板施工时，应注意以下几点：

(1) 梁模板应在复核梁底标高、校正轴线位置无误后进行。

(2) 梁底板下用顶撑（琵琶撑）支设，顶撑间距视梁的断面大小而定，一般 0.8～1.2m，顶撑之间应设水平拉杆和剪刀撑，使之互相拉撑成为一整体，当梁底距地面高度大于 6m 时，应搭设排架或满堂红脚手架支撑；为确保顶撑支设的坚实，应在夯实的地面上设置垫板和楔子，如图 2.35 所示。

(3) 梁侧模下方应设置夹木，将梁侧模与底模板夹紧，并钉牢在顶撑上。梁侧模上口设置托木，托木的固定可上拉（上口对拉）或下撑（撑于顶撑上），梁高度≥700mm 时，应在梁中部另加斜撑或对拉螺栓固定，如图 2.36 所示。

(4) 当梁的跨度≥4m 时，梁模板的跨中要起拱，起拱高度为梁跨度的 1‰～3‰。

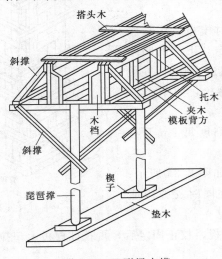

图 2.35 T 形梁支模

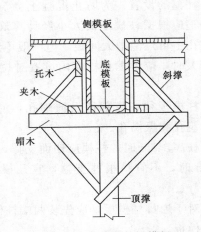

图 2.36 有斜撑的梁模板

2.3.4　板模板

　　板模板一般面积大而厚度不大，板模板及支撑系统要保证能承受混凝土自重和施工荷载，保证板不变形、不下垂。板模板施工时，应注意以下几点：

　　（1）底层地面应夯实，底层和楼层立柱应垫通长脚手板，多层支架时，上下层支柱应在同一竖向中心线上。

　　（2）模板铺设方向从四周或墙、梁连接处向中央铺设。

　　（3）为方便拆模，木模板宜在两端及接头处钉牢，中间尽量不钉或少钉。

　　（4）阳台、挑檐模板必须撑牢拉紧，防止向外倾覆，确保安全。

　　（5）楼板跨度大于 4m 时，模板的跨中要起拱，起拱高度为板跨度的 1‰～3‰。

　　（6）肋形楼盖模板一般应先支梁、墙模板，然后将桁架或搁栅按设计要求支设在梁侧模通长的横档（托木）上，调平固定后再铺设楼板模板，如图 2.37 和图 2.38 所示。

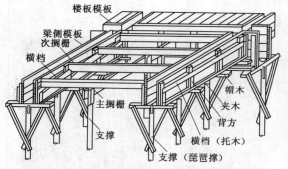

图 2.37　肋型楼盖木模板支模

图 2.38　肋型楼盖胶合模板支模

2.3.5　楼梯模板

　　楼梯与楼板相似，但又有其支设倾斜、有踏步的特点。施工前应根据设计放样，施工时先装平台梁板模板，再装楼梯斜梁和楼梯板底模板，然后装楼梯外帮侧板，最后装踏步侧板。楼梯模板的梯步高度要一致，尤其要注意每层楼梯最上一步和最下一步的高度，防止由于粉面层厚度不同而形成梯步高度差异，如图 2.39 所示。

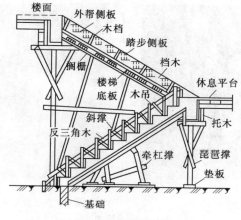

图 2.39　板式楼梯模板

模板工程标准做法如下。

（1）墙柱板及梁侧模板≥18mm厚黑模板或竹夹板，禁用红模板；梁底模板厚度≥40mm实木板。

（2）楼板采用50mm×100mm的标准木枋（过刨）或方钢（型钢）。

（3）墙柱竖楞采用槽钢、方钢或50mm×100mm的标准木枋（过刨）。

（4）正负零以上楼板支撑体系采用钢管架，不得使用门式架作为支撑体系，推荐采用碗扣架或可调钢管架作为模板支撑体系。

（5）模板集中加工必须采用精密锯木机。

（6）锯木机旁边放置木屑收集箱和灭火器，每天完工场清。

（7）墙柱模板在集中加工场统一弹线钻洞，每块模板标注正反面。

（8）方木使用前应过刨，保证截面尺寸一致。

（9）模板放设上下口控制线，控制线距墙柱边 300mm。

（10）楼板支撑立管纵横向间距≤1.2m。

（11）楼板第一排立管距墙柱≤400mm，木枋距阴角≤150mm。

（12）楼板模板木枋间距≤300mm，立管顶托旋出长度≤300mm，不允许采用底托。

（13）楼板扫地杆距楼面≤200mm，中间水平拉杆步距≤1.8m。

（14）梁支撑立管纵横向间距≤1.2m。

（15）梁表面采用内撑条，间距≤800mm；内撑条须绑扎固定到位。

（16）楼板采用型钢支设，立管间距≤1.2m。

（17）梁底木枋间距≤300mm。

（18）梁侧上下口采用收口木方，并用步步紧或卡箍加固，间距≤500mm。

（19）梁底扫地杆距楼面≤200mm，中间水平拉杆步距≤1.8m。

（20）外梁及楼梯间休息平台梁（外侧）增加对拉螺杆，间距≤600mm，螺杆对应梁部位放置内撑条。

（21）卫生间沉箱采用固定钢模，楼板面混凝土放坡2‰，且≥4cm。

（22）当梁≥550mm 时，与墙柱交接处须另设对拉螺杆，梁中设置 3 道，间距 500mm。

（23）梁墙交接处，梁侧模板伸入墙内或梁模伸入墙内≥500mm。

（24）墙柱侧模采用 50mm×100mm 标准木枋或槽钢或方钢，间距≤200mm。

（25）层高 2.8～3m 的墙柱必须设 6 排螺杆，螺杆间距≤500mm，第一排螺杆离地＜200mm，最上面一排螺杆＜300mm。

（26）外独立柱双向拉顶结合，楼面上预埋钢筋拉结点。

（27）外墙柱采用拉顶结合，楼面上预埋钢筋拉结点，斜拉间距≤2m，距墙柱边≤50cm。

（28）内剪力墙采用钢管对称斜撑，斜撑间距≤2m，距墙柱边≤50cm，楼板上预留钢筋支撑点。

（29）模板安装完成后，对楼板平整度、墙柱模板平整度及垂直度进行复核，将实测数据标注在模板或钢管上。

（30）墙柱侧模拼接，小块模板必须放置在中部拼接，不允许在顶部或底部拼接。

（31）墙柱阴角采用方木收口，竖楞伸至方木底。

（32）安装外墙模板时，上层模板应深入下层墙体，下层墙体相应位置预留钢筋限位，以防跑模或错台。

（33）剪力墙采用可卡式内撑条，间距≤600mm；内撑条须绑扎固定到位。

（34）墙柱模板下口提前1d用砂浆封堵，保证强度。

（35）现浇独立柱采用步步紧加固。

（36）墙柱模板缝隙采用双面胶封堵防止漏浆。

（37）构造柱上口预留牛腿斜口，采用对拉螺栓固定，一次浇筑完成。

（38）制作比梁宽小2mm的木板，工人进行梁模安装及监理验收时均采用此木板控制梁侧模垂直度及截面宽度。

（39）混凝土腰梁采用卡箍加固，间距≤500mm；腰梁侧模上下口采用 50mm×100mm 方木。

（40）构造柱侧边及腰梁下口采用双面胶封堵缝隙，防止漏浆。

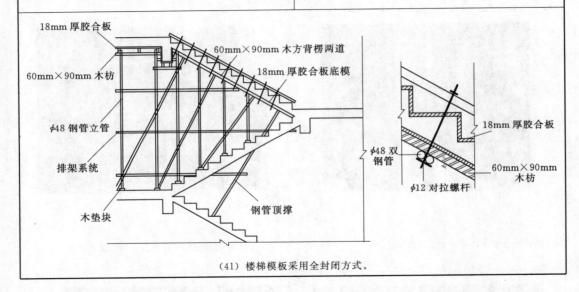

（41）楼梯模板采用全封闭方式。

任务2.4 模 板 设 计

2.4.1 设计的内容

模板设计的内容，主要包括模板和支撑系统的选型；支撑结构和模板的配置；计算简图的确定；模板结构强度、刚度、稳定性验算；附墙柱、梁柱接头等细部节点设计和绘制模板施工图等。各项设计内容的详尽程度，根据工程的具体情况和施工条件确定。

2.4.2 设计的主要原则与步骤

2.4.2.1 设计原则

（1）保证构件的形状尺寸及相互位置的正确。

（2）模板有足够的强度、刚度和稳定性，能承受新浇混凝土的重力、侧压力及各种施工荷载，变形不大于 2mm。

（3）构造简单、装拆方便，不妨碍钢筋绑扎、不漏浆。配制的模板应使其规格和块数最少、镶拼量最少。

（4）对拉螺栓和扣件根据计算配置，减少模板的开孔。

（5）支架系统应有足够的强度和稳定性。

2.4.2.2 设计步骤

（1）划分施工段，确定流水作业顺序和流水工期，明确配置模板的数量。

（2）确定模板的组装方法及支架搭设方法。

（3）按配模数量进行模板组配设计。

（4）进行夹箍和支撑件的设计计算和选配工作。

（5）明确支撑系统的布置、连接和固定方法。

（6）确定预埋件、管线的固定及埋设方法，预留孔洞的处理方法。

（7）将所需模板、连接件、支撑及架设工具等统计列表，以便于备料。

2.4.3 模板结构设计的基本内容

梁、板等水平构件的底模板以及支架所受的荷载作用，一般为重力荷载；墙、柱等竖向构件的模板及其支架所受的荷载作用，一般为侧向压力荷载。荷载的物理数值称为荷载标准值，考虑到模板材料差异和荷载分布的不均匀性等不利因素的影响，将荷载标准值乘以相应的荷载分项系数，即荷载设计值。

2.4.3.1 模板及其支架标准值

可根据模板设计图纸或类似工程的实际支模情况予以计算荷载，对肋型楼板或无梁楼板的荷载可参考表 2.7。

表 2.7 楼板模板自重标准值 单位：N/mm²

模 板 构 件 名 称	木模板	定型组合钢模板	钢框胶合板模板
平面模板及小楞的自重	300	500	400
楼板模板的自重（其中包括梁模板）	500	750	600
楼板模板及其支架的自重（楼层高度为 4m 以下）	750	1100	950

2.4.3.2 新浇混凝土自重标准值

普通混凝土可采用 24kN/m³，其他混凝土根据实际湿密度确定。

2.4.3.3 钢筋自重标准值

钢筋自重标准值根据工程图纸确定。一般梁板结构每立方米钢筋混凝土的钢筋重量为楼板 1.1kN，梁 1.5kN。

2.4.3.4 施工人员及施工设备荷载标准值

（1）计算模板及直接支承模板的小楞时，均布荷载为 2.5kN/m²，并应另以集中荷载 2.5kN 再进行验算，比较两者所得弯矩值取较大值。

（2）计算直接支承小楞结构构件时，均布荷载可取 1.5kN/m²。

（3）计算支架立柱及其他支承结构构件时，均布荷载取 1.0kN/m²。

对大型浇筑设备（上料平台、混凝土泵等）按实际情况计算；混凝土堆集料高度超过 100mm 以上时按实际高度计算；模板单块宽度小于 150mm 时，集中荷载可分布在相邻的两块板上。

（4）振捣混凝土时产生的荷载标准值，对水平面模板为 $2.0\mathrm{kN/m^2}$，对垂直面模板为 $4.0\mathrm{kN/m^2}$。

（5）新浇混凝土对模板的侧压力标准值。影响新浇混凝土对模板侧压力的因素主要有混凝土材料种类、温度、浇筑速度、振捣方式、凝结速度等。此外还与混凝土坍落度大小、构件厚度等有关。

当采用内部振捣器振捣，新浇筑的普通混凝土作用于模板的最大侧压力，可按下面两个公式计算，并取较小值。

$$F = 0.22\gamma_c t_0 \beta_1 \beta_2 V^{\frac{1}{2}}$$

$$F = \gamma_c H$$

式中　F——现浇混凝土的最大侧压力，$\mathrm{kN/m^2}$；

　　　γ_c——混凝土的重力密度，$\mathrm{kN/m^3}$；

　　　t_0——新浇混凝土的初凝时间，h，可按实测确定，当缺乏资料时，可采用 $t_0 = 200/(T+15)$ 计算（T 为混凝土的温度）；

　　　V——混凝土的浇筑速度，m/h；

　　　H——混凝土侧压力计算位置处至新浇混凝土顶面的总高度，m；

　　　β_1——外加剂影响修正系数，不掺外加剂取 1.0，掺具有缓凝作用的外加剂时取 1.2；

　　　β_2——混凝土坍落度影响修正系数，坍落度小于 3cm 时取 0.85，5～9cm 时取 1.0，11～15cm 时取 1.15。

（6）倾倒混凝土时产生的荷载标准值。倾倒混凝土时对垂直面模板产生的水平荷载标准值见表 2.8。

表 2.8　　　　　　　倾倒混凝土时产生的水平荷载标准值

向模板中供料的方法	水平荷载 /(kN/m²)	向模板中供料的方法	水平荷载 /(kN/m²)
用溜槽、串筒或导管输出	2	用容量小于 0.2～0.8m³ 的运输器具倾倒	4
用容量小于 0.2m³ 的运输器具倾倒	2	用容量大于 0.8m³ 的运输器具倾倒	6

注　作用范围在有效压头高度以内。

（7）风荷载标准值。对风压较大地区及受风荷载作用易倾倒的模板，须考虑风荷载作用下的抗倾倒稳定性。其标准值按下式计算。

$$W_k = 0.8\beta_z \mu_s \mu_z \omega_0$$

式中　W_k——风荷载标准值，$\mathrm{kN/m^2}$；

　　　β_z——高度 z 处的风振系数；

　　　μ_s——风荷载体型系数；

μ_z——风压高度变化系数；

ω_0——基本风压，kN/m^2。

β_z、μ_s、μ_z、ω_0 的取值均按《建筑结构荷载规范》（GB 50009—2012）的规定采用。

计算模板及其支架的荷载设计值时，应采用上述各项荷载标准值乘以相应的分项系数求得，荷载分项系数见表 2.9。

表 2.9   荷 载 分 项 系 数 γ_i

项次	荷 载 类 别	γ_i
1	模板及支架自重	
2	新浇混凝土自重	1.2
3	钢筋自重	
4	施工人员及施工设备荷载	
5	振捣混凝土时产生的荷载	1.4
6	新浇混凝土时对模板侧面的压力	1.2
7	倾倒混凝土时产生的荷载	1.4
8	风荷载	1.4

计算模板及支架的荷载效应组合见表 2.10。

表 2.10   计算模板及支架的荷载效应组合

模 板 类 别	参与组合的荷载项	
	计算承载能力	验算刚度
平板和薄壳的模板及支架	1+2+3+4	1+2+3
梁和拱模板的底板及支架	1+2+3+5	1+2+3
梁、拱、柱（边长≤300mm）、墙（厚≤100mm）的侧面模板	5+6	6
大体积结构、柱（边长＞300mm）、墙（厚＞100mm）的侧面模板	6+7	6

注   "参与组合的荷载项"纵列中的数字对应表 2.9 中的项次。

为了便于计算，模板结构设计计算时可做适当简化，即所有荷载可假定为均匀荷载。单元宽度面板、内楞和外楞、小楞和大楞或桁架均可视为梁，支撑跨度等于或多于两跨的可视为连续梁，并视实际情况可分别简化为简支梁、悬臂梁、两跨或三跨连续梁。

当验算模板及其支架的刚度时，其变形值不得超过下列数值：

1）结构表面外露的模板，为模板构件跨度的 1/400。

2）结构表面隐蔽的模板，为模板构件跨度的 1/250。

3）支架压缩变形值或弹性挠度，为相应结构自由跨度的 1/1000。当验算模板及其支架在风荷载作用下的抗倾倒稳定性时，抗倾倒系数不应小于 1.15。

模板系统的设计包括选型、选材、荷载计算、拟定制作安装和拆除方案、绘制模板图等。

【项目实训】

编制阶形独立基础模板施工方案

1. 实训目的

（1）熟悉基础模板安装的安全技术要求，能正确准备、使用劳动防护用品。

（2）能计算材料及工具的用量，编制材料需用量计划，正确进行模板材料、工具安装、施工场地的准备工作。

（3）熟悉基础模板的基本组成与构造，掌握基础模板的安装和拆除施工工艺。

（4）掌握模板工程的质量通病，能分析原因并提出相应的防治措施和解决办法；熟悉模板工程检查验收内容，能按照相关质量标准进行自检和互检。

2. 实训内容

阶形独立基础模板施工，并编制阶形独立基础模板施工方案。

3. 技术要求

3.1 主要材料及机具

（1）主要材料：1830mm×915mm×18mm 覆面木胶合板；厚度不小于 25mm 的松木板；2000mm×50mm×100mm 的松枋；$\phi48×3.5$ 钢管及扣件；锁紧扣等。

（2）机具：撬棍、扳手、水平尺、靠尺、钢卷尺、拖线板、墨斗、大锤等。

3.2 操作工艺

（1）工艺流程：弹线→侧板拼装→组拼各阶模板→涂刷隔离剂→下阶模板安装→上阶模板安装→浇筑混凝土→模板拆除。

（2）施工要点：

1）在基坑底垫层上弹出基础中线。

2）把截好尺寸的木板加钉木档拼成侧板，在侧板内表面弹出中线，再将各阶的 4 块侧板组拼成方框，并校正尺寸及角部方正。

3）安装时，先把下阶模板放在基坑底，两者中线互相对准，用水平校正其标高；在模板周围钉上木桩，用平撑与斜撑支撑顶牢；然后把上阶模板放在下阶模板上，两者中线互相对准，并用斜撑与平撑加以钉牢。

4）模板拆除时，先拆除斜撑与平撑，然后用撬杠、钉锤等工具拆下 4 块侧板。

3.3 安全措施

（1）作业人员必须戴好安全帽，高处作业人员必须系好安全带且做到高挂低用。

（2）作业前检查所使用的工具是否牢固，工具在不使用的时候应及时放入工具袋内。

（3）二人抬运模板时，应相互配合协同工作，传递模板、工具等时应用运输工具传递，不得乱抛。

（4）在拆模板时，拆除现场应标出作业禁区，有专人指挥，作业区内禁止非工作人员入内。

（5）拆模间隙时应将已松动的模板、拉杆支撑等固定牢固以防其突然掉落伤人。

（6）模板必须一次性拆清，不得留有无支撑模板；已拆除的模板、拉杆支撑等应及时运到指定地点并堆放整齐。

4. 考核评价

现浇独立基础模板安装的允许偏差及检验方法见表 2.11。

表 2.11　　　　　　现浇独立基础模板安装的允许偏差及检验方法

项　目	允许偏差/mm	检验方法
轴线位置	5	钢尺检查
底模上表面标高	±5	水准仪或拉线、钢尺检查
基础台阶尺寸	10	钢尺检查
相邻两模板表面高低差	2	钢尺检查
相邻两模板表面平整度	5	2m 靠尺和塞尺检查

注　检验轴线位置时，应沿纵、横两个方向量测，并取其中的最大值。

【项目典型案例应用】

希望·未来城二标段工程模板支撑专项施工方案

1. 工程概况

本工程为某房地产开发有限公司建设的希望·未来城（一期）二标段工程，建筑地点位于成都市金堂县。由两栋 28 层，三栋 4 层，一栋 14 层，两层地下室组成。总建筑面积约 126204.7m²，包括地下室建筑面积约为 44411m²。

2. 支模设计方案

2.1　模板及支撑架的材料选择

本工程模板支撑系统采用 ϕ48×2.8 钢管及扣件、12mm 厚胶合板、50mm×100mm 支承木方、梁板竖向支撑顶部可调支托、立杆基础垫板等。

2.2　模板支撑系统的设计方案

（1）楼层施工时，支模部位支撑体系同步一起搭设，但在具备拆除条件前不得随意拆除，并与已浇筑结构可靠连接顶紧。

（2）支撑立杆基础应具有足够的承载力。

（3）梁、板支撑立杆布置基本方案如下。

梁侧模板主楞采用 ϕ48×2.8 钢管，次楞采用 50mm×80mm 木方，面板采用 12mm 厚木胶合板；梁底纵向支撑采用 50mm×100mm 木方，小横杆采用 ϕ48×2.8 钢管；梁两侧立杆距梁侧面距离均为 250mm，梁下均增加一根立杆支撑，两侧立杆及梁下立杆纵向间距分别为 400mm、800mm。

现浇板模板支撑采用钢管扣件支撑系统，50mm×100mm 木方支承 12mm 厚木胶合板，ϕ48×2.8 钢管支承木方；板下支撑立杆纵横间距 800mm。

梁、板竖向支撑顶部均采用可调支托。

（4）梁侧模板均设置对拉螺栓，做法详见设计图中的结构设计说明。

（5）水平拉杆布置。钢管支撑架水平拉杆步距不超过 1.5m，在每一步距处纵横向应各设一道水平拉杆。在立柱底距地面 200mm 高处，沿纵横水平方向应按纵下横上的程序设扫地杆。本工程局部层高在 3～7m，最顶步距两水平拉杆中间加设一道水平拉杆。可调支托底部的立杆顶端沿纵横向设置一道水平拉杆。

（6）剪刀撑设置。本工程高支模剪刀撑设置方案为：立杆支撑四周设竖向连续式剪刀撑，中部纵横每隔 10m 设竖向连续式剪刀撑，其顶部、底部各设一道水平剪刀撑；每梁下增加的立杆设竖向连续式剪刀撑。

（7）水平安全设施设置。为保证施工安全，支模部位按脚手架搭设要求每隔两步满铺竹笆，形成水平操作层，同时做防跌层。

3. 支模安装

3.1 支撑架搭设

支撑搭设前，工程技术负责人应按本施工方案要求向施工管理人员及工人班组进行详细安全技术交底，并签字确认。对钢管、配件进行检查和验收，严禁使用不合格的钢管及配件。工作面清理干净，不得有杂物。水平杆与立杆扣接牢固，纵横扫地杆离地面高度不大于 200mm。立杆支撑四周设竖向连续式剪刀撑，竖向连续式剪刀撑的顶部、中部及底部各设一道水平剪刀撑。脚手架立杆的垂直度控制应注意立杆的全部绝对偏差 $\leqslant 50mm$，在脚手架高度段 H 内，立杆偏差的相对值小于 $H/600$。水平杆及剪刀撑的接长应采用两个扣件搭接，搭接长度不少于 500mm，水平杆的搭接应交错布置，两根相邻水平杆的接头不宜设在同步同跨内，不同步或不同跨两个相邻接头在水平方向的错开距离大于 500mm，各接头中心至近主节点的距离不宜大于跨段的 1/3。立杆上的对接扣件应交错布置。两根相邻立杆的接头不应设置在同步内，同步内隔一根立杆的两个相隔接头在高度方向错开的距离不宜小于 500mm；各接头中心至主节点的距离不宜大于步距的 1/3。

立杆、可调托座应根据支撑高度设置，并不超出 200mm。

立杆、水平杆及剪刀撑的布置应严格按要求布置。

模板承重架应与已浇筑的混凝土墙或柱做顶紧及拉结，增强整体稳定性。

模板支架搭设完成后，必须先自检，再通知项目部相关人员检查合格后，经过监理、质监站验收通过后，方可投入使用。

3.2 模板设计

（1）承台、地梁砖胎模。基础承台、地梁及集水井侧模采用砖胎模，下翻 1m 以内砖胎模厚度为 240mm，下翻 0.5m 以内砖胎模厚度为 120mm，M10 水泥砂浆砌筑，1:3 水泥砂浆抹灰。

（2）柱模板。矩形柱的模板由四面侧板、木档、钢围楞、支撑组成，构造作法为：四面侧模都采用纵向模板且用纵向木档加固，柱顶与梁交接处要留出缺口，缺口尺寸即为梁的高及宽（梁高以扣除平板厚度计算），并在缺口两侧及口底钉上衬口档，衬口档离缺口边的距离即为梁侧模板及梁底模板的厚度。本工程柱截面最大为 700mm×1400mm，柱箍采用 2ϕ48 钢管，用扣件紧固加固，中间增加 ϕ14 的螺杆一道。柱模之间用水平纵、横向支撑相互拉接牢固。

（3）梁模板。梁模板主要由侧板、底板、立档、小楞、大楞、支撑等组成。侧板和底板均加木档拼制成整块模板，梁模两侧板下方用铁卡钩夹木，内撑混凝土定尺撑块将梁侧板与底板夹紧，并钉牢在大楞上。次梁模板还应根据支设楼板模板的搁栅标高，在两侧板外面钉上托木（横档）。主梁与次梁交接处，应在主梁侧板上根据次梁截面尺寸留缺口，并钉上衬口档，次梁的侧板和底板钉在衬口档的上面。梁模板的支撑系统由钢管扣件组成。立柱底部应在底板上加垫垫板，用木楔调整标高，顶撑间距不大于 800mm，各顶撑之间设水平纵、横向牵杠，以保持顶撑立柱的稳固与刚度。次梁模板的安装要待主梁模板安装并校正后才能进行，梁模板安装后，要拉中线进行校正检查，复核各梁模中心位置是否对正。待平板模板安装后，检查并调整标高，将木楔钉牢在木垫板上。梁跨在 4m 或 4m 以上，梁模跨中要起拱，起拱高度为梁跨长度的 1‰～3‰，悬臂梁按悬臂长度的 1/200 起拱，拱高不小于 20mm。

（4）墙模板。混凝土墙体的模板主要由侧板、立档、内钢楞、外钢楞、支撑和混凝土定尺撑块等组成。侧板采用九夹板横拼，预先与立档钉成整体，板块高度至板底，木档间距不大于 300mm（九夹板拼接处必设）。内、外钢楞采用一横二竖 φ48 钢管，横钢楞间距为 300mm，直钢楞间距为 500mm；对拉螺杆为 φ12，纵距 600mm，横距 500mm；支撑采用扣件式钢管，与梁板柱模板支撑连成一体。混凝土墙体模板安装时，根据边线先立内侧模，临时用支撑固定，用线锤校正模板的垂直度，然后用斜撑、平撑固定。待钢筋绑扎后，校正固定另一面模板，并支设两面模板内、外钢楞，固定对拉螺杆。

3.3 模板安装

（1）剪力墙模板的安装。墙根部支设模板的部位预先用水泥砂浆找平，并弹出模板就位线和 20cm 控制线。把预先拼装好的一侧模板，背面钉 50mm×100mm 的方木做竖向龙骨，方木间距为 200mm，按位置线就位，先靠在墙钢筋上并做临时固定。按螺栓双向间距 400mm 在模板上打孔，然后插入 M12 穿墙螺栓和混凝土支撑，混凝土支撑为 30mm×30mm×墙厚，支撑用铁丝拴在模板上，以便浇混凝土时振捣后随时取出。清扫墙内杂物，再安装另一侧模板，两边安装好水平钢管龙骨后拧紧穿墙螺栓。调整垂直度使符合要求，加设斜撑和拉杆。模板底用砂浆封堵防止漏浆，模板接缝加设 2mm 厚的海绵条挤严。模板安装校正完毕，检查一遍扣件、螺栓是否紧固，模板拼缝及底边是否严密，门洞口的模板支撑是否牢靠等，办完预检手续。

（2）梁、板模板安装。先搭设满堂脚手架，采用 φ48×3.5 的普通钢管，立杆长度为 3.6m，立杆间距为 1.0m×1.0m，根据房间开间和进深尺寸进行均分调整，间距最大不得大于 1.2m。梁两侧立杆间距为 1.5m，梁下加顶撑，间距 1.5m，水平杆步距由下至上为 0.3m，1.5m，1.5m，1.4m，1.3m。

梁模板由两侧板加底板组成，采取侧模包底模的支法。模板安装前，首先确定梁底的位置，根据设计标高搭设梁底和板底水平杆，梁底平铺 3 根 50mm×100mm 方木，方木上面铺设木胶板，宽度等于梁宽。梁底拉线找直找平，并按设计要求和规范规定起拱。底模铺设完，安装梁侧模。梁侧模高度＝梁高－（楼板厚＋楼板底模厚），侧模立好后在梁侧模外安装外竖楞，用一道水平钢管联合外竖楞并附以斜撑作为支撑。

楼板模板从一侧开始铺设，板底方木间距 200mm 侧放，每两块模板接缝下垫 2 根方木上下平放，木胶板与板底方木钉牢。模板四面刨光使拼缝结合严密。

3.4 满堂支撑架搭设及使用要求

搭设及拆除过程必须管理人员全程监控，操作人员必须是熟练木工工种。架子搭设严格按照技术交底及方案进行。支撑体系搭设完毕必须经验收并确定搭设合格后方可进行下一道工序。

搭设应严格按尺寸要求搭设，立杆和水平杆接头均应错开在不同的框格层中设置；确保立杆的垂直偏差和横杆的水平偏差小于《建筑施工扣件式钢管脚手架安全技术规范》（JGJ 130—2011）的规定；斜杆、剪刀撑应尽量与立杆连接，节点构造符合《建筑施工扣件式钢管脚手架安全技术规范》（JGJ 130—2011）的规定；确保每个扣件的拧紧扭力矩都控制在 40～65N·m。

支撑架搭设完毕，遇超过六级大风与大雨过后或停用超过一个月，必须组织检查及验收。

浇筑混凝土时采用从梁板中部向四周扩展的方式浇筑；严格控制施工荷载不超过设计荷载，支顶模和混凝土浇筑过程中派专人对施工荷载进行监控；在确保安全的前提下，浇筑开始后派专业架子工检查支架及支撑情况，发现有下沉、松动和变形情况，及时解决。

3.5 支撑架搭设的技术要求、允许偏差与检查方法

技术要求、允许偏差与检查方法见表 2.12。

表 2.12 支撑架搭设的技术要求、允许偏差与检查方法

序号	项 目		技术要求	允许偏差/mm	检查方法与工具
1	基础	表面	坚实平整		观察
2	立杆垂直度			±5	吊线检查
3	间距	步距		±20	钢尺检查
		纵距		±50	
		横距		±20	
4	纵向水平杆高差	一根杆两端		±20	水平尺检查
		同跨内纵向水平杆高差		±10	
5	主节点处各扣件中心点相互距离		$a\leqslant150mm$		钢尺检查
6	同步立杆上两个相隔对接扣件的高差		$a\leqslant500mm$		钢尺检查
7	立杆上对接扣件至主节点的距离		$a\leqslant$跨长/3		钢尺检查
8	扣件螺栓拧紧扭矩		40～65N·m		扭力扳手
9	剪刀撑斜杆与地面倾角		45°～60°		角尺

3.6 验收

支模安装完毕，施工项目部自检验收合格后，通知项目经理、技术负责人、质量员、安全员等相关人员进行验收，并报监理单位、质监站进行验收，验收合格后才能绑扎钢筋、浇筑混凝土。

【项目拓展阅读材料】

（1）《钢框胶合板模板技术规程》（JGJ 96—2011）。

（2）《组合钢模板技术规范》（GB 50214—2013）。

（3）《建筑施工高处作业安全技术规范》（JGJ 80—2016）。

（4）《混凝土结构工程施工规范》（GB 50666—2011）。

（5）《建筑施工手册》第五版，编委会编，中国建筑工业出版社出版，2011 年版。

（6）《建筑工程施工技术》，钟汉华、李念国、吕香娟主编，北京大学出版社出版，2013 年版。

【项目小结】

本项目主要介绍了现浇混凝土结构模板工程的相关内容，包括模板的种类及介绍、模板施工、现浇结构常用模板施工要点和模板设计等方面的内容。

模板的种类及介绍要了解建筑工程中常见的模板；模板施工要求掌握模板安装、质量验收的控制标准以及模板拆除的相关注意事项；现浇结构常用模板施工要点要求掌握常见构件模板施工中应注意的施工要点，尤其是梁、板、柱模板的施工要点；模板设计要求了解模板设计的相关内容以及步骤，掌握模板的设计计算。

【项目检测】

1. 名词解释

（1）模壳。

（2）飞模。

（3）爬模。

（4）大模板。

（5）调动模板。

2. 单选题

（1）现浇混凝土墙板的模板垂直度主要靠（　　）来控制。

A. 对拉螺栓　　　B. 模板卡具　　　C. 水平支撑　　　D. 模板刚度

（2）梁模板承受的荷载是（　　）。

A. 垂直力　　　B. 水平力　　　C. 垂直力和水平力　D. 斜向力

（3）跨度较大的梁模板支撑拆除的顺序是（　　）。

A. 先拆跨中　　　B. 先拆两端　　　C. 无一定要求　　　D. 自左向右

（4）模板按（　　）分类，可分为现场拆装式模板、固定式模板和移动式模板。

A. 材料　　　B. 结构类型　　　C. 施工方法　　　D. 施工顺序

（5）梁的截面较小时，木模板的支撑形式一般采用（　　）。

A. 琵琶支撑　　　B. 井架支撑　　　C. 隧道模　　　D. 桁架

（6）跨度为 6m，混凝土强度为 C30 的现浇混凝土板，当混凝土强度至少应达到（　　）时方可拆除底模。

A. 15N/mm²　　　B. 21N/mm²　　　C. 22.5N/mm²　　　D. 30N/mm²

（7）梁跨度较大时，为防止浇筑混凝土后跨中梁底向下挠曲，中部应起拱，如设计无规定时，起拱高度为全跨长度的（　　）。

A. 0.8‰～1‰　　B. 1‰～3‰　　C. 3‰～5‰　　　D. 0.1‰～0.3‰

（8）模板设计要求所设计的模板必须满足（　　）。

A. 刚度要求　　　　　　　　B. 强度要求

C. 刚度和强度要求　　　　　D. 变形协调要求

（9）梁底模板设计时，不考虑的荷载是（　　）。

A. 施工荷载   B. 混凝土及模板自重

C. 钢筋自重   D. 混凝土侧压力

（10）拆除框架结构模板的顺序是（　　）。

A. 柱模→楼板底板→梁侧模→梁底模   B. 楼板底板→柱模→梁侧模→梁底模

C. 楼板底板→柱模→梁底模→梁侧模   D. 柱模→梁侧模→楼板底板→梁底模

3. 简答题

（1）模板安装的程序是怎样的？包括哪些内容？

（2）模板在安装过程中，应注意哪些事项？

（3）模板拆模时要注意哪些内容？

（4）拆模应注意哪些内容？

（5）定型组合钢模板由哪几部分组成？

项目3 钢筋工程施工

【项目目标】

通过本项目的学习，了解钢筋工程施工准备基本内容，能够计算钢筋的下料长度，编制钢筋配料单，提交钢筋加工计划表；能利用结构和钢筋的基本知识，进行钢筋的代换计算；能根据钢筋的施工方案进行钢筋加工，弯曲成型并进行钢筋骨架的绑扎与安装；能根据施工验收规范对钢筋工程进行验收，填写验收单并进行合理的评定；能运用规范进行钢筋的质量检测，填写钢筋质量检测报告。

【项目描述】

钢筋工程是钢筋混凝土结构重要的分项工程之一，钢筋在工程上用量大、工艺方法复杂、技术水平要求高，因此钢筋工程的施工质量直接影响到建筑物的安全性，施工进度和整体效益，对钢筋混凝土结构施工尤为重要。本项目主要介绍钢筋进场后的验收内容和方法、钢筋的配料计算、钢筋代换、钢筋加工及各种连接方法，钢筋工程施工的安装要求与质量验收等内容。

【项目分析】

知识要点	技能要求	相关知识
钢筋的验收与配料	（1）熟悉钢筋进场验收与储存的方法和要求； （2）掌握下料长度的计算方法，配料单及配料牌的制作； （3）掌握钢筋代换的原则和方法	（1）钢筋下料长度； （2）量度差值； （3）钢筋代换
钢筋的加工	（1）熟悉钢筋冷拉、除锈、调直的加工机械和方法； （2）掌握钢筋切断、弯曲的加工工艺和操作要点； （3）能够对钢筋加工过程进行安全、技术、质量管理和控制	（1）钢筋冷拉冷拔； （2）除锈调直； （3）切断； （4）弯曲
钢筋的连接	（1）熟悉钢筋连接中各种仪器的操作规程、适用范围； （2）掌握常用的焊接工艺、操作要点； （3）掌握机械连接的原理、方法和操作要点	（1）电弧焊； （2）闪光对焊； （3）电渣压力焊； （4）挤压连接； （5）锥螺纹套管连接
钢筋的绑扎与安装	（1）掌握钢筋绑扎的工艺； （2）掌握钢筋工程安装的施工要点	（1）钢筋搭接接头面积百分率； （2）绑扎手法
钢筋工程质量验收与安全措施	（1）掌握钢筋工程质量验收标准； （2）掌握钢筋工程施工安全措施	（1）主控项目、一般项目； （2）安全防护

【项目实施】

引例：某高层建筑住宅楼工程，地下1层，地上18层（包括裙楼一层），建筑高度为53.50m。总建筑面积13944.98m²，其中地上建筑面积11689.53m²，地下2255.45m²。该工程为剪力墙结构体系，结构工程的设计使用年限为 50 年，结构安全等级为二级，剪力墙的抗震等级为三级，耐火等级为二级，地基基础设计等级为乙级，工程±0.000 为室内地面标高，相当于绝对高程 3.60m。该工程钢筋类别为Ⅰ、Ⅱ、Ⅲ级三种，最大钢筋直径为 25mm，最小钢筋直径为 6mm，本工程的钢筋全部在现场加工制作，根据《施工组织设计》要求，当钢筋直径不小于 16mm 时墙柱钢筋采用电渣压力焊连接（主要规格为 25mm、22mm、20mm、18mm、16mm），梁板钢筋采用闪光对焊连接；当钢筋直径小于 16mm 时采用搭接绑扎方法连接，钢筋的保护层均采用 C35 混凝土垫块来控制。

思考：（1）钢筋现场如何加工成图纸所需要的形状、尺寸？

（2）钢筋有哪些形式，如何连接？

（3）钢筋工程施工质量如何验收评定？

任务 3.1　钢筋的验收、配料与代换

3.1.1　钢筋的验收与储存

3.1.1.1　钢筋进场验收

钢筋进场检查程序、内容和要求如下：

（1）凡钢筋进场前，总监应要求施工单位提前报拟进场时间、规格、数量、生产厂家，以便安排人员进行验收。

（2）钢筋进场时，要求施工单位必须出具产品合格证原件（复印件限制使用且必须盖公章）、产品备案证原件（复印件必须盖备案企业公章）、生产许可证编号，检验钢材生产厂家是否正规，一经发现问题立即封存并按规定进行处理。

（3）产品合格证应认真核对以下项目是否完整、准确。

1）产品名称、型号与规格、牌号。

2）生产日期、生产厂名、厂址、厂印及生产许可证编号。

3）具有检验人员与检验单位证章和机械、化学性能规定的技术数据。

4）采用的标准名称或代号。

5）螺纹钢筋表面必须有标志和附带的标牌。

6）一张合格证钢材总量不能超过 60t（一个检验批）。

（4）在检验产品合格证、备案证、生产许可证齐全后，进行外观检查，要求进场钢筋凡在车上有堆积成垛的必须全部卸车检验，并采取打捆抽检方法，外观检查内容包括以下两个方面：

1）钢筋表面有无产品标识（钢筋强度等级、厂家名称缩写、符号、钢筋规格），标识是否准确规范。

2）钢筋外观有无颜色异常、锈蚀严重、规格实测超标、表面裂纹、重皮等。

（5）外观检验合格、证件符合要求、标识准确后，由见证取样人员监督施工单位取样员现场按规定取样，取样完成后与施工单位共同送至试验室进行复试。对不能马上出具合格报告的，应有临时报告方可予以进场，否则做好相关记录和标志予以清退。

3.1.1.2　钢筋的储存

钢筋进场后，必须严格按批分等级、牌号、直径、长度挂牌存放，不得混淆。钢筋应尽量堆入仓库或料棚内。条件不具备时，应选择地势较高，土质坚硬的场地存放。堆放时，钢筋下部应垫高，离地至少 20cm 高，以防钢筋锈蚀。在堆场周围应挖排水沟，以利排水。

3.1.2　钢筋的配料计算

钢筋的配料是根据构件配筋图，先绘出各种形状和规格的单根钢筋简图并加以编号，然后分别计算下料长度和根数，填写配料单，申请加工。

3.1.2.1　钢筋下料长度的计算

钢筋因弯曲或弯钩会使其长度发生变化，在配料时不能直接按图样中的尺寸下料，而应根据混凝土保护层、钢筋弯曲、弯钩长度及图样中尺寸计算其下料长度，各种钢筋下料长度的计算可按下列方法进行。

$$直钢筋下料长度＝构件长度－保护层厚＋弯钩增加长度$$
$$弯起钢筋下料长度＝直段长度＋斜段长度－弯曲调整值＋弯钩增加长度$$
$$箍筋下料长度＝箍筋外皮周长（或箍筋内皮周长）＋箍筋调整值$$

1. 弯钩增加长度

钢筋弯钩有半圆弯钩、直弯钩及斜弯钩 3 种形式（图 3.1），各种弯钩增加长度 l_z 按下式计算：

半圆弯钩　　　　　　　$l_z＝1.071D＋0.571d＋l_p$　　　　　　　　(3.1)

直弯钩　　　　　　　　$l_z＝0.285D－0.215d＋l_p$　　　　　　　　(3.2)

斜弯钩　　　　　　　　$l_z＝0.678D＋178d＋l_p$　　　　　　　　(3.3)

式中　D——圆弧弯曲直径，对 HPB300 级钢筋取 $2.5d$，HRB335 级钢筋取 $4d$，HRB400 级、RRB400 级钢筋取 $5d$；

　　　d——钢筋直径；

　　　l_p——弯钩的平直部分长度。

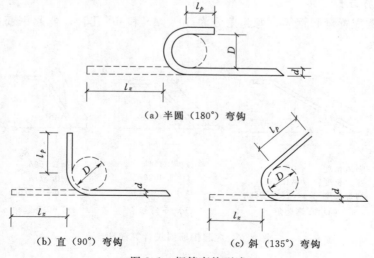

（a）半圆（180°）弯钩

（b）直（90°）弯钩　　　　　　　（c）斜（135°）弯钩

图 3.1　钢筋弯钩型式

采用 HPB300 级钢筋，按圆弧弯曲直径为 2.5d，$l_p=3d$ 考虑，半圆弯钩增加长应为 6.25d；直弯钩 l_p 按 5d 考虑，增加长度应为 5.5d，斜弯钩 l_p 按 10d 考虑，增加长度为 12d。3 种弯钩形式各种规格钢筋弯钩增加长度可参见表 3.1。

表 3.1　　　　　　　　　　　　各种规格钢筋弯钩增加长度参考表　　　　　　　　单位：mm

钢筋直径 d	半圆弯钩		半圆弯钩（不带平直部分）		直弯钩		斜弯钩	
	1 个钩长	2 个钩长	1 个钩长	2 个钩长	1 个钩长	2 个钩长	1 个钩长	2 个钩长
6	40	75	20	40	35	70	75	150
8	50	100	25	50	45	90	95	190
9	60	115	30	60	50	100	110	220
10	65	125	35	70	55	110	120	240
12	75	150	40	80	65	130	145	290
14	90	175	45	90	75	150	170	170
16	100	200	50	100				
18	115	225	60	120				
20	125	250	65	130				
22	140	275	70	140				
25	160	315	80	160				
28	175	350	85	190				
32	200	400	105	210				
36	225	450	115	230				

注　1. 半圆弯钩计算长度为 6.25d；半圆弯钩不带平直部分为 3.25d；直弯钩计算长度为 5.5d；斜弯钩计算长度为 12d。

　　2. 半圆弯钩取 $l_p=3d$；直弯钩 $l_p=5d$；斜弯钩 $l_p=10d$；直弯钩在楼板中使用时，其长度取决于楼板厚度；

　　3. 本表为 HPB300 级钢筋，弯曲直径为 2.5d，取尾数为 5 或 0 的钩增加长度。

2. 弯起钢筋斜长计算

梁类构件常配置弯起钢筋，弯起角分为 30°、45° 和 60° 几种，弯起钢筋的斜长计算方法如图 3.2 所示。

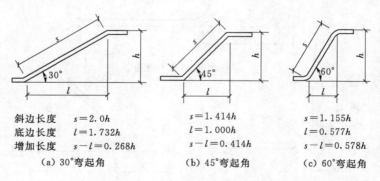

斜边长度　　$s=2.0h$　　　　　　$s=1.414h$　　　　　　$s=1.155h$
底边长度　　$l=1.732h$　　　　　$l=1.000h$　　　　　$l=0.577h$
增加长度　　$s-l=0.268h$　　　　$s-l=0.414h$　　　　$s-l=0.578h$

（a）30° 弯起角　　　　　　（b）45° 弯起角　　　　　　（c）60° 弯起角

图 3.2　弯起钢筋斜长计算简图

当梁的高度和弯起角度已知时，梁中弯起钢筋的斜长可参见表 3.2。

表 3.2　　　　　　　　　　　　梁中弯起钢筋斜长　　　　　　　　　　单位：mm

弯起角度 ＼ 梁截面高度	250	300	350	400	450	500	550	600
$\alpha=45°$	283	353	424	495	566	636	707	778
$\alpha=60°$	—	—	—	—	—	—	—	—
弯起角度 ＼ 梁截面高度	650	700	750	800	850	1000	1100	1200
$\alpha=45°$	849	919	990	1061	—	—	—	—
$\alpha=60°$	693	751	809	866	982	1097	1213	1328

3. 弯起调整值

钢筋弯曲时，内皮缩短，外皮延长，只中心线尺寸不变，故下料长度即中心线尺寸。一般钢筋成型后量度尺寸都是沿直线量外包尺寸；同时弯曲处又能成圆弧，因此弯曲钢筋的量度尺寸大于下料尺寸，两者之间的差值称为"弯曲调整值"，即在下料时，下料长度应等于量度尺寸减去弯曲调整值。

不同级别钢筋弯折 90°和 135°时 ［图 3.3（a）、（b）］的弯曲调整值参见表 3.3。一次弯折钢筋 ［图 3.3（c）］ 和弯起钢筋 ［图 3.3（d）］ 的弯曲直径 D 不应小于钢筋直径 d 的 5 倍，其弯折角度为 30°、45°、60°的弯曲调整值参见表 3.4。

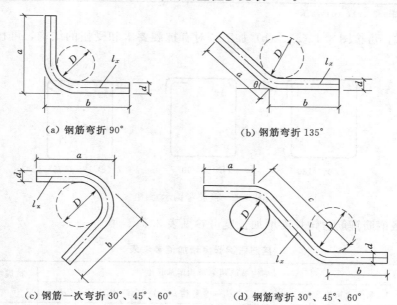

（a）钢筋弯折 90°　　　　　　　　　　（b）钢筋弯折 135°

（c）钢筋一次弯折 30°、45°、60°　　　　（d）钢筋弯折 30°、45°、60°

图 3.3　钢筋弯曲调整值计算简图
a、b—量度尺寸；l_x—下料长度

4. 箍筋弯钩增加长度

箍筋的末端应做弯钩，用 HPB300 级钢筋或冷拔低碳钢丝制作的箍筋，其弯钩的弯曲直径应大于受力钢筋直径，且不小于箍筋直径的 2.5 倍；弯钩平直部分的长度，对一般

结构，不宜小于箍筋直径的 5 倍，对抗震要求的结构，不应小于箍筋的 10 倍。

表 3.3 钢筋弯折 90°和 135°时的弯曲调整值

| 弯折角 | 钢筋级别 | 弯曲调整值 | |
		计　算　式	取　值
90°	HPB300 级 HRB335 级 HRB400 级	$\Delta = 0.215D + 1.215d$	1.75d 2.08d 2.29d
135°	HPB300 级 HRB335 级 HRB400 级	$\Delta = 0.822d - 0.178D$	0.38d 0.11d $-0.07d$

注　1. 弯曲直径：HPB300 级钢筋 $D = 2.5d$；HRB335 级钢筋 $D = 4d$；HRB400 级钢筋 $D = 5d$。
　　2. 弯折角 90°和弯折角 135°的钢筋弯曲调整值计算简图如图 3.3（a）、（b）所示。

表 3.4 钢筋一次弯折和弯起 30°、45°、60°的弯曲调整值

| 弯折角度 | 一次弯折的弯曲调整值 | | 弯起钢筋的弯曲调整值 | |
	计算式	按 $D = 5d$	计算式	按 $D = 5d$
30°	$\Delta = 0.006D + 0.274d$	0.3d	$\Delta = 0.012D + 0.28d$	0.34d
45°	$\Delta = 0.022D + 0.436d$	0.55d	$\Delta = 0,043D + 0.457d$	0.67d
60°	$\Delta = 0.054D + 0.631d$	0.9d	$\Delta = 0.108D + 9.685d$	1.23d

注　弯曲图如图 3.3（c）、（d）所示。

弯钩形式，可按图 3.4（a）、（b）加工，对有抗震要求和受扭的结构，可按图 3.4（c）加工。

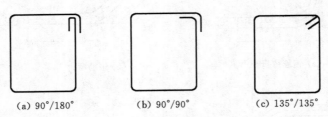

(a) 90°/180°　　　　(b) 90°/90°　　　　(c) 135°/135°

图 3.4　箍筋弯钩示意图

常用规格钢筋箍筋弯钩长度增加长度可参见表 3.5。

表 3.5 箍筋弯钩长度增加值参考表 单位：mm

| 钢筋直径 d | 一般结构箍筋两个弯钩增加长度 | | 抗震结构两个弯钩增加长度（28d） |
	两个弯钩均为 90°（15d）	一个弯钩 90°另一个弯钩 180°（17d）	
≤5	75	85	140
6	90	102	168
8	120	136	224
10	150	170	280
12	180	204	336

注　箍筋一般用内皮尺寸标示，每边加上 2d，即成为外皮尺寸，表中已计入。

3.1.2.2 配料单的制作

钢筋配料单是根据施工图纸中钢筋的品种、规格及外形尺寸、数量进行编号，并计算下料长度，用表格形式表达的单据。

（1）配料单的作用。钢筋配料单是确定钢筋下料加工的依据，是提出材料计划、签发任务单和限额领料单的依据，它是钢筋施工的重要工序，合理的配料单，能节约材料、简化施工操作。

（2）配料单的形式。钢筋配料单一般是由构件名称、钢筋编号、钢筋简图、尺寸、钢号、数量、下料长度及重量等内容组成。某办公楼钢筋混凝土简支梁 L1 的配料单形式见表 3.6。

表 3.6　　　　　　　　　　　　　　　钢 筋 配 料 单

构件名称	钢筋编号	简　图	直径/mm	钢号	下料长度/m	单位根数	合计根数	重量/kg
某办公楼 L1 梁共 5 根	1	⌐—5950—⌐	18	Φ	6.18	2	10	123.5
	2	⌐—5950—⌐	10	Φ	6.07	2	10	37.5
	3	4400　566　375	18	Φ	6.48	1	5	64.7
	4	3400　566　875	18	Φ	6.48	1	5	64.7
	5	150　400	6	Φ	1.25	31	155	43.1
备　注		合计 Φ6＝43.1kg，Φ10＝37.5kg，Φ18＝252.9kg						

（3）编制步骤。

1）熟悉图纸、识读构件配筋图，弄清每一编号钢筋的直径、规格、种类、形状和数量，以及在构件中的位置和相互关系。

2）绘制钢筋简图。

3）计算每种规格的钢筋下料长度。

4）填写钢筋配料单。

5）填写钢筋料牌。

3.1.2.3 标牌与标识的制作

钢筋除填写配料单外，还需将每一编号的钢筋制作相应的标牌与标识，也即料牌，作为钢筋加工的依据，并在安装中作为区别工程项目的标志。

钢筋料牌的形式如图 3.5 所示。

【例 3.1】 试编写某教学楼钢筋混凝土简支梁 L1（图 3.6）的钢筋配料单和料牌。

解：（1）绘出各种钢筋简图并求其下

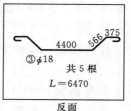

图 3.5　钢筋料牌

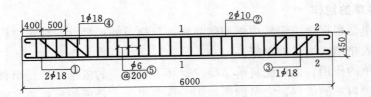

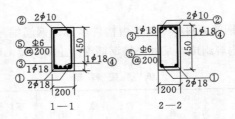

图 3.6 某教学楼钢筋混凝土简支架 L1

料长度（表 3.7）。

表 3.7 　　　　　　　　　　　箍 筋 下 料 长 度 表

编号	钢筋种类	简　图	弯钩类型	下 料 长 度
1	HPB300 级		180°/180°	$a+2b+17.9d(a+2b)+(6-2\times2.29+2\times8.25)d$
2			180°/90°	$2a+2b+15.6d(2a+2b)+(8-3\times2.29+8.25+6.2)d$
3			90°/90°	$2a+2b+13.5d(2a+2b)+(8-3\times2.29+2\times6.2)d$
4			135°/135°	$2a+2b+25.1d(2a+2b)+(8-3\times2.29+2\times12)d$
5	HRB335 级			$a+2b-0.6d(a+2b)+(4-2\times2.29)d$
6			90°/90°	$2a+2b+13.5d(2a+2b)+(8-3\times2.29+2\times6.2)d$

注　1. 表中 a、b 均为箍筋内皮尺寸。

　　2. 表中弯曲直径 d 的取值同表 3.3。

①号钢筋：钢筋下料长度＝构件长－两端保护层厚度＋两端弯钩增加长度。

$$6000-25\times2+2\times6.25\times18=6175(\text{mm})$$

②号钢筋：$6000-25\times2+2\times6.25\times10=6075(\text{mm})$。

③号钢筋：钢筋下料长度＝直段长度＋斜段长度－弯曲调整值＋两端弯钩增加长度。

其中，端部平直段长＝$400-25=375(\text{mm})$。

中间直段长度＝$6000-2×25-2×375-2×400=4400$(mm)。

斜段长度＝$(450-2×25)×1.414=566$(mm)。

弯曲调整值＝$2×0.67×18=24.12$(mm)（按表 3.4 计算，45°）。

故下料长度＝$2×375+4400+2×566-24.12+2×6.25×18=6483$(mm)。

④号钢筋：端部平直段长＝$900-25=875$(mm)。

中间直段长度＝$6000-2×25-2×875-2×400=3400$(mm)。

斜段长度＝566(mm)。

弯曲调整值＝$2×0.67×18=24.12$(mm)。

故下料长度＝$2×875+3400+2×566-24.12+2×6.25×18=6483$(mm)。

⑤号钢筋（箍筋）：下料长度＝$(400+150)×2+25.1×6=1250$(mm)。（按表 3.5 计算）。

（2）计算箍筋数量。

$$(600-2×25)/200+1=31（个）$$

（3）编制和填写配料单，见表 3.7。

（4）写钢筋料牌，图 3.5 中仅以③号钢筋为例，其余同此。

【例 3.2】　计算某住宅楼楼梯配筋下料，如图 3.7 所示。

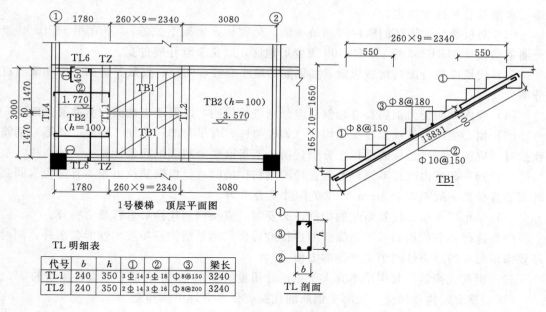

图 3.7　某住宅楼楼梯配筋

解：图中两个 TB1 中各钢筋下料计算长度：保护层厚度 20mm。

$$\cos\theta=(2340+240×2)÷[(2340+240×2)^2+1650^2]^{1/2}=0.863$$

①号钢筋：钢筋单根长度＝$(550+240-20)÷0.863+100-20×2-2d×2=920$(mm)。

　　　　　根数＝$[(1470-120)÷150+1]×2×2=40$

②号钢筋：钢筋单根长度＝$(2340+240×2)÷0.863+6.25d×2=3393$(mm)。

　　　　　根数＝$[(1470-120)÷150+1]×2=20$

③号钢筋：钢筋单根长度＝1470＋240－20×2＋6.25d×2＝1770(mm)。

根数＝[(2340÷0.863)÷180＋1]×2＝32

楼梯钢筋配料单的制作见表3.8。

表 3.8 楼 梯 钢 筋 配 料 单

编号	简　　图	钢号	直径/mm	下料长度/mm	单位根数	合计/m	重量/kg
①	60 ⌐892¬ 60	Φ	8	920	40	35.6	14.1
②	⌐3277⌐	Φ	10	3393	20	67.9	41.9
③	⌐1670⌐	Φ	8	1770	32	56.6	22.4

3.1.3 钢筋的代换

3.1.3.1 普通钢筋代换

1. 代换原则

（1）充分了解设计意图、构件特征、使用条件和代换钢筋性能，严格遵守现行设计、施工规范及有关技术规定。

（2）对抗裂性要求高的构件（如吊车梁、薄腹梁、桁架下弦等），不宜用 HPB300 级光面钢筋代换 HRB335 级、HRB400 级变形钢筋，以免裂缝开展过宽。

（3）代换应符合配筋构造规定（如钢筋的最小直径、间距、根数、锚固长度和配筋百分率）。

（4）梁内纵向受力钢筋与弯起钢筋应分别进行代换，以保证正截面与斜截面强度。

（5）偏心受压构件或偏心受拉构件（如框架柱、有吊车的厂房柱、桁架上弦等）钢筋代换时，应按受面（受压或受拉）分别代换，不得取整个截面配筋量计算。

（6）同一截面内配置不同种类和直径的钢筋代换时，每根钢筋拉力差不宜过大（同品种钢筋直径差一般不大于 5mm），以免构件受力不匀。

（7）吊车梁等承受反复荷载的构件，必要时，应在钢筋代换后进行疲劳验算。

（8）进行钢筋代换的效果，除应考虑代换后仍能满足结构各项技术性能要求外，同时还要保证材料的经济性和加工操作的方便。

（9）钢筋代换后，其用量不宜大于原设计用量的 5%，也不宜低于原设计用量的 2%。

（10）重要结构和预应力混凝土钢筋的代换应征得设计单位同意。

2. 等强度代换

钢筋等强度代换可采用下式计算：

$$n_2 \geqslant \frac{n_1 d_1^2 f_{y1}}{d_2^2 f_{y2}} \tag{3.4}$$

式中　n_2——代换钢筋根数；

n_1——原设计钢筋根数；

d_2——代换钢筋直径，mm；

d_1——原设计钢筋直径，mm；

f_{y2}——代换钢筋抗拉强度设计值（表3.9）；

f_{y1}——原设计钢筋抗拉强度设计数。

上式有两种特例：

（1）设计强度相同、直径不同的钢筋代换。

$$n_2 \geqslant n_1 \frac{d_1^2}{d_2^2} \qquad\qquad (3.5)$$

（2）直径相同、强度设计值不同的钢筋代换。

$$n_2 \geqslant n_1 \frac{f_{y1}}{f_{y2}} \qquad\qquad (3.6)$$

表 3.9　　　　　　　　　　　　钢筋强度设计值　　　　　　　　　　单位：N/mm²

项次	钢筋种类		符号	抗拉强度设计值 f_y	抗压强度设计值 f_y'
1	热轧钢筋	HPB300	Φ	270	270
		HRB335	Φ	300	300
		HRB400	Φ	360	360
		RRB400	ΦR	360	360
2	冷轧带肋钢筋	CRB550	ΦR	360	360
		CRB650	ΦR	430	380
		CRB800	ΦR	530	380

3. 等面积代换

当构件按最小配筋控制时，可按钢筋面积相等的方法进行代换。

即　　　　　　　　　　　　$$A_{s1} = A_{s2} \qquad\qquad (3.7)$$

或　　　　　　　　　　　　$$n_1 d_1^2 = n_2 d_2^2 \qquad\qquad (3.8)$$

式中　A_{s1}、n_1、d_1——原设计钢筋的计算截面面积（mm²）、根数、直径（mm）；

　　　　A_{s2}、n_2、d_2——拟代换钢筋的计算截面面积（mm²）、根数、直径（mm）。

4. 抗裂度、挠度验算

当结构构件按裂缝宽度或挠度控制时（如水池、水塔、贮液罐、承受水压作用的地下室墙、烟囱、贮仓、重型吊车梁及屋架、托架的受拉构件等的钢筋代换），如用同品种粗钢筋等强度代换细钢筋，或用光面钢筋代替变形钢筋，应按《混凝土结构设计规范》（GB 50010—2010）重新验算裂缝宽度，如代换后钢筋的总截面面积减小，应同时验算裂缝宽度和挠度。

3.1.3.2　单位长度和重量计算

1m 长钢筋的体积按下式计算：

$$V = \frac{\pi d^2}{4} \times 1000 = 250\pi d^2 \qquad\qquad (3.9)$$

1m 长钢筋的重量：

$$G = 7850 \times 10^{-9} \times 250\pi d^2 = 0.006165 d^2 \qquad\qquad (3.10)$$

式中　　　V——1m 长钢筋的体积；

π——圆周率，取 3.1416；

d——钢筋直径，mm；

G——单位长度钢筋的重量，kg；

7850×10^{-9}——钢材的密度，kg/mm^3。

根据式（3.10）算出的各种规格钢筋重见表 3.10。对于长度大于 9m 的，按 10 倍、100 倍、……从表中取值。

表 3.10 　　　　　　　　　 钢 筋 重 表 　　　　　　　　 单位：kg

钢筋长度/m 钢筋直径/mm	钢筋 长 度/m								
	1	2	3	4	5	6	7	8	9
4	0.099	0.198	0.297	0.396	0.495	0.594	0.693	0.792	0.891
5	0.154	0.308	0.462	0.616	0.77	0.924	1.078	1.232	1.386
6	0.222	0.444	0.666	0.888	1.11	1.332	1.554	1.776	1.998
8	0.395	0.79	1.185	1.58	1.795	2.37	2.765	3.16	3.555
9	0.499	0.998	1.497	1.996	2.495	2.994	3.493	3.992	4.491
10	0.617	1.234	1.851	2.468	3.085	3.702	4.319	4.936	5.553
12	0.888	1.776	2.664	3.552	4.44	5.328	6.216	7.104	7.992
14	1.21	2.42	6.36	4.84	6.05	7.26	8.47	9.68	10.89
16	1.58	3.16	4.74	6.32	7.9	9.48	11.06	12.64	14.28
18	2	4	6	8	10	12	14	16	18
20	2.47	4.94	7.41	9.88	12.35	14.82	17.29	19.76	22.23
22	2.98	5.96	8.94	11.92	14.9	17.88	20.86	23.84	26.82
25	3.85	7.7	11.55	15.4	19.25	23.1	26.95	30.8	34.65
28	4.83	9.66	14.49	19.32	24.15	28.98	33.81	38.64	43.47
32	6.31	12.62	18.93	25.24	31.55	37.86	44.17	50.48	56.79
36	7.99	15.98	23.97	31.96	39.95	47.94	55.93	63.92	71.91
40	9.87	19.74	29.61	39.48	49.35	59.22	69.09	78.96	88.83

任务 3.2 　钢 筋 的 加 工

3.2.1　钢筋加工机具的选择

3.2.1.1　钢筋调直机具

钢筋工程中对直径小于 12mm 的线材盘条，要展开调直才可进行加工制作；对大直径的钢筋，要在其焊调直后检验其焊接质量。这些工作一般都要通过冷拉设备完成。

钢筋的冷拉设备由卷扬机、滑轮组、冷拉小车、夹具、地锚等组成，如图 3.8 所示。

工程中，对钢筋的调直亦可通过调直机进行，目前调直机已发展成多功能机械，有除锈、调直及切断三项功能，对小钢筋可以一次完成。

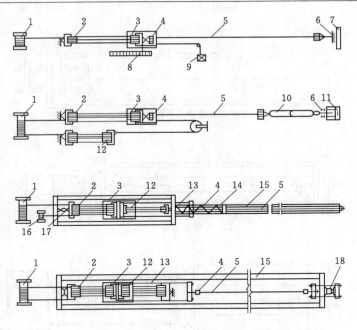

图 3.8　卷扬机冷拉钢筋设备工艺布置示意图

1—卷扬机；2—滑轮组；3—冷拉小车；4—钢筋夹具；5—钢筋；6—地锚；7—防护壁；8—标尺；
9—回程荷重架；10—连接杆；11—弹簧测力器；12—回程滑轮组；13—传力架；14—钢压柱；
15—槽式台座；16—回程卷扬机；17—电子秤；18—液压千斤顶

钢筋工程中，常见的调直机的型号可见表 3.11。

表 3.11　　　　　　　　　　　钢 筋 调 直 机

型　　号	钢筋调直直径/mm	钢筋调直速度/(m/min)	电动机功率/kW
$GT_4 \times 8B$	4～8	40	3
$GT_4 \times 8$	4～8	40	3
$GT_4 \times 10$	4～10	40	3

采用液压千斤顶的冷拉装置如图 3.9 所示，其中图 3.9（c）、（d）使用长冲程液压千斤顶，其自动化程度及生产效率较高。

3.2.1.2　钢筋切断机具

目前工程中常用钢筋切断机械的型号有 GJ5 - 40 型、QJ40 - 1 型、GJ5Y - 32 型 3 种，其主要性能见表 3.12。

表 3.12　　　　　　　　　　　钢筋切断机技术性能

机械型号	切断直径/mm	外形尺寸/mm	功率/kW	重量/kg
GJ5 - 40	6～10	1770×685×828	7.5	950
QJ40 - 1	6～40	1400×600×780	5.5	450
GJ5Y - 32	8～32	889×396×398	3.0	145

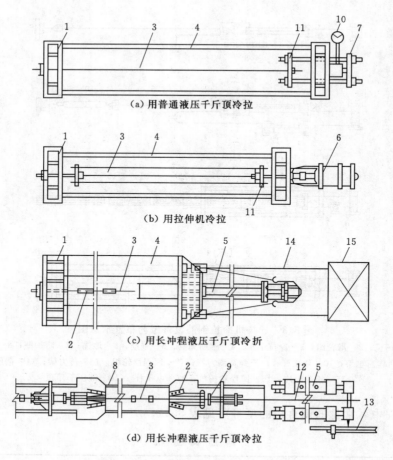

（a）用普通液压千斤顶冷拉

（b）用拉伸机冷拉

（c）用长冲程液压千斤顶冷折

（d）用长冲程液压千斤顶冷拉

图 3.9　用液压千斤顶的冷拉装置

1—横梁；2—夹具；3—钢筋；4—台座压柱或预制构件；5—长冲程液压千斤顶（活塞行程 1.0～1.4m）；

6—拉伸机；7—普通液压千斤顶；8—"工"字钢轨道；9—油缸；10—压力表；11—传力架；

12—拉杆；13—充电计算装置；14—钢丝绳；15—荷重架

切断机在使用时需注意以下几点：

（1）开机前要先检查机器各部结构是否正常——刀片是否牢固，电动机、齿轮等传动机构有无杂物，检查后确定安全正常才可开机。

（2）钢筋放入时要和切断机刀口垂直，钢筋要摆正摆直。

（3）切忌超载。不能切断超过刀片硬度的钢材。

（4）工作完毕必须切断电源，锁上电源箱。

3.2.1.3　钢筋成型机具

工程实践中，对 $\phi10$ 以下钢筋多由人工在操作台上进行弯勾、弯曲、钢箍等弯曲操作。对 $\phi12$ 及以上直径的钢筋均用机械成型，该机械一般由传动部分、机架和工作台三部分组成。常用的弯曲机有 GJ7-40、WJ40-1 等型号，其弯曲直径为 12～40mm，功率约 2.8kW。不同的生产厂生产弯曲机的外形尺寸和机重亦不尽相同。

弯曲机在使用时需注意以下几点：

（1）弯曲操作前应充分了解工作盘的速度和允许弯曲钢筋直径的范围，可先试弯一根钢筋，摸索一下规律，然后根据曲度大小来控制开关。

（2）正式大量弯曲成型前，应检查机械的各部件、油杯以及涡轮箱内的润滑油是否充足。并进行空载运转，待试运转正常后，再正式操作。

（3）不允许在运转过程中更换心轴，成型轴也不要在运转过程中加油或清扫。

（4）弯曲机要有地线接地，电源安装在闸刀开关上。

（5）每次工作完毕，要及时清除工作盘及插座内的铁屑及杂物等。

3.2.1.4 手工弯曲工具

在缺机具设备条件下，可采用手摇扳手弯制细钢筋，用卡盘与扳头弯制粗钢筋。手动弯曲工具的尺寸，见表 3.13 和表 3.14。

表 3.13　　　　　　　　　手 摇 扳 手 主 要 尺 寸　　　　　　　单位：mm

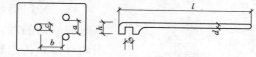

钢筋	a	b	c	d
$\phi6$	500	18	16	16
$\phi8\sim\phi10$	600	22	18	20

表 3.14　　　　　　　卡盘与扳头（横口扳手）主要尺寸　　　　　单位：mm

钢筋	卡盘			扳头			
	a	b	c	d	e	h	l
$\phi12\sim\phi16$	50	80	20	22	18	40	1200
$\phi18\sim\phi22$	65	90	25	28	24	50	1350
$\phi25\sim\phi32$	80	100	30	38	34	76	2100

3.2.2 钢筋的除锈、调直及切断

3.2.2.1 钢筋除锈

工程中钢筋的表面洁净，以保证钢筋与混凝土之间的握裹力。钢筋上的油漆、漆污和用锤敲击时能剥落的乳皮、铁锈等应在使用前清除干净。带有颗粒状或片状老锈的钢筋不得使用。

（1）钢筋除锈的几种方法。

1）手工除锈，即用钢丝刷、砂轮等工具除锈。

2）钢筋冷拉或钢丝调直过程中除锈。

3）机械方法除锈，如采用电动除锈机。

4）喷砂或酸洗除锈。

（2）对大量的钢筋除锈，可通过钢筋冷拉或钢筋调直机调直过程中完成；少量的钢筋除锈可采用电动除锈机或喷砂方法；钢筋局部除锈可采取人工用钢丝刷或砂轮等方法进行。亦可将钢筋通过砂箱往返搓动除锈。

（3）电动除锈的圆盘钢丝刷有成品供应（也可用废钢丝绳头拆开编成）直径20～30cm、厚5～15cm，转速1000r/min，电动机功率为1.0～1.5kW。

（4）如除锈后钢筋表面有严重麻坑、斑点等已伤蚀截面时，应降级使用或剔除不用，带有蜂窝状锈迹的钢丝不得使用。

3.2.2.2 钢筋调直

钢筋调直分人工调直和机械调直两类。人工调直可分为绞盘调直（多用于12mm以下的钢筋、板柱）、铁柱调直（用于粗钢筋）、蛇形管调直（用于冷拔低碳钢丝）。机械调直常用的有钢筋调直机调直（用于冷拔低碳钢丝和细钢筋）、卷扬机调直（用于粗细钢筋）。钢筋调直的具体要求如下。

（1）对局部曲折、弯曲或成盘的钢筋，应加以调直。

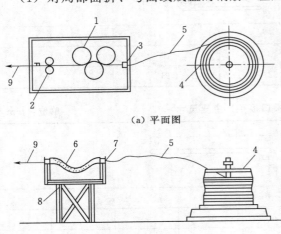

（a）平面图

（b）侧面图

图3.10　导轮和蛇形管调直装置

1—辊轮；2—导轮；3—旧拔丝模；4—盘条架；
5—细钢筋或钢丝；6—蛇形管；7—旧滚珠轴承；
8—支架；9—人力牵引

（2）钢筋调直普遍使用慢速卷扬机拉直和用调直机调直，在缺乏调直设备时，粗钢筋可采用弯曲机、平直锤或用卡盘、扳手、锤击矫直；细钢筋可用绞盘（磨）拉直或用导车轮、蛇形管调直装置来调直（图3.10）。

（3）采用钢筋调直机调直冷拔低碳钢丝和细钢筋时，要根据钢筋的直径选用调直模和传送辊，并要恰当掌握直模的偏移量和压紧程度。

（4）用卷扬机拉直钢筋时，应注意控制冷拉率；HPB300级钢筋不宜大于4%；HRB335、HRB400级钢筋不准采用冷拉钢筋的结构，不宜大于1%。用调直机调直钢丝和用锤击法平直粗钢筋时，表面伤痕不应使截面积减少5%以上。

（5）调直后的钢筋平直，无局部曲折；冷拔低碳钢丝表面不得有明显擦伤。应当注意：冷拔低碳钢丝调直机调直后，其抗拉强度一般要降低10%～15%，使用前要加强检查，按调直后的抗拉强度选用。

（6）已调直的钢筋应按级别、直径、长短、根数分扎成若干扎，分区堆放整齐。

3.2.2.3 钢筋切断

钢筋切断分为机械切断和人工切断两种。机械切断常用钢筋切断机，操作时要保证断料正确，钢筋与切断机口要垂直，并严格执行操作规程，确保安全。在切断过程中，如发现钢筋有劈裂、缩头或严重的弯头，必须切除。手工切断常用手动切断机（用于直径

16mm 以下的钢筋），克子（又称踏扣，用于直径 6～32mm 的钢筋）、断线钳（用于钢丝）等几种工具。切断操作应注意以下几点。

（1）钢筋切断应合理统筹配料，将相同规格钢筋根据不同长短搭配，统筹排料，一般先断长料，后断短料，以减少短头、接头和损耗。避免用短尺量长料，以免产生累积误差；切断操作时，应在工作台上标出尺寸刻度并设置控制断料尺寸用的挡板。

（2）向切断机送料时，应将钢筋摆直，避免弯成弧形，操作者应将钢筋握紧，并应在冲动刀片向后退时送进钢筋；切断长度 300mm 以上钢筋时，应将钢筋套在钢管内送料，防止发生事故。

（3）操作中，如发现钢筋硬度异常（过硬或过软），与钢筋级别不相称时，应考虑对该批钢筋进一步检验；热处理预应力钢筋切断时，只允许用切断机或氧乙炔割断，不得用电弧切割。

（4）切断后的钢筋断口不得有马蹄形或起弯等现象；钢筋长度偏差不应大于 ±10mm。

3.2.3 钢筋的弯曲成型

弯曲成型是将已切断、配好的钢筋按照施工图纸的要求加工成规定的形状尺寸。钢筋弯曲成型的顺序是：准备工作→画线→样件→弯曲成型。弯曲分为人工弯曲和机械弯曲两种。

3.2.3.1 准备工作

（1）配料单的制备。配料单是钢筋加工的凭证和钢筋成型质量的保证，配料单内包括钢筋规格、式样、根数以及下料长度等内容，主要按施工图上的钢筋材料表抄写，但是应注意：下料长度一栏必须由配料人员算好填写，不能照抄材料表上的长度。钢筋材料表中各号钢筋的长度是各分段长度累加起来的，配料单中钢筋长度是操作需用的实际长度，要考虑弯曲调整值，计算成为下料长度。

（2）料牌。用木板或纤维板制成，将每一编号钢筋的有关资料：工程名称、图号、钢筋编号、根数、规格、式样以及下料长度等写注于料牌的两面，以便随着工艺流程一道工序一道工序地传送，最后将加工好的钢筋系上料牌。

3.2.3.2 画线

在弯曲成型之前，除应熟悉待加工钢筋的规格、形状和各部尺寸，确定弯曲操作步骤及准备工具等之外，还需将钢筋的各段长度尺寸画在钢筋上。

精确画线的方法是，大批量加工时，应根据钢筋的弯曲类型、弯曲角度、弯曲半径、扳距等因素，分别计算各段尺寸，再根据各段尺寸分段画线。这种画线方法比较繁琐。现场小批量的钢筋加工，常采用简便的画线方法：即在画钢筋的分段尺寸时，将不同角度的弯折量度差在与弯操作方向相反的一侧长度内扣除，画上分段尺寸线，这条线称为弯曲点线。根据弯曲点线并按规定方向弯曲后得到的成型钢筋，基本与设计图要求的尺寸相符。

现以梁中弯起钢筋为例，说明弯曲点线的画线方法，如图 3.11 所示。

第一步，在钢筋的中心线画第一道线。

第二步，取中段（3400mm）的 1/2 减去 $0.25d_0$，即在 $1700-4.5=1695$（mm）处画第二道线。

第三步，取斜长（566mm）减去 $0.25d_0$，即在 $566-4.5=561$（mm）处画第三道线。

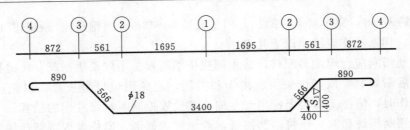

图 3.11　弯起钢筋计算例图

第四步，取直段长（890mm）减去 $1d_0$，即在 $890-18=872$（mm）处画第四道线。

以上各线段即钢筋的弯曲点线，弯制钢筋时即按这些线段进行弯制。弯曲角度需在工作台上放出大样。需说明的一点是，画线时所减去的值应根据钢筋直径和弯折角度具体确定，此处所取值仅为便于说明。

弯制形状比较简单或同一形状根数较多的钢筋，可以不画线，而在工作台上按各段尺寸要求，固定若干标志，按标准操作，此法工效高。

3.2.3.3　做样件

弯曲钢筋画线后，即可试弯一根，以检查画线的结果是否符合设计要求。如不符合，应对弯曲顺序、画线、弯曲标志、扳距等进行调整，待调整合格后方可成批弯制。

3.2.3.4　弯曲成型

1. 手工弯曲成型

为了保证钢筋弯曲形状正确，弯曲弧准确，操作时扳手部分不碰扳柱，扳手与扳柱间应保持一定距离，一般扳手与扳柱之间的距离，可参考表 3.15 所列的数值来确定。

表 3.15　　　　　　　　　　　　扳手与扳柱之间的距离

弯曲角度	45°	90°	135°	180°
扳距	$(1.5\sim2)d_0$	$(2.5\sim3)d_0$	$(3\sim3.5)d_0$	$(3.5\sim4)d_0$

扳距、弯曲点线和扳柱的关系如图 3.12 所示。弯曲点线在扳柱钢筋上的位置为弯 90°以内的角度时，弯曲点线可与扳柱外缘持平。当弯 135°～180°时，弯曲点线距扳柱边缘的距离约为 $1d_0$。

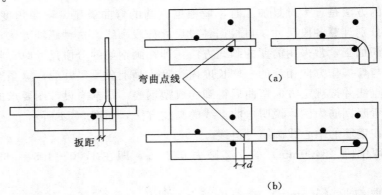

图 3.12　扳距、弯曲点线和扳柱的关系

手工弯曲操作时需注意以下几点：

（1）弯制钢筋时，扳手一定要托平，不能上下摆，以免弯出的钢筋产生翘曲。

（2）操作电动机注意放正弯曲点，搭好扳手，注意扳距，以保证弯制后的钢筋形状，尺寸准确。起弯时用力要慢，防止扳手脱落；结束时要平稳，掌握好弯曲位置，防止弯过头或弯不到位。

（3）不允许在高空或脚手扳上弯制粗钢筋，避免因弯制钢筋脱扳而造成坠落事故。

（4）在弯曲配筋密集的构件钢筋时，要严格控制钢筋各段尺寸及起弯角度，每种编号钢筋应试弯一根，安装合适后再成批生产。

2. 机械弯曲成型

普遍通用的 GW40 型钢筋弯曲机的俯视图如图 3.13 所示。

更换传动轮，可使工作盘得到三种转速，弯曲直径较大的钢筋必须使转速放慢，以避免损坏设备。在不同转速的情况下，一次最多能弯曲的钢筋根数按其直径的大小应按弯曲机的说明书执行。弯曲机的操作过程如图 3.14 所示。

钢筋弯曲机操作要点如下。

（1）对操作人员进行岗前培训和岗位教育，严格执行操作规程。

（2）操作前要对机械各部件进行全面检查以及试运转，并查点齿轮、轴套等设备是否齐全。

图 3.13　机械弯曲机的俯视图

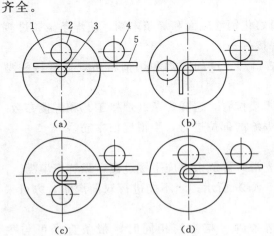

图 3.14　弯曲机的操作过程

1—工作盘；2—成型轴；3—心轴；4—挡铁轴；5—钢筋

（3）要熟悉倒顺开关的使用方法以及所控制的工作盘旋转方向，使钢筋的放置与成型轴、挡铁轴的位置相应配合。

（4）使钢筋弯曲机时，应先做试弯以摸索规律。

（5）钢筋在弯曲机上进行弯曲时，其形成的圆弧弯曲直径是借助于心轴直径实现的，因此要根据钢筋粗细和所要求的圆弧弯曲直径大小随时更换轴套。

（6）为了适应钢筋直径和心轴直径的变化，应在成型轴上加一个偏心套，以调节心轴、钢筋和成型轴三者之间的间隙。

（7）严禁在机械运转过程中更换心轴、

成型轴、挡铁轴，或进行清扫、注油。

（8）弯曲较长的钢筋应有专人帮助扶持，帮助人员应听从指挥，不得任意推送。

任务 3.3 钢筋接头的连接

3.3.1 钢筋的焊接连接

3.3.1.1 焊接方法的选择

目前普遍采用的焊接方法有：电弧焊、闪光对焊、电渣压力焊、电阻点焊、气压焊、窄间隙电弧焊、预埋件钢筋埋弧压力焊等。各种焊接方法简介如下。

（1）钢筋电弧焊。以焊条作为一极，钢筋为另一级，利用焊接电流通过产生的电弧热进行焊接的一种熔焊方法。

（2）钢筋闪光对焊。将两钢筋安放成对接形式，利用电阻热使接触点金属熔化，产生强烈飞溅，形成闪光，迅速施加顶锻力完成的一种压焊方法。

（3）钢筋电渣压力焊。将两钢筋安放成竖向对接形式，利用焊接电流通过两钢筋端面间隙，在焊剂层下形成电弧过程和电渣过程，产生电弧热和电阻热，熔化钢筋，加压完成的一种压焊方法。

（4）钢筋电阻点焊。将两钢筋安放成交叉叠接型式，压紧于两电极之间，利用电阻热熔化母材金属，加压形成焊点的一种压焊方法。

（5）钢筋气压焊。采用氧乙炔火焰或其他火焰对两钢筋对接处加热，使其达到塑性状态（固态）或熔化状态（熔态）后，加压完成的一种压焊方法。

（6）钢筋窄间隙电弧焊。将两钢筋安放成水平对接形式，并置于铜模内，中间留有少量间隙，用焊条从接头根部引弧，连续向上焊接完成的一种电弧方法。

（7）预埋件钢筋埋弧压力焊。将钢筋与钢板安放成 T 形接头型式，利用焊接电流通过，在焊接层下产生电弧，形成熔池，加压完成的一种焊接方法。

3.3.1.2 电弧焊

电弧焊是利用电弧产生的高温，集中热量熔化钢筋端面和焊条末端，使焊条金属过渡到熔化的焊缝内，金属冷却凝固后，便形成焊接接头。

（1）钢筋电弧焊包括帮条焊、搭接焊、坡口焊、窄间隙焊和熔槽帮条焊 5 种接头型式。焊接时，应符合下列要求。

1）应根据钢筋牌号、直径、接头型式和焊接位置，选择焊条、焊接工艺和焊接参数。

2）焊接时，引弧应在垫板、帮条或形成焊缝的部位进行，不得烧伤主筋。

3）焊接地形与钢筋应接触紧密。

4）焊接过程中应及时清渣，焊缝表面应光滑，焊缝余高应平缓过渡，弧坑应填满。

（2）帮条焊时，宜采用双面焊，如图 3.15（a）所示；当不能进行双面焊时，方可采用单面焊，如图 3.15（b）所示。

帮条长度 l 应符合表 3.16 的规定。当帮条牌号与主筋相同时，帮条直径可与主筋相同或小一个规格；当帮条直径与主筋相同时，帮条牌号可与主筋相同或低一个牌号。

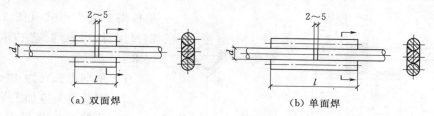

（a）双面焊　　　　　　　（b）单面焊

图 3.15　钢筋帮条焊接头（单位：mm）

表 3.16　　钢 筋 帮 条 长 度

钢筋牌号	焊缝型式	帮条长度 l
HPB300	单面焊	≥8d
	双面焊	≥4d
HRB335 HRB400 RRB400	单面焊	≥10d
	双面焊	≥5d

注　d 为主筋直径，mm。

（3）搭接焊时，宜采用双面焊，如图 3.16（a）所示。当不能进行双面焊时，方可采用单面焊，如图 3.16（b）所示。

（4）帮条焊接头或搭接焊接头的焊缝厚度 s 不应小于主筋直径的 0.3 倍，焊缝宽度 b 不应小于主筋直径 d 的 0.8 倍，如图 3.17 所示。

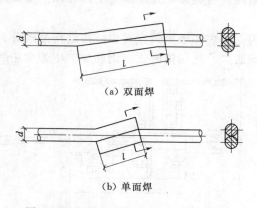

（a）双面焊

（b）单面焊

图 3.16　钢筋搭接焊接头（单位：mm）

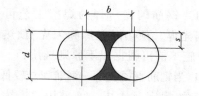

图 3.17　焊缝尺寸示意图（单位：mm）

（5）帮条焊或搭接焊时，钢筋的装配和焊接应符合下列要求。

1）帮条焊时，两主筋端面的间隙应为 2～5mm。

2）搭接焊时，焊接端钢筋应预弯，并应使两钢筋的轴线在同一直线上。

3）帮条焊时，帮条与主筋之间应用四点定位焊固定；搭接焊时，应用两点固定；定位焊缝与帮条端部或搭接端部的距离宜不小于 20mm。

4）焊接时，应在帮条焊或搭接焊形成焊缝中引弧；在端头收弧前应填满弧坑，并应使主焊缝与定位焊缝的始端和终端熔合。

（6）熔槽帮条焊适用于直径 20mm 及以上钢筋的现场安装焊接。焊接时应加角钢作

81

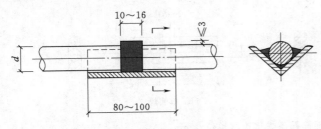

图 3.18 钢筋熔槽帮条焊接头

垫板模。接头形式（图 3.18）、角钢尺寸和焊接工艺应符合下列要求。

1）角钢边长宜为 40～60mm。

2）钢筋端头应加工平整。

3）从接缝处垫板引弧后应连续施焊，并应使钢筋端部熔合，防止未焊透、气孔或夹渣。

4）焊接过程中应停焊清渣 1 次；焊平后，再进行焊缝余高的焊接，其高度不得大于 3mm。

5）钢筋与角钢垫之间，应加焊侧面焊缝 1～3 层，焊缝应饱满，表面应平整。

3.3.1.3 闪光对焊

闪光对焊是两根钢筋沿着整个接触端面熔焊连接的方法。它适用于水平钢筋非施工现场连接。闪光对焊工艺对钢筋面要求不严格，可以免去钢筋端面磨平工序，因而简化了操作，提高了工效。由于在闪光时接触面积小，接触点电流密度大，热量集中，加热迅速，所以热影响区小，接头质量好；又因采用了预热方法，在较小功率的对焊机上能焊接较大截面的钢筋，所以闪光对焊是目前普遍采用的焊接方法。

1. 对焊机械的选用

对焊机是利用电流通过焊件时产生的电阻热作为热源，并施加一定压力而使金属焊合的电阻焊机。

对焊机按焊接方式分为电阻对焊、连续闪光对焊和预热闪光对焊。按结构型式分为弹簧顶锻式、杠杆挤压弹簧顶锻式、电动凸轮顶锻式、气压顶锻式。钢筋加工中最常用的是 UN1 - 75 型手动对焊机，如图 3.19 所示。

2. 对焊工艺的选择

（1）钢筋闪光对焊的焊接工艺可分为连续闪光焊、预热闪光焊和闪光-预热闪光焊等，施工前可根据以下原则选用：

1）当钢筋直径较小，钢筋牌号较低，在表 3.17 的规定范围内，可采用"连续闪光焊"。

2）当超过表 3.17 规定，且钢筋端面较平整，宜采用"预热闪光焊"。

3）当超过表 3.17 规定，且钢筋端面不平整，应采用"闪光-预热闪光焊"。

（2）现将 3 种闪光焊工艺简介如下：

1）连续闪光焊。连续闪光焊的工艺过程包括连续闪光和顶锻过程，如图 3.20 （a）所示。施焊时，先闭合一次电路，使

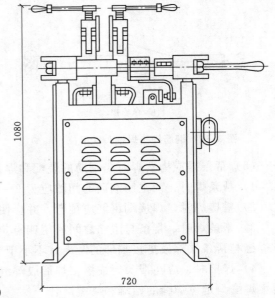

图 3.19　UN1 - 75 型手动对焊机

两根钢筋端面轻微接触，此时端面的间隙中即喷射出火花般熔化的金属微粒——闪光，接着徐徐移动钢筋使两端面仍保持轻微接触，形成连续闪光。当闪光到预定的长度，使钢筋端头加热到将近熔点时，就以一定的压力迅速进行顶锻。先带电顶锻，再无电顶锻到一定长度，焊接接头即告完成。连续闪光焊所能焊接的钢筋上限直径，应根据焊机容量、钢筋牌号等具体情况而定，并应符合表 3.17 的规定。

表 3.17   连续闪光焊钢筋上限直径

焊机容量/(kV·A)	钢筋牌号	钢筋直径/mm
160（150）	HPB300	20
	HRB335	22
	HRB400	20
	RRB400	20
100	HPB300	20
	HRB335	18
	HRB400	16
	RRB400	16
80（75）	HPB300	16
	HRB335	14
	HRB400	12
	RRB400	12
40	HPB300	10
	Q235	
	HRB335	
	HRB400	
	RRB400	

2）预热闪光焊。预热闪光焊是在连续闪光焊前增加一次预热过程，以扩大焊接热影响区。其工艺过程包括预热、闪光和顶锻过程，如图 3.20（b）所示。施焊时先闭合电源，然后使两根钢筋端面交替地接触和分开，这时钢筋端面的间隙中即发出断续的闪光，而形成预热过程。当钢筋达到预热温度后进入闪光阶段，随后顶锻而成。

3）闪光-预热闪光焊。闪光-预热闪光焊是在预热内光焊前加一次闪光过程，目的是使不平整的钢筋端面烧化平整，使预热均匀。其工艺过程包括：一次闪光、预热、二次闪光及顶锻过程，如图 3.20（c）所示。施焊时首先连续闪光，使钢筋端部闪平，然后同预热闪光焊。

3. 工艺要点

（1）闪光对焊时，应选择合适的调伸长度、烧化留量、顶锻留量以及变压器级数等焊接参数。连续闪光焊时的留量应包括烧化留量、有电顶锻留量和无电顶锻留量；闪光-预热闪光焊时的留量应包括：一次烧化留量、预热留量、二次烧化留量、有电顶锻留量和无电顶锻留量。

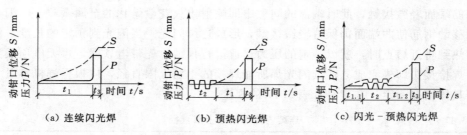

（a）连续闪光焊　　　　（b）预热闪光焊　　　　（c）闪光－预热闪光焊

图 3.20　钢筋闪光以焊工艺过程图解

t_1—闪光时间；$t_{1.1}$—二次闪光时间；$t_{1.2}$—二次闪光时间；

t_2—预热时间；t_3—顶锻时间

（2）变压器级数应根据钢筋牌号、直径、焊机容量以及焊接工艺方法等具体情况选择。

（3）HRB400 钢筋闪光对焊时，与热轧钢筋比较，应减小调伸长度，提高焊接变压器级数，缩短加热时间，快速顶锻，形成快热快冷条件，使热影响区长度控制在钢筋直径的 0.6 倍范围之内。

（4）HRB500 钢筋焊接时，应采用预热闪光焊或闪光-预热闪光焊工艺。当接头拉伸试验结果发生脆性断裂，或弯曲试验不能达到规定要求时，尚应在焊机上进行焊后热处理。

（5）当螺丝端杆与预应力钢筋对焊时，宜事先对螺丝端杆进行预热，并减小调伸长度；钢筋一侧的电极应垫高，确保两者轴线一致。

（6）采用 UN2-150 型对焊机（电动机凸轮传动）或 UN17-150-1 型对焊机（气-液压传动）进行大直径钢筋焊接时，宜首先采取锯割或气割方式对钢筋端面进行平整处理；然后采取预热闪光焊工艺。

（7）封闭环式箍筋采用闪光对焊时，钢筋断料宜采用无齿锯切割，断面应平整。当箍筋直径为 12mm 及以上时，宜采用 UN1-75 型对焊机和连续闪光焊工艺；当箍筋直径为 6～10mm，可使用 UN1-40 型对焊机，并应选择较大变压器级数。

（8）在闪光对焊生产中，当出现异常现象或焊接缺陷时，应查找原因，采取措施及时消除。

3.3.1.4　电渣压力焊

钢筋电渣压力焊是将两根钢筋安放成竖向对接形式，利用焊接电流通过两根钢筋端面间隙，在焊剂层下形成电弧过程和电渣过程，产生电弧热和电阻热，熔化钢筋，加压完成的一种压焊方法。这种焊接方法比电弧焊节省钢材，工效高、成本低，适用于现浇钢筋混凝土结构中竖向或斜向（倾斜度在 4∶1 范围内）钢筋的连接。

电渣压力焊在供电条件差、电压不稳、雨季或防火要求高的场合应慎用。

1. 钢筋电渣压力焊机的选择

竖向钢筋电渣压力焊机，按控制方式分为手动式、半自动式、全自动式钢筋电渣压力焊机；按传动方式分为手摇齿轮式钢筋电渣压力焊机和手压杠杆式钢筋电渣压力焊机。它主要由焊接电源、焊接卡具、控制系统、辅件（焊剂填装盒、回收工具）等部分组成，如图 3.21 所示。

（1）焊接电源。宜采用 BX_2-1000 型与 BX_3-500 焊接变压器。

（2）控制箱。安装电压表、电流表和信号电铃，便于操作者控制焊接参数和准确掌握焊接通电时间。

（3）焊接夹具。应具有一定刚度，使用灵巧、坚固耐用，上下钳口同心。

（4）焊剂盒。其内径为 $90\sim100mm$，与所焊钢筋的直径大小相适应。

（5）焊剂。电渣压力焊所用的焊剂可采用 HJ431 焊剂。HJ330 焊剂应用也较多。这两种焊剂的化学成分如表 3.18 所示。焊剂应存放在干燥的库房内，当焊剂受潮时，应在使用前经 $250\sim300℃$ 烘焙 2h。使用回收的焊剂应清除熔渣和杂物，并应与新焊剂混合均匀使用。

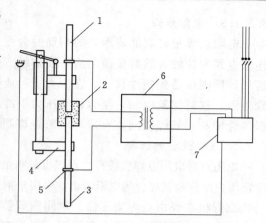

图 3.21　钢筋电渣压力焊设备示意图
1—上钢筋；2—焊剂盒；3—下钢筋；4—焊接机头；
5—焊钳；6—焊接电源；7—控制箱

表 3.18　　　　　　　　　　**HJ330 和 HJ431 焊剂的化学成分**　　　　　　　　单位：%

焊剂牌号	SiO_2	CaF_2	CaO	MgO	Al_2O_3
HJ330	$44\sim48$	$3\sim6$	$\leqslant3$	$16\sim20$	$\leqslant4$
HJ431	$40\sim44$	$3\sim6.5$	$\leqslant5.5$	$5\sim7.5$	$\leqslant4$

焊剂牌号	MnO	FeO	K_2O+NaO	S	P
HJ330	$22\sim26$	$\leqslant1.5$	—	$\leqslant0.08$	$\leqslant0.08$
HJ431	$34\sim38$	$\leqslant1.8$	—	$\leqslant0.08$	$\leqslant0.08$

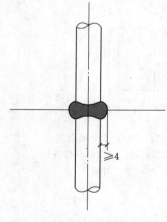

图 3.22　钢筋电渣压力焊接头

2. 工艺要点

（1）焊接夹具的上下钳口应夹紧于上、下钢筋上；钢筋一经夹紧，不得晃动。

（2）引弧可采用直接引弧法与铁丝圈（焊条芯）引弧法。

（3）引燃电弧后，应先进行电弧过程。然后，加快上钢筋下送速度，使钢筋端面与液态渣池接触，转变为电渣过程，最后在断电的同时，迅速下压上钢筋，挤出熔化金属和熔渣。

（4）接头焊毕，应稍作停歇，然后方可回收焊剂和卸下焊接夹具；敲去渣壳后，四周焊包凸出钢筋表面的高度不得小于 4mm，如图 3.22 所示。

（5）在焊接生产中焊工应进行自检，当发现偏心、弯折、烧伤等焊接缺陷时，应查找原因，采取措施及时消除。

3.3.1.5 电阻点焊

电阻点焊是将表面清理好的钢筋叠合在一起，放在两个电极间预压夹紧，使两根钢筋连接点紧密接触，然后接通电流，使接触点处产生电阻热，把钢筋加热到熔化状态而形成熔核，周围加热到塑性状态，在压力下形成了紧密的塑性金属环，将熔核围起来，使其不致外溢，这时切断电流，使熔核在压力下冷凝，即获得牢固的焊点。混凝土结构中的钢筋焊接骨架和钢筋焊接网，宜采用电阻点焊制作。

1. 点焊设备的选择

电阻点焊应用点焊机进行。点焊机是利用电流通过焊件时产生的电阻热作为热源，并施加一定压力而使金属焊合的电阻焊机，多用于钢筋交叉连接。

点焊机主要由点焊变压器、时间调节器、电极和加压机构等部分组成。按结构形式，分为固定式、悬挂式；按电源类别，分为工频、电容储能、次级整流、直流冲击波式；按压力传动方式，分为杠杆式、气压式、液压式；按电极类型，分为单头、双头、多头等。点焊机的工作原理如图 3.23 所示。

2. 点焊工艺

点焊过程可分为预压、通电和锻压 3 个阶段，如图 3.24 所示。在通电开始一段时间内，接触点扩大，固态金属因加热膨胀，在焊接压力作用下，焊接处金属产生塑性变形，并挤向工作间隙缝中；继续加热后，开始出现熔化点，并逐渐扩大成所要求的核心尺寸时切断电流。

焊点的压入深度，应符合下列要求：

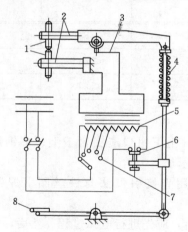

图 3.23　点焊机工作原理

1—电极；2—电极卡头；3—变压器次级线圈；
4—压紧机构；5—变压器初级线圈；6—断路器；
7—变压器调节级数开关；8—脚踏板

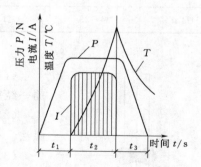

图 3.24　点焊过程示意图

t_1—预压时间；t_2—通电时间；
t_3—锻压时间

（1）热轧钢筋点焊时，压入深度为较小钢筋直径的 25%～45%。

（2）冷拔光圆钢丝、冷轧带肋钢筋点焊时，压入深度应为较小钢筋直径的 25%～40%。

3. 工艺要点

（1）电阻点焊应根据钢筋牌号、直径及焊机性能等具体情况，选择合适的变压器级数、焊接通电时间和电极压力。

（2）焊点的压入深度应为较小钢筋直径的 18%～25%。

（3）钢筋多头点焊机宜用于同规格焊接网的成批生产。当点焊生产时，除符合上述规定外，尚应准确调整好各个电极之间的距离、电极压力，并应经常检查各个焊点的焊接电流和焊接通电时间。

当采用钢筋焊接网成型机组进行生产时，应按设备使用说明书中的规定进行安装、调试和操作，根据钢筋直径选用合适的电极压力和焊接通电时间。

（4）在点焊生产中，应经常保持电极与钢筋之间接触面的清洁平整；当电极使用变形时，应及时修整。

（5）钢筋点焊生产过程中，随时检查制品的外观质量，当发现焊接缺陷时，应查找原因并采取措施，及时消除。

3.3.1.6 气压焊

气压焊是采用氧-乙炔火焰或其他火焰对两钢筋对接处加热，使其达到塑性态，加压完成的一种压焊方法。由于加热和加压使接合面附近金属受到镦锻式压延，被焊金属产生强烈塑性变形，促使两接合面接近到原子间的距离，进入原子作用的范围内，实现原子间的互相嵌入扩散及键合，并在热变形过程中，完成晶粒重新组合的再结晶过程而获得牢固的接头。

气压焊工艺具有设备简单、操作方便、质量好、成本低等优点，但对焊工要求严，焊前对钢筋端面处理要求高。气压焊可用于钢筋在垂直位置、水平位置或倾斜位置的对接焊接。当两钢筋直径不同时，其两直径之差不得大于 7mm。

气压焊按加热温度和工艺方法的不同，可分为熔态气压焊（开式）和固态气压焊（闭式）两种。在一般情况下，宜优先采用熔态气压焊。

1. 焊接设备及其质量要求

钢筋气压焊设备包括氧、乙炔供气设备、加热器、加压器及钢筋卡具等，如图 3.25 所示。钢筋气压焊接机系列有 GQH-Ⅱ 与 Ⅲ型等。

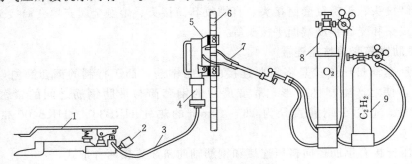

图 3.25 气压焊设备工作简图

1—脚踏液压泵；2—压力表；3—液压胶管；4—活动油缸；5—钢筋卡具；
6—被焊接钢筋；7—多火口烤枪；8—氧气瓶；9—乙炔瓶

加热器由混合气管和多火口烤枪组成。为使钢筋接头能均匀受热，烤枪应设计成环状钳形，烤枪的火口数：对直径 16～22mm 的钢筋为 6～8 个；对直径 25～28mm 的钢筋为 8～10 个；对直径为 32～36mm 的钢筋为 10～12 个；对直径为 40mm 的钢筋为 12～14 个。

加压器由液压泵、压力表、液压胶管和活动油缸组成。液压泵有手动式、脚踏式和电动式。在钢筋气压焊的焊接作业中，加压器作为压力源，通过钢筋卡具对钢筋施加 30N/mm^2 以上的压力。

钢筋卡具由可动卡子与固定卡子组成，用于卡紧、调整和压接钢筋等。

2. 固态气压焊的工艺要点

（1）焊前钢筋端面应切平，使其露出金属光泽，钢筋安装夹牢，预压顶紧后，两钢筋端面局部间隙不得大于 3mm。

（2）气压焊加热开始至钢筋端面密合前，应采用碳化焰集中加热；钢筋端面密合后，可采用中性焰宽幅加热；焊接全过程不得使用氧化焰。

（3）气压焊顶压时，对钢筋施加的顶压力应为 30～40N/mm^2。

3. 熔态气压焊的工艺要点

（1）安装前，两钢筋端面之间应预留 3～5mm 的间隙。

（2）气压焊开始时，首先使用中性焰加热，待钢筋端头至熔化状态，附着物随熔滴流走，端部呈凸状时，即加压，挤出熔化金属，并密合牢固。

（3）使用氧-液化石油气火焰进行熔态气压焊时，应适当增大氧气用量。

4. 加热操作

在加热过程中，当在钢筋端面缝隙完全密合之前发生灭火中断现象时，应将钢筋取下重新打磨、安装，然后点燃火焰进行焊接。当发生在钢筋端面缝隙完全密合之后，可继续加热加压。

3.3.2　钢筋的机械连接

钢筋的机械连接是通过连接件的机械咬合作用或钢筋端面的承压作用，将一根钢筋中的力传递至另一根钢筋的连接方法。具有施工简便、工艺性能良好、接头质量可靠、不受钢筋焊接性能的制约、可全天候施工、节约钢材和能源等优点。常用的机械连接接头类型有：挤压套筒接头、锥螺纹套筒接头、直螺纹套筒接头、熔融金属充填套筒接头、水泥灌浆充填套筒接头和受压钢筋端面平接头等。

3.3.2.1　带肋钢筋套筒挤压连接

带肋钢筋套筒挤压连接是将需要连接的带肋钢筋，插于特制的钢套筒内，利用挤压机压缩套筒，使之产生塑性变形，靠变形后的钢套筒与带肋钢筋之间的紧密咬合来实现钢筋的连接。适用于钢筋直径为 16～40mm 的热轧 HRB335、HRB400 带肋钢筋的连接。

钢筋挤压连接有钢筋径向挤压连接和钢筋轴向挤压连接两种形式。

1. 带肋钢筋套径向挤压连接

带肋钢筋套径向挤压连接，是采用挤压机沿径向（即与套筒轴线垂直方向）将钢套筒挤压产生塑性变形，使支紧密地咬住带肋钢筋的横肋，实现两根钢筋的连接，如图

3.26 所示。当不同直径的带肋钢筋采用挤压接头连接时，若套筒两端外径和壁厚相同，被连接钢筋的直径相差不应大于 5mm。

挤压连接工艺流程：钢筋套筒检验→钢筋断料，刻画钢筋套入长度，定出标记→套筒套入钢筋→安装挤压机→开动液压泵，逐渐加压套筒至接头成型→卸下挤压机→接头外形检查。

其工艺要点如下：

（1）将钢筋套入钢套筒内，使钢套筒端面与钢筋伸入位置标记线对齐，如图 3.27 所示。

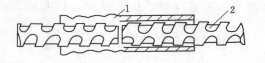 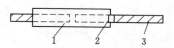

图 3.26 钢筋径向挤压

1—钢套管；2—钢筋

图 3.27 钢筋伸入位置标记线

1—钢套筒；2—标记线；3—钢筋

为了减少高空作业的难度，加快施工速度，可以先在地面预先压接半个钢筋接头，然后集中吊运到作业区，完成另外半个钢筋接头，如图 3.28 所示。

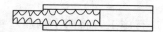 

（a）把已下好料的钢筋插到套管中央　　（b）放在挤压机内，压接已插钢筋的半边

（c）把已预压半边的钢筋插到待接钢筋上　　（d）压接另一半套筒

图 3.28 预制半个钢筋接头工序示意图

（2）按照钢套筒压痕位置标记，对正压模位置，并使压模运动方向与钢筋两纵肋所在的平面相垂直，即保证最大压接面能在钢筋的横肋上。

（3）挤压工艺的要点。

1）压接顺序。从中间逐步向外压接，这样可以节省套筒材料约 10%。

2）压接力。压接力大小以套筒金属与钢筋紧密挤压在一起为好。压接力过大，将使套筒过度变形而导致接头强度降代（即拉伸时在套筒压痕处破坏）；压接力过小，接头强度或残余变形量就不能满足要求。

3）压接道数，它直接关系到钢筋连续的质量和施工速度。道数过多，施工速度慢；过少，则接头性能特别是残余变形量不能满足要求。

3.3.2.2 滚压直螺纹套筒连接

钢筋滚压普通螺纹套筒连接是利用金属材料塑性变形后冷作硬化增强金属材料强度的特性，使接头与母材等强度的连接方法。根据滚压普通螺纹成形方式可分为直接滚压螺纹、挤压肋滚压螺纹和剥肋滚压螺纹 3 种类型。

1. 常用机具的选用

（1）直接滚压螺纹加工。采用钢筋滚丝机（型号 GZL-32、GYZL-40、GSJ-40、

HGS40等）直接滚压螺纹。此法螺纹加工简单，设备投入少；但螺纹精度差，由于钢筋粗细不均，会导致螺纹直径差异，使施工受影响。

（2）挤压肋滚压螺纹加工。采用专用挤压设备滚轮，先将钢筋的横肋和纵肋进行预压平处理，然后再滚压螺纹。其目的是减轻钢筋肋对成形螺纹的影响。此法对螺纹精度有一定提高，但仍不能从根本上解决钢筋直径差异对螺纹精度的影响。

（3）剥肋滚压螺纹加工。采用钢筋剥肋滚丝机（型号GHG40、GHG50），先将钢筋的横肋和纵肋进行剥切处理后，使钢筋滚丝前的柱体直径达到同一尺寸，然后进行螺纹滚压成形。此法螺纹精度高，接头质量稳定，施工速度快，价格适中，具有较大的发展前景。

2. 材料的选用

滚压普通螺纹接头连接用的套筒，采用优质碳素结构钢。连接套筒的类型与镦粗普通螺纹套筒类型相同，有标准型、正反螺纹型、变径型和可调型等。

3. 工艺要点

（1）连接钢筋时，钢筋规格和套筒的规格必须一致，钢筋和套筒的螺纹应干净、完好无损。

（2）采用预埋接头时，连接套筒的位置、规格和数量应符合设计要求。带连接套筒的钢筋应固定牢靠，连接套筒的外露端面应有保护盖。

（3）滚压普通螺纹接头应使用扭力扳手或管钳进行施工，将两个钢筋丝头在套筒中间位置相互顶紧，接头拧紧力矩应符合表3.19的规定。扭力扳手的精度为±5％。

表3.19　　　　　　　　　　　　直螺纹钢筋接头拧紧矩值

钢筋直径/mm	16～18	20～22	25	28	32	36～40
扭紧力矩/(N·m)	100	200	250	280	320	350

（4）经拧紧后的滚压普通螺纹接头应做出标记，单边外露螺纹长度不应超过2个螺距。

（5）根据待接钢筋所在部位及转动难易情况，选用不同的套筒类型，采取不同的安装方法，如图3.29～图3.32所示。

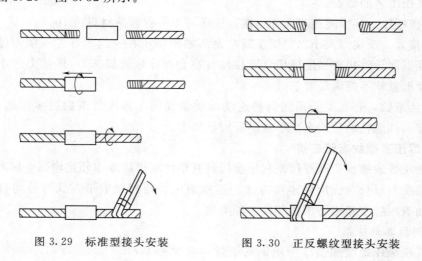

图3.29　标准型接头安装　　　　　图3.30　正反螺纹型接头安装

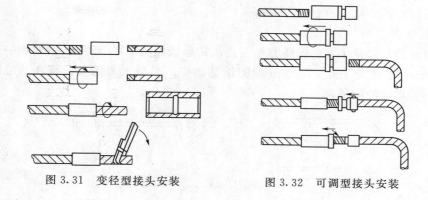

图 3.31　变径型接头安装　　　　　　图 3.32　可调型接头安装

任务 3.4　钢筋的绑扎与安装

3.4.1　钢筋的绑扎

3.4.1.1　绑扎前的准备

1. 施工图纸的学习与审查

施工图是钢筋绑扎、安装的依据，故必须熟悉施工图上明确规定的钢筋安装位置、标高、形状、各细部尺寸及其他要求，并应仔细审查各图纸之间是否有矛盾，钢筋规格数量是否有误，施工操作有无困难。

2. 钢筋安装工艺的确定

钢筋安装工艺在一定程度上影响着钢筋绑扎的顺序，故必须根据单位工程已确定的基本施工方案、建筑物构造、施工场地、操作脚手架、起重机械来确定钢筋的安装工艺。

3. 材料准备

（1）核对钢筋配料单和料牌，并检查已加工好的钢筋型号、直径、形状、尺寸、数量是否符合施工图的要求，如发现有错配或漏配钢筋现象，要及时向施工员提出纠正或增补。

（2）检查钢筋绑扎的锈蚀情况，确定是否除锈和采用哪种除锈方法等。

（3）钢筋绑扎用的情况，可采用 20～22 号铁丝，其中 22 号铁丝只用于绑扎直径 12mm 以下的钢筋。

（4）准备控制混凝土保护层用的水泥砂浆垫块或塑料卡。水泥砂浆垫块的厚度，应等于保护层的厚度。垫块的平面尺寸，当保护层厚度不大于 20mm 时，垫块的平面尺寸为 30mm×30mm；当保护层厚度大于 20mm 时，垫块的平面尺寸为 50mm× 50mm。当在垂直方向使用垫块时埋入 20 号铁丝。

塑料卡的形状有两种：塑料垫块和塑料环圈，如图 3.33 所示。塑料垫块用于水平构件（如梁、板），在两个方向均有凹槽，以便适应两种保护层厚度。塑料环圈用于垂直构件（如柱、墙），使用时钢筋从卡嘴进入卡腔；由于塑料环圈有弹性，可使卡腔的大小

（a）塑料垫块　　　（b）塑料环圈

图 3.33　控制混凝土保护层用的塑料卡

1—环槽；2—环孔；3—环壁；4—内环；

5—外环；6—卡喉；7—卡嘴；8—卡腔

能适应钢筋直径的变化。

4. 工具准备

(1) 铅丝钩。它是主要的钢筋绑扎工具，其形状如图 3.34 所示。铅丝钩一般是用直径 12～16mm、长度为 160～200mm 的圆钢筋制作。根据工程需要，可在其层部加上套管、小板口等形式的钩子。

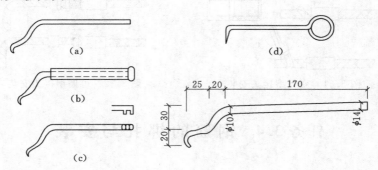

图 3.34　铅丝钩

(2) 小撬棒。用于调整钢筋间距，矫直钢筋的部分弯曲，垫保护层水泥垫块等，如图 3.35 所示。

(3) 起拱板子。它是在绑扎现浇楼板钢筋时，用来弯制楼板弯起钢筋的工具。楼板的弯起钢筋不是预先弯曲成型好再绑扎，而是待弯起钢筋和分布钢筋绑扎成网片后用起拱板子来操作的，如图 3.36 所示。

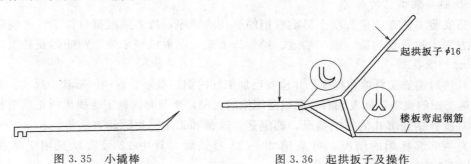

图 3.35　小撬棒　　　　　　　图 3.36　起拱扳子及操作

(4) 绑扎架。绑扎钢筋骨架需用钢筋绑扎架，根据绑扎骨架的轻重、形状可选用不同规格的轻型、重型、坡式等各式钢筋骨架，如图 3.37～图 3.39 所示。

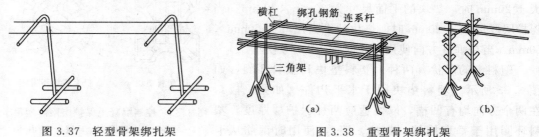

图 3.37　轻型骨架绑扎架　　　　　图 3.38　重型骨架绑扎架

5. 划出钢筋位置线

平板或墙板的钢筋，在模板上画线；柱的箍筋，在两根对角线主筋上画点；梁的箍筋，则出架立筋上画点；基础的钢筋，在两向各取一根钢筋画点或在垫层上画线。

钢筋接头的位置，应根据来料规格，结合设计文件对有关接头位置、数量的规定，使其错开，在模板上画线。

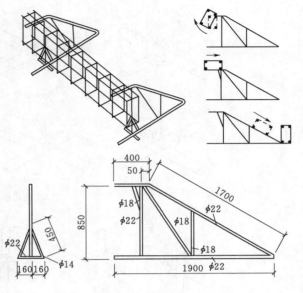

图 3.39 坡式钢筋绑扎架（单位：m）

3.4.1.2 绑扎钢筋操作方法的选用

绑扎钢筋是借助钢筋钩用铁线把各种单根钢筋绑扎成整体骨架或网片。绑扎钢筋的扎扣方法按稳固、顺势等操作的要求可分为若干种。其中，最常用的是一面顺扣绑扎方法。

（1）一面顺扣操作法。如图 3.40 所示，绑扎时先将铁丝扣穿套钢筋交叉点，接着用钢筋钩钩住铁丝弯成圆圈的一端，旋转钢筋钩，一般旋转 1.5～2.5 即可。操作时，扎扣要短，才能少转快扎。这种方法操作简便，绑点牢靠，适用于钢筋网、骨架各个部位的绑扎。

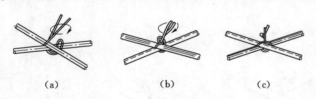

（a）   （b）   （c）

图 3.40 钢筋一面顺扣绑扎法

（2）其他扎扣方法。钢筋绑扎除一面顺扣操作法之外，还有十字花扣、反十字花扣、兜扣、缠扣、兜扣加缠及套扣等，这些方法主要根据绑扎部位的实际需要进行选择，图 3.41 所示为其他几种扎扣方式。其中，十字花扣、兜扣适用于平板钢筋网和箍筋处绑扎；缠扣主要用于混凝土墙体和柱子箍筋的绑扎；反十字花扣、兜扣加缠适用于梁骨架的箍筋与主筋的绑扎；套扣用于梁的架立钢筋和箍筋的绑扎点处。

3.4.2 构件绑扎与安装工艺

3.4.2.1 基础钢筋

基础钢筋绑扎与安装的工艺流程和要点如下：

（1）工艺流程：弹底板钢筋位置线→钢筋半成品运输到位→按线布放钢筋→绑扎。

（2）工艺要点：

1）将基础垫层清扫干净，用石笔和墨斗在上面弹放钢筋位置线。

2）按钢筋位置线布放基础钢筋。

3）绑扎钢筋。四周两行钢筋交叉点应每点绑扎牢。中间部分交叉点可相隔交错扎牢，但必须保证受力钢筋不位移。双向主筋的钢筋网，则需将全部钢筋相交点扎牢。相邻绑扎点的钢丝扣成八字形，以免网片歪斜变形。

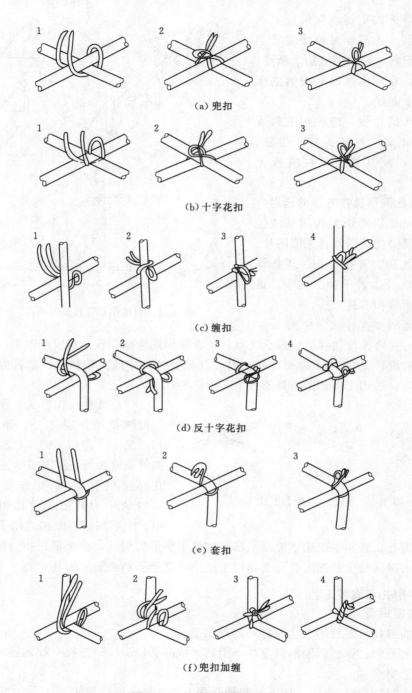

（a）兜扣

（b）十字花扣

（c）缠扣

（d）反十字花扣

（e）套扣

（f）兜扣加缠

图 3.41 钢筋的其他绑扎方法

4）基础底板采用双层钢筋网时，在上层钢筋网下面应设置钢筋撑脚或混凝土撑脚，以保证钢筋位置的正确，钢筋撑脚应垫在下片钢筋网上，如图 3.42 所示。

5）现浇柱与基础连接用的插筋，其箍筋应比柱的箍筋缩小一个柱筋直径，以便连接。

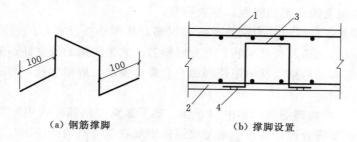

（a）钢筋撑脚　　　　　　　（b）撑脚设置

图 3.42　钢筋撑脚

1—分布钢筋；2—受力钢筋；3—钢筋撑脚；4—砂浆垫块

插筋位置一定要固定牢靠，以免造成柱轴线偏移。

6）对厚片筏上部钢筋网片，可采用钢筋管临时支撑体系。如图 3.43（a）所示为绑扎上部钢筋网片用的钢管支撑。在上部钢筋网片绑扎完毕后，需置换出水平钢管；为此另取一些垂直钢管通过直角扣件与上部钢筋网片的下层钢筋连接起来（该处需另用短钢筋段加强），替换了原支撑体系，如图 3.43（b）所示。在混凝土浇筑过程中，逐步抽出垂直钢管，如图 3.43（c）所示。此时，上部荷载可由附近的钢管及上、下端均与钢筋网焊接的多个拉结筋来承受。由于混凝土不断浇筑与凝固，拉结筋细长比减少，提高了承载力。

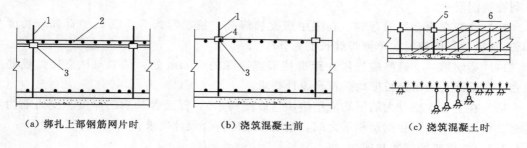

（a）绑扎上部钢筋网片时　　（b）浇筑混凝土前　　　（c）浇筑混凝土时

图 3.43　厚片筏上部钢筋网片的钢管临时支撑

1—垂直钢管；2—水平钢管；3—直角扣件；4—下层水平钢筋；
5—待拔钢管；6—混凝土浇筑方向

7）钢筋的弯钩应朝上，不要倒向一边；双层钢筋网的上层钢筋弯钩应朝下。

8）独立柱基础为双向弯曲，其底面短向的钢筋应放在长向钢筋的上面。

9）基础中纵向受力钢筋的混凝土保护层厚度不应小于 40mm，当无垫层时不应小于 70mm。

3.4.2.2　梁钢筋的绑扎与安装

梁钢筋的绑扎与安装的工艺流程及要点如下：

（1）工艺流程：画箍筋间距→放主次梁箍筋→穿主梁下层纵筋及弯起筋→穿次梁下层纵筋并与箍筋固定→穿主梁上层钢筋并与箍筋固定→穿次梁上层纵筋→按箍筋间距绑扎。

（2）工艺要点：

1）核对图纸，严格按施工方案组织绑扎工作。

2）在梁侧模板上画出箍筋间距，摆放箍筋。

3）先穿主梁的下部纵向受力钢筋及弯起钢筋，将箍筋按已画好的间距逐个分开；穿次梁的下部纵向受力钢筋及弯起钢筋，并套好箍筋；放主次梁的架立筋；隔一定间距将架立筋与箍筋绑扎牢固；调整箍筋间距使间距符合设计要求，绑架立筋，再绑主筋，主次梁同时配合进行。

4）框架梁上部纵向钢筋应贯穿中间节点，梁下部纵向钢筋伸入中间节点锚固长度及伸过中心线的长度要符合设计要求。框架梁纵向钢筋在端节点内的锚固长度也要符合设计要求。

5）梁上部纵向筋的箍筋，宜用套扣法绑扎。

6）梁钢筋的绑扎与模板安装之间的配合关系为：

a. 梁的高度较小时，梁的钢筋架空在梁顶上绑扎，然后再落位。

b. 梁的高度较大（≥1.0m）时，梁的钢筋宜在梁底模上绑扎，其两侧模或一侧模后装。

7）梁板钢筋绑扎时应防止水电管线将钢筋抬起或压下。

8）板、次梁与主梁交叉处，板的钢筋在上，次梁的钢筋居中，主梁的钢筋在下；当在圈梁或垫梁时，主梁的钢筋在上。

9）框架节点处钢筋穿插十分稠密时，应特别注意梁顶面主筋间的净距要有 30mm，以利浇筑混凝土。

10）箍筋在叠合处的弯钩，在梁中应交错绑扎，箍筋弯钩为 135°，平直部分长度为 10d，如做成封闭箍时，单面焊缝长度为 5d。

11）梁端第一个箍筋应设置在距离柱节点边缘的 50mm 处。梁端与柱交接处箍筋应加密，其间距与加密区长度均要符合设计要求。

12）在主、次梁受力筋下均应垫垫块（或塑料卡），保证保护层的厚度。受力筋为双排时，可用短钢筋垫在两层钢筋之间，钢筋排距应符合设计要求。

3.4.2.3 板钢筋的绑扎与安装

板钢筋的绑扎与安装的工艺流程和要点如下：

（1）工艺流程：清理模板→模板上画线→绑扎下层受力筋→绑负上层（弯矩）钢筋。

（2）工艺要点：

1）清理模板上的杂物，用粉笔在模板上划好主筋、分布筋的间距。

2）按画好的间距，先摆放受力主筋、后放分布筋。预埋件、电线管、预留孔等及时配合安装。

3）在现浇板中有板带梁时，应先绑板带梁钢筋，再摆放板钢筋。

4）绑扎板筋时一般用顺扣或八字扣，除外围两根钢筋的相交点应全部绑扎外，其余各点可交错绑扎（双向板相交点需全部绑扎）。如板为双层钢筋，两层钢筋之间须加钢筋撑脚，以确保上部钢筋的位置。负弯矩钢筋每个相交点均要绑扎。

5）在钢筋的下面垫好砂浆垫块，间距 1.5m。垫块的厚度等于保护层厚度，应满足设计要求，如设计无要求时，板的保护层厚度应为 15mm。钢筋搭接长度与搭接位置的要求与前面所述梁的相同。

3.4.2.4　柱钢筋的绑扎与安装

柱钢筋的绑扎与安装的工艺流程与要点如下：

（1）工艺流程：弹柱子线→剔凿柱混凝土表面浮浆→修理柱子筋→套柱箍筋→搭接绑扎竖受力筋→画箍筋间距线→绑箍筋。

（2）工艺要点：

1）套柱箍筋。按图纸要求的间距，计算好每根柱的箍筋数量，先将箍筋套在下层伸出的搭接筋上，然后立柱子钢筋，在搭接长度内，绑扎不少于 3 个，绑扣要向柱中心。如果柱子主筋采用光圆钢筋搭接时，角部弯勾应与模板成 45°，中间钢筋的弯钩应与模板成 90°角。

2）搭接绑扎竖向受力筋。柱子主筋立起后，绑扎接头的搭接长度、接头面积百分率应符合设计要求。

3）画箍筋间距线。在立好的柱子竖向钢筋上，按图纸要求用粉笔画箍筋间距线。

4）柱箍筋绑扎。

a. 按已画好的箍筋位置线，将已套好的箍筋往上移动，由上往下绑扎，宜采用缠扣绑扎。

b. 箍筋与主筋要垂直，箍筋转角处与主筋交点均要绑扎，主筋与箍筋非转角部分的相交点成梅花交错绑扎。

c. 箍筋的弯钩叠合处应沿柱子竖筋交错布置，并绑扎牢固，如图 3.44 所示。

d. 有抗震要求的地区，柱箍筋端头应弯成 135°，平直部分长度不小于 10d（d 为箍筋直径），如图 3.45 所示。如箍筋采用 90°搭接，搭接处应焊接，焊缝长度单面焊缝不小于 10d。

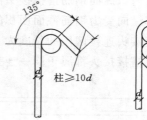

图 3.44　柱箍筋交错布置示意图　　　　图 3.45　箍筋抗震要求示意图

e. 柱基、柱顶、梁柱交接处箍筋间距应按设计要求加密。柱上下两端箍筋应加密，加密区长度及加密区内箍筋间距应符合设计图纸的要求。如设计要求箍筋设拉筋时，拉筋应钩住箍筋，如图 3.46 所示。

f. 柱筋保护层厚度应符合规范要求，主筋外皮为 25mm，垫块应绑在柱竖筋外皮上，间距一般为 1000mm，（或用塑料卡卡在外竖筋上）以保证主筋保护层厚度的准确。当柱截面尺寸有变化时，柱应在板内弯折，弯后的尺寸要符合设计要求。

3.4.2.5　楼梯钢筋绑扎

楼梯钢筋绑扎的工艺流程及要点如下：

（1）工艺流程：画位置线→绑主筋→绑分布筋→绑踏步筋。

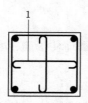
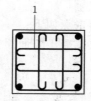
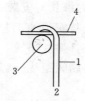

图 3.46 拉筋布置示意图
1—拉筋；2—拉筋钩住箍筋；3—柱竖筋；4—箍筋

（2）工艺要点：

1）在楼梯底板上画主筋和分布筋的位置线。

2）钢筋的弯钩应全部向内，不准踩在钢筋架上进行绑扎。

3）根据设计图纸中主筋、分布筋的方向，先绑扎主筋，后绑扎分布筋，每个交点均应绑扎。如有楼梯梁时，先绑梁，后绑板筋。板筋要锚固到梁内。

4）底板筋绑完，待踏步模板吊绑支好后，再绑扎踏步钢筋。主筋接头数量和位置均要符合设计和施工质量验收规范的规定。

3.4.2.6 钢筋绑扎接头的处理

钢筋绑扎接头的处理如下：

（1）钢筋绑扎接头宜设置在受力较小处。同一纵向受力钢筋不宜设置 2 个或 2 个以上的接头。接头末端至钢筋弯起点的距离不应小于钢筋直径的 10 倍。

（2）同一构件中相邻纵向受力钢筋的绑扎搭接接头宜相互错开。同一连接区段内，纵向受拉钢筋绑扎搭接接头面积百分率及箍筋配置要求如下：

同一连接区段内，纵向钢筋搭接接头面积百分率为该区段内有搭接接头的纵向受力钢筋截面面积与全部纵向受力钢筋截面面积的比值。

钢筋绑扎搭接接头连接区段的长度为 $1.3l_l$（l_l 为搭接长度），凡搭接接头中点位于该连接区段长度内的搭接接头都属于同一连接区段（图 3.47）。同一连接区段内，纵向受拉钢筋搭接接头面积百分率应符合设计要求；当设计无具体要求时，应符合下列规定：

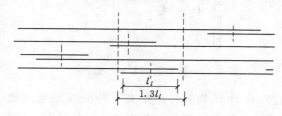

图 3.47 同一连接区段内的纵向受拉钢筋绑扎搭接接头

1）对梁、板类及墙类构件，不宜大于 25%。

2）对柱类构件，不宜大于 50%。

3）当工程中确有必要增大接头面积百分率时，对梁类构件不应大于 50%；对其他构件，可根据实际情况放宽。

纵向受压钢筋搭接接头面积百分率，不宜大于 50%。

绑扎搭接接头中钢筋的横向间距不应小于钢筋直径，且不应小于 25mm。

（3）当纵向受接钢筋的绑扎搭接接头面积百分率不大于 25% 时，其最小搭接长度应符合表 3.20 的规定。

（4）当纵向受拉钢筋搭接接头面积百分率不大于 25％时，表 3.20 中数值应增大。

（5）当出现如钢筋直径大于 25mm，混凝土凝固过程中受力钢筋易受扰动，带肋钢筋末端采取机械锚固措施，混凝土保护层厚度大于钢筋直径的 3 倍，抗震结构构件等宜采用焊接方法。

（6）在绑扎接头的搭接长度范围内，应采用铁丝绑扎 3 点。

表 3.20　　　　　　　　　　　　　纵向受拉钢筋的最小搭接长度　　　　　　　　　　　单位：mm

混凝土强度等级 钢筋种类	C15	C20～C25	C30～C35	≥C40
HPB300 级光圆钢筋	45d	35d	30d	25d
HPB335 级带肋钢筋	55d	45d	35d	30d
HPB400 级带肋钢筋	—	55d	40d	35d

注　1. 受压钢筋绑扎接头的搭接长度应为表中数值的 0.7 倍。
　　2. 在任何情况下，纵向受拉钢筋的搭接长度不应小于 300mm，受压钢筋搭接长度不应小于 200mm。
　　3. 两根直径不同钢筋的搭接长度，以较细钢筋直径计算。

任务 3.5　钢筋工程质量验收与安全措施

3.5.1　质量验收

根据《混凝土结构工程施工质量验收规范》（GB 50204—2015），钢筋工程的质量验收标准内容如下。

3.5.1.1　原材料

1. 主控项目

（1）钢筋进场时，应按国家现行相关标准的规定抽取试件作屈服强度、抗拉强度、伸长率、弯曲性能和重量偏差的检验，检验结果必须符合相关标准的规定。

检查数量：按进场批次和产品的抽样检验方案确定。

检验方法：检查质量证明文件和抽样复验报告。

（2）成型钢筋进场时，应抽取试件作屈服强度、抗拉强度、伸长率和重量偏差的检验，检验结果必须符合相关标准的规定。

检查数量：同一工程、同一类型、同一原材料来源、同一组生产设备生产的成型钢筋，检验批量不应大于 30t。

检验方法：检查质量证明文件和抽样复验报告。

（3）对按一级、二级、三级抗震等级设计的框架和斜撑构件（含梯段）中的纵向受力普通钢筋应采用 HRB335E、HRB400E、HRB500E、HRBF335E、HRBF400E 或 HRBF500E 的钢筋，其强度和最大力下总伸长率的实测值应符合下列规定：

1）钢筋的抗拉强度实测值与屈服强度实测值的比值不应小于 1.25。

2）钢筋的屈服强度实测值与屈服强度标准值的比值不应大于 1.30。

3）钢筋的最大力下总伸长率不应小于 9％。

检查数量：按进场的批次和产品的抽样检验方案确定。

检查方法：检查抽样复验报告。

2．一般项目

（1）钢筋应平直、无损伤，表面不得有裂纹、油污、颗粒状或片状老锈。

检查数量：全数检查。

检验方法：观察。

（2）钢筋焊接网和焊接骨架的焊点压入深度、开焊点数量、漏焊点数量及尺寸偏差应符合现行行业标准《钢筋焊接及验收规程》（JGJ 18—2012）的有关规定。

检查数量：按进场或生产的批次和产品的抽样检验方案确定。

检验方法：观察，尺量检查。

（3）钢筋锚固板及配件进场时，应按现行行业标准《钢筋锚固板应用技术规程》（JGJ 256—2011）的相关规定进行检验，其检验结果应符合该标准的规定。

检查数量：按现行行业标准《钢筋锚固板应用技术规程》（JGJ 256—2011）的规定确定。

检验方法：检查质量证明文件和抽样复验报告。

3.5.1.2　钢筋加工

1．主控项目

（1）钢筋弯折的弯弧内直径应符合下列规定：

1）光圆钢筋，不应小于钢筋直径的 2.5 倍。

2）335MPa 级、400MPa 级带肋钢筋，不应小于钢筋直径的 4 倍。

3）500MPa 级带肋钢筋，当直径为 28mm 以下时，不应小于钢筋直径的 6 倍；当直径为 28mm 及以上时不应小于钢筋直径的 7 倍。

4）箍筋弯折处尚不应小于纵向受力钢筋的直径。

检查数量：按每工作班同一类型钢筋、同一加工设备抽查不应少于 3 件。

检验方法：尺量检查。

（2）箍筋、拉筋的末端应按设计要求做弯钩，并应符合下列规定：

1）对一般结构构件，箍筋弯钩的弯折角度不应小于 90°，弯折后平直段长度不应小于箍筋直径的 5 倍；对有抗震设防要求或设计有专门要求的结构构件，箍筋弯钩的弯折角度不应小于 135°，弯折后平直段长度不应小于箍筋直径的 10 倍或 75mm 两者之中的较大值。

2）圆形箍筋的搭接长度不应小于其受拉锚固长度，且两末端均应做不小于 135°的弯钩，弯折后平直段长度对一般结构构件不应小于箍筋直径的 5 倍，对有抗震设防要求的结构构件不应小于箍筋直径的 10 倍或 75mm 的较大值。

3）拉筋用作梁、柱复合箍筋中单肢箍筋或梁腰筋间拉结筋时，两端弯钩的弯折角度均不应小于 135°，弯折后平直段长度应符合第（2）条中1）款对箍筋的有关规定。

检查数量：按每工作班同一类型钢筋、同一加工设备抽查不应少于 3 件。

检验方法：尺量检查。

（3）盘卷钢筋调直后应进行力学性能和重量偏差的检验，其强度应符合现行国家有关标准的规定，其断后伸长率、重量偏差应符合表 3.21 的规定。重量偏差不符合要求时，调直钢筋不得复检。

表 3.21　　盘卷钢筋调直后的断后伸长率、重量偏差要求

钢筋牌号	断后伸长率 A/%	重量偏差/%	
		直径 6～12mm	直径 14～16mm
HPB300	≥21	≤10	—
HRB335、HRBF335	≥16		
HRB400、HRBF400	≥15	≤8	≤6
RRB400	≥13		
HRB500、HRBF500	≥14		

注　断后伸长率 A 的量测标距为 5 倍钢筋直径。

检查数量：同一加工设备、同一牌号、同一规格的调直钢筋，重量不大于 30t 为一批，每批见证抽取 3 个试件。

检验方法：检查抽样检验报告。

2. 一般项目

(1) 钢筋加工的形状、尺寸应符合设计要求，其偏差应符合表 3.22 的规定。

检查数量：按每工作班同一类型钢筋、同一加工设备抽查不应少于 3 件。

检验方法：尺量。

表 3.22　　　　　　　　　　钢筋加工的允许偏差

项　目	允许偏差/mm	项　目	允许偏差/mm
受力钢筋沿长度方向的净尺寸	±10	箍筋外廓尺寸	±5
弯起钢筋的弯折位置	±20		

3.5.1.3　钢筋连接

1. 主控项目

(1) 钢筋的连接方式应符合设计要求。

检查数量：全数检查。

检验方法：观察。

(2) 应按现行行业标准《钢筋机械连接技术规程》(JGJ 107—2016)、《钢筋焊接及验收规程》(JGJ 18—2012) 的规定抽取钢筋机械连接接头、焊接接头试件做力学性能检验，检验结果应符合相关标准的规定。

检查数量：按现行行业标准《钢筋机械连接技术规程》(JGJ 107—2016)、《钢筋焊接及验收规程》(JGJ 18—2012) 的规定确定。接头试件应现场截取。

检验方法：检查质量证明文件和抽样复验报告。

(3) 对机械连接接头，直螺纹接头安装后应按现行行业标准《钢筋机械连接技术规程》(JGJ 107—2016) 的规定检验拧紧扭矩；挤压接头应量测压痕直径，其检验结果应符合该规程的相关规定。

检查数量：按现行行业标准《钢筋机械连接技术规程》(JGJ 107—2016) 的规定确定。

检验方法：使用专用扭力扳手或专用量规检查。

2. 一般项目

(1) 钢筋接头的位置应符合设计和施工方案的要求。有抗震设防要求的结构中，梁端、柱端箍筋加密区范围内钢筋不应进行搭接。

检查数量：全数检查。

检验方法：观察。

(2) 应按现行行业标准《钢筋机械连接技术规程》(JGJ 107—2016)、《钢筋焊接及验收规程》(JGJ 18—2016) 的规定抽取钢筋机械连接接头、焊接接头，对其外观进行检查，其质量应符合相关标准的规定。

检查数量：全数检查。

检验方法：观察。

(3) 当纵向受力钢筋采用机械连接接头、焊接接头或搭接接头时，钢筋的接头面积百分率应符合设计要求；当设计无具体要求时，应符合现行国家标准《混凝土结构设计规范》(GB 50010—2010) 的有关规定。

检查数量：在同一检查批内，对梁、柱和独立基础，应抽查构件数量的 10%，且不少于 3 件；对墙和板，应按有代表性的自然间抽查 10%，且不少于 3 间；对大空间结构，墙可按相邻轴线间高度 5m 左右划分检查面，板可按纵横轴线划分检查面，抽查 10%，且不少于 3 面。

检查方法：观察，尺量检查。

3.5.1.4 钢筋安装

1. 主控项目

(1) 受力钢筋的牌号、规格、数量必须符合设计要求。

检查数量：全数检查。

检验方法：观察，尺量检查。

(2) 纵向受力钢筋的锚固方式和锚固长度应符合设计要求。

检查数量：全数检查。

检验方法：观察、尺量检查。

2. 一般项目

钢筋安装位置的偏差应符合表 3.23 的规定。

检查数量：在同一检验批内，对梁、柱和独立基础，应抽查构件数量的 10%，且不少于 3 件；对墙和板，应按有代表性的自然间抽查 10%，且不少于 3 间；对大空间结构，墙可按相邻轴线间高度 5m 左右划分检查面，板可按纵、横轴线划分检查面，抽查 10%，且均不少于 3 面。

表 3.23 　　　　　　　　　　钢筋安装允许偏差和检验方法

项　　目		允许偏差/mm	检验方法
绑扎钢筋网	长、宽	±10	尺量
	网眼尺寸	±20	尺量连续三档，取最大偏差值

项　目		允许偏差 /mm	检　验　方　法
绑扎钢筋骨架	长	±10	尺量
	宽、高	±5	尺量
纵向受力钢筋	锚固长度	−20	尺量
	间距	±10	尺量两端、中间各一点，取最大偏差值
	排距	±5	
纵向受力钢筋、箍筋的混凝土保护层厚度	基础	±10	尺量
	柱、梁	±5	尺量
	板、墙、壳	±3	尺量
绑扎箍筋、横向钢筋间距		±20	尺量连续 3 档，取最大偏差值
钢筋弯起点位置		20	尺量，沿纵、横两个方向量测，并取其中偏差的较大值
预埋件	中心线位置	5	尺量
	水平高差	+3，0	塞尺量测

3.5.2　安全措施

3.5.2.1　钢筋调直机的安全操作

（1）料架、料槽应安装平直，对准导向筒、调直筒和下切刀孔的中心线。

（2）用手动飞轮，检查传动机构和工作装置，调整间隙，紧固螺栓，确定正常后，启动空运转；检查轴承应无异响，齿轮啮合良好，待运转正常后方可作业。

（3）按所调直的钢筋的直径，选用适当的调直块及传动速度，经调试合格方可送料。

（4）在调直块未固定、防护罩未盖好前不得送料，作业中严禁打开各部防护罩及调整间隙。

（5）当钢筋送入后，手与曳引轮必须保持一定距离，不得接近。

（6）送料前应将不直的料切去，导向筒前应装一根 1m 长的钢管，钢筋必须先穿过钢管，再送入调直机前端的导孔内。

（7）作业后，应松开调直筒的调直块并回到原来的位置，同时预压弹簧必须回位。

3.5.2.2　钢筋切断机的安全操作

（1）接送料工作台面应与切刀下部保持水平，工作台的长度可根据加工材料的长度决定。

（2）启动前必须检查切刀，刀体上应该没有裂纹；还要检查刀架螺栓是否已紧固，防护罩是否牢靠，然后用手盘动带轮，检查齿轮咬合间隙，调整切刀间隙。

（3）启动后要先空运转，检查各传动部分及轴承，确认运转正常后方可作业。

（4）机械未达到正常转速时不得切料，切料时必须使用切刀的中下部位，紧握钢筋对准刃口迅速送入。

（5）不得剪切直径及强度超过机械铭牌规定的钢筋，也不得剪切烧红的钢筋，一次切断多根钢筋时，钢筋总截面积应在规定范围内。

（6）在切断强度较高的低合金钢筋时，应更换高硬度切刀。

（7）切断短料时，手与切刀之间的距离应保持在 150mm 以上，如手握端小于 400mm 时，应使用套管或夹具将钢筋短头压住或夹牢。

（8）运转中，严禁用手直接清除切刀附近的断头或杂物。在钢筋摆动周围和切刀附近，非操作人员不得停留。

3.5.2.3 钢筋弯曲机的安全操作

（1）工作台与弯曲机台面要保持水平，并要准备好各种心轴及工具。

（2）按所加工钢筋的直径和要求的弯曲半径装好心轴、成型轴、挡铁轴或可变挡架。

（3）检查心轴、挡铁、转盘，它们应该没有损坏和裂纹，而且防护罩应紧固可靠，经空运转后，再进行作业。

（4）作业时，将钢筋需弯的一头插在转盘固定销的间隙内，另一端紧靠机身固定销，并用手压紧，检查机身固定销确实安在挡住钢筋的一侧，方可开动。

（5）作业中严禁更换心轴、销子和变换角度以及调速等，亦不得加油或清扫。

（6）弯曲钢筋时，严禁超过本机规定的钢筋直径、根数及机械转速。

（7）弯曲高强度的低合金钢时，应按机械铭牌规定换算最大限制直径并调换相应的心轴。

（8）严禁在弯曲钢筋的作业半径内和机身不设固定销的一侧站人。弯好的半成品应堆放整齐，弯钩不得朝上。

（9）若要做转盘换向，必须在停稳后进行。

3.5.2.4 钢筋绑扎与安装的安全控制

（1）绑扎、安装钢筋骨架前，应检查模板、支柱及脚手架是否牢固。绑扎高度超过 3m 的圈梁、挑檐、外墙的钢筋时，必须搭设正式的操作架子，并按规定挂放安全网。不得站在墙上、钢筋骨架上或模板上进行操作。

（2）高处绑扎钢筋时，钢筋不要集中堆放在脚手板或模板上，避免超载，不要在高处随意放置工具、箍筋或钢筋短料，避免下滑坠落伤人。

（3）禁止以柱或墙的钢筋骨架作为上下梯子攀登操作，柱子钢筋骨架高度超过 4m 时，在骨架中间应加设支撑拉杆以稳固。

（4）绑扎高度 1m 以上的大梁时，应首先支立起一面侧模并加固好后，再绑扎梁的钢筋。

（5）绑扎完毕的平台钢筋，不准踩踏或放置重物，保护好钢筋成品。

3.5.2.5 钢筋运输和堆放的安全控制

（1）人力抬运钢筋时应动作一致，在起落、停止或上下坡道及拐弯时，要前后互相呼应。

（2）人力垂直运送钢筋时，应预先搭设马道，并加护身栏杆。高空作业人员应挂好安全带。

（3）堆放钢筋及钢筋骨架的场地应平整，下垫木楞，并有良好的排水措施。堆放带有弯钩的半成品，最上一层钢筋的弯钩不应朝上，不得损伤成型钢筋。

（4）机械吊运钢筋应捆绑牢固，吊点的数目和位置应符合要求，严格控制吊装重量，不准超吊。

（5）机械吊运钢筋，应设专人指挥，在吊运及安装钢筋时，防止碰人撞物。

（6）现场钢筋不得随意堆放，避免人员划伤。

【项目实训】

独立基础与框架柱钢筋施工实训

1. 实训目的

通过项目实训，使学生能够识别各种规格的钢筋，掌握常用工器具的使用方法，熟练完成各种钢筋的加工步骤，掌握钢筋的计算及现场绑扎技能，增强学生对钢筋工程施工的感性认识，掌握一定的施工实际操作技能及相关技术与质量标准，同时激发学生对专业的热爱。

2. 实训内容

某框架结构，抗震等级为 2 级。独立基础 J - 1 配筋如图 3.48 所示，首层净高 3m，混凝土强度等级为 C30，保护层厚度为 40mm，柱保护层厚度为 25mm。钢筋采用绑扎搭接，按最新规范和平法图集进行设计和施工。根据给定信息完成该独立基础和柱的钢筋施工。

3. 技术要求

3.1 实训步骤

按照识图→钢筋配料单编制→钢筋下料→钢筋加工→钢筋绑扎安装→钢筋安装质量验收的步骤进行实训。

3.2 实训要求

（1）钢筋配料。在实训指导教师的指导下，按照相关仪器、设备操作规程对钢筋进行下料，按钢筋配料单所计算的长度进行下料，要求钢筋钢号、直径和根数要准确无误，钢筋下料后按规格、直径、长度分类摆放。

（2）钢筋加工。钢筋加工应符合下列规定：钢筋表面的油渍、漆污、水泥浆和用锤敲击能剥落的浮皮、铁锈等均应清除干净。加工后的钢筋，表面不应有削弱钢筋截面的伤痕。

（3）基础底板钢筋的绑扎安装。为便于控制钢筋网片的钢筋间距，在钢筋绑扎安装前应先根据钢筋间距等相关信息在混凝土垫层上将钢筋位置标出。先排布一个方向板底钢筋，排放完毕后排放另一方向板底钢筋，要求位置准确，间距均匀。钢筋网片最外两排所有交叉点均要绑扎，中间交叉点可间隔绑扎，相邻两个绑扎点扎丝应互成八字

（4）柱插筋的绑扎安装。柱插筋伸入基础时可采用 Φ10 钢筋焊牢于底板面筋上作为定位线，与柱伸入基础的插筋绑扎牢固，插筋伸入基础的长度要符合设计及规范锚固长度的要求，锚固长度和锚头错开应符合设计及规范规定，其上端应采取措施保证锚筋垂直、

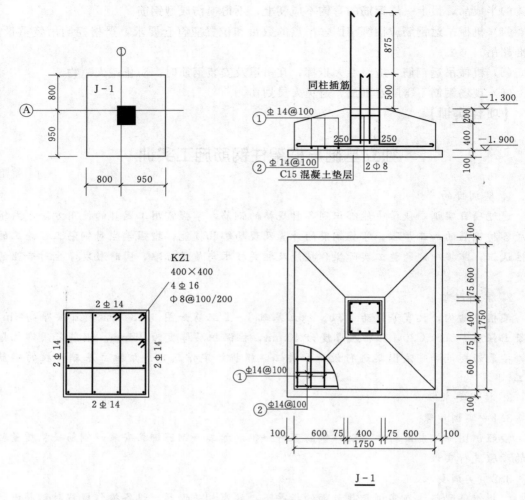

图 3.48 独立基础 J-1 配筋示意图

不倾倒变位。

（5）柱钢筋的绑扎安装。先将箍筋套在伸出基础的竖向钢筋上，然后立柱子钢筋；柱竖向受力筋绑扎时，在绑扎接头搭接长度内，绑扣不少于 3 个，绑扎要向柱中心，搭接长度及接头面积百分率应符合设计和规范要求；在立好的柱子竖向钢筋上，画出箍筋的间距线，然后将箍筋向上移动，由上而下采用缠扣绑扎，箍筋与主筋要垂直，箍筋转角处与主筋均要绑扎，箍筋弯钩叠合处应沿柱竖筋交错布置，并绑扎牢固；柱上下两端箍筋应加密，加密区长度及加密区箍筋间距应符合设计要求，柱的纵向受力钢筋搭接长度范围内的箍筋配筋应符合设计或规范要求。

（6）钢筋安装质量验收。钢筋质量验收应按照 GB 50204 相关规定进行，并填写钢筋安装工程检验批质量验收记录表。

4. 考核评价

该项目考核评价标准见表 3.24。

表 3.24 钢筋工程施工实训成绩评定表

项目	评定标准		得分
	内容	比例/%	
操作技能	动作要领	40	
质量验收	成果质量	20	
心智技能	回答问题	10	
	资料记录	10	
工作表现	工作态度	5	
	考勤情况	5	
	安全卫生	5	
	团队协作	5	
合计		100	

【项目典型案例应用】

某高层住宅楼钢筋工程施工方案（节选）

1. 工程概况

灞柳良居 1 号高层由西安市灞桥区梁家街村委会开发，陕西建大设计研究所设计，陕西华夏建设工程监理有限公司监理，中陕国际建设分公司施工。该工程地下 1 层，地上 18 层，建筑面积为 28750.47m²，剪力墙结构，抗震烈度 8 度。混凝土强度等级：基础垫层 C15 素混凝土，筏板、墙、顶板均为 C30，抗渗等级 P6。本工程筏板钢筋采用闪光对焊，暗柱采用电渣压力焊接头。墙体钢筋内墙采用绑扎接头。

2. 准备工作

2.1 测量准备

根据平面控制网线，在垫层上放出底板主控制线。板（包括底板）上放出该层平面控制轴线。待竖向钢筋绑扎完成后，在竖向钢筋上部标出标高控制点。

2.2 技术准备

（1）配筋技术人员应充分领会设计要求，严格按照《混凝土结构工程施工质量验收规范》（GB 50204—2015）、《混凝土结构施工图平面整体表示方法制图规则和构造详图》（03G101-1）、陕 02G02 及总说明的附图施工。

（2）在钢筋绑扎之前，技术人员要对各级管理人员和工人进行技术规范交底和关键部位施工交底。

（3）测量放线人员根据图纸，放出轴线、墙、暗柱、集水坑和洞等位置线，对墙柱要放出轴线、结构边线和控制线，并用油漆明显标识，并报监理单位进行检查验收。

（4）钢筋进场的同时提交钢筋材质证明书并及时做复试和按规定见证取样，严格按规范要求进行。

3．施工工艺

3.1　钢筋加工

3.1.1　加工场地的设置

加工场地设在施工现场的南侧，现场布置 1 台钢筋弯曲机、1 台切断机、1 台钢筋调直机及 1 台对焊机。钢筋配筋工作由负责土建施工的分包专职配筋人员严格按照《混凝土结构工程施工质量验收规范》（GB 50204—2015）的规定要求执行。

3.1.2　加工工艺

加工工艺：钢筋除锈、除污→钢筋调直→钢筋切断→钢筋成型。

（1）钢筋除锈可采用手工钢丝刷除锈，一级钢的调直冷拉率不大于 4％，钢筋调直后应平直，且无局部曲折。

（2）钢筋切断时，应根据不同长度搭配，统筹安排。一般先断长料，后断短料，减少耗损，切断时避免用短尺量长料，防止产生累计误差。因此，在工作台上标出尺寸刻度线，并设置控制断料尺寸用的挡板。在切割过程中如发现钢筋有劈裂、缩头或严重的弯头等，必须切除。钢筋的断口不得有马蹄形或起弯等现象，长度允许偏差 ±10mm。

（3）钢筋弯曲前，应计算好起弯点的位置，在钢筋上画好线，进行准确的弯曲成型。钢筋弯曲成型后，弯曲点处不得有裂缝，二级钢不得反复弯折，钢筋成型后的允许偏差全长为 ±10mm。

（4）一级钢筋末端需作 180°弯钩，其圆弧弯曲直径不应小于钢筋直径的 2.5 倍，平直部分长度不应小于直径的 3 倍，二级钢筋末端需作 90°或 135°的弯折，90°弯曲直径不应小于钢筋直径的 5 倍；135°时不应小于钢筋直径的 4 倍，箍筋为一级钢筋，弯曲直径应大于受力主筋直径，且不小于箍筋直径的 2.5 倍，弯钩平直部分的长度不应小于箍筋直径的 10 倍。

3.2　钢筋定位、间距和保护层的控制

墙体、暗柱在底板中插筋定位措施：墙体的钢筋采用定位筋保证墙体、暗柱主筋间距位置准确，墙、柱侧面钢筋保护层采用塑料卡，墙体外墙水平筋放在竖筋内侧。（底）板、梁使用大理石碎片垫块。

3.3　绑扎、锚固

3.3.1　底板钢筋

（1）绑扎顺利：底板下层南北向筋→东西向筋→基础梁钢筋→钢筋马凳→上层东西向筋→上层南北向筋→暗柱、墙插筋。

（2）底板为双层双向布筋，接头均采用闪光对焊或搭接焊。

（3）底板上层钢筋用几形钢筋马凳支撑，马凳排距为 1.0m，用 Φ22 钢筋加工，集水坑面层筋采用几形马凳支撑，马凳间距为 1.2m。

（4）根据已放好的基础线，用红粉弹线包弹出底板钢筋位置线。

（5）底板钢筋必须每个交点全部绑扎牢固，上层钢筋与马凳交接处用电焊焊接牢固并固定，用于固定上层钢筋。

（6）最下层钢筋绑扎完后，绑扎其余钢筋，均应先按间距用白粉笔画分好间距线位置，并拉通长线绑扎。

（7）下层钢筋绑扎完后进行墙、暗柱插筋，墙柱竖向筋均带弯脚插在板底，再对上层钢筋绑扎。

（8）插筋前，根据墙、柱插筋的位置，柱子先绑一根定位箍于上层钢筋（或梁）上，剪力墙先绑两道水平筋，此定位钢筋必须与上层钢筋（或梁）绑扎牢固。

（9）在柱墙插筋距板面 40cm 处，设一道定位钢筋，以保证竖向主筋间距的位置。

（10）暗柱主筋在底板范围内设上、下两道定位箍筋，所有插筋至底板处弯脚均与底板钢筋绑扎牢固。

3.3.2　墙柱钢筋

（1）在柱的对角 2 根钢筋上用白粉笔自混凝土面上 50mm 处起画线，画好箍筋间距，然后按箍筋用量将箍筋套于主筋上，随后进行绑扎。

（2）箍筋面与主筋应垂直，箍筋与主筋交点均需绑扎，并且要保持箍筋开口角在柱上四周通转。

（3）暗柱箍筋弯钩平直长度为 $10d$，箍筋的弯钩必须保证 $135°$ 并应垂直于柱主筋，且要求同一根柱的箍筋弯钩平直长度必须一致，柱筋绑扎时应挂线锤检查其垂直度，应注意不要发生柱筋扭曲现象，如有发生应及时调整，或拆除重绑。

注：所有暗柱加密按设计说明及图集要求执行。

（4）墙筋的施工顺序：①修整板面预留插筋；②立梯形支撑筋；③绑竖向筋；④绑横向筋；⑤挂保护层。

当不同的钢筋直径搭接时，其搭接长度值按较小的直径计算。

（5）剪力墙内墙竖向筋在内侧，水平钢筋在外侧，双向双排钢筋，每个交点处均需绑扎，墙筋与梁柱主筋交点也都绑扎，两片钢筋网之间的拉接筋呈梅花形布置。

（6）墙筋保护层采用塑料卡保护层，间距 800～1000mm 呈梅花形布置。

（7）为防止墙筋偏位，在墙顶部加定位卡，卡在墙水平筋上，待浇完混凝土后拿出。浇完混凝土后如果发现钢筋偏位，以 1∶6 比例将钢筋调直，再继续绑扎钢筋。墙体上预留洞口尺寸及时绑扎加强钢筋。

3.3.3　板梁筋

（1）绑扎顺序：清理模板→模板上弹线→绑扎下层受力筋→专业预理→绑扎上层受力筋和马凳→成品保护。

（2）清理模板上的杂物和油污，用粉笔在安装好的模板上标明钢筋的规格、形状、数量以及预留洞口的位置，并弹线定位。

（3）板筋绑扎先铺短方向筋，后铺长方向筋，全部采用搭接绑扎，下铁进支座伸至梁墙中心线且不小于 $5d$。绑扎时用顺扣或八字扣，双向板相交点必须全部绑扎，下层钢筋绑扎完后放垫块，间距为 600～800mm。180° 弯钩的钢筋应向上，不能倒一边；双层钢筋网的上层钢筋弯钩应向下。

（4）为确保两层钢筋之间的高度，两层钢筋之间垫钢筋马凳，间距 1m，高度为：[板厚—（上层两筋直径＋下层底筋直径＋两层保护层厚度）]，马凳下板筋处对应放好垫块。

（5）板筋绑扎完后，要注意成品的保护，并进行再次清理。

（6）梁筋绑扎先穿下部主筋，再穿上部主筋，后套箍筋绑扎。

4．质量标准

4.1　钢筋加工

（1）钢筋调直。钢筋应平直，无局部曲折。冷拔低碳钢丝在调直机上调直后，其表面不得有明显擦伤，抗拉强度不得低于设计要求。

（2）钢筋切断。钢筋切口不应发生马蹄形或起弯等现象。钢筋的长度应力求准确。

（3）钢筋弯曲成型。钢筋形状正确，平面上没有翘曲不平的现象。钢筋末端弯钩的净空直径不小于钢筋直径的2.5倍。钢筋弯曲点处不得有裂缝，为此，对Ⅱ级钢筋不能弯过头再弯回来。钢筋成型后的允许偏差为：全长±10mm，弯起钢筋的起弯点位移±20mm，弯起钢筋的弯起高度±5mm，箍筋边长±5mm。

4.2　搭接绑扎

（1）根据设计图纸检查钢筋的钢号、直径、根数、间距是否正确，特别要注意检查负筋的位置。

（2）检查钢筋接头的位置及搭接长度是否符合规定。

（3）检查混凝土保护层是否符合要求。

（4）检查钢筋绑扎是否牢固，有无松动变形现象。

（5）钢筋表面不允许有油渍、漆污和颗粒状（片状）铁锈。

（6）钢筋位置的允许偏差，如表3.25所示。

表3.25　　　　　　　　　　　　　钢筋位置的允许偏差表

项次	项　目		允许偏差/mm
1	受力钢筋的排距		±5
2	钢筋弯起点的位置		20
3	箍筋、横向钢筋的间距	绑扎骨架	±20
		焊接骨架	±10
4	焊接预埋件	中心线位置	5
		水平高差	＋3、－0
5	受力钢筋的保护层	基础	±10
		柱、梁	±5
		板、墙、壳	±3

（7）为保证钢筋工程质量，在绑扎钢筋前要做到以下7点：

1）钢筋表面没有清理干净，不能绑扎。

2）钢筋偏位，不能绑扎。

3）钢筋错位，不能绑扎。

4）钢筋偏位、错位没有调校正确，不能绑扎。

5）混凝土施工缝没有清理到位，不能绑扎。

6）截面边线没有弹，不能绑扎。

7）钢筋接头未经检查合格，不能绑扎。

8）在施焊施工中必须严格按规定进行取样，进行焊接检验。

【项目拓展阅读材料】

（1）《钢筋焊接及验收规程》（JGJ 18—2012）。

（2）《钢筋机械连接技术规程》（JGJ 107—2016）。

（3）《混凝土结构工程施工质量验收规范》（GB 50204—2015）。

（4）《建筑施工手册》第 5 版，编委会编，中国建筑工业出版社出版，2012 年版。

（5）《建筑业职业技能岗位培训教材：钢筋工》，李海峰编，中国环境科学出版社出版，2002 年版。

【项目小结】

本项目主要介绍钢筋进场后的验收内容和方法、钢筋代换、钢筋加工及各种连接方法、钢筋工程施工的安装要求与质量验收等内容，钢筋的配料计算。

钢筋进场验收要求掌握进场验收的内容和储存堆放的具体要求；钢筋的配料计算要求掌握下料长度的计算公式，掌握梁、板、柱、楼梯等常用构件的计算方法；钢筋加工要求掌握除锈、调直、切断、弯曲等操作机械的使用方法；钢筋连接的方式很多要求掌握常用的绑扎、电弧焊、电渣压力焊、闪光对焊、螺纹套筒连接的使用机械及操作要点、安全措施等。

本项目内容具有非常重要的实用性、普遍性，在工程实践中应用非常广泛。所以本项目内容非常重要，希望同学们都能够牢固地掌握和领会。

【项目检测】

1．名词解释

（1）下料长度。

（2）量度差值。

（3）电弧焊。

（4）电渣压力焊。

（5）钢筋机械连接。

2．单选题

（1）（　　）的主要作用是固定受力钢筋在构件中的位置，并使钢筋形成坚固的骨架，同时还可以承担部分拉力和剪力等。

A．受拉钢筋　　　　　B．受压钢筋　　　　　C．箍筋　　　　　D．架立钢筋

（2）钢筋的摆放，受力钢筋放在下面时，弯钩应向（　　）。

A．上　　　　　B．下　　　　　C．任意方向　　　　　D．水平或 45°角

（3）墙体钢筋绑扎时（　　）。

A．先绑扎先立模板一侧的钢筋，弯钩要背向模板

B．后绑扎先立模板一侧的钢筋，弯钩要背向模板

C．先绑扎先立模板一侧的钢筋，弯钩要面向模板

D．后绑扎先立模板一侧的钢筋，弯钩要面向模板

（4）楼板钢筋绑扎，应该（　　）。

A．先摆受力筋，后放分布筋　　　　　B．受力筋和分布筋同时摆放

C．不分先后　　　　　D．先摆分布筋，后放受力筋

（5）钢筋焊接接头外观检查数量应符合的要求为（　　）。

A. 每批检查 10%，并不少于 10 个　　　　B. 每批检查 15%，并不少于 15 个

C. 每批检查 10%，并不少于 20 个　　　　D. 每批检查 15%，并不少于 20 个

（6）钢筋在加工使用前，必须核对有关的试验报告（记录），如不符合要求，则（　　）。

A. 请示工长　　　　B. 酌情使用　　　　C. 增加钢筋数量　　　　D. 停止使用

（7）梁箍筋 $\phi 10@100/200$ （4），其中（4）表示（　　）。

A. 加密区为 4 根箍筋　　　　　　　　　B. 非加密区为 4 根箍筋

C. 箍筋的肢数为 4 肢　　　　　　　　　D. 箍筋的直径为 4mm

（8）当设计无具体要求时，对于一级、二级抗震等级，检验所得的钢筋强度实测值应符合下列规定：钢筋的屈服强度实测值与强度标准值的比值不应大于（　　）。

A. 0.9　　　　　B. 1.1　　　　　C. 1.2　　　　　D. 1.3

（9）弯起钢筋的放置方向错误表现为（　　）。

A. 弯起钢筋方向不对，弯起的位置不对

B. 事先没有对操作人员认真交底，造成操作错误

C. 在钢筋骨架立模时，疏忽大意

D. 钢筋下料错误

（10）检验钢筋连接主控项目的方法是（　　）。

A. 检查产品合格证书

B. 检查接头力学性能试验报告

C. 检查产品合格证书、钢筋的力学性能试验报告

D. 检查产品合格证书、接头力学性能试验报告

3. 简答题

（1）钢筋下料长度如何计算？

（2）编制钢筋配料单一般有哪几个步骤？

（3）钢筋的代换有几种方法？

（4）钢筋对焊时，接头区域有裂缝，应如何防治？

（5）钢筋放样时，应注意哪些事项？

（6）钢筋保护层厚度不准的原因及防治措施有哪些？

（7）受力钢筋接头位置有何要求？

（8）钢筋加工机械有哪些安全操作要点？

（9）现浇框架板钢筋绑扎顺序及操作要点是什么？

（10）钢筋安装施工的质量验收标准是什么？

项目4 现浇结构混凝土施工

【项目目标】

通过本项目的学习，了解混凝土搅拌、运输等施工机械，熟悉混凝土施工的基本过程。掌握混凝土施工配料及配合比的计算，掌握普通现浇钢筋混凝土工程施工的工艺流程、质量验收标准及安全生产技术等要求。掌握施工缝及后浇带的留置、处理，掌握混凝土施工常见质量缺陷的处理方法。

【项目描述】

现浇结构混凝土是目前应用最广泛的结构形式之一，结构的整体性能与刚度较好，适合于抗震设防及整体性要求较高的建筑。本项目主要介绍现浇混凝土配合比设计、材料制备、搅拌、运输、浇筑、振捣及养护的施工工艺及质量验收的控制方法。

【项目分析】

知识要点	技能要求	相关知识
混凝土的制备	(1) 熟悉混凝土配料的原理； (2) 掌握混凝土配合比的计算； (3) 掌握常用搅拌机的使用方法	(1) 混凝土的配制强度； (2) 混凝土施工配合比； (3) 自落式、强制式搅拌机； (4) 搅拌时间、投料顺序
混凝土的运输	(1) 了解混凝土运输的基本要求； (2) 掌握混凝土运输的常用方式	(1) 避免分层离析现象； (2) 混凝土搅拌运输车； (3) 混凝土泵、塔式起重机
混凝土的浇筑	(1) 掌握浇筑的基本要求和方法； (2) 掌握振捣的设备和方法； (3) 掌握养护的方法	(1) 梁、板、柱等构件浇筑施工要点； (2) 施工缝、后浇带的留设与处理； (3) 混凝土振捣器的使用； (4) 自然养护、蒸汽养护
混凝土质量控制与缺陷防治	(1) 掌握混凝土工程质量控制标准； (2) 掌握常见质量缺陷产生原因、处理方法	(1) 质量验收主控项目、一般项目； (2) 蜂窝、麻面、空洞、露筋等； (3) 表面抹浆法、水泥灌浆法

【项目实施】

引例：某工程为贵州省毕节市心缘家居博览中心工程，位于毕节市七星关区复烤厂对面，入口处靠近贵毕高速公路；建设单位为贵州省心缘置业有限公司，设计单位为佛山市顺德建筑设计院有限公司。该工程为混凝土框架结构地上5层，地下1层，建筑面积62653.28m²，基础为独立基础，混凝土强度为C25，墙体采用MU10，水泥实砖，窗为塑钢窗，建筑高度地上5层，总高30.9m，本工程由毕节市建设质量监督站监督。

思考：(1) 混凝土如何配料保证强度为C25？

(2) 各部位混凝土如何施工？

（3）混凝土工程质量如何检查验收？

任务 4.1　混 凝 土 制 备

4.1.1　混凝土原材料

用水泥作胶凝材料，砂、石作集料，与水（可含外加剂和掺合料）按一定比例配合，经搅拌而得的水泥混凝土，也称普通混凝土，它广泛应用于土木工程。

4.1.1.1　水泥的选用

水泥的选用应符合下列规定：

（1）水泥品种与强度等级应根据设计、施工要求以及工程所处环境条件确定。

（2）普通混凝土结构宜选用通用硅酸盐水泥，有特殊需要时，也可选用其他品种水泥。

（3）对于有抗渗、抗冻融要求的混凝土，宜选用硅酸盐水泥或普通硅酸盐水泥。

（4）处于潮湿环境的混凝土结构，当使用碱活性骨料时，宜采用低碱水泥。

4.1.1.2　粗骨料的选用

粗骨料适宜选用粒形良好、质地坚硬的洁净碎石或卵石，并应符合下列规定：

（1）粗骨料最大粒径不应超过构件截面最小尺寸的 1/4，且不应超过钢筋最小净间距的 3/4；对实心混凝土板，粗骨料的最大粒径不宜超过板厚的 1/3，且不应超过 40mm。

（2）粗骨料宜采用连续粒级，也可用单粒级组合成满足要求的连续粒级。

（3）含泥量、泥块含量指标应符合规范的规定。

4.1.1.3　细骨料的选用

细骨料适宜选用级配良好、质地坚硬、颗粒洁净的天然砂或机制砂，并应符合下列规定：

（1）细骨料宜选用Ⅱ区中砂。当选用Ⅰ区砂时，应提高砂率，并应保持足够的胶凝材料用量，满足混凝土的工作性要求；当采用Ⅲ区砂时，宜适当降低砂率。

（2）混凝土细骨料中氯离子含量应符合下列规定：

1）对钢筋混凝土，按干砂的质量百分率计算不得大于 0.06%。

2）对预应力混凝土，按干砂的质量百分率计算不得大于 0.02%。

（3）含泥量、泥块含量指标应符合规范的规定。

（4）海砂应符合现行行业标准《海砂混凝土应用技术规范》（JGJ 206—2010）的有关规定。

4.1.1.4　其他规定

（1）强度等级为 C60 及以上的混凝土所用骨料尚应符合下列规定：

1）粗骨料压碎指标的控制值应经试验确定。

2）粗骨料最大粒径不宜超过 25mm，针片状颗粒含量不宜大于 8.0%，含泥量不应大于 0.5%，泥块含量不应大于 0.2%。

3）细骨料细度模数宜控制在 2.6～3.0，含泥量不应大于 2.0%，泥块含量不应大于 0.5%。

（2）对于有抗渗、抗冻融或其他特殊要求的混凝土，宜选用连续级配的粗骨料，最大粒径不宜大于 40mm，含泥量不应大于 1.0%，泥块含量不应大于 0.5%；所用细骨料含泥量不应大于 3.0%，泥块含量不应大于 1.0%。

（3）矿物掺合料的品种和等级应根据设计、施工要求以及工程所处环境条件确定，并应符合国家现行有关标准的规定。矿物掺合料的掺入量应通过试验确定。

（4）外加剂的选用应根据混凝土原材料、性能要求、施工工艺、工程所处环境条件和设计要求等因素通过试验确定，并应符合下列规定：

1）当使用碱活性骨料时，由外加剂带入的碱含量（以当量 Na_2O 计）不宜超过 $1.0kg/m^3$，混凝土总碱含量尚应符合现行国家标准《混凝土结构设计规范》（GB 50010—2010）等的有关规定。

2）不同品种外加剂首次复合使用时，应检验混凝土外加剂的相容性。

（5）混凝土拌和及养护用水应符合现行行业标准《混凝土用水标准》（JGJ 63—2006）的有关规定。

（6）未经处理的海水严禁用于钢筋混凝土和预应力混凝土的拌制和养护。

（7）原材料进场后，应按种类、批次分开储存与堆放，应标识明晰，并应符合下列规定：

1）散装水泥、矿物掺合料等粉体材料应采用散装罐分开储存。袋装水泥、矿物掺合料、外加剂等应按品种、批次分开码垛堆放，并应采取防雨、防潮措施，高温季节应有防晒措施。

2）骨料应按品种、规格分别堆放，不得混入杂物，并应保持洁净与颗粒级配均匀。骨料堆放场地的地面应做硬化处理，并应采取排水、防尘和防雨等措施。

3）液体外加剂应放置阴凉干燥处，应防止日晒、污染、浸水，使用前应搅拌均匀；如有离析、变色等现象，应经检验合格后再使用。

4.1.2　混凝土施工配料

4.1.2.1　一般规定

1. 配合比设计的基本原则

配合比设计的原则就是按所采用的材料定出既能满足强度、稠度和其他要求且又经济合理的混凝土各组成部分的用量比例。

2. 配合比的设计依据

混凝土应按国家现行标准《普通混凝土配合比设计规程》（JGJ 55—2011）等的有关规定，根据混凝土的强度等级、耐久性和工作性等要求进行配合比设计。对有特殊要求的混凝土，其配合比设计尚应符合国家现行有关标准的专门规定。

3. 抗渗混凝土配合比设计

进行抗渗混凝土配合比设计时，应增加抗渗性能试验。

4. 抗冻混凝土配合比设计

进行抗冻混凝土配合比设计时，尚应增加抗冻融性能试验。

5. 首次使用配合比的要求

首次使用的混凝土配合比应进行开盘鉴定，其工作性能应满足设计配合比的要求，开始生产时应至少留置一组标准养护试件，作为验证配合比的依据。

6. 施工配合比

混凝土拌制前，应测定砂、石含水率，并根据测试结果调整材料用量，提出施工配合比。

4.1.2.2　混凝土的配制强度

混凝土制备应采用符合质量要求的原材料，按照规定的配合比配料，混合料应拌和均匀，以保证结构设计所规定的混凝土强度等级，满足设计提出的特殊要求（如抗冻、抗渗等）和施工和易性要求，并应符合节约水泥，减轻劳动强度等原则。

1. 混凝土配制强度的计算

为使所配制的混凝土具有必要的强度保证率，混凝土的配制强度必须大于其立方体抗压强度标准值。

混凝土配制强度按式（4.1）计算：

$$f_{cu,o} \geqslant f_{cu,k} + 1.645\sigma \tag{4.1}$$

式中　$f_{cu,o}$——混凝土配制强度，MPa；

　　　$f_{cu,k}$——混凝土立方体抗压强度标准值，MPa；

　　　σ——混凝土强度标准差，MPa。

2. 混凝土强度标准差

根据同类混凝土统计资料按式（4.2）计算确定：

$$\sigma = \sqrt{\frac{\sum\limits_{n-1}^{n} f_{cu,i}^2 - n f_{cu,m}^2}{n-1}} \tag{4.2}$$

式中　$f_{cu,i}$——统计周期内同一品种混凝土第 i 组试件的强度值，N/mm²；

　　　$f_{cu,m}$——统计周期内同一品种混凝土 n 组强度的平均值，N/mm²；

　　　n——统计周期内同一品种混凝土试件的总组数，$n \geqslant 25$。

应符合下列规定：

（1）计算时，强度试件组数不应少于 25 组。

（2）当混凝土强度等级为 C20 和 C25 级，其强度标准差计算值小于 2.5MPa 时，计算配制强度的标准差应取不小于 2.5MPa；当混凝土强度等级等于或大于 C30 级，其强度标准差计算值小于 3.0MPa 时，计算配制强度用的标准差应取不小于 3.0MPa；当无统计资料计算混凝土强度标准差时，可按表 4.1 选用。

表 4.1　σ 取 值 表

混凝土强度等级	＜C20	C20～C35	＞C35
σ/MPa	4.0	5.0	6.0

4.1.2.3　混凝土配合比设计方法

1. 确定混凝土的配制强度 $f_{cu,0}$

$$f_{cu,0} = f_{cu,k} + 1.645\sigma \tag{4.3}$$

2. 确定水胶比 $\dfrac{W}{B}$

$$\frac{W}{B}=\frac{\alpha_a f_b}{f_{cu,0}+\alpha_a \alpha_b f_b}$$ (4.4)

回归系数 α_a、α_b 选用时参考表 4.2。

表 4.2 回归系数 α_a、α_b 选用表

系数 \ 粗骨料品种	碎石	卵石
α_a	0.53	0.49
α_b	0.20	0.13

3. 确定用水量和外加剂用量

（1）每立方米干硬性或塑性混凝土的用水量 W 应符合下列规定：

1）混凝土水胶比在 0.40～0.80 范围时，可按表 4.3 和表 4.4 选取。

2）混凝土水胶比小于 0.40 时，可通过试验确定。

表 4.3 干硬性混凝土的用水量 单位：kg/m³

拌和物稠度		卵石最大公称粒径			碎石最大粒径		
项目	指标	10mm	20mm	40mm	16mm	20mm	40mm
维勃稠度	16～20s	175	160	145	180	170	155
	11～15s	180	165	150	185	175	160
	5～10s	185	170	155	190	180	165

表 4.4 塑性混凝土的用水量 单位：kg/m³

拌和物稠度		卵石最大粒径				碎石最大粒径			
项目	指标	10.0mm	20.0mm	31.5mm	40.0mm	16.0mm	20.0mm	31.5mm	40.0mm
坍落度	10～30mm	190	170	160	150	200	185	175	165
	35～50mm	200	180	170	160	210	195	185	175
	55～70mm	210	190	180	170	220	105	195	185
	75～90mm	215	195	185	175	230	215	205	195

（2）每立方米混凝土中外加剂用量（m_{a0}）应按式（4.5）计算：

$$m_{a0}=m_{b0}\beta_a$$ (4.5)

4. 确定胶凝材料、矿物掺合料和水泥用量

（1）每立方米混凝土的胶凝材料用量（m_{b0}）应按式（4.6）计算：

$$m_{b0}=\frac{m_{w0}}{W/B}$$ (4.6)

（2）每立方米混凝土的矿物掺合料用量（m_{f0}）应按式（4.7）计算：

$$m_{f0}=m_{b0}\beta_f$$ (4.7)

（3）每立方米混凝土的水泥用量（m_{c0}）应按式（4.8）计算：

$$m_{c0} = m_{b0} - m_{f0} \tag{4.8}$$

5. 选取砂率（β_s）

当无历史资料可参考时，混凝土砂率的确定应符合下列规定：

（1）坍落度小于 10mm 的混凝土，其砂率应经试验确定。

（2）坍落度为 10～60mm 的混凝土砂率，可根据粗骨料品种、最大公称粒径及水灰比按表 4.5 选取。

（3）坍落度大于 60mm 的混凝土砂率，可经试验确定，也可在表 4.5 的基础上，按坍落度每增大 20mm、砂率增大 1% 的幅度予以调整。

表 4.5   混 凝 土 的 砂 率   单位：%

水胶比 (W/B)	卵石最大公称粒径/mm			碎石最大粒径/mm		
	10.0	20.0	40.0	16.0	20.0	40.0
0.40	26～32	25～31	24～30	30～35	29～34	27～32
0.50	30～35	29～34	28～33	33～38	32～37	30～35
0.60	33～38	32～37	31～36	36～41	35～40	33～38
0.70	36～41	35～40	34～39	39～44	38～43	36～41

6. 确定粗、细骨料用量

（1）采用质量法计算粗、细骨料用量时，应按下列公式计算：

$$m_{f0} + m_{c0} + m_{g0} + m_{s0} + m_{w0} = m_{cp} \tag{4.9}$$

$$\beta_s = \frac{m_{s0}}{m_{g0} + m_{s0}} \times 100\% \tag{4.10}$$

式中　m_{cp}——每立方米混凝土拌和物的假定质量，kg，可取 2350～2450kg。

（2）采用体积法计算粗、细骨料用量时，应按式（4-11）计算：

$$\frac{m_{c0}}{\rho_c} + \frac{m_{f0}}{\rho_f} + \frac{m_{g0}}{\rho_g} + \frac{m_{s0}}{\rho_s} + \frac{m_{w0}}{\rho_w} + 0.01\alpha = 1 \tag{4.11}$$

式中　α——混凝土的含气量百分数，在不使用引气型外加剂时，α 可取为 1。

7. 混凝土配合比的试配、调整与确定

（1）试配。

1）混凝土试配应采用强制式搅拌机，搅拌机应符合《混凝土试验用搅拌机》（JG 244—2009）的规定，并宜与施工采用的搅拌方法相同。

2）试验室成型条件应符合现行国家标准《普通混凝土拌合物性能试验方法标准》（GB/T 50080—2016）的规定。

3）每盘混凝土试配的最小搅拌量应符合表 4.6 的规定，并不应小于搅拌机额定搅拌量的 1/4。

表 4.6   混凝土试配的最小搅拌量

粗骨料最大公称粒径 /mm	拌和物的最小搅拌量 /L	粗骨料最大公称粒径 /mm	拌和物的最小搅拌量 /L
≤31.5	20	40.0	25

4) 应在计算配合比的基础上进行试拌。宜在水胶比不变、胶凝材料用量和外加剂用量合理的原则下调整胶凝材料用量、外加剂用量和砂率等，直到混凝土拌和物性能符合设计和施工要求，然后提出试拌配合比。

5) 应在试拌配合比的基础上进行混凝土强度试验，并应符合下列规定：

a. 应至少采用 3 个不同的配合比。当采用 3 个不同的配合比时，其中一个应为试拌配合比，另外两个配合比的水胶比宜较试拌配合比分别增加和减少 0.05，用水量应与试拌配合比相同，砂率可分别增加和减少 1%。

b. 进行混凝土强度试验时，应继续保持拌和物性能符合设计和施工要求，并检验其坍落度或维勃稠度、黏聚性、保水性及表观密度等，作为相应配合比的混凝土拌和物性能指标。

c. 进行混凝土强度试验时，每种配合比至少应制作一组试件，标准养护到 28d 或设计强度要求的龄期时试压；也可同时多制作几组试件，按《早期推定混凝土强度试验方法标准》(JGJ/T 15—2008) 早期推定混凝土强度，用于配合比的调整，但最终应满足标准养护 28d 或设计规定龄期的强度要求。

(2) 配合比的调整与确定。

1) 配合比的调整应符合下述规定：

a. 根据混凝土强度的试验结果，绘制强度和水胶比的线性关系图，用图解法或插值法求出略大于配制强度的强度对应的胶水比，包括混凝土强度试验中的一个满足配制强度的水胶比。

b. 用水量 (m_w) 应在试拌配合比用水量的基础上，根据混凝土强度试验时实测的拌和物性能情况做适当调整。

c. 胶凝材料用量 (m_b) 应以用水量乘以图解法或插值法求出的胶水比计算得出。

d. 粗骨料和细骨料用量 $(m_g$ 和 $m_s)$ 应在用水量和胶凝材料用量调整的基础上，进行相应调整。

2) 配合比应按以下规定进行校正：

a. 应根据调整后的配合比按式 (4.12) 计算混凝土拌和物的表观密度计算值 $\rho_{c,c}$，即：

$$\rho_{c,c} = m_c + m_f + m_g + m_s + m_w \qquad (4.12)$$

b. 应按式 (4.13) 计算混凝土配合比校正系数 δ：

$$\delta = \frac{\rho_{c,t}}{\rho_{c,c}} \qquad (4.13)$$

式中　$\rho_{c,t}$——混凝土拌和物表观密度实测值，kg/m³；

$\rho_{c,c}$——混凝土拌和物表观密度计算值，kg/m³。

c. 当混凝土拌和物表观密度实测值与计算值之差的绝对值不超过计算值的 2% 时，按调整的配合比可维持不变；当二者之差超过 2% 时，应将配合比中每项材料用量均乘以校正系数 δ。

3) 配合比调整后，应测定拌和物水溶性氯离子含量，并应对设计要求的混凝土耐久性能进行试验，符合设计规定的氯离子含量和耐久性能要求的配合比方可确定为设计配合比。

4.1.2.4　混凝土的施工配合比

混凝土应按国家现行标准《普通混凝土配合比设计规程》（JGJ 55—2011）的有关规定，根据混凝土强度等级、耐久性能和工作性能等要求进行配合比设计。施工配料时影响混凝土质量的因素主要有两个方面：一方面是称量不准；另一方面是未按砂、石骨料实际含水率的变化进行施工配合比的换算。

施工时应及时测定砂、石骨料的含水率，并将混凝土配合比换算成在实际含水率情况下的施工配合比。设混凝土实验室配合比为：水泥：砂子：石子＝$1:x:y$，测得砂子的含水率为 ω_x，石子的含水率为 ω_y，则施工配合比应为：$1:x(1+\omega_x):y(1+\omega_y)$。

【例 4.1】　已知 C20 混凝土的试验室配合比为：1：2.55：5.12，水灰比为 0.65，经测定砂的含水率为 3%，石子的含水率为 1%，混凝土的水泥用量 310kg/m³，则施工配合比为

$$1:2.55(1+3\%):5.12(1+1\%)＝1:2.63:5.17$$

每 1m³ 混凝土材料用量为：

水泥：310kg。

砂子：310×2.63＝815.3kg。

石子：310×5.17＝1602.7kg。

水：310×0.65－310×2.55×3%－310×5.12×1%＝161.9kg。

施工中往往以一袋或两袋水泥为下料单位，每搅拌一次叫做一盘。因此，求出每 1m³ 混凝土材料用量后，还必须根据工地现有搅拌机出料容量确定每次需用几袋水泥，然后按水泥用量算出砂、石子的每盘用量。

若在［例 4.1］中采用 JZ250 型搅拌机，出料容量为 0.25m³，则每搅拌一次的装料数量为：

水泥：310×0.25＝77.5kg（取一袋半水泥，即 75kg）。

砂子：815.3×75/310＝1973.25kg。

石子：16027×75/310＝387.75kg。

水：161.9×75/310/＝3.2kg。

4.1.3　混凝土搅拌

混凝土搅拌，是将水、水泥和粗细骨料进行均匀拌和及混合的过程。同时，通过搅拌还要使材料达到强化、塑化的作用。

4.1.3.1　搅拌机的选择

1. 混凝土搅拌机的分类

常用的混凝土搅拌机按其搅拌原理主要分为自落式搅拌机和强制式搅拌机两类。

（1）自落式搅拌机。这种搅拌机的搅拌鼓筒是垂直放置的。随着鼓筒的转动，混凝土拌和料在鼓筒内做自由落体式翻转搅拌，从而达到搅拌的目的。自落式搅拌机多用以搅拌塑性混凝土和低流动性混凝土。简体和叶片磨损较小，易于清理，但动力消耗大，效率低。搅拌时间一般为 90～120s/盘，其构造如图 4.1 和图 4.2 所示。

鉴于此类搅拌机对混凝土骨料有较大的磨损，从而影响混凝土质量，现正日益被强制式搅拌机所取代。

（2）强制式搅拌机。强制式搅拌机的鼓筒筒内有若干组叶片，搅拌时叶片绕竖轴或卧

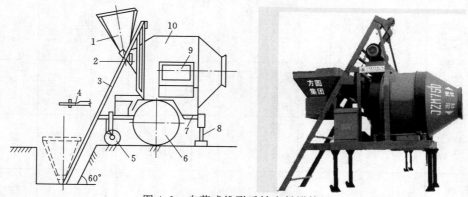

图 4.1 自落式锥形反转出料搅拌机

1—料斗；2—中间料斗；3—上料架；4—牵引架；5—前支轮；6—行走轮；

7—底盘；8—支腿；9—电器箱；10—锥形搅拌筒

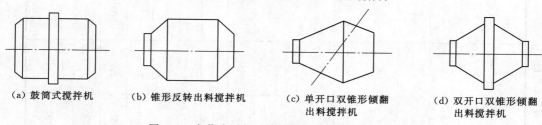

（a）鼓筒式搅拌机　　　（b）锥形反转出料搅拌机　　　（c）单开口双锥形倾翻　　　（d）双开口双锥形倾翻
　　　　　　　　　　　　　　　　　　　　　　　　　出料搅拌机　　　　　　　出料搅拌机

图 4.2 自落式混凝土搅拌机搅拌筒的几种形式

轴旋转，将材料强行搅拌，直至搅拌均匀。这种搅拌机的搅拌作用强烈，适宜于搅拌干硬性混凝土和轻骨料混凝土，也可搅拌低流动性混凝土，具有搅拌质量好、搅拌速度快、生产效率高、操作简便及安全等优点。但机件磨损严重，一般需用高强合金钢或其他耐磨材料做内衬，多用于集中搅拌站或预制厂。外形和构造如图 4.3～图 4.5 所示。

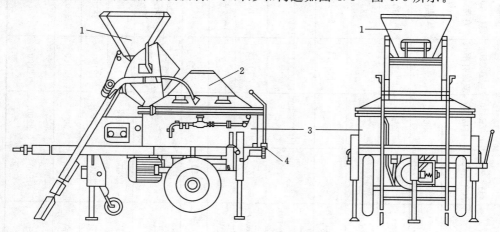

图 4.3 强制式搅拌机

1—进料斗；2—拌筒罩；3—搅拌筒；4—出料口

2. 常用混凝土搅拌机的主要技术性能

常用混凝土搅拌机的主要技术性能见表 4.7。

表4.7 常用混凝土搅拌机的主要技术性能

项目		J1-250 自落式	JGZR350 自落式	JZC350 双旋自落式	J1-400 自落式	J4-375 强制式	JD250 单卧轴强制式	JS350 双卧轴强制式	JD500 单卧轴强制式	TQ500 强制式	JW500 涡浆强制式	JW1000 涡浆强制式	S4S1000 双卧轴强制式
进料容量/L		250	560	560	400	375	400	560	800	800	800	1600	1600
出料容量/L		160	350	350	260	250	250	350	500	500	500	1000	1000
搅拌时间/min		2	2	2	2	1.2	1.5	2	2	1.5	1.5~2.0	1.5~3.0	3.0
平均搅拌能力/(m³/h)		3~5	2	12~14	6~12	12.5	12.5	17.5~21	25.30	20	20	20	60
拌筒尺寸(直径×长×宽)/mm		1218×960	1447×1096	1560×1890	1447×1178	1700×500				2040×650	2042×646	3000×830	
拌筒转速/(r/min)		18	17.4	14.5	18	18	30	35	26	28.5	28	20	36
电动机	kW	5.5	5.5	5.5	7.5	10	11	15	5.5	30	30	55	
电动机	r/min	1440	1440	1440	1450	1450	1460				980		
配水箱容量/L		40			65					2020			
外形尺寸/mm	长	2280	3500	3100	3700	4000	4340	4340	4580	2375	6150	3900	3852
外形尺寸/mm	宽	2200	2600	2190	2800	1865	2850	2570	2700	2138	2950	3120	2385
外形尺寸/mm	高	2400	3000	3040	3000	3120	4000	4070	4570	1650	4300	1800	2465
整机质量/kg		1500	3200	2000	3500	2200	3300	3540	4200	3700	5185	7000	6500

注 估算搅拌机的产量，一般以出料系数表示，其数值为0.55~0.72，通常取0.66。

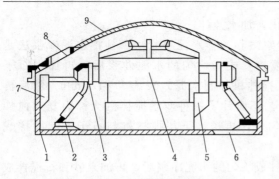

图 4.4 涡桨式强制搅拌机构造图

1—搅拌盘；2—搅叶 N 片；3—搅拌臂；4—转子；
5—内壁铲刮叶片；6—出料口；7—外壁铲
刮叶片；8—进料口；9—盖板

4.1.3.2 搅拌制度

为拌制出均匀优质的混凝土，除正确地选择搅拌机的类型外，还必须正确地确定搅拌制度。其内容包括搅拌时间、投料顺序与进料容量等。

1. 搅拌时间

搅拌时间应为全部材料投入搅拌筒起，到开始卸料为止所经历的时间。它是影响混凝土质量及搅拌机生产率的一个主要因素。搅拌时间过短，混凝土不均匀；搅拌时间过长，会降低搅拌机的生产效率。同时会使不坚硬的骨料破碎、脱角。有时还会发生离析现象，从而影响混凝土的质量。因此，应兼顾技术要求和经济合理，确定合适的搅拌时间。混凝土搅拌的最短时间可按表 4.8 确定。

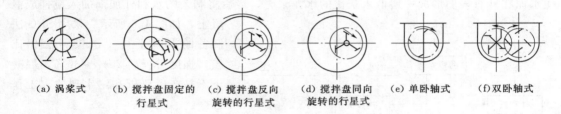

（a）涡桨式　　（b）搅拌盘固定的　　（c）搅拌盘反向　　（d）搅拌盘同向　　（e）单卧轴式　　（f）双卧轴式
　　　　　　　　　　行星式　　　　　　旋转的行星式　　旋转的行星式

图 4.5 强制式混凝土搅拌机的几种形式

表 4.8　　　　　　　　　　　　　　　　混凝土搅拌的最短时间

混凝土坍落度 /mm	搅拌机类型	搅拌机出料量/L		
		<250	250～500	>500
≤30	强制式	60	90	120
	自落式	90	120	150
>30	强制式	60	60	90
	自落式	90	90	120

2. 投料顺序

确定原材料投入搅拌筒内的先后顺序应综合考虑到能否保证混凝土的搅拌质量，提高混凝土的强度，减少机械的磨损与混凝土的粘罐现象，减少水泥飞扬，降低电耗以及提高生产率等多种因素。按原材料加入搅拌筒内的投料顺序的不同，普通混凝土的搅拌方法可分为：一次投料法、二次投料法和水泥裹砂法等。

（1）一次投料法：这是目前最普遍采用的方法。它是将砂、石、水泥和水一起同时加入搅拌筒中进行搅拌。为了减少水泥的飞扬和水泥的粘罐现象，向搅拌机上料斗中投料的。投料顺序宜先倒砂子（或石子）再倒水泥，然后倒入石子（或砂子），将水泥加在砂、石之间,最后由上料斗将干物料送入搅拌筒内,加水搅拌。

(2) 二次投料法:它又分为预拌水泥砂浆法和预拌水泥净浆法。预拌水泥砂浆法是先将水泥、砂和水加入搅拌筒内进行充分搅拌,成为均匀的水泥砂浆后,再加入石子搅拌成均匀的混凝土。国内一般是用强制式搅拌机拌制水泥砂浆约 1~1.5min。然后再加入石子搅拌约 1~1.5min。国外对这种工艺还设计了一种双层搅拌机(称为复式搅拌机),其上层搅拌机搅拌水泥砂浆,搅拌均匀后,再送入下层搅拌机与石子一起搅拌成混凝土。

预拌水泥净浆法是先将水泥和水充分搅拌成均匀的水泥净浆后,再加入砂和石搅拌成混凝土。国外曾设计一种搅拌水泥净浆的高速搅拌机,其不仅能将水泥净浆搅拌均匀,而且对水泥还有活化作用。国内外的试验表明,二次投料法搅拌的混凝土与一次投料法相比较,混凝土的强度可提高 15%,在强度相同的情况下,可节约水泥 15%~20%。

(3) 水泥裹砂法:又称 SEC 法,采用这种方法拌制的混凝土称为 SEC 混凝土或造壳混凝土。该方法的搅拌程序是先加一定量的水使砂表面的含水量调到某一规定的数值后(一般为 15%~25%),再加入石子并与湿砂拌匀,然后将全部水泥投入与砂石共同拌和使水泥在砂石表面形成一层低水灰比的水泥浆壳,最后将剩余的水和外加剂加入搅拌成混凝土,如图 4.6 所示。采用 SEC 法制备的混凝土与一次投料法相比较,强度可提高 20%~30%,混凝土不易产生离析和泌水现象,工作性好。

水泥裹砂法多用于隧洞、地下厂房的喷混凝土衬砌或与锚杆支护联合用以加固洞室围岩。日本于 20 世纪 70 年代开始研究此法并应用于世界著名的日本青函海底隧道。中国山东省水利科学研究所 1980 年开始研究应用水泥裹砂法,此后在渔子溪二级水电站引水隧洞施工中,水泥裹砂法得到了进一步地完善,发展了双裹并列法和潮料掺浆法的工艺,并改进速凝剂的掺法和

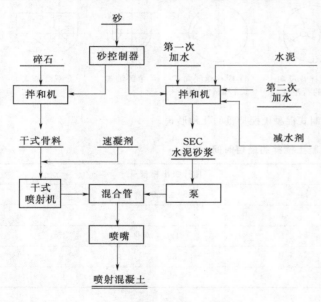

图 4.6　水泥裹砂法的工艺流程

调整部分施工工艺,基本实现了设备配套,其技术经济指标达到先进水平。水泥裹砂喷混凝土的工艺流程(图 4.6)为将砂子调湿到一定含水率,加入全部用量的水泥,经裹砂机搅拌,使砂粒外面包裹一层低水灰比的水泥浆壳,继而加入拌和用水与减水剂,形成SEC 砂浆。此种砂浆易于泵送,水灰比稳定,与干式骨料混合时在喷嘴处无需另外加水。因此,喷射混凝土的质量稳定。

这种施工方法与干喷混凝土相比,具有回弹率小、粉尘含量低、工效高、混凝土强度高、表面光滑平整、均匀性好等优点,可以节约大量水泥,降低成本约 20% 以上,还可

改善工作环境，对工人的劳动保护起到良好的作用。

3. 进料容量

搅拌机的容量有3种表示方式，即出料容量、进料容量和几何容量。出料容量也即公称容量，是搅拌机每次从搅拌筒内可卸出的最大混凝土体积，几何容量则是指搅拌筒内的几何容积，而进料容量是指搅拌前搅拌筒可容纳的各种原材料的累计体积。出料容量与进料容量间的比值称为出料系数，其值一般为0.60～0.70，通常取0.67。进料容量与几何容量的比值称为搅拌筒的利用系数，其值一般为0.22～0.40。我国规定以搅拌机的出料容量来标定其规格。不同类型的搅拌机都有一定的进料容量，如果装料的松散体积超过额定进料容量的一定值（10%以上）后，就会使搅拌筒内无充分的空间进行拌和，影响混凝土搅拌的均匀性。但数量也不易过少，否则会降低搅拌机的生产率，故一次投料量应控制在搅拌机的额定进料容量以内。

4.1.3.3 搅拌机的使用

1. 安装

搅拌机应设置在平坦的位置，用方木垫起前后轮轴，使轮胎升高架空，以免在开动时发生走动。固定式搅拌机要装在固定的机座或底架上。

2. 检查

电源接通后，必须仔细检查，经2～3min空车试转认为合格，方可使用。

试运转时应校验拌筒转速是否合适，一般情况下，空车速度比重车（装料后）稍快2～3转，如相差较多，应调整动轮与传动轮的比例。

搅拌筒的旋转方向应符合箭头指示方向。如不符时，应更正电机接线。

检查传动离合器和制动器是否灵活可靠，钢丝绳有无损坏，轨道滑轮是否良好，周围有无障碍及各部位的润滑情况等。

3. 保护

电动机应装设外壳或采用其他保护措施，防止水分和潮气浸入而损坏。电动机必须安装启动开关，速度由缓变快。

开机后，经常注意搅拌机各部件的运转是否正常。停机时，经常检查搅拌机叶片是否打弯，螺丝有否打落或松动。

当混凝土搅拌完毕或预计停歇1h以上时，除将余料除净外，应用石子和清水倒入拌筒内，开机转动5～10min，把粘在料筒上的砂浆冲洗干净后全部卸出。料筒内不得有积水，以免料筒和叶片生锈。同时还应清理搅拌筒外积灰，使机械保持清洁完好。

4.1.3.4 混凝土搅拌站

大型混凝土搅拌站（图4.7）是将施工现场需用的混凝土，在一个集中站点统一拌制后，用混凝土运输车分别输送到一个或若干个施工现场进行浇筑使用。在大、中型城市，宜选定适宜的地点，分区设置容量较大的永久性混凝土搅拌站；对建设规模大，施工周期长的工程，或在邻近同时有几个较大工程同时进行施工的地点，宜设置半永久性的混凝土搅拌站。这是一个值得提倡的发展方向，它有利于实现建筑工业化，对提高混凝土质量、节约原材料、实现现场文明施工和改善环境，都具有突出的优点，并能取得明显的社会、经济效益。

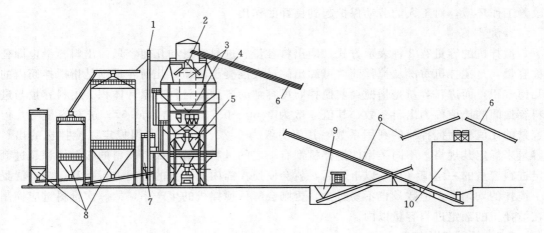

图 4.7　大型混凝土搅拌站

1—斗式提升机；2—砂石分料器；3—水泥储存仓；4—称量斗；5—搅拌机；6—皮带机；

7—粉煤灰筒仓；8—水泥筒仓；9—砂石卸料坑；10—地上砂石储料仓

搅拌站根据其竖向布置的不同，可分为单阶式和双阶式两种。

（1）单阶式混凝土搅拌站。单阶式混凝土搅拌站是将原材料由皮带机、螺旋输送机等运输设备一次提升到需要高度后，靠自重作用，依次经过储料、称量、骨料、搅拌等程序，完成整个搅拌的生产流程。其工艺流程如图 4.8（a）所示。单阶式搅拌站的优点在于：从上一道工序到下一道工序的经历时间短，生产效率高，机械化、自动化程度高，搅拌楼占地面积小，对产量大的大型永久性混凝土搅拌站比较适用。

（2）双阶式混凝土搅拌站。双阶式混凝土搅拌站是将原材料在第一次提升后，依靠材料的自重经过储料、称量、骨料等程序后，再经第二次提升进入搅拌机。其工艺流程如图4.8（b）所示。这种形式的搅拌站其建筑物的总高度较小，运输设备较简单，投资相对

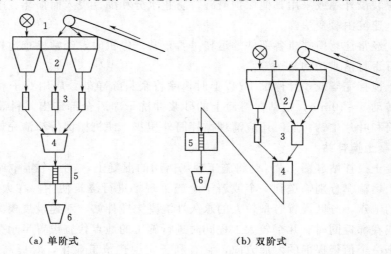

（a）单阶式　　　　　　　　　　（b）双阶式

图 4.8　单阶式、双阶式生产工艺流程图

1—运输设备；2—储料斗；3—称量设备；4—骨料斗；5—混凝土搅拌设备；6—混凝土料斗

也较少，建设速度快。目前，一般半永久性的大型混凝土搅拌站多采用这一类型。

混凝土搅拌站的生产工艺流程如图 4.9 所示。

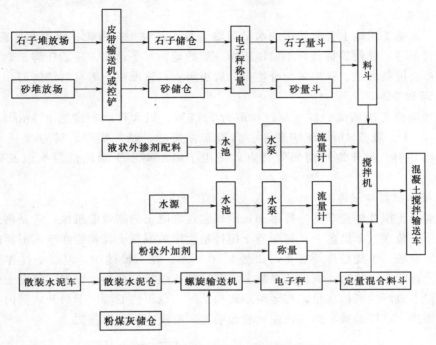

图 4.9 混凝土搅拌站生产工艺流程图

任务 4.2 混 凝 土 运 输

4.2.1 混凝土拌和物运输的一般要求

（1）保证混凝土的浇筑量：在不允许留施工缝的情况下，混凝土运输须保证浇筑工作能连续进行，应按混凝土的最大浇筑量来选择混凝土运输的方法及运输设备的型号和数量。

（2）应保证混凝土在初凝前浇筑完毕：应以最短的时间和最少的转换次数将混凝土从搅拌地点运至浇筑地点，混凝土从搅拌机卸出后到振捣完毕的延续时间见表 4.9。

表 4.9　　　　　　　　混凝土从搅拌机卸出后到浇筑完毕的延续时间　　　　　　单位：min

混凝土强度等级 ＼ 气温	≤25℃	＞25℃
≤C30	120	90
＞C30	90	60

（3）保证混凝土在运输过程中的均匀性：避免产生分层离析、水泥浆流失、坍落度变化以及产生初凝现象。

4.2.2　混凝土的运输方式

4.2.2.1　水平运输

1. 手推车

手推车是施工工地上普遍使用的水平运输工具，其种类有独轮、双轮和三轮等多种。手推车具有小巧、轻便等特点，不但适用于一般的地面水平运输，还能在脚手架、施工栈道上使用；也可与塔吊、井架等配合使用，解决垂直运输混凝土等材料的需要。

2. 机动翻斗车

系用柴油机装配而成的翻斗车，功率为7355W，最大行驶速度达35km/h。车前装有容量为400L、载重1000kg的翻斗。具有轻便灵活、结构简单、转弯半径小、速度快、能自动卸料、操作维护简便等特点。适用于短距离水平运输混凝土以及砂、石等散装材料。

3. 混凝土搅拌输送车

（1）混凝土搅拌输送车是一种用于长距离输送混凝土的高效能机械，它是将运送混凝土的搅拌筒安装在汽车底盘上，将混凝土搅拌站生产的混凝土拌和物灌装入搅拌筒内，直接运至施工现场，供浇灌作业需要，如图4.10所示。在运输途中，混凝土搅拌筒始终在不停地做慢速转动，从而使筒内的混凝土拌和物可连续得到搅动，以保证混凝土通过长途运输后，仍不致产生离析现象。在运输距离很长时，也可将混凝土干料装入筒内，在运输途中加水搅拌，这样能减少由于长途运输而引起的混凝土坍落度损失。

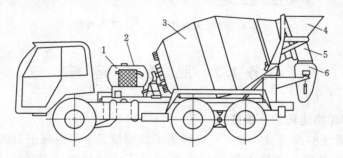

图4.10　混凝土搅拌输送车

1—水箱；2—外加剂箱；3—搅拌筒；4—进料斗；
5—固定卸料溜槽；6—活动卸料溜槽

（2）使用混凝土搅拌输送车必须注意的事项。

1）混凝土必须能在最短的时间内均匀无离析地排出，出料干净、方便，能满足施工的要求，如与混凝土泵联合输送时，其排料速度应能相匹配。

2）从搅拌输送车运卸的混凝土中，分别取1/4和3/4处试样进行坍落度试验，两个试样的坍落度值之差不得超过3cm。

3）混凝土搅拌输送车在运送混凝土时，通常的搅动转速为2～4r/min，整个输送过程中拌筒的总转数应控制在300转以内。

4）若混凝土搅拌输送车采用干料自行搅拌混凝土时，搅拌速度一般应为6～18r/min，搅拌转数应从混合料和水加入搅筒起，直至搅拌结束控制在70～100转。

5）混凝土搅拌输送车因途中失水，到工地需加水调整混凝土的坍落度时，则搅筒应以 6～18r/min 搅拌速度搅拌，并再多转动至少 30 转。

4.2.2.2 垂直运输

1. 井架

主要用于高层建筑混凝土灌筑时的垂直运输机械，由井架、卷扬机、吊盘、自动倾卸吊斗及钢丝缆风绳等组成，具有一机多用、构造简单、装拆方便等优点。起重高度一般为 25～40m。

2. 混凝土提升机

混凝土提升机是供快速输送大量混凝土的垂直提升设备。它是由钢井架、混凝土提升斗和高速卷扬机等组成，其提升速度可达 50～100m/min。当混凝土提升到施工楼层后，卸入楼面受料斗，再采用其他楼面水平运输工具（如手推车等）运送到施工部位浇筑。一般每台容量为 $0.5m^3 \times 2$ 的双斗提升机，当其提升速度为 75m/min，最高高度达 120m，混凝土输送能力可达 $20m^3/h$。因此，对于混凝土浇筑量较大的工程，特别是高层建筑，在缺乏其他高效能机具的情况下，是颇为经济适用的混凝土垂直运输机具。

3. 塔式起重机

塔式起重机主要是用于大型建筑和高层建筑的垂直运输。利用塔式起重机与浇灌斗等机具相配合，可很好地完成混凝土的垂直运输任务，塔式起重机通常有行走式、附着式和内爬式 3 种。

4.2.2.3 混凝土输送泵

1. 混凝土输送泵

可一次完成水平及垂直输送，将混凝土直接输送至浇筑地点，是一种高效的混凝土运输和浇筑机具。我国目前主要采用活塞泵，液压驱动。由料斗、液压缸和活塞、混凝土缸、分配阀、Y 形输送管、冲洗系统和动力系统等组成。

混凝土输送泵可分为拖式泵（固定式泵）和车载泵（移动式泵）两大类。混凝土输送管用钢管制成，直径一般为 110mm、125mm、150mm，标准管长 3m，也有 2m、1m 的配管，弯头有 900、450、300、150 等不同角度的弯管。管径的选择根据混凝土骨料的最大粒径、输送距离、输送高度及其他施工条件决定。泵送混凝土时，应保证混凝土的供应能满足混凝土泵连续工作。输送管线宜直、转弯宜缓、接头要严密；泵送前先用适量的水泥砂浆润湿管道内壁，在泵送结束或预计泵送间隙时间超过 45min 时，及时把残留在混凝土缸体和输送管内混凝土清洗干净，如图 4.11 所示。

2. 混凝土泵车

将液压活塞式混凝土泵固定安装在汽车底盘上，使用时开至需要施工的地点，进行混凝土泵送作业，称为混凝土汽车泵或移动泵车，如图 4.12 所示。一般情况下，此种泵车都附带装有全回转三段折叠臂架式的布料杆。整个泵车主要由混凝土推送机构、分配间阀机构、料斗搅拌装置、悬臂布料装置、操作系统、清洗系统、传动系统及汽车底盘等部分组成。这种泵车使用方便，适用范围广，它既可以利用在工地配置装接的管道输送到较远、较高的混凝土浇筑部位，也可以发挥随车附带的布料杆的作用，把混凝土直接输送到需要浇筑的地点。

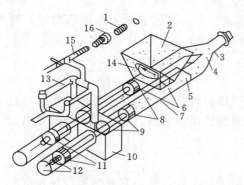

图 4.11　液压活塞式混凝土泵工作原理图

1—清洗活塞；2—料斗；3—排出混凝土；4—Y 形管；5—排出阀门；6—混凝土缸；7—吸入混凝土；8—推压混凝土活塞；9—活塞杆；10—水箱；11—液压活塞；12—液压缸；13—水洗装置换向阀；14—吸入阀门；15—水洗用高压软管；16—水洗用法兰

施工时，现场规划要合理布置混凝土泵车的安放位置。一般混凝土泵应尽量靠近浇筑地点，并要满足两台混凝土搅拌输送车能同时就位，使混凝土泵能不间断地得到混凝土供应，进行连续压送，以充分发挥混凝土泵的有效能力。

混凝土泵车的输送能力一般为 80m³/h；在水平输送距离为 520m，垂直输送高度为 110m 时，输送能力为 30m³/h。

4.2.2.4　混凝土布料设备

1. 混凝土泵车布料杆

混凝土泵车布料杆是在混凝土泵车上附装的既可伸缩也可曲折的混凝土布料装置。混凝土输送管道就设在布料杆内，末端是一段软管，用于混凝土浇筑时的布料工作。这种装置的布料范围广，在一般情况下不需再行配管，如图 4.13 所示。

图 4.12　混凝土泵车

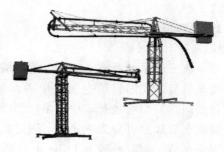

图 4.13　移动式布料杆

2. 独立式混凝土布料器

独立式混凝土布料器是与混凝土泵配套工作的独立布料设备。在操作半径内，能比较灵活自如地浇筑混凝土。其工作半径一般为 10m 左右，最大的可达 40m。由于其自身较为轻便，能在施工楼层上灵活移动。所以实际的浇筑范围较广，适用于高层建筑的楼层混凝土布料。

3. 混凝土浇灌斗

（1）混凝土浇灌布料斗。为混凝土水平与垂直运输的一种转运工具。混凝土装进浇灌斗内，由起重机吊送至灌注地点直接布料。浇灌斗是用钢板拼焊成簸箕式，容量一般为 1m³。两边焊有耳环，便于挂钩起吊，上部开口，下部有门，门出口为 40cm×40cm，采用制动闸门，以便打开和关闭。

（2）混凝土吊斗。混凝土吊斗有圆锥形、高架方形和双向出料等形式。斗容为 0.7～1.4m³。混凝土由搅拌机直接装入后，用起重机吊至浇灌地点。吊斗可以放置在楼板上卸料。

4.2.3 混凝土运输的注意事项

混凝土运输的注意事项如下：

(1) 尽可能使运输线路短直、道路平坦，车辆行驶平稳，减少运输时的振荡；避免运输的时间和距离过长、转运次数过多。

(2) 混凝土容器应平整光洁、不吸水、不漏浆，装料前用水湿润，炎热气候或风雨天气宜加盖，防止水分蒸发或进水，冬季考虑保温措施。

(3) 运至浇筑地点的混凝土发现有离析和初凝现象须二次搅拌均匀后方可入模，已凝结的混凝土应报废，不得用于工程中。

(4) 溜槽运输的坡度不宜大于 30°，混凝土的移动速度不宜大于 1m/s。如溜槽的坡度太小、混凝土移动太慢，可在溜槽底部加装小型振动器；当溜槽太斜或用皮带运输机运输，混凝土的移动速度太快时，可在末端设置串筒或挡板，以保证垂直下落和落差高度。

(5) 当混凝土浇筑高度超过 3m 时应采用成组串筒，以保证混凝土的自由落差不大于 2m。

(6) 当混凝土浇筑高度超过 8m 时，应设置带节管的振动串筒或多级料斗，如图 4.14 所示。

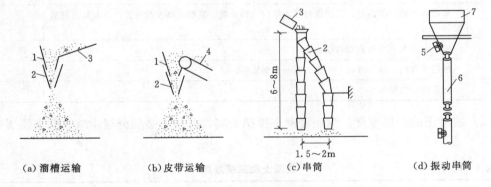

(a) 溜槽运输　　　　(b) 皮带运输　　　　(c) 串筒　　　　(d) 振动串筒

图 4.14　溜槽和串筒

1—挡板；2—串筒；3—溜槽；4—皮带运输机；5—振动器；6—节管；7—漏斗

任务 4.3　混 凝 土 浇 筑

4.3.1 混凝土浇筑前的准备工作

混凝土浇筑前的准备工作如下：

(1) 检查模板的标高、位置及严密性，支架的强度、刚度、稳定性，清理模板内的垃圾、泥土、积水和钢筋上的油污，高温天气模板宜浇水湿润。

(2) 做好钢筋及预留预埋管线的验收和钢筋保护层的检查，做好钢筋工程隐蔽验收记录表。

（3）准备和检查材料、机具等。

（4）做好施工组织和技术、安全交底工作。

4.3.2　混凝土浇筑的一般规定

混凝土浇筑的一般规定如下：

（1）混凝土须在初凝前浇筑：如已有初凝现象，则应再进行一次强力搅拌方可入模。如混凝土在浇筑前有离析现象，亦须重新拌和才能浇筑。

（2）混凝土浇筑时的自由倾落高度：对于素混凝土或少筋混凝土，由料斗、漏斗进行浇筑时，倾落高度不超过 2m；对竖向结构（柱、墙）倾落高度不超过 3m；对于配筋较密或不便于捣实的结构倾落高度不超过 60cm。否则应采用串筒、溜槽和振动串筒下料，以防产生离析。

（3）浇筑竖向结构混凝土前，底部应先浇入 50～100mm 厚与混凝土成分相同的水泥砂浆，以避免产生蜂窝、麻面及烂根现象。

（4）混凝土浇筑时的坍落度。坍落度是判断混凝土施工和易性优劣的简单方法，应在混凝土浇筑地点进行坍落度测定，以检测混凝土的搅拌质量，防止长时间、远距离混凝土运输引起和易性损失，影响混凝土成型质量，见表 4.10。

表 4.10　　　　　　　　　　　　　　混凝土浇筑时的坍落度

序号	结　构　种　类	坍落度/mm
1	基础或地面等的垫层、无配筋的厚大结构（挡土墙、基础或厚大的块体）或配筋稀疏的结构	10～30
2	板、梁及大、中型截面的柱子等	30～60
3	配筋密列的结构（薄壁、斗仓、筒仓和细柱等）	50～70
4	配筋特密的结构	70～90

（5）混凝土的分层厚度。为使混凝土振捣密实，混凝土必须分层浇筑。其浇筑层厚度见表 4.11。

表 4.11　　　　　　　　　　　　　　混凝土浇筑层厚度

捣实混凝土的方法		浇筑层的厚度
插入式振捣		振捣器作用部分长度的 1.25 倍
表面振动		200mm
人工捣固	在基础、无筋混凝土或配筋稀疏的结构中	250mm
	在梁、墙板、柱结构中	200mm
	在配筋密列的结构中	150mm
轻骨料混凝土	插入式振捣器	300mm
	表面振动（振动时需加荷载）	200mm

（6）混凝土浇筑的允许间歇时间。混凝土浇筑应连续进行，由于技术或施工组织上的原因必须间歇时，其间歇时间应尽可能缩短，并在下层混凝土未凝结前，将上层混凝土浇筑完毕。混凝土运输、浇筑及间隙的全部不得超过表 4.12 的允许间歇时间。

表 4.12	混凝土运输、浇筑和间隙的允许时间		单位：min
气温 混凝土强度等级	≤25℃		>25℃
C30 及 C30 以下	210		180
C30 以上	180		150

（7）混凝土在初凝后、终凝前应防止振动。当混凝土抗压强度达到 1.2MPa 时才允许在上面继续进行施工活动。

4.3.3 混凝土的浇筑方法

混凝土的浇筑方法如下：

（1）台阶式柱基础：浇筑单阶柱基时可按台阶分层一次浇筑完毕，不允许留设施工缝，每层混凝土一次卸足，顺序是先边角后中间，务必使混凝土充满模板。

浇筑多阶柱基时为防止垂直交角处出现吊脚（上台阶与下口混凝土脱空），可在第一级混凝土捣固下沉 2～3cm 暂不填平，在继续分层浇筑第二级混凝土时，沿第二级模板底圈将混凝土做成内外坡，外圈边坡的混凝土在第二级混凝土振捣过程中自动摊平，待第二级混凝土浇筑后，将第一级混凝土齐模板顶边拍实抹平，如图 4.15 所示。

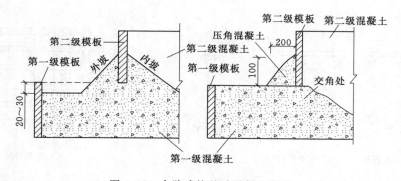

图 4.15 台阶式柱基础混凝土浇筑

（2）柱子混凝土的浇筑。柱子应分段浇筑，每段高度不大于 3.5m。柱子高度不超过 3m，可从柱顶直接下料浇筑，超过 3m 时应采用串筒或在模板侧面开孔分段下料浇筑；柱子开始浇筑时应在柱底先浇筑一层 50～100mm 厚的水泥砂浆或减半石混凝土；柱子混凝土应分层下料和捣实，分层厚度不大于 50cm，振动器不得触动钢筋和预埋件；柱子混凝土应一次连续浇筑完毕，浇筑后应停歇 1～1.5h，待柱混凝土初步沉实再浇筑梁板混凝土。浇筑整排柱子时，应从两端由外向里对称顺序浇筑，以防柱模板在横向推力下向一方倾斜。

（3）梁板混凝土的浇筑。肋形楼板的梁板应同时浇筑，浇筑方法应由一端开始用"赶浆法"，即先将梁根据梁高分层浇筑成阶梯形，当达到板底位置时再与板的混凝土一起浇筑，随着阶梯形不断延长，梁板混凝土浇筑连续向前推进，如图 4.16 所示。

（4）剪力墙混凝土的浇筑。剪力墙应分段浇筑，每段高度不大于 3m。门窗洞口应两

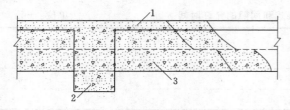

图 4.16　梁、板同时浇筑方法示意图
1—楼面板；2—主梁；3—次梁

侧对称下料浇筑，以防门窗洞口位移或变形。窗口位置应注意先浇窗台下部，后浇窗间墙，以防窗台位置出现蜂窝孔洞。

4.3.4　施工缝施工工艺

1. 施工缝的留设与处理

如果由于技术或施工组织上的原因，不能对混凝土结构一次连续浇筑完毕，而必须停歇较长的时间，其停歇时间已超过混凝土的初凝时间，致使混凝土已初凝；当继续浇筑混凝土时，形成了接缝，即为施工缝。

（1）施工缝的留设位置。施工缝设置的原则，一般宜留在结构受力（剪力）较小且便于施工的部位。

柱子的施工缝宜留在基础与柱子交接处的水平面上，或梁的下面，或吊车梁牛腿的下面、吊车梁的上面、无梁楼盖柱帽的下面，如图 4.17 所示。高度大于 1m 的钢筋混凝土梁的水平施工缝，应留在楼板底面下 20～30mm 处，当板下有梁托时，留在梁托下部；单向平板的施工缝，可留在平行于短边的任何位置处；对于有主次梁的楼板结构，宜顺着次梁方向浇筑，施工缝应留在次梁跨度的中间 1/3 范围内，如图 4.18 所示。

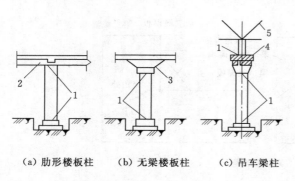

（a）肋形楼板柱　（b）无梁楼板柱　（c）吊车梁柱

图 4.17　柱子施工缝的留设位置
1—施工缝；2—梁；3—柱帽；4—吊车梁；5—屋架

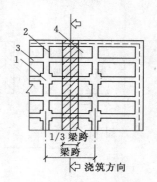

图 4.18　有主次梁的楼板结构的施工缝
的留设位置
1—柱；2—主梁；3—次梁；4—板

（2）施工缝的处理。施工缝处继续浇筑混凝土时，应待混凝土的抗压强度不小于 1.2MPa 方可进行。

施工缝浇筑混凝土之前，应除去施工缝表面的水泥薄膜、松动石子和软弱的混凝土层，并加以充分湿润和冲洗干净，不得有积水。

浇筑时，施工缝处宜先铺水泥浆（水泥：水＝1：0.4），或与混凝土成分相同的水泥砂浆一层，厚度为 30～50mm，以保证接缝的质量。

浇筑过程中，施工缝应细致捣实，使其紧密结合。

2. 后浇带的设置

后浇带是在建筑施工中为防止现浇钢筋混凝土结构由于自身收缩不均或沉降不均可能

产生的有害裂缝，按照设计或施工规范的要求，在基础底板、墙、梁相应位置留设的临时施工缝。

后浇带将结构暂时划分为若干部分，经过构件内部收缩，在若干时间后再浇捣该施工缝混凝土，将结构连成整体的地带。后浇带的浇筑时间宜选择气温较低时，可用浇筑水泥或水泥中掺微量铝粉的混凝土，其强度等级应比构件强度高一级，防止新老混凝土之间出现裂缝，造成薄弱部位。设置后浇带的部位还应该考虑模板等措施不同的消耗因素，如图4.19所示。图4.20所示为楼面板后浇带的留设，图4.21所示为底板后浇带采用快易收口网留设。

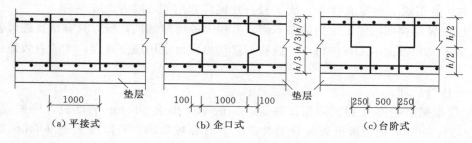

图 4.19　后浇带企口形式

图 4.20　楼面板后浇带的留设

图 4.21　底板后浇带采用快易收口网留设

（1）分类。

1）为解决高层建筑主楼与裙房的沉降差而设置的后浇施工带称为沉降后浇带。

2）为防止混凝土因温度变化拉裂而设置的后浇施工带称为温度后浇带。

3）为防止因建筑面积过大，结构因温度变化，混凝土收缩开裂而设置的后浇施工缝为伸缩后浇带。

（2）设计要求。现设计院设计的后浇带施工图不尽相同，现行规范《高层建筑混凝土结构技术规程》（JGJ 3—2010）、《地下工程防水技术规范》（GB 50108—2008）及不同版本的建筑结构构造图集中，对后浇带的构造要求都有详细的规定。由于这些规范、标准是由不同的专家组编写，其内容和要求有所不同，各有偏重，不可避免地存在一些差异。

1）后浇带的留置宽度一般为700～1000mm，现常见的有800mm、1000mm、1200mm3种。

2）后浇带的接缝形式有平直缝、阶梯缝、槽口缝和 X 形缝 4 种形式。

3）后浇带内的钢筋，有全断开再搭接，有不断开另设附加筋的规定。

4）后浇带混凝土的补浇时间，有的规定不少于 14d，有的规定不少于 42d，有的规定不少于 60d，有的规定封顶后 28d。《高层建筑混凝土结构技术规程》（JGJ 3—2010）规定是 45d 后浇筑。《混凝土结构构造手册》（第三版）由中国建筑工业出版社出版的规定是 28d。

5）后浇带的混凝土配制及强度，原混凝土等级提高一级的补偿收缩混凝土浇筑。

6）养护时间规定不一致，有 7d、14d 或 28d 等几种时间要求，一般小工程常用的是 14d 左右，赶工或工程要求用 7d，大工程自建民房常用 28d 或者 30d 左右。

上述差异的存在给施工带来诸多不便，有很大的可伸缩性，所以只有认真理解各专业的规范的不同和根据本工程的特点、性质，灵活可靠地应用规范规定，才能有效地保证工程质量。

（3）接缝处理。

1）应根据墙板厚度的实际情况决定，一般厚度小于 300mm 的墙板，可做成直缝；对厚度大于 300mm 的墙板可做成阶梯缝或上下对称坡口形；对厚度大于 600mm 的墙板可做成凹形或多边凹形的断面。

2）钢筋是保持原状还是断开，这要由后浇带的类型来决定。沉降后浇带的钢筋应贯通，伸缩后浇带钢筋应断开，梁板结构的板筋应断开，但梁筋贯通。若钢筋不断开，钢筋附近的混凝土收缩将受到较大制约，产生拉应力开裂，从而降低了结构抵抗温度应力的能力。不同断面上的后浇带应曲折连通。

3）后浇带混凝土浇筑，一般应使用无收缩混凝土浇筑，可以采用膨胀水泥，也可采用掺和膨胀剂与普通水泥拌制。混凝土的强度至少同原浇筑混凝土相同或提高一个级别。

4）施工质量控制，后浇带的连接形式必须按照施工图设计进行，支模必须用堵头板或钢筋网，槽口缝接口形式是在模板上装凸条。浇筑混凝土前对缝内要认真清理、剔凿、冲刷，移位的钢筋要复位，混凝土一定要振捣密实，尤其是地下室底板更应认真处理，保证混凝土的自身防水能力。

5）后浇带处第一次浇筑留设后，应采取保护性措施，顶部覆盖，围栏保护，防止缝内进入垃圾、钢筋污染、踩踏变形，给清理带来困难。

6）后浇带两侧的梁板在未补浇混凝土前长期处于悬臂状态，所以在未补浇混凝土前两侧模板支撑不能拆除，在后浇带浇筑后混凝土强度达到 85% 以上一同拆除，混凝土浇筑后注意保护，观察记录，及时养护。

4.3.5　大体积钢筋混凝土结构的浇筑

《大体积混凝土施工规范》（GB 50496—2009）规定：混凝土结构物实体最小几何尺寸不小于 1m 的大体积混凝土，或预计会因混凝土中胶凝材料水化引起的温度变化和收缩而导致有害裂缝产生的混凝土，称为大体积混凝土。

现代建筑中时常涉及大体积混凝土施工，如高层楼房基础、大型设备基础、水利大坝等。它主要的特点就是体积大，一般实体最小尺寸不小于 1m。它的表面系数比较小，水泥水化热释放比较集中，内部升温比较快。混凝土内外温差较大时，会使混凝土产生温度裂缝，影响结构安全和正常使用，所以必须从根本上分析它，来保证施工的质量。

4.3.5.1　大体积混凝土的浇筑方案

大体积混凝土浇筑时，浇筑方案可以选择全面分层、分段分层和斜面分层 3 种方式，混凝土浇筑宜从低处开始，沿长边方向自一端向另一端进行。当混凝土供应量有保证时，亦可多点同时浇筑，保证结构的整体性，如图 4.22 所示。

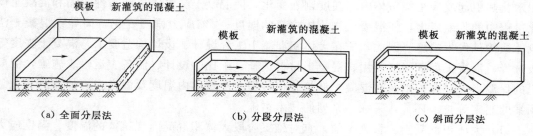

　（a）全面分层法　　　　　（b）分段分层法　　　　　（c）斜面分层法

图 4.22　大体积混凝土的浇筑方法

1. 全面分层法

浇筑混凝土时从短边开始，沿长边方向进行浇筑，要求在逐层浇筑过程中，第二层混凝土要在第一层混凝土初凝前浇筑完毕。在整个基础内全面分层浇筑混凝土，要做到第一层全面浇筑完毕后浇筑第二层时，第一层浇筑的混凝土还未初凝，如此逐层进行，直至浇筑好。这种方案适用于结构的平面尺寸不太大，施工时从短边开始，沿长边进行较适宜。

2. 分段分层

分段分层方案适用于结构厚度不大而面积或长度较大的结构。混凝土从底层开始浇筑，进行一定距离后浇筑第二层，如此依次向前浇筑以上各分层。

3. 斜面分层

混凝土振捣工作从浇筑层下端开始逐渐上移。斜面分层方案多用于长度较大的结构。斜面分层的原则与平面分层基本是一样的，斜面的角度一般取不大于 45°（视混凝土的坍落度而定），每层厚度按垂直于斜面的距离计算，不大于振动棒的有效振捣深度，一般取 500mm 左右。适用于结构的长度超过厚度的 3 倍，振捣工作应从浇筑层的下端开始，逐渐上移，以保证混凝土的施工质量。

4.3.5.2　大体积混凝土的振捣

大体积混凝土的振捣如下：

（1）混凝土应采取振捣棒振捣。

（2）在振动界限以前对混凝土进行二次振捣，排除混凝土因泌水在粗骨料、水平钢筋下部生成的水分和空隙，提高混凝土与钢筋的握裹力，防止因混凝土沉落而出现的裂缝，减少内部微裂，增加混凝土的密实度，使混凝土的抗压强度提高，从而提高抗裂性。

4.3.5.3　大体积混凝土的养护

大体积混凝土的养护如下：

（1）大体积混凝土应进行保温、保湿养护，在每次混凝土浇筑完毕后，除应按普通混凝土进行常规养护外，尚应及时按温控技术措施的要求进行保温养护。

（2）保湿养护的持续时间不得少于 14d，应经常检查塑料薄膜或养护剂涂层的完整情况，保持混凝土表面的湿润。

4.3.5.4　大体积混凝土防裂的技术措施

宜采取以保温、保湿养护为主体，抗放兼施为主导的大体积混凝土温控措施。由于水泥水化热引起混凝土浇筑体内部温度剧烈变化，使混凝土浇筑体早期塑性收缩和混凝土硬化过程中的收缩增大，使混凝土浇筑体内部的温度-收缩应力剧烈变化，而导致混凝土浇筑体或构件发生裂缝。因此，应在大体积混凝土工程设计、设计构造要求、混凝土强度等级选择、混凝土后期强度利用、混凝土材料选择、配比的设计、制备、运输、施工，混凝土的保温、保湿养护以及在混凝土浇筑硬化过程中浇筑体内温度及温度应力的监测和应急预案的制定等技术环节，采取一系列的技术措施。

（1）大体积混凝土工程施工前，宜对施工阶段大体积混凝土浇筑体的温度、温度应力及收缩应力进行试算，并确定施工阶段大体积混凝土浇筑体的升温峰值、里表温差及降温速率的控制指标，制定相应的温控技术措施，如图 4.23 和图 4.24 所示。温控指标符合下列规定：

1）混凝土浇筑体在入模温度基础上的温升值不宜大于 50℃。

2）混凝土浇筑体的里表温差（不含混凝土收缩的当量温度）不宜大于 25℃。

3）混凝土浇筑体的降温速率不宜大于 2.0℃/d。

4）混凝土浇筑体表面与大气温差不宜大于 20℃。

图 4.23　大体积混凝土电脑测温系统
的现场数据采集器

图 4.24　温差现场测量

（2）大体积混凝土配合比的设计除应符合工程设计所规定的强度等级、耐久性、抗渗性和体积稳定性等要求外，尚应符合大体积混凝土施工工艺特性的要求，并应符合合理使用材料、减少水泥用量、降低混凝土绝热温升值的要求。

（3）在确定混凝土配合比时，应根据混凝土的绝热温升、温控施工方案的要求等，提出混凝土制备时粗细骨料和拌和用水及入模温度控制的技术措施。如降低拌和水温度（拌和水中加冰屑或用地下水）；骨料用水冲洗降温，避免暴晒等。

（4）在混凝土制备前，应进行常规配合比试验，并应进行水化热、泌水率、可泵性等对大体积混凝土控制裂缝所需的技术参数的试验；必要时，其配合比设计应当通过试泵送。

（5）大体积混凝土应选用中、低热硅酸盐水泥或低热矿渣硅酸盐水泥，大体积混凝土施工所用水泥其 3d 的水化热不宜大于 240kJ/kg，7d 的水化热不宜大于 270kJ/kg。

（6）大体积混凝土配制可掺入缓凝、减水、微膨胀的外加剂，外加剂应符合现行国家标准《混凝土外加剂》（GB 8076—2008）、《混凝土外加剂应用技术规范》（GB 50119—2013）和有关环境保护的规定。

（7）及时覆盖保温、保湿材料进行养护，并加强测温管理。

（8）超长大体积混凝土应选用留置变形缝、后浇带或采取跳仓法施工，控制结构不出现有害裂缝。

（9）结合结构配筋，配置控制温度和收缩的构造钢筋。

（10）大体积混凝土浇筑宜采用二次振捣工艺，浇筑面应及时进行二次抹压处理，减少表面收缩裂缝。

4.3.6　水下混凝土的浇筑方法

水下混凝土的浇筑目前常用"导管法"。方法是利用导管输送混凝土使之与水隔离，依靠管中混凝土的自重，压管口周围的混凝土在已浇筑的混凝土内部流动、扩散，以完成混凝土的浇筑工作，如图 4.25 所示。

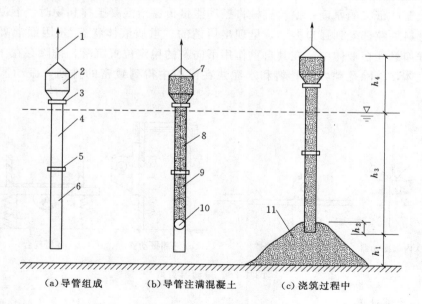

（a）导管组成　　　（b）导管注满混凝土　　　（c）浇筑过程中

图 4.25　导管法水下浇筑混凝土施工示意

1—吊索；2—储料斗；3—密封接头；4—导管；5—密封接头；6—导管；
7—料斗；8—铅丝；9—管内混凝土；10—隔水塞；11—混凝土堆

1. 工作程序

导管安放（下部距底面约10cm）→在料斗及导管内灌入足量混凝土→剪断球塞吊绳（混凝土冲向基底向四周扩散，并包住管口，形成混凝土堆）→在料斗内持续灌入混凝土、管外混凝土面不断被管内的混凝土挤压顶升→边灌入混凝土、边逐渐提升导管（保证导管下端始终埋入混凝土内）→直至混凝土浇筑高程高于设计标高→清除强度较低的表面混凝土至设计标高。

2. 注意事项

（1）必须保证第一次浇筑的混凝土量能满足将导管埋入最小埋置深度 h_1，其后应能始终保持管内混凝土的高度。

（2）严格控制导管提升高度，只能上下升降，不准左右移动，以免造成管内返水事故。

（3）导管直径的选择：水深小于3m可选$\Phi250$，施工覆盖范围约4m³；水深3～5m可选$\Phi300$，施工覆盖范围约5～15m²；水深5m以上者可选$\Phi300～500$，施工覆盖范围约15～50m²；当面积过大时，可用多根导管同时浇筑。

（4）当混凝土水下浇筑深度在10m以内时，导管埋入混凝土的最小深度为0.8m，当混凝土水下浇筑深度在10～20m时，导管埋入混凝土的最小深度为1.1～1.5m。

任务4.4 混凝土振捣与养护

4.4.1 混凝土的振捣

混凝土振动密实的原理：振动机械将振动能量传递给混凝土拌和物时，混凝土拌和物中所有的骨料颗粒都受到强迫振动，呈现出所谓的"重质液体状态"，因而混凝土拌和物中的骨料犹如悬浮在液体中，在其自重作用下向新的稳定位置沉落，排除存在于混凝土拌和物中的气体，消除孔隙，使骨料和水泥浆在模板中得到致密的排列，振动器类型如图4.26所示。

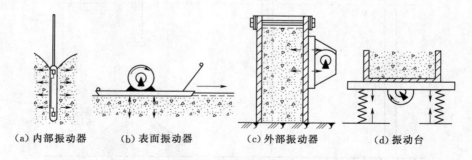

（a）内部振动器　（b）表面振动器　（c）外部振动器　（d）振动台

图4.26 振动器类型

1. 插入式振动器

（1）振动器的选用：坍落度小的用高频，坍落度大的可用低频；骨料粒径小的用高频，骨料粒径大的用低频，图4.27所示为振捣棒；图4.28所示为振捣施工现场。

图 4.27 振捣棒

图 4.28 振捣施工现场

（2）振捣方法。

1）垂直振捣：容易掌握插点距离、控制插入深度（不超过振动棒长度的 1.25 倍），不易产生漏振，不易触及模板、钢筋，混凝土振后能自然沉实、均匀密实。

2）斜向振捣：操作省力，效率高、出浆快，易于排出空气，不会产生严重的离析现象，振动棒拔出时不会形成孔洞。

插点的分布有行列式和交错式两种。对普通混凝土插点间距不大于 1.5R（R 为振动器作用半径，R＝300～400mm）；对轻骨料混凝土则不大于 1.0R。与模板、钢筋的距离不大于作用半径的 0.5 倍，应将振动棒上下来回抽动 50～100mm，插入下一层未初凝混凝土中的深度应不小于 50mm，每一插点的振捣时间为 20～30s 为宜，图 4.29 和图 4.30 所示分别为插点行列式布置和插点交错式布置。

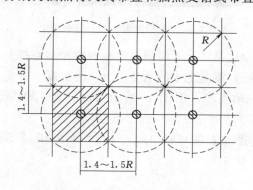

图 4.29 插点行列式布置

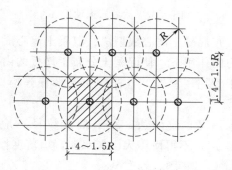

图 4.30 插点交错式布置

（3）插入式振动器的操作要点。直上和直下、快插与慢拔；插点要均布，切勿漏点插；上下要振动，层层要扣搭；时间掌握好，密实质量佳。

2. 表面振动器

主要有平板振动器、振动梁、混凝土整平机和渠道衬砌机等，其作用深度较小，多用在混凝土表面进行振捣。平板振动器适用于楼板、地面及薄型水平构件的振捣，振动梁和混凝土整平机常用于混凝土道路的施工，图 4.31 所示为混凝土整平机；图 4.32 所示为振动梁振捣路面混凝土。

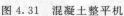

图 4.31　混凝土整平机　　　　　　　图 4.32　振动梁振捣路面混凝土

3. 外部振动器

外部振动器又称附着式振动器，它通过螺栓或夹钳等固定在模板外部，通过模板将振动传给混凝土拌和物，因而模板应有足够的刚度。它宜于振捣断面小且钢筋密的构件，如薄腹梁、箱型桥面梁等及地下密封的结构，无法采用插入式振捣器的场合。其有效作用范围可通过实测来确定，图 4.33 所示为附着式振动器；图 4.44 所示为振动器附着在箱梁模板上。

图 4.33　附着式振动器　　　　　　图 4.34　振动器附着在箱梁模板上

（1）混凝土离心成型法：混凝土离心成型法是将装有混凝土的模板放在离心机上，在离心力的作用下，使混凝土分布于模板的内壁、混凝土中的水分挤出，使混凝土密实。它适用于管柱、管桩、电杆、上下水管等构件的生产，图 4.35 所示为离心机工作原理示意图。

采用离心成型法，石子最大粒径不应超过管壁厚的 $1/4 \sim 1/3$，水泥用量不低于 350kg/m^3，不得使用火山灰水泥，坍落度控制在 $30 \sim 70 \text{mm}$。

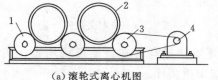
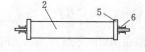

（a）滚轮式离心机图　　　　　　（b）车床式离心机　　　　　（c）管模示意

图 4.35　离心机工作原理示意图

1—从动轮；2—管模；3—主动轮；4—电动轮；5—平面卡盘；6—支承轴承

（2）混凝土真空作业法：真空作业法是借助于真空负压，将水从刚浇筑成型的混凝土拌和物中吸出并使混凝土密实的成型方法。真空作业法有表面真空作业和内部真空作业，较常用的是在混凝土构件的上、下表面或侧面布置真空腔进行吸水。混凝土真空作业法在机场跑道、道路、隧道顶板、水池、桥墩、预制构件中都有应用，图 4.36 所示为真空吸水设备工作示意图。

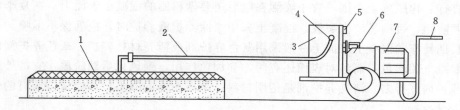

图 4.36　真空吸水设备工作示意图
1—真空吸盘；2—软管；3—集水箱；4—吸水进口；5—真空表；6—真空泵；7—电动机；8—手推小车

4.4.2　混凝土的养护

混凝土浇捣后，之所以能逐渐凝结硬化，主要是因为水泥水化作用的结果，而水化作用则需要适当的温度和湿度条件。因此，为了保证混凝土有适宜的硬化条件，使其强度不断增长，必须对混凝土进行养护。混凝土的养护包括自然养护和蒸汽养护。

混凝土养护期间，应重点加强混凝土的湿度和温度控制，尽量减少表面混凝土的暴露时间，及时对混凝土暴露面进行紧密覆盖（可采用篷布、塑料布等进行覆盖），防止表面水分蒸发。暴露面保护层混凝土初凝前，应卷起覆盖物，用抹子搓压表面至少两遍，使之平整后再次覆盖，此时应注意覆盖物不要直接接触混凝土表面，直至混凝土终凝为止。

1. 蒸汽法

混凝土的蒸汽养护可分静停、升温、恒温和降温 4 个阶段，混凝土的蒸汽养护应分别符合下列规定：

（1）静停期间应保持环境温度不低于 5℃，浇筑结束 4~6h 且混凝土终凝后方可升温。

（2）升温速度不宜大于 10℃/h。

（3）恒温期间混凝土内部温度不宜超过 60℃，最大不得超过 65℃，恒温养护时间应根据构件脱模强度要求、混凝土配合比情况以及环境条件等通过试验确定。

（4）降温速度不宜大于 10℃/h。

2. 自然养护

混凝土带模养护期间，应采取带模包裹、浇水、喷淋洒水等措施进行保湿、潮湿养护，保证模板接缝处不致失水干燥。为了保证顺利拆模，可在混凝土浇筑 24~48h 后略微松开模板，并继续浇水养护至拆模后再继续保湿至规定龄期。

混凝土去除表面覆盖物或拆模后，应对混凝土采用蓄水、浇水或覆盖洒水等措施进行潮湿养护，也可在混凝土表面处于潮湿状态时，迅速采用麻布、草帘等材料将暴露面混凝土覆盖或包裹，再用塑料布或帆布等将麻布、草帘等保湿材料包覆。包覆期间，包覆物应完好无损，彼此搭接完整，内表面应具有凝结水珠。有条件的地段应尽量延长混凝土的包覆保湿养护时间。

3. 养生液法

喷涂薄膜养生液养护适用于不易洒水养护的异型或大面积混凝土结构。它是将过氯乙烯树脂料溶液用喷枪喷涂在混凝土表面上，溶液挥发后在混凝土表面形成一层塑料薄膜，将混凝土与空气隔绝，阻止其中水分的蒸发以保证水化作用的正常进行。有的薄膜在养护完成后自行老化脱落，否则不宜于喷洒在以后还要做粉刷的混凝土表面上。在夏季，薄膜成型后要防晒，否则易产生裂纹。混凝土采用喷涂养护液养护时，应确保不漏喷。

在长期暴露的混凝土表面上一般采用灰色养护剂或清亮材料养护。灰色养护剂的颜色接近于混凝土的颜色，而且对表面还有粉饰和加色作用，到风化后期阶段，它的外观要比用白色养护剂好得多。清亮养护剂是透明材料，不能粉饰混凝土，只能保持原有的外观。

4. 满水法

采用厚为 12mm 以上的九夹板条（宽为 100mm）在浇捣混凝土板过程中随抹平时沿现浇板四周临边搭接铺贴，用每米两个长 35mm 的铁钉固定；楼梯踏步和现浇板高低处也同样用板铺贴，楼梯踏步贴板要求平整，步高差小于 3mm；混凝土板较大时应按浇捣时间及平面大小分块养护，分界处同样用 100mm 宽九夹板条铺贴；板条铺设要求平整，紧靠临边；混凝土浇捣后要及时用粗木屑抹平，及时养护，尤其是夏天高温初凝前应采用喷雾养护，及粗屑二次抹平，在终凝前用满水法（即在板面先铺一张三夹板之类的平板，水再通过板面流向混凝土面，直到溢出板条）养护 3～7d，条件允许养护时间宜延长；在养护期间切忌扰动混凝土；楼梯踏步板条宜在混凝土强度达到100％以后再取消。

这种养护方式能很好地保证混凝土在恒温、恒湿的条件下得到养护，能大大减少因温湿变化及失水所引起的塑性收缩裂缝，能很好地控制板厚及板面平整度，能很好地保证混凝土的表面强度，避免楼面面层空鼓现象，能很好地保证混凝土的外观质量、减少装饰阶段找平、凿平、护角等费用。

5. 养护膜

混凝土节水保湿养护膜是以新型可控高分子材料为核心，以塑料薄膜为载体，黏附复合而成，高分子材料可吸收自身重量 200 倍的水分，吸水膨胀后变成透明的晶状体，把液体水变为固态水，然后通过毛细管的作用，源源不断地向养护面渗透，同时又不断吸收养护体在混凝土水化热过程中的蒸发水。因此，在一个养生期内养护膜能保证养护体面保持湿润，相对湿度不小于 90％，有效地抑制微裂缝，保证工程的质量。

作为一种新兴材料，混凝土保湿养护膜被广泛应用于公路、铁路、水利等工程建设各个领域，在混凝土质量问题预防中越来越多的发挥着作用。

任务 4.5 混凝土的质量控制与缺陷防治

4.5.1 混凝土工程的质量验收

4.5.1.1 一般规定

（1）混凝土现浇结构质量验收应符合下列规定：

1）结构质量验收应在拆模后混凝土表面未作修整和装饰前进行。

2）已经隐蔽的不可直接观察和量测的内容，可检查隐蔽工程的验收记录。

3）修整或返工的结构构件部位应有实施前后的文字及其图像记录资料。

（2）混凝土现浇结构外观质量应根据缺陷类型和缺陷程度进行分类，并应符合表4.13的分类规定。

表 4.13　现浇结构外观质量缺陷

名称	现　　象	严　重　缺　陷	一　般　缺　陷
露筋	构件内钢筋未被混凝土包裹而外露	纵向受力钢筋有露筋	其他钢筋有少量露筋
蜂窝	混凝土表面缺少水泥砂浆而形成石子外露	构件主要受力部位有蜂窝	其他部位有少量蜂窝
孔洞	混凝土中孔穴深度和长度均超过保护层厚度	构件主要受力部位有孔洞	其他部位有少量孔洞
夹渣	混凝土中夹有杂物且深度超过保护层厚度	构件主要受力部位有夹渣	其他部位有少量夹渣
疏松	混凝土中局部不密实	构件主要受力部位有疏松	其他部位有少量疏松
裂缝	缝隙从混凝土表面延伸至混凝土内部	构件主要受力部位有影响结构性能或使用功能的裂缝	其他部位有少量不影响结构性能或使用功能的裂缝
连接部位缺陷	构件连接处混凝土缺陷及连接钢筋/连接件松动	连接部位有影响结构传力性能的缺陷	连接部位有基本不影响结构传力性能的缺陷
外形缺陷	缺棱掉角、棱角不直、翘曲不平、飞边凸肋等	清水混凝土构件有影响使用功能或装饰效果的外形缺陷	其他混凝土构件有不影响使用功能的外形缺陷
外表缺陷	构件表面麻面、掉皮、起砂、沾污等	具有重要装饰效果的清水混凝土构件有外表缺陷	其他混凝土构件有不影响使用功能的外表缺陷

（3）混凝土现浇结构外观质量、位置偏差和尺寸偏差不应有影响结构性能和使用功能的缺陷，质量验收应做记录。

（4）装配整体式结构现浇部分的外观质量、位置偏差、尺寸偏差验收应符合任务4.5要求；装配结构与现浇结构之间的结合面应符合设计要求。

4.5.1.2　外观质量

1. 主控项目

现浇结构的外观质量不应有严重缺陷。对已经出现的严重缺陷，应由施工单位提出技术处理方案，并经监理（建设）单位认可后进行处理。对经处理的部位，应重新检查验收。

检查数量：全数检查。

检验方法：观察，检查技术处理方案。

2. 一般项目

现浇结构的外观质量不应有一般缺陷。对已经出现的一般缺陷，应由施工单位按技术处理方案进行处理，并重新检查验收。

检查数量：全数检查。

检验方法：观察，检查技术处理方案。

4.5.1.3　位置和尺寸偏差

1．主控项目

现浇结构不应有影响结构性能和使用功能的尺寸偏差；混凝土设备基础不应有影响结构性能和设备安装的尺寸偏差。对超过尺寸允许偏差要求且影响结构性能、设备安装、使用功能的结构部位，应由施工单位提出技术处理方案，并经设计单位及监理（建设）单位认可后进行处理。对经处理后的部位，应重新验收。

检查数量：全数检查。

检验方法：量测，检查技术处理方案。

2．一般项目

现浇结构混凝土设备基础拆模后的位置和尺寸偏差应符合表 4.14 和表 4.15 的规定。

检查数量：按楼层、结构缝或施工段划分检验批。在同一检验批内，对梁、柱和独立基础，应抽查构件数量的 10%，且不少于 3 件；对墙和板，应按有代表性的自然间抽查10%，且不少于 3 间；对大空间结构，墙可按相邻轴线间高度 5m 左右划分检查面，板可按纵、横轴线划分检查面，抽查 10%，且均不少于 3 面；对电梯井，应全数检查；对设备基础，应全数检查。

表 4.14　　　　　　　　　　现浇结构尺寸偏差和检验方法

项　　目			允许偏差/mm	检 验 方 法
轴线位置	基础		15	钢尺检查
	独立基础		10	
	墙、柱、梁		8	
	剪力墙		5	
垂直度	层高	≤5m	8	经纬仪或吊线、钢尺检查
		>5m	10	
	全高（H）		$H/1000$ 且≤30	经纬仪、钢尺检查
标高	层高		±10	水准仪或拉线、钢尺检查
	全高		±30	
截面尺寸			8，−5	钢尺检查
电梯井	井筒长、宽对定位中心线		25	钢尺检查
	井筒全高（H）垂直度		$H/1000$ 且≤30	经纬仪、钢尺检查
表面平整度			8	2m 靠尺和塞尺检查
预埋设施中心线位置	预埋件		10	钢尺检查
	预埋螺栓		5	
	预埋管		5	
预留洞中心线位置			15	钢尺检查

注　检查轴线、中心线位置时，应沿纵、横两个方向量测，并取其中的较大值。

表 4.15　　　　　　　　　　　　混凝土设备基础尺寸允许偏差和检验方法

项　　目		允许偏差/mm	检验方法
坐标位置		20	钢尺检查
不同平面的标高		0，−20	水准仪或拉线、钢尺检查
平面外形尺寸		±20	钢尺检查
凸台上平面外形尺寸		0，−20	钢尺检查
凹穴尺寸		20，0	钢尺检查
平面水平度	每米	5	水平尺、塞尺检查
	全长	10	水准仪或拉线、钢尺检查
垂直度	每米	5	经纬仪或吊线、钢尺检查
	全高	10	
预埋地脚螺栓	标高（顶部）	+20，0	水准仪或拉线、钢尺检查
	中心距	±2	钢尺检查
预埋地脚螺栓孔	中心线位置	10	钢尺检查
	深度	+20，0	钢尺检查
	孔垂直度	10	吊线、钢尺检查
预埋活动地脚螺栓锚板	标高	+20，0	水准仪或拉线、钢尺检查
	中心线位置	5	钢尺检查
	带槽锚板平整度	5	钢尺、塞尺检查
	带螺纹孔锚板平整度	2	钢尺、塞尺检查

注　检查坐标、中心线位置时，应沿纵、横两个方向量测，并取其中的较大值。

4.5.2　现浇混凝土结构质量缺陷及防治处理

4.5.2.1　质量缺陷

现浇结构的外观质量缺陷，应由监理（建设）单位、施工单位等各方根据其对结构性能和使用功能影响的严重程度进行检查验收，混凝土质量缺陷产生的原因主要如下：

（1）蜂窝：由于混凝土配合比不准确，浆少而石子多，或搅拌不均造成砂浆与石子分离，或浇筑方法不当，或振捣不足，以及模板严重漏浆。

（2）麻面：模板表面粗糙不光滑，模板湿润不够，接缝不严密，振捣时发生漏浆。

（3）露筋：浇筑时垫块位移，甚至漏放，钢筋紧贴模板，或者因混凝土保护层处漏振或振捣不密实而造成露筋。

（4）孔洞：混凝土结构内存在空隙，砂浆严重分离，石子成堆，砂与水泥分离。另外，有泥块等杂物掺入也会形成孔洞。

（5）缝隙和薄夹层：主要是混凝土内部处理不当的施工缝、温度缝和收缩缝，以及混凝土内有外来杂物而造成的夹层。

（6）裂缝：构件制作时受到剧烈振动，混凝土浇筑后模板变形或沉陷，混凝土表面水分蒸发过快、养护不及时等，以及构件堆放、运输、吊装时位置不当或受到碰撞。

产生混凝土强度不足的原因是多方面的，主要是由于混凝土配合比设计、搅拌、现场浇捣和养护4个方面的原因造成的。

配合比设计方面有时不能及时测定水泥的实际活性，影响了混凝土配合比设计的正确性；另外，套用混凝土配合比时选用不当及外加剂用量控制不准等，都有可能导致混凝土强度不足。分离，或浇筑方法不当，或振捣不足，以及模板严重漏浆。

搅拌方面任意增加用水量，配合比称料不准，搅拌时颠倒加料顺序及搅拌时间过短等造成搅拌不均匀，导致混凝土强度降低。

现场浇捣方面主要是施工中振捣不实，以及发现混凝土有离析现象时，未能及时采取有效措施来纠正。

养护方面主要是不按规定的方法、时间对混凝土进行妥善的养护，以致造成混凝土强度的降低。

4.5.2.2　防治处理

1. 表面抹浆修补

对数量不多的小蜂窝、麻面、露筋及露石的混凝土表面，主要是保护钢筋和混凝土不受侵蚀，可用 1:2～1:2.5 水泥砂浆抹面修整。

2. 细石混凝土填补

当蜂窝比较严重或露筋较深时，应取掉不密实的混凝土，用清水洗净并充分湿润后，再用比原强度等级高一级的细石混凝土填补并仔细捣实。

3. 水泥灌浆与化学灌浆

对于宽度大于 0.5mm 的裂缝，宜采用水泥灌浆；对于宽度小于 0.5mm 的裂缝，宜采用化学灌浆。

【项目实训】

现浇混凝土构件施工实训

1. 实训目的

识读钢筋混凝土结构施工图，模板的放线、配板、安装、质量检查与评定；钢筋的下料、加工、弯曲成型、安装、质量检查与评定。

2. 实训内容

由教师给定某钢筋混凝土框架结构工程的施工图纸，将学生按6～10人一组分组，每组设立组长，明确每组的实训任务，各小组分别完成某结构构件或者结构单元的柱、梁、板、楼梯钢筋绑扎、模板搭设、架手架搭设以及混凝土浇筑等内容施工实训。

3. 技术要求

钢筋工程实训应要求学生：计算下料长度，列出配料单。

模板工程实训应要求学生：编写脚手架以及模板工程施工方案。

混凝土工程实训应要求学生：计算施工配合比，并结合图纸内容编写混凝土工程施工方案。

4. 考核评价

该项目考核评价标准见表4.16。

表 4.16 　　　　　　　　　现浇混凝土构件施工实训成绩评定表

考核评定方式	评定内容	分值	学生得分
小组自评	工作态度	10	
	绘图规范性	10	
	材料完整性	10	
	进度	10	
小组互评	成果质量	10	
教师评定	考勤	10	
	工作态度	10	
	成果质量	20	
	进度	10	
合计		100	

【项目典型案例应用】

主楼地下室大体积混凝土施工方案（节选）

本工程地下室底板由主塔楼底板和裙楼及套间式办公楼底板组成，总面积约 3.2 万 m^2。其中主塔楼地下室底板厚度为 4500mm，面积约 3000m^2，浇筑混凝土量为 13500m^3，混凝土强度等级为 C45。主要施工方法如下。

1. 浇筑及振捣

对于第一段即主楼底板混凝土浇筑由于方量较大，约 13500m^3 混凝土，每台泵的泵送能力为 40m^3/h，需采用 6 台泵浇注，另外准备 1 台泵备用，施工中应确保每台泵连续运转。每台泵在现场至少有 2 台罐车供料，确保混凝土连续施工。每个泵负责一定宽度范围的浇筑带。布料时，相互配合，平齐向前推进，以达到提高混凝土的泵送效果，确保上、下层混凝土的结合，防止混凝土浇筑时出现冷缝，如图 4.37 所示。

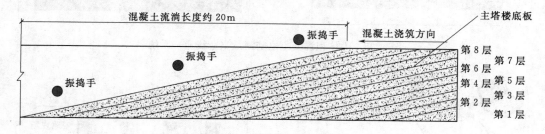

图 4.37　混凝土分层浇筑示意图

2. 混凝土测温及养护

本工程底板体量大，要求一次连续浇筑混凝土，浇筑后在混凝土硬化过程中释放大量水化热。混凝土内外温差增大，容易产生较高温度应力和收缩应力，处理不好会导致产生温度裂缝，危害结构使用性能。因此，对于塔楼底板大体积混凝土的测温监控成为本工程的难点之一，必须予以足够重视。

（1）混凝土的测温。图 4.38 所示为大体积混凝土电脑测温（一线通）系统，图 4.39 所示为大体积混凝土温度实时监测（一线通）系统连接示意图。

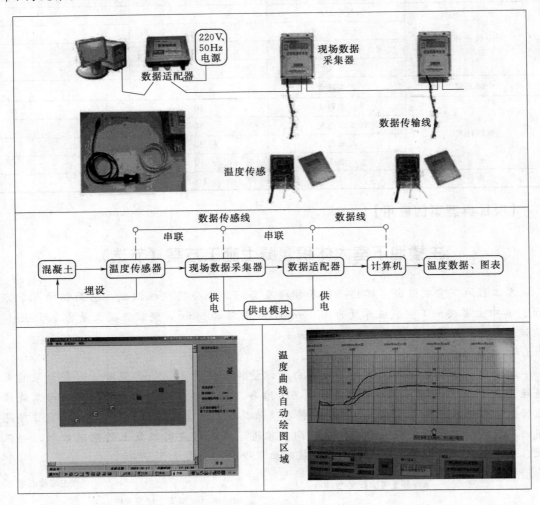

图 4.38　大体积混凝土电脑测量（一线通）系统

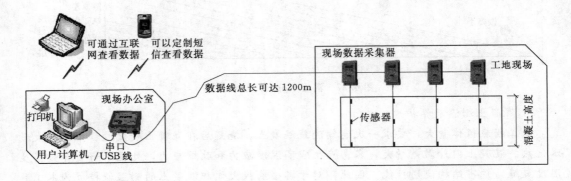

图 4.39　大体积混凝土温度实时监测（一线通）系统连接示意图

（2）底板温度监测点平面布置。图 4.40 所示为主塔楼底板温度测量点平面布置示意图。

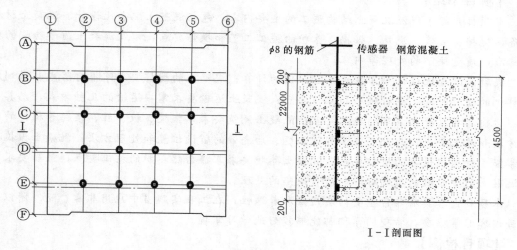

图 4.40　主塔楼底板温度测量点平面布置示意图

（3）测温工作人员及工作间的配备。在温度检测数据记录过程中，测温小组由 5 人组成（包括 1 名组长和 4 名组员），昼夜轮流值班。在测温期间，现场要设置一个工作间，用于存放测温仪器、料具，保证测温料具不遗失和工作人员轮班休息。

（4）用料测温时间周期及数据记录的要求。测温时间由混凝土入模到该温度监测点开始，先测试其混凝土入模时温度，同时应测大气温度。浇捣完毕至养护期结束前每隔 4～8h 测温一次，在第 8 天后，当测得内外温差小于 25℃时，可停止测温。

要求测试、记录环境大气温度。记录每个测温组的混凝土入模的日期、时间及混凝土拌和物的温度（即混凝土埋设测温感应探头的时间及当时各测点反映的温度）。记录每组测温点的混凝土表面温度及混凝土内各测温点的温度。测温数据记录本是重要的测试数据，填写时要清楚，妥善保管，不得遗失。测温工作期间，测温记录人员应坚守岗位，认真操作，加强责任心，并仔细做好记录，保证数据的准确性和有效性。

（5）各测温点的测温要求及数据分析。先用温度计测试记录环境大气温度、混凝土表面的温度；然后用测温仪按测温点的编号顺序测试，测试时，要待测温仪的显示数字稳定后才读取数据，并与前一次的测试的温度数据对比，当温度升或降变化确定是在正常的范围之内才予以记录。如发现温度数据异常，应在该测试之后 0.5h 进行一次复测。

【项目拓展阅读材料】

（1）《混凝土结构工程施工规范》（GB 50666—2011）。

（2）《混凝土结构工程施工质量验收规范》（GB 50204—2015）。

（3）《混凝土质量控制标准》（GB 50164—2011）。

（4）《混凝土工程施工与组织》，郝红科主编，中国水利水电出版社出版，2009 年版。

（5）《建筑工程施工技术》，钟汉华、李念国、吕香娟主编，北京大学出版社出版，

2013 年版。

【项目小结】

本项目介绍了现浇混凝土结构施工的主要内容，包括混凝土配合比设计、混凝土材料制备、搅拌、运输、浇筑、振捣、养护的施工工艺和操作要点，以及混凝土质量验收的控制标准，质量缺陷的处理等内容。

混凝土配合比设计要掌握施工配合比的计算；混凝土的搅拌要求掌握自落式、强制式搅拌机的搅拌时间、投料顺序和操作要点；混凝土运输要求掌握运输的几种方式，尤其是搅拌运输车和混凝土泵车的施工要点；混凝土浇筑要求掌握梁、板、柱、楼梯等构件的浇筑方法和施工要点，此外还要掌握施工缝、后浇带的留设位置和处理方法；混凝土振捣要求掌握 4 种振捣设备的操作要点；混凝土养护要求掌握自然养护的施工要点；最后要求掌握混凝土质量验收的控制标准和质量缺陷的处理。

本项目内容具有非常重要的实用性和普遍性，在工程实践当中应用非常广泛。所以本项目内容非常重要，希望同学们都能够较好地学习掌握。

【项目检测】

1. 名词解释

（1）施工配合比。

（2）强制式搅拌机。

（3）施工缝。

（4）蜂窝麻面。

（5）自然养护。

2. 单选题

（1）为了防止离析，混凝土自高处倾落的自由高度不应超过（　　）m，应采用串筒、溜管浇筑混凝土。

A. 1　　　　　　　B. 2　　　　　　　C. 3　　　　　　　D. 4

（2）某房屋基础混凝土，按规定留置的一组 C20 混凝土试块，试块强度的实测值为 20MPa、24MPa、28MPa，该混凝土判为（　　）。

A. 合格　　　　　　　　　　　　B. 不合格

C. 因数据无效暂不能评定　　　　D. 优良

（3）当新浇混凝土的强度不小于（　　）MPa 才允许在上面进行施工活动。

A. 1.2　　　　　　B. 2.5　　　　　　C. 10　　　　　　　D. 12

（4）梁、柱混凝土浇筑时应采用（　　）振捣。

A. 表面振动器　　B. 外部振动器　　C. 内部振动器　　D. 振动台

（5）一般的楼板混凝土浇筑时宜采用（　　）振捣。

A. 表面振动器　　B. 外部振动器　　C. 内部振动器　　D. 振动台

（6）一般混凝土结构养护采用的是（　　）。

A. 自然养护　　　B. 加热养护　　　C. 蓄热养护　　　D. 人工养护

（7）蓄热法养护的原理是混凝土在降温至 0℃时其强度（　　）不低于临界强度，以防止混凝土冻裂。

A. 达到 40％设计强度　　　　　　　　B. 达到设计强度

C. 不高于临界强度　　　　　　　　　D. 不低于临界强度

(8) 浇筑混凝土时，为了避免混凝土产生离析，自由倾落高度不应超过（　　）m。

A. 1.5　　　　　B. 2.0　　　　　C. 2.5　　　　　D. 3.0

(9) 在浇筑与柱和墙连成整体的梁和板时，应在柱和墙浇筑完毕后停歇（　　），使其获得初步沉实后，再继续浇筑梁和板。

A. 0.5～1h　　　　B. 1～1.5h　　　　C. 1.5～3h　　　　D. 3～5h

(10) 裹砂石法混凝土搅拌工艺正确的投料顺序是（　　）。

A. 全部水泥→全部水→全部骨料

B. 全部骨料→70％水→全部水泥→30％水

C. 部分水泥→70％水→全部骨料→30％水

D. 全部骨料→全部水→全部水泥

3. 简答题

(1) 混凝土浇筑前应对模板、钢筋及预埋件进行哪些检查？

(2) 搅拌机使用前的检查项目有哪些？

(3) 普通混凝土投料要求有哪些？

(4) 混凝土搅拌质量如何进行外观检查？

(5) 混凝土料在运输过程中应满足哪些基本要求？

(6) 混凝土的水平运输方式有哪些？

(7) 振捣器如何进行操作？

(8) 混凝土施工缝的处理方法有哪些？

(9) 已知 C20 混凝土的试验室配合比为：1：2.52：4.24，水灰比为 0.50，经测定砂的含水率为 2.5％，石子的含水率为 1％，每 1m³ 混凝土的水泥用量 340kg，则施工配合比为多少？工地采用 JZ350 型搅拌机拌和混凝土，出料容量为 0.35m³，则每搅拌一次的装料数量为多少？

(10) 一高层建筑基础底板的长、宽、高分别为 60m×20m×2.5m，要求连续浇筑混凝土，施工条件：现场混凝土最大供应量为 60m³/h，若混凝土运输时间为 1.5h，掺用缓凝剂后混凝土初凝时间为 4.5h，若每浇筑层厚度 300mm，试确定：

1) 混凝土浇筑方案（若采用斜面分层方案，要求斜面坡度不小于 1：6）。

2) 要求每小时混凝土浇筑量？

3) 完成浇筑任务所需时间？

项目5 泵送混凝土施工

【项目目标】

通过本项目的学习，了解泵送混凝土的施工机械，熟悉泵送混凝土施工的基本过程，掌握泵送混凝土施工配料及配合比的计算，掌握泵送混凝土工程施工的工艺流程、质量验收标准，掌握泵送混凝土施工中常见问题的处理方法。

【项目描述】

目前，泵送混凝土已逐渐成为混凝土施工中一个常用的品种，它具有施工速度快，质量好，节省人工，施工方便等特点，广泛应用于一般房建结构混凝土、道路混凝土、大体积混凝土、高层建筑等工程。本项目主要介绍泵送混凝土的特点，所使用的施工机械，泵送混凝土可泵性及可泵性对材料和配合比的要求，配合比的设计，泵送混凝土的搅拌、运输、浇筑、振捣及养护等施工工艺的注意事项、质量控制、成品保护、环境保护等内容。

【项目分析】

知识要点	技 能 要 求	相 关 知 识
认识泵送混凝土	(1) 掌握泵送混凝土的工作原理； (2) 分析出泵送混凝土与普通混凝土的优缺点； (3) 调研泵送混凝土的能力； (4) 编写调研报告的能力	(1) 普通混凝土知识； (2) PPT、WORD等办公软件的运用能力； (3) 沟通、交流能力； (4) 搅拌时间、投料顺序
泵送混凝土的配制	(1) 掌握泵送混凝土对原材料的要求； (2) 掌握泵送混凝土对配合比设计的要求； (3) 掌握泵送混凝土配合比的计算	(1) 混凝土配料的原理； (2) 混凝土配合比的计算； (3) 常用搅拌机的使用方法； (4) 避免分层离析现象
泵送混凝土施工	(1) 掌握泵送混凝土搅拌应注意的问题； (2) 掌握泵送混凝土运输应注意的问题； (3) 掌握泵送混凝土浇筑及振捣应注意的问题	(1) 梁、板、柱等构件浇筑施工要点； (2) 混凝土振捣器的使用； (3) 自然养护、蒸汽养护
泵送混凝土常见问题的处理	掌握泵送混凝土工程在原材料、泵的选择、管道的敷设及管道堵塞等方面常见问题的处理方法	质量验收主控项目、一般项目

【项目实施】

引例：上海环球金融中心是位于中国上海陆家嘴的一栋摩天大楼，2008年8月29日竣工。楼高492m，地上101层，是目前中国第三高楼（截至2014年）、世界最高的平顶式大楼。开发商为"上海环球金融中心有限公司"，1995年由日本森大厦株式会社主导兴建。此工程混凝土总量24万 m³，492m的结构实体高度将给高标号混凝土泵送等带来挑战。其中，此工程底板混凝土约 5.63 万 m³，厚度为 4.5m、4.0m、2.5m、2.0m，外筒（地下室）墙厚为 1.4~3.4m，核心筒的墙厚为 1.8m，均为超大体积混凝土。由于建筑物主体较高，混凝土用量大，常规的塔吊吊运无法满足工程进度、混凝土浇筑质量及浇筑强度的要求，故在现场设计自动混凝土搅拌站并采用泵送混凝土施工作业。

思考：（1）泵送混凝土与普通混凝土有何优缺点？

（2）泵送混凝土对原材料和配合比有无特殊要求？

（3）泵送混凝土的施工工艺有哪些？

（4）大体积混凝土泵送时，如何做温控措施？

任务5.1 认识泵送混凝土

5.1.1 泵送混凝土

混凝土的运输浇灌方法有很多，浇灌方法取决于运输设备，一般使用的运输设备有手推车、卡车、搅拌车、卷扬机、塔吊、皮带运输机和混凝土输送泵。泵送混凝土与传统的混凝土施工方法不同，它是在混凝土泵的动力推动作用下，沿着输送管道运输混凝土，并在管道出口处直接进行施工浇筑。目前，泵送混凝土已逐渐成为混凝土施工中一个常用的品种，它具有施工速度快、质量好、节省人工、施工方便等特点。因此，广泛应用于一般房建结构混凝土、道路混凝土、大体积混凝土和高层建筑等工程。

泵送混凝土需满足设计强度、耐久性和施工性能的要求，满足管道输送对混凝土的要求；泵送设备需满足将混凝土运输到浇筑地点的输送能力，混凝土的可泵性要求摩擦阻力小、不离析、不阻塞、黏聚性好。因此，对混凝土原材料、外加剂、水化热的要求都不同于普通混凝土。例如：其流动性好，骨料粒径一般不大于管径的 1/4；需加入防止混凝土拌和物在泵送管道中离析和堵塞的泵送剂，以及使混凝土拌和物能在泵压下顺利通行的外加剂、减水剂、塑化剂、加气剂以及增稠剂等均可用作泵送剂；加入适量的混合材料（如粉煤灰等），可避免混凝土施工中拌和料分层离析、泌水和堵塞输送管道；泵送混凝土的原料中，粗骨料宜优先选用（卵石）。

混凝土输送泵，又名混凝土泵，由泵体和输送管组成，是一种利用压力将混凝土沿管道连续输送的机械，主要应用于房建、桥梁及隧道施工。目前，混凝土输送泵主要分为闸板阀混凝土输送泵和 S 阀混凝土输送泵，还有一种就是将泵体装在汽车底盘上，再装备可伸缩或屈折的布料杆而组成的泵车。

5.1.2 泵送混凝土的优缺点

1. 泵送混凝土的优点

（1）施工省力，临时架设的机械设备少。

（2）方法简单，施工方便。

（3）浇灌范围大。

（4）混凝土的表面缺陷少。

（5）速度快，能连续工作。

（6）能在狭窄的城市和隧道中施工，可靠性高。

（7）施工费用低。

（8）因故停泵时，窝工损失小，发生误期能很快赶上去。

2. 泵送混凝土的缺点

（1）混凝土压送后质量有变化。

（2）浇筑方法需预先细心规划布置。

（3）对操作技术的要求较高。

（4）若堵塞后不能及时排除会影响施工。

5.1.3　泵的分类

1. 活塞式泵

这种泵由装有搅拌叶片的进料斗、进口阀、出口阀、一个活塞和缸体构成。当活塞先往后再向前运行时，出口阀关而后开，进口阀开而后关，这样活塞就把混凝土从缸体推入管道中，管道把混凝土输送到浇筑地点。

2. 挤压式泵

这种泵的主要设备包括一个装有搅拌叶片的进料斗，柔性软管和在高度真空下转动的安装于金属转筒上的滚轴。柔性软管与进料斗底部连接，并伸入转筒的底部，转筒的周边安装有软管并从顶部伸出。液压力使滚轴在转筒内的软管上旋转，从顶部挤出混凝土。由于真空的作用，使混凝土从进料斗过软管稳定地挤出。

3. 气压式泵

这种泵基本上由一个压力容器和提供压缩空气的设备组成。混凝土进入高度密封的压力容器内，压缩空气从上部进入容器把混凝土从与容器底部相连的管道中推出，在管道端部装有一个混合排气箱以便放出空气，防止喷出混凝土产生离析、钢筋移动、模板损坏等现象，使用空气接收柜能稳定地提供压缩空气。

混凝土输送泵按移动方式分类有固定式、拖挂式和汽车式 3 种，汽车式也称为布料杆式。布料杆式优点多，各国都在深入研究改进这种泵，布料杆有二段折叠式和三段折叠式两种。

任务 5.2　泵送混凝土的配制

5.2.1　泵送混凝土对原材料的要求

泵送混凝土是在混凝土泵车上通过混凝土泵和布料杆（输送管道）将混凝土直接输送到浇筑地点，同时完成水平和垂直输送的混凝土。目前随着商品混凝土的普及，各种性能要求不同的混凝土均可泵送，如高性能混凝土、防水混凝土、防冻混凝土和膨胀混凝土等，除了特殊性能要求外还应具有以下性能特点：

（1）好的和易性、较大的坍落度，为了便于泵送，坍落度应在 18～22cm，水平泵送时也应大于 12cm。

（2）混凝土拌和物均质性好，集料与水泥浆不能离析及泌水。

（3）后期强度及其他物理力学性能良好。

由此可见，泵送混凝土对材料要求较严格，对配合比及其称量要求准确，对施工组织设计要求较严密。

1. 水泥

（1）水泥的选择。水泥是混凝土中最主要的胶结材料，它的选用合理与否直接影响泵送混凝土的性能。混凝土拌和物中石子本身并无流动性，它必须均匀分散在水泥浆体中通过水泥浆体带动一起向前移动，石子随浆体的移动受的阻力与浆体在拌和物中的充盈度有关，在拌和物中，水泥浆填充骨料颗粒间的空隙并包裹着骨料，在骨料表面形成浆体层，浆体层的厚度越大（前提是浆体与骨料不易分离），则骨料移动的阻力就会越小。同时，浆体量大，骨料相对减少，混凝土流动性增大，在泵送管道内壁形成的薄浆层可起到润滑层的作用，使泵送阻力降低，便于泵送。

水泥品种、细度、矿物组成与掺合料等对达到同样流动性的混凝土需水性、保持流动性的能力、泌水特性、稠度影响差异较大，是影响可泵性的主要因素。

通过大量试验结果证明，泵送混凝土一般用普通硅酸盐水泥为好，因为它有需水量小、保水性能好、早期强度高等特点。其他水泥如能采取措施克服其不足时，亦可使用。如矿渣硅酸盐水泥在克服保水性能差、泌水大等问题后，亦可得到理想的泵送物。

泵送混凝土应选用硅酸盐水泥、普通硅酸盐水泥、矿渣硅酸盐水泥和粉煤灰硅酸盐水泥，不宜采用火山灰质硅酸盐水泥。因为火山灰质硅酸盐水泥需水量大，易泌水。所用的水泥应符合下列国家标准：《硅酸盐水泥、普通硅酸盐水泥》（GB 175—1999）、《矿渣硅酸盐水泥、火山灰质硅酸盐水泥、粉煤灰硅酸盐水泥》（GB 1344—1999）。

（2）水泥用量。在泵送混凝土中，水泥砂浆起到润滑输送管道和传递压力的作用。水泥用量较少、含浆量不足、混凝土拌和物和易性差、泵送阻力大、泵和输送管摩擦加剧，容易产生阻塞。水泥用量过多，不但不经济，而且水泥水化热过高，对大体积混凝土会引起过大的温度应力产生温度裂缝，而且混凝土黏性增高，也会增大泵送阻力。因此，应在保证混凝土设计强度和顺利泵送前提下，尽量减少水泥用量。

水泥浆体的含量对混凝土泵送特别重要，国内外对泵送混凝土的最小水泥用量都有明确的规定，其规定的实质应是保证拌和物中的最低浆体含量，即保证填充骨料空隙、包裹骨料的浆体体积含量。我国《混凝土结构工程施工及验收规范》（GB 50204—2015）规定泵送混凝土的最小水泥用量宜为300kg/m³。

2. 粗骨料的要求

出于成本和混凝土性能的考虑，通常混凝土都以骨料含量最大而又能满足施工要求的原则来配制，泵送混凝土除了浆体以外，其余的就是骨料，骨料占的体积最大，其特性对混合料的可泵性影响很大，包括级配、颗粒形状、表面状态、最大粒径和吸水性能等。

级配好的骨料，其空隙率小，在同样浆体量的前提下可以获得更好的可泵性，但在富浆的混合料中，级配的影响显著减少；粗骨料宜采用连续级配，良好的石子级配可用较少的用水量去控制流动性好、离析泌水少的拌和料，并能在相应的成型条件下，得到均匀密实的混凝土，同时达到节约水泥的效果。骨料级配中，显著影响可泵性的是0.3～10mm的中等颗粒含量，如其含量过多，即石子偏细、砂子偏粗，极容易导致拌和物粗涩、松散，流动性差、摩擦阻力大、可泵性差；如含量过少，即石子偏粗、砂子偏细，则极容易使外加剂用量和用水量增大、使拌和物黏聚性变差发生离析。

配合比相同的条件下，骨料平均粒径增大，质量相同的骨料颗粒总数减少，则同样数量的浆体对骨料的裹浆层变厚，流动性改善；随着骨料最大粒径的减小，浆体含量需要增加。

碎石骨料的最大尺寸等于输送管最小内径的 1/3，好的卵石骨料的最大尺寸等于输送管最小内径的 2/5。英国、日本等国最大骨料尺寸规定为 40mm，宝钢所用粗骨料的粒径是 5～40mm，自然连续级配的碎石，料的形状影响混凝土的配制，碎石的表面积比卵石的表面积大，因而在单位体积的混凝土不需要更多的砂浆包裹。粗骨料的最大尺寸对粗骨料的重量或体积有重要的影响。

粗骨料应符合国家现行标准《普通混凝土用砂、石质量及检验方法标准》（JGJ 52—2006）的规定。粗骨料应采用连续级配，针片状颗粒含量不宜大于 10%。当针片状颗粒含量多和石子级配不好时，输送管道弯头处的管壁往往易磨损或开裂，还易造成输送管堵塞。粗骨料最大粒径与输送管径之比宜符合表 5.1 的规定。

表 5.1 粗骨料最大粒径与输送管径之比

石子品种	泵送高度/m	粗骨料最大粒径与输送管径之比
碎石	＜50	≤1 : 3.0
	50～100	≤1 : 4.0
	＞100	≤1 : 5.0
卵石	＜50	≤1 : 2.5
	50～100	≤1 : 3.0
	＞100	≤1 : 4.0

控制粗骨料最大粒径与输送管径之比，主要是防止混凝土泵送时管道堵塞。

3. 细骨料的选用

以河砂最为合适，因河砂中的较细颗粒是保证混凝土稳定性的一个重要因素。研究资料表明：对实际拌和物影响最大的粒度级是 2.5～5.0mm，当其不足时会加大骨料的孔隙率，从而给泵送带来困难，泵送混凝土宜采用中砂，其通过 0.315mm 筛孔的颗粒含量不应少于 15% 以上。

4. 泵送混凝土砂率

混凝土拌和物的流动性是通过填充砂石间的空隙而富余的包裹骨料表面的水泥浆体层来实现。砂率的变动会使骨料的总表面积和空隙率发生改变。因此，对拌和物的和易性、流动性有明显的影响，尤其是在采用棱角系数大、吸水率大的砂的情况下，影响明显。在浆体量一定的情况下，砂率过大，骨料的总表面积和空隙率均增大，骨料间的浆体层减薄，流动性差，拌和物干稠；砂率过小，砂子不足以填充粗骨料间的空隙而需额外的浆体补充，骨料表面的裹浆层变薄，石子间内摩擦阻力增大，降低拌和物的流动性，严重影响拌和物的黏聚性和保水性，使粗骨料离析、浆体流失甚至溃散。合理的砂率可以使相同浆体量达到最大的坍落度、流动性，或达到相同的坍落度、流动性时胶凝材料用量最少。

泵送混凝土的输送管除直管外，还有锥形管、弯管和软管等。当混凝土拌和物经过锥形管和弯管时，粗细颗粒间的相对位置发生变化。此时若砂浆用量不足，就会发生堵塞，所以泵送混凝土与普通混凝土相比宜适当提高砂率，一般以增大 3%～5% 为宜，砂率越大，混凝土拌和物的和易性越好，但骨料的总比表面积大，水泥用量也应相对增加。但在水泥用量一定的条件下，砂率增加，水泥浆的相对密度将相对变少，混凝土拌和物将变稠，流动性反而变差，造成管路阻塞和磨损。泵送混凝土适宜砂率宜控制在 40%～50%，宜采用中砂。

5. 水和坍落度

混凝土掺合料中的用水量对混凝土的强度和耐久性有影响，对坍落度和和易性也有影响，用水量要控制。凡能饮用的水，通常都可用来拌制混凝土。

坍落度值对混凝土的泵送性有重要影响，美国、英国规定的范围是 5～15cm，只要能顺利地泵送，较低的坍落度对混凝土的质量有好处，但坍落度太低泵送也困难，甚至会引起堵塞，坍落度太高也不好，它会在模板中漏浆，会增加混凝土的收缩。日本泵送混凝土坍落度的范围：不进行捣实的场合 15～21cm，进行捣实的场合 5～15cm，泵送效果良好。从搅拌站运出的混凝土与现场浇灌到模板内的混凝土其坍落度是有变化的，影响坍落度变化的原因有水泥的凝固时间，搅拌和泵送混凝土时的温度变化，掺入减水剂、加气剂等外加剂引起的变化。用水量和骨料吸水引起的变化多以及泵送管道的材质和长度引起的变化等。日本规定的坍落度变化允许值为 1.5～2cm。

泵送混凝土的坍落度，可按国家现行标准《混凝土结构工程施工及验收规范》（GB 50204—2015）的规定选用。对不同泵送高度，入泵时混凝土的坍落度，可按表 5.2 选用。混凝土泵送时坍落度损失值，可按表 5.3 确定。

表 5.2   不同泵送高度入泵时混凝土坍落度选用值

泵送高度/m	30 以下	30～60	60～100	100 以上
坍落度/mm	100～140	140～160	160～180	180～200

表 5.3   混凝土泵送时坍落度损失值

大气温度/℃	10～20	20～30	30～35
混凝土泵送时坍落度损失值（掺粉煤灰和木钙，泵送时间 1h）/mm	5～25	25～35	35～50

注 掺粉煤灰与其他外加剂时，坍落度泵送时损失值可根据施工经验确定。无施工经验时，应通过试验确定。

一般施工单位多要求坍落度为 160～180mm 的混凝土，外加剂适应性好是保证坍落度损失小、和易性好、不泌水、不离析的重要条件。

泵送混凝土试配时要求的坍落度值应按式（5.1）计算，即：

$$T_t = T_p + \Delta T \tag{5.1}$$

式中 T_t——试配时要求的坍落度值；

      T_p——入泵时要求的坍落度值；

      ΔT——试验测得在预计时间内的坍落度泵送时损失值。

6. 外加剂的选用

在混凝土中掺入外加剂可增加混凝土的和易性，从而改进泵送性。改进泵送性的外加剂一般有减水剂、加气剂和细矿物混合料三类。

在保证混凝土的工作性能不变的情况下，为了提高坍落度而加入减水剂能使单位体积混凝土的用水量减少，使混凝土具有缓凝性。适宜的减水剂掺入量为水泥量的 0.25% 左右，宝钢使用的木质素磺酸钙减水剂，混凝土中的掺入量为 0.7kg/m³ 左右，使混凝土的终凝时间延缓约 8h。

加气剂能在混凝土中发挥起泡性、分散性及润滑性等表面活性作用，使混凝土增加塑性和和易性，使泵送时粗骨料离析少，泌浆少。加气剂使混凝土中形成的空气量为 3%～5%，掺入量为水泥重量的 0.05%～0.08% 左右，需制成水溶液倒入搅拌机内。

混凝土拌和料中细骨料不足时加入细矿物混合料，一般能改进和易性和泵送性，减少泌水率，改善混凝土的防水性、抗化学腐蚀性以及后期强度等。混合材料有火山灰、高炉矿渣、膨胀材料和粉煤灰等，掺粉煤灰不仅对降低大体积混凝土水化热有利，对泵送也有利。宝钢工程掺入粉煤灰量每立方米混凝土中为 50～60kg。

7. 用水量

在保证水泥用量不变的情况下，改变用水量和砂率，其混凝土的泌水现象将随用水量的加大而增大。因此，推算泵送混凝土的水灰比应在 0.55～0.60 之间选用。若尚不能满足泵送，则应选加塑化剂，不应加大用水量。

5.2.2 泵送混凝土的配合比

5.2.2.1 泵送混凝土对配合比设计的要求

泵送混凝土配合比设计，应符合国家现行标准《普通混凝土配合比设计规程》（JGJ 55—2011）、《混凝土结构工程施工及验收规范》（GB 50204—2015）、《混凝土强度检验评定标准》（GB/T 50107—2010）和《预拌混凝土》（GB/T 14902—2012）等有关规定。并应根据混凝土原材料、混凝土运输距离、混凝土泵与混凝土输送管径、泵送距离、气温等具体施工条件试配。必要时，应通过试泵送确定泵送混凝土的配合比。

泵送混凝土配合比的计算和试配步骤除应按项目 5 所述之外，尚应符合下列规定：

（1）泵送混凝土的用水量与水泥和矿物掺合料的总量之比不宜大于 0.6。

（2）泵送混凝土的砂率宜为 35%～45%。砂率可以比常规增大 3%～5%。增加混凝土的可泵性，增加混凝土在管道中的应变能力。

（3）泵送混凝土的最小水泥用量宜为 300kg/m³。水泥用量（含矿物掺合料）不宜过小，否则含浆量不足，即使在同样坍落度的情况下，混凝土显得干涩，不利于泵送。

（4）泵送混凝土应掺加适量适应性好的外加剂，并应符合国家现行标准《混凝土外加剂》（GB 8076—2008）的规定。无论何种外加剂，对水泥都有一个适宜性问题。原材料改变、试验条件不同，都会影响外加剂的掺入量。因此，外加剂的品种和掺入量宜由试验确定，不得任意使用，以免影响混凝土质量。

（5）掺用引气剂型外加剂的泵送混凝土的含气量不宜大于 5%。泵送混凝土中适当的含气量可起到润滑的作用，对提高混凝土的和易性和可泵性有利，但含气量过大，在泵送时这些空气在混凝土中形成无数细小的可压缩体，吸收泵压达到高峰阶段的能量，降低泵送效率，严重时会引起堵泵，还会引起混凝土强度的下降。一般情况下，含气量提高1%，混凝土强度下降约 6%，故对含气量应加以限制。

5.2.2.2 混凝土配合比与可泵性的关系

除必须满足混凝土设计强度和耐久性的要求外，尚应使混凝土满足可泵性的要求。在泵压作用下，混凝土拌和物通过管道输送，这是泵送混凝土的显著特点。理论和实践证明：可泵性差的混凝土是难以泵送的。因此，泵送混凝土应满足可泵性要求，这是与普通混凝土配合比设计的主要不同之处。

1. 混凝土的可泵性

（1）泵送混凝土须满足的要求：

1）强度和耐久性等要求。

2）满足泵送工艺要求，即要求混凝土有较好的可泵性。混凝土在泵送过程中具有良好的流动性、阻力小、不离析、不易泌水、不堵塞管道等性质。

（2）可泵性的主要表现。可泵性主要表现为流动性和内聚性。流动性是能够泵送的主要性能；内聚性是抵抗分层离析的能力，即使在振动的状态下和在压力条件下也不容易发生水与骨料的分离。

（3）泵送的基本要求。

1）混凝土与管壁的摩擦阻力要小，泵送压力合适。输送的距离和单位时间内输送量受到限制；混凝土承受的压力加大，混凝土质量会发生改变。

2）泵送过程中不得有离析现象。粗骨料在砂浆中则处于非悬浮状态，骨料相互接触，摩擦阻力增大，超过泵送压力时，将引起堵管。

3）在泵送过程中（压力条件下）混凝土质量不得发生明显变化。

主要存在因压力条件导致泌水和骨料吸水造成混凝土水分的迁移以及含气量的改变引起拌和物性质的变化，主要出现两种情况：一种情况是本来泵压足够，但浆体保水差、骨料吸水率大。在压力条件下，水分向前方迁移和骨料内部迁移，使混凝土浆体流动性降低、润滑层水分丧失而干涩、含气量降低，局部混凝土受到挤压密实，引起摩擦阻力加大，超过泵送压力，引起堵管。另一种情况是本来因输送距离和摩擦阻力原因造成泵压不足，同时浆体流动性不足，拌和物移动速度过缓，混凝土承受压力时间过长，持续压力条件下，保水性好的混凝土虽然无水分迁移但含气量引起损失，使局部混凝土受到挤压而密实并丧失流动性，摩擦阻力进一步加大，泵压更为不足，引起堵管。

由此可知，泵送失败的两个主要原因是摩擦阻力大和离析。

2. 混凝土配合比与可泵性的关系

混凝土的可泵性和混凝土与管壁间的摩擦、压力条件下浆体性能及混凝土质量变化等有关，与混凝土组成材料及其配合比有关。

（1）坍落度。坍落度大的混凝土，流动性好，在不离析（骨料不聚集、浆体不分离）、少泌水（水分不游离）的条件下，混凝土黏度合适（不粘管壁），具有黏着系数和速度系数小的性质，压送就比较容易。

（2）胶凝材料用量。胶凝材料用量增加、水胶比降低，一般均引起黏着系数和速度系数随之增大，但过少（水胶比大）时，容易发生离析、泌水造成拌和物不均匀而引起堵管。

（3）砂率。砂率过高，需要足够的浆体才能提供合适的润滑层，否则黏着系数和速度系数会加大，降低砂率可以提供适当的浆体包裹量，但过低则容易发生离析，可以供适当数量的细粉料，粉煤灰、引气剂用量以增加浆体体积含量，保证混凝土有足够的和易性。

（4）粗骨料的影响。骨料粒径大小、颗粒形状、级配、吸水性能对混凝土可泵性影响很大，应选择空隙率小、针片状含量少、级配合理、吸水率小的骨料。

（5）细骨料的影响。泵送混凝土用细骨料应尤其注意 0.3mm 和 0.15mm 筛通过的细砂含量，应分别在 15％和 5％以上。这部分砂对浆体的流动性、离析和泌水、黏度性能、含气量等影响作用极大，极易影响混凝土的可泵性。

3. 可泵性的评价方法

国内主要采用以下可泵性的评价方法，对泵送混凝土适用性较强。

（1）坍落度试验法。经典的评价方法，虽然有缺陷，但表征混凝土的流动性简便易行、指标明确，是目前评价混凝土可泵性的最主要的方法，主要缺陷在于受操作技术影响大，观察黏聚性、保水性受主观影响。

采用坍落度方法测定可泵性时，通常通过坍落度、扩展度和倒坍落度筒的流下时间来评价拌和物的流动性、黏度性能。

实验结果表明，倒坍落度筒的流下时间 t 在 5～30s、扩展度 D 大于 450mm、坍落度 S_1 在 180～220mm 时，混凝土可泵性好、阻力小、容易泵送；当 t 大于 30s、扩展度 D 小于 450mm 时，混凝土不易泵送。

（2）压力泌水试验法。混凝土拌和物在管道中在压力推动下进行输送，水是传递压力的介质，如果在泵送过程中，由于压力大或管道弯曲、变径等出现"脱水现象"，水分通过骨料间空隙渗透，而使骨料聚结，引起堵塞。压力泌水试验法可以测定拌和料的保水性、反映阻止拌和水在压力下渗透流动的内阻力。

压力泌水试验通过对拌和物施加 3.0MPa 的压力，恒压下测得开始 10s 内的出水量 V_{10} 和 140s 内的出水量 V_{140}。对于任何坍落度的拌和物，140s 后的压力泌水都是很小的。

容易脱水的混凝土在开始 10s 内的出水速度很快，V_{10} 大，因而 $V_{140}-V_{10}$ 值小，可泵性不好，反之，则表明可泵性好。

压力泌水试验确定的可泵性区间通过 140s 的泌水量 V_{140} 和压力泌水率 B_P［$B_P = (V_{10}/V_{140}) \times 100％$］指标衡量。

压力泌水率不宜超过 40％，对于泵送混凝土，压力泌水有一个最佳范围，超出此范围，泵压将明显增大、波动甚至造成阻泵。

实验表明，泵压与压力泌水量有如下关系：

1）当 $V_{140} < 80mL$ 时，泵压随其降低而增大。

2）当 $80mL \leqslant V_{140} < 110mL$ 时，泵压与 V_{140} 无关。

3）高层泵送时，当 $V_{140} > 110mL$ 时，泵压波动。

4）当 $V_{140} > 130mL$ 时，容易阻泵。

一般来说，泵送混凝土适宜泵送区的 V_{140} 值为 40～110mL。

4. 泵送混凝土配合比的设计与调整

经过对几次试拌结果的分析，调整材料用量，使混凝土拌和物的和易性满足要求，配合比的设计应遵循如下思路：

（1）按照强度和耐久性要求，确定适宜的胶材方案、水胶比。

（2）根据坍落度要求和外加剂类别的适宜减水性能，选取适宜的单位用水量和外加剂用量，按照拟定水胶比确定胶凝材料用量。

（3）根据粗、细骨料的组成，级配和空隙率的情况，结合浆体体积的计算，确定骨料组成。一般情况下，可按照假定容重法进行砂率和粗骨料用量的假定估算，对于泵送混凝土，砂率通常应增大，粗骨料应减少。为了便于掌握和分析，建议采用绝对体积法计算。

（4）试拌。根据试拌结果，判断造成拌和物性能缺陷的原因，确定调整方法：

1）坍落度偏低，原因可能是浆体数量不够、浆体流动性不足、级配不合理、假定容重过大。

测定容重和含气量，对配合比的重新设计进行验算，结合拌和物骨料分布情况，确定适宜的砂率调整和粗骨料调整方案。

根据测定的坍落度和浆体流动性情况，结合浆体量的计算，估计需要增加的用水量或外加剂用量。

在试拌的拌和物中，添加额外的用水，达到要求的坍落度并观察浆体的流动状态，反推单位用水量作为调整用水和外加剂掺入量调整的参考。

2）浆体流逸、泌水、离析、骨料不裹浆、下沉，测定坍落度时骨料堆积、跑浆，原因可能是外加剂掺入量过大、用水量过大、细颗粒不足、级配不合理。

拌和物出现浆体与骨料分离、黏聚性差的上述情况无非是浆体分散性过大、因细粉不足浆体吸附水分和保水性下降而引起，根据试拌表现，针对调整。

配合比的设计主要体现在根据实际材料试拌结果分析并采用适当的措施对材料各组分用量进行合理的调整，使之符合要求。

5. 配合比调整需要注意协调的问题

（1）单位用水量（水灰比）、胶凝材料用量与外加剂掺入量的协调。防止离析、泌水、浆体分离或不足，必要时可以通过净浆流动度试验（胶凝材料方案下，采用扣除骨料饱和面干需水量后的水胶比）来衡量，需要对外加剂性能有足够的经验。

（2）骨料级配与和易性的协调。防止粗骨料过多（贫砂）或细骨料过多（富砂）的情况发生、粗骨料中小粒径含量的集中，必要时可通过筛分试验来分析。

（3）浆体体积与骨料体积的协调。防止填充不足（贫浆）和过多（富浆），只有通过拌和来确定，因受到搅拌效率与含气量因素的干扰，判断需要足够的经验。

【例 5.1】 泵送混凝土配合比设计实例。某高层商品住宅楼，主体为钢筋混凝土剪力墙结构，设计混凝土强度等级为 C30，泵送施工要求拌和物入泵时，坍落度为（150＋10）mm，现场搅拌所用原材料有：水泥：普通 42.5 级，密度 $\rho_c = 3100 \text{kg/m}^3$，水泥实际强度 $f_{ce} = 45.0 \text{MPa}$；河砂：中砂，表观密度 $\rho_s = 2630 \text{kg/m}^3$；碎石：5～20mm 连续级配，最大粒径 20mm，表观密度 $\rho_g = 2690 \text{kg/m}^3$；粉煤灰：磨细Ⅱ级干排灰，$\rho_f = 2690 \text{kg/m}^3$；JT-38 型高效泵送剂：掺入量为水泥重量的 0.8% 时，减水剂为 16%；水：可饮用水。

解： 计算理论配合比

（1）确定配制强度（$f_{cu,0}$）：已知设计混凝土强度 $f_{cu,k}=30$MPa，无混凝土强度统计资料，查混凝土标准差表中 $\sigma=5.0$MPa，计算混凝土配制强度为 $f_{cu,0}=f_{cu,k}+1.645\sigma=38.2$MPa。

（2）确定水灰比：已知混凝土配制强度 $f_{cu,0}=38.2$MPa，水泥 28d 实际强度 $f_{ce}=45.0$MPa，无混凝土强度回归系数统计资料，采用碎石，查相应表格可知，$\alpha_a=0.46$，$\alpha_b=0.07$，计算水灰比得：

$$\frac{W}{C}=\frac{\alpha_a f_{ce}}{f_{cu,0}+\alpha_a \alpha_b f_{ce}}=\frac{0.46\times45.0}{38.2+0.46\times0.07\times45.0}=0.52$$

（3）确定用水量 m_{us}：已知施工要求混凝土拌和物入泵坍落度（150+10）mm，碎石最大粒径 20mm 现场搅拌并泵送，故可不考虑经时坍落度损失，按照规定取混凝土用水量 $m_{wo}=215+17=232$（kg/m³），由于采用 JT-38 型高效泵送剂，减水剂（β）为 16%，计算用水量得：

$$m_{ws}=m_{wo}(1-\beta)=232\times(1-0.16)=195（\text{kg/m}^3）$$

（4）计算水泥用量 m_{cs}。粉煤灰掺入量采用等量取代法，取代水泥百分率 $f=15\%$，由此可得：

$$m_{cs}=\frac{m_{ws}}{W/C}(1-f)=\frac{195}{0.52}\times(1-15\%)=319（\text{kg/m}^3）$$

（5）计算粉煤灰取代水泥量：

$$m_{fs}=\frac{m_{ws}}{W/C}-m_{cs}=\frac{195}{0.52}-319=56（\text{kg/m}^3）$$

验证：水泥和粉煤灰总量 375kg/m³ 大于 300kg/m³ 的要求。

（6）计算泵送剂用量 m_{bs}：已知 JT-38 型高效泵送剂掺入量为水泥重量的 0.8%，由于粉煤灰是等量取代水泥用量，水泥用量为 319+56=375（kg/m³），计算泵送剂用量为：

$$m_{bs}=375\times0.008=3.0（\text{kg/m}^3）$$

（7）确定砂率 β_s：按砂率相应规定及增大砂率的规定，初步确定砂率 $\beta_s=37+4=41\%$。

（8）计算砂、石用量：已知水泥密度 $\rho_c=3100$kg/m³，砂表观密度 $\rho_s=2630$kg/m³；碎石表观密度 $\rho_g=2690$kg/m³；粉煤灰表观密度 $\rho_f=2690$kg/m³；采用体积法计算：

$$\frac{319}{3100}+\frac{m_{ss}}{2630}+\frac{m_{gs}}{2690}+\frac{195}{1000}+\frac{56}{2200}+0.01\times1=1 \tag{5.2}$$

由砂率公式可知

$$\beta_s=\frac{m_{ss}}{m_{ss}+m_{gs}}=0.41 \tag{5.3}$$

由式（5.2）和式（5.3）可得：$m_{ss}=729$kg/m³，$m_{gs}=1049$kg/m³。

由此，每立方米双掺泵送混凝土理论配合比为：

$$m_{cs}:m_{us}:m_{ss}:m_{gs}:m_{fs}:m_{bs}=319:195:729:1049:56:3$$

试配、调整及配合比的确定在此略过。

任务 5.3 泵送混凝土的施工工艺

5.3.1 泵送混凝土施工的特点及使用范围

5.3.1.1 泵送混凝土施工的特点

用混凝土输送泵（泵车）输送浇筑混凝土，在我国已得到推广，成为输送和浇筑混凝土的主要方法。泵送混凝土的出现大大提高了施工生产的效率，取得了良好的社会效益和经济效益。具有以下特点：

（1）施工简便，安全操作性强。

（2）科技含量较高，极大地提高了施工效率，缩短了施工工期。

（3）由于混凝土采用集中搅拌的方式，大大降低了环境的污染。

但泵送施工严格要求混凝土的原材料和配合比都应符合泵送设备的机械性能，要求机械设备的性能符合施工技术条件，要求施工组织严密细致。

5.3.1.2 泵送混凝土的使用范围

泵送混凝土适用于工业与民用建筑混凝土结构，多层、框架、高层大模板结构的现场拌制和预拌普通混凝土的泵送浇筑工艺。

5.3.1.3 泵送混凝土的工艺原理

进行配合比设计，拌制满足设计规定的强度、耐久性，具有能顺利通过管道、不离析、不泌水、不阻塞和黏滞性良好的可泵性性能的混凝土，利用混凝土输送泵将混凝土输送到混凝土浇筑区域。

工艺流程：作业准备→混凝土搅拌→混凝土运输（预拌）→混凝土输送泵送设备及输送管的选择与布置→混凝土的泵送→混凝土浇筑、振捣→拆模、养护。

5.3.2 原材料的准备

5.3.2.1 现场拌制混凝土

现场拌制混凝土的步骤如下：

（1）水泥：用 P32.5～P42.5 普通硅酸盐水泥或矿渣硅酸盐水泥。当适用矿渣硅酸盐水泥时，应视具体情况采取早强措施，确保模板拆除时混凝土的强度达到拆模要求。

（2）砂：粗砂或中砂，当混凝土为 C30 以下时，含泥量不大于 5%；混凝土等于及高于 C30 时，含泥量不大于 3%。

（3）石子：卵石或碎石，粒径为 0.5～3.2cm，当混凝土强度为 C30 以下时，含泥量不大于 2%；当混凝土强度等于及高于 C30 时，含泥量不大于 1%。

（4）水：宜选用饮用水。其他水，其水质必须符合《混凝土拌合用水标准》（JGJ 63—2006）的规定。

（5）掺合料：泵送混凝土中常用的掺合料为粉煤灰，其掺入量应通过试验确定，并应符合《用于水泥和混凝土中的粉煤灰》（GB/T 1596—2017）、《粉煤灰在混凝土和砂浆中应用技术规程》（JGJ 28—1986）和《预拌混凝土》（GB/T 14902—2012）的有关标准。

（6）外加剂：减水剂、早强剂等应符合《混凝土外加剂》（GB 8076—2008）、《混凝土外加剂应用技术规程》（GB 50119—2013）、《混凝土泵送剂》（JC 473—2001）和《预拌混凝土》（GB/T 14902—2012）的有关标准要求的规定，其掺入量必须经过试验后确定。

5.3.2.2　预拌混凝土

骨料活性指标应符合工程要求，由商品混凝土搅拌站提供详细资料，现场技术部门要进行查验，根据工程特点及施工环境确定混凝土要求的初凝时间和终凝时间，坍落度要求控制在（16±2）cm 之间，混凝土必须具有可泵性，但不得出现分层离析现象。预拌混凝土应保证均衡连续供应，混凝土从卸料到泵送完毕的时间不得超过 1.5h，所以要根据工程位置选择距离较近的预拌混凝土供应商，以保证混凝土工程的质量。

5.3.2.3　主要机具

混凝土搅拌机、混凝土输送泵车、泵管、布料杆、振动棒、铁锹、抹子、铁板及灰槽等。

5.3.3　作业准备

作业准备如下：

（1）钢筋、模板工程应办完隐检预检手续，注意检查钢筋的垫块、支铁，以保证保护层的厚度。检查固定模板的螺栓是否穿过混凝土墙。穿过混凝土外墙时，应采取止水措施，模内杂物清理干净。核实预埋件、预留孔洞、水电预埋管线等的位置、数量及固定情况。

（2）商品混凝土中使用的各种原材料的试验报告、出厂合格证、准用证等提前报使用单位（包括混凝土配合比通知单），并应符合国家现行标准《预拌混凝土》（GB/T 14902—2012）的有关规定。

（3）根据工程情况绘制简单的混凝土泵管以及布料杆的位置，确定搅拌站或混凝土输送泵的合理位置。在混凝土输送泵支设处，应场地平整、坚实，具有重车行走和满足车辆供料、调车的条件，并尽可能靠近浇筑点。

（4）在布置泵管的同时应考虑减少压力损失，注意尽量缩短管线的长度，少用弯管和软管。

（5）在高温炎热的季节施工时，要在混凝土输送泵管上覆盖湿草袋等降温措施，并每隔一段时间要进行浇水湿润。在严寒的冬季施工时，混凝土输送泵管应用保温材料包裹，以防止管内混凝土受冻，并保证混凝土的入模温度。

5.3.4　混凝土的拌制

根据工程量准备好足够的材料，搅拌机操作人员必须经过专业技能的培训。在搅拌时应注意加料顺序，必须严格按照混凝土施工配比单进行上料，认真检查各种材料的含水率，根据含水率情况由专人调整混凝土的配合比。各种外加剂的掺入量必须严格控制。

（1）泵送混凝土宜采用预拌混凝土，在商品混凝土工厂制备，用混凝土搅拌运输车运送到施工现场，这样制备的泵送混凝土容易保证质量。

要执行国家现行标准《预拌混凝土》（GB/T 14902—2012）的有关规定，在交货点进行泵送混凝土交货检验，由需方确认混凝土的质量及数量后，方可进行混凝土泵送。

（2）现场搅拌的泵送混凝土，必须采用电脑计量配料机上料、机械搅拌，不得采用手工制备。搅拌速度要满足混凝土输送泵连续泵送的供料要求。

（3）泵送混凝土的供应应根据施工进度的需要，编制泵送混凝土供应计划，加强联络和调度，确保连续均匀供料。

（4）拌制泵送混凝土的混凝土搅拌站（楼），应符合国家现行标准《建筑施工机械与设备、混凝土搅拌站（楼）》（GB/T 10171—2016）的有关规定。所采用的混凝土搅拌机亦需符合要求。

（5）拌制泵送混凝土前，应全面检查原材料，材料质量应符合配合比设计的要求，原材料含水率变化时，应及时调整混凝土施工配合比。施工配合比可按表 5.4 填写。

表 5.4　　　　　　　　　　　　混凝土配合比调整通知单

单位（子单位）工程名称					坍落度/mm			
分部（子分部）工程名称					水泥强度等级及品牌			
工程部位					混凝土强度等级			
原配合比报告编号					含水率检测报告编号			
项　目	水 /kg	水泥 /kg	砂 /kg	石 /kg	粉煤灰 /kg	外加剂 /kg	膨胀剂 /kg	防冻剂 /kg
重量配合比								
实测砂石含水率/%								
砂含水率/%								
扣、加用水量								
每盘混凝土实用量								

（6）拌制泵送混凝土时，应严格按混凝土配合比设计报告进行原材料的计量，并应符合国家现行标准《预拌混凝土》（GB/T 14902—2012）的有关规定，可按表 5.5 确定。

表 5.5　　　　　　　　　　混凝土原材料计量允许偏差

原材料品种	水泥	砂	石	水	外加剂	掺合料
每盘计量允许偏差/%	±2	±3	±3	±2	±2	±2
累计计量允许偏差	±1	±2	±2	±1	±1	±1

（7）混凝土搅拌时的投料顺序。如配合比规定掺加粉煤灰时，则粉煤灰宜与水泥同步投料，外加剂的添加时间应符合配合比设计的要求，且宜滞后于水和水泥。

（8）泵送混凝土的最短搅拌时间，应符合《预拌混凝土》（GB/T 14902—2012）以及设备说明书中的有关规定，一定要保证混凝土拌和物的均匀性，保证制备好的混凝土拌和物有符合要求的可泵性。最短搅拌时间，可按表 5.6 执行。

表 5.6　　　　　　　　　　最　短　搅　拌　时　间　　　　　　　　　　单位：s

混凝土坍落度 /mm	搅拌机机型	搅拌机出料量 /L	混凝土拌和物强度等级 /MPa	搅拌时间 /s
>30	强制式	>500	≤C35	60～70
			C40	70～80
			C45	80～90
			≥C50	≥120

注　1. 混凝土搅拌的最短时间是从全部材料装入搅拌筒算起，到开始卸料为止的时间。

2. 当掺有外加剂时应适当延长。

3. 冬期施工混凝土应相应增加搅拌时间。

（9）在冬期拌制泵送混凝土时，除应满足《混凝土结构工程施工及验收规范》（GB 50204—2015）、《建筑工程冬期施工规程》（JGJ/T 104—2011）的规定外，尚应制定冬期施工技术措施。

（10）不同品种、品牌水泥的使用，在前一种（或品牌）水泥的混凝土全部搅拌完后，应将混凝土搅拌（运输）装置清洗干净，并排尽积水，再开始搅拌另一种（或品牌）水泥的混凝土。

5.3.5　混凝土的运输

采用商品混凝土时要注意从搅拌站至施工现场的运输罐车应能保持连续均衡供应，根据天气情况宜控制在 0.5～1h 之内。混凝土搅拌输送泵车装料前，必须将搅拌筒内的积水倒净，运输途中严禁向拌筒内加水。商品混凝土运至目的地，当坍落度损失过大时，可在符合混凝土设计配合比要求的条件下适量加水，并强力搅拌后，方可卸料。混凝土搅拌运输车在运输途中，拌筒应保持 3～6r/min 的慢速转动。

（1）混凝土输送泵宜连续作业，每台混凝土输送泵所需配备的混凝土搅拌运输车的台数，可按式（5.4）计算，即

$$N_1 = \frac{Q_1}{60V_1}\left(\frac{60L_1}{S_0} + T_1\right) \tag{5.4}$$

式中　N_1——混凝土搅拌运输车台数，台；

Q_1——每台混凝土输送泵的实际平均输出量，m^3/h；

V_1——每台混凝土搅拌运输车的容量，m^3；

L_1——混凝土搅拌运输车的往返距离，km；

S_0——混凝土搅拌运输车的平均行车速度，km/h；

T_1——每台混凝土搅拌运输车的总计停歇时间，min。

每台混凝土输送泵的平均输出量可按式（5.5）计算，即

$$Q_1 = Q_{max}\alpha_1\eta \tag{5.5}$$

式中　Q_{max}——每台混凝土输送泵的最大输出量，m^3/h；

α_1——配管条件系数，取 0.8～0.9；

η——作业效率，根据混凝土搅拌运输车向混凝土输送泵供料的间断时间，拆装混凝土输送管和供料停歇等情况，可取 0.5～0.7。

（2）混凝土搅拌运输车的现场行使道路，应符合下列规定：

1）宜在施工现场设置环形车道，尽量避免交会车，并应满足重车行使要求。

2）夜间施工时，宜在出入口处设置安全指挥人员；在交通出入口和运输道路上，应有良好照明；危险区域，应设警戒标志。

（3）用混凝土搅拌运输车进行运输时，在装料前必须将搅拌筒内的积水倒净，否则会改变混凝土的设计配合比，使混凝土质量得不到保障。必须指定专人验收，合格后再装料。混凝土搅拌运输车在行使过程和卸料过程中严禁往拌筒或下料斗内直接加水。当坍落度损失过大时，可在不改变拌和物水灰比的前提下适量添加同配合比的外加剂稀释溶液。

（4）混凝土搅拌运输车在运输途中，搅拌筒慢速转动，应保持 3～6r/mim 的转速。

（5）混凝土运送延续时间（自混凝土出机算起到入模为止）：应根据采用的外加剂品

种，按实际配合比和气温条件测定混凝土的初凝时间。其运输延续时间，不宜超过所测得混凝土初凝时间的 1/2。如需延长运送时间，应采用相应的技术措施，该措施应通过试验验证。掺木质素磺酸钙时，不宜超过表 5.7 的规定。

表 5.7　　　　　　　掺木质素磺酸钙时，泵送混凝土运输延续时间　　　　　　　单位：min

混凝土强度等级	气温/℃	
	≤25	>25
≤C30	120	90
>C30	90	60

（6）运输车在运送过程中应采取措施，避免遗洒。

（7）运输车在运送过程中严禁鸣笛、强光扰民。

（8）混凝土运输车运送频率，应保证混凝土施工的连续性。

（9）混凝土搅拌运输车给混凝土输送泵下料前，应符合下列要求：

1）由土建施工人员再次认真复核，随车的预拌混凝土发货单上的工程名称、混凝土强度等级、性能、浇筑部位是否与施工现场的申请单一致。发现疑义及时与搅拌站联系，进行退货处理。

2）下料前，高速旋转拌筒 20～30s，使混凝土拌和物均匀。

3）下料时，反转卸料应配合泵送均匀进行，且应使混凝土保持在集料斗内标志线以上。

4）中断下料作业时，应使拌筒低速搅拌混凝土。

5）上述作业，应由泵车驾驶员完成，严禁非驾驶人员操作。

6）混凝土输送泵集料斗上，应安置网筛并设专人监视下料，以防粒径过大骨料或异物入泵造成堵塞。

（10）严禁将质量不符合泵送要求的混凝土入泵。现场施工人员可在预拌混凝土发货单上注明：混凝土质量不符合要求、时间、车号，进行退货处理。

（11）完毕后，应及时清洗搅拌筒并排尽积水。

5.3.6　混凝土输送泵设备及输送管的选择与布置

5.3.6.1　混凝土输送泵的选型和布置

混凝土输送泵的选型和布置如下：

（1）混凝土输送泵的选型，是根据工程特点、要求的最大输运距离、最大输出量（排量）和混凝土浇筑计划来确定；目前我们使用的混凝土泵机常见的有两种，一种是带有布料杆可行走的泵车，另一种是牵引式固定泵。泵车的机动性强、移动方便，但价格较贵，适用于浇筑量较小、造型不太规则的建（构）筑物。固定泵机动性差，布泵时需要根据施工现场情况进行合理布置，但价格较低，更适合于建筑场地相对固定的建（构）筑物。

（2）混凝土输送泵的实际平均输出量按式（5.5）计算，用该值计算工程中混凝土输送泵的数量，然后进行布置。

间段时间、拆装混凝土输出管和布料停歇等情况，可取 0.5～0.7。

（3）混凝土输送泵的最大水平输送距离可按下列方法之一确定：

1）根据产品技术性能表上提供的数据或曲线。

2）根据混凝土输送泵的最大出口压力、配管情况、混凝土性能和输出量，按式（5.6）计算，即

$$L_{\max}=\frac{P_{\max}}{\Delta P_H} \qquad (5.6)$$

式中 $L_{\max}$——混凝土输送泵的最大水平输送距离，m；

　　　$P_{\max}$——混凝土输送泵的最大出口压力，Pa；

　　　ΔP_H——混凝土在水平输送管内流动每米产生的压力损失，Pa/m。

$$\Delta P_H=\frac{2}{\gamma_0}\Big[k_1+k_2\Big(1+\frac{t_2}{t_1}\Big)V_1\Big]\alpha_2 \qquad (5.7)$$

式中 γ_0——混凝土输送管半径，m；

　　　k_1——黏着系数，Pa，取值 $(3.00-0.01S_1)\times10^2$，S_1 为混凝土坍落度（单位取 mm）；

　　　k_2——速度系数，Pa/(m/s)，取值 $(4.00-0.01S_1)\times10^2$，S_1 为混凝土坍落度（单位取 mm）；

　　　$\dfrac{t_2}{t_1}$——混凝土输送泵分配阀切换时间与活塞推压混凝土时间之比，一般取 0.3；

　　　V_1——混凝土拌和物在输送管内的平均流速，m/s；

　　　α_2——径向压力与轴向压力之比，对普通混凝土取 0.90。

（4）弯管、软管、锥形管和水平管的流动阻力大，引起的压力损失也大。在进行混凝土输送泵选型、验算其输送距离时，可把向上垂直管、弯管、锥形管、软管按表 5.8 换算成水平长度。

表 5.8　　　　　　　　　　　　混凝土输送管的水平换算长度

类　别	单　位	规　格	换算水平长度/m
向上垂直管	每米	100	3
		125	4
		150	5
锥形管	每根	175～150	4
		150～125	6
		125～100	8
弯管	每根	90°R=0.5	12
		90°R=1.0	9
软管	1 根长 5～8m		20

注　1. R 为曲率半径。

　　2. 弯管的弯曲角度小于 90°时，需将表列数值乘以该角度与 90°角的比值。

　　3. 向下垂直管，其水平换算长度等于其自身长度。

　　4. 斜向配管时，根据其水平及垂直投影长度，分别按水平、垂直配管计算。

（5）混凝土输送泵的最大水平输送距离，也可根据混凝土输送泵的最大出口压力和表5.9提供的换算压力损失进行验算。

表 5.9　　　　　　　　　　混凝土输送泵送的换算压力损失

管件名称	换算量	换算压力损失/MPa
水平管	每 20m	0.10
垂直管	每 5m	0.10
45°弯管	每只	0.05
90°弯管	每只	0.10
管道接环（管卡）	每只	0.10
截止阀	每个	0.80
3.5m 橡皮软管	每根	0.20

注　泵体附属配件的换算压力损失，175～125mm 的 Y 形管，0.05MPa；每个分配阀 0.80MPa；每台混凝土输送泵启动内耗，2.80MPa。

（6）混凝土输送泵的台数，可根据混凝土浇筑数量、单机的实际平均输出量和施工作业时间，按式（5.8）计算，即

$$N_2 = \frac{Q}{Q_i T_o} \tag{5.8}$$

式中　N_2——混凝土输送泵数量，台；

　　　Q——混凝土浇筑数量，m^3；

　　　Q_i——每台混凝土输送泵的实际平均输出量，m^3/h；

　　　T_o——混凝土输送泵送施工作业时间，h。

（7）整体性要求较高的工程，混凝土输送泵的所需台数，除根据计算确定外，尚应有适当的备用台数。

（8）混凝土输送泵或泵车在现场布置，要根据工程的轮廓形状、工程量分布、地形和交通条件等确定，下列各条应予以考虑：

1）力求距浇筑地点近，便于配管，混凝土运输亦方便，场地平整坚实。

2）为了保证混凝土输送泵的连续工作，每台泵料斗周围最好能同时停放两辆混凝土搅拌运输车，或者能使其快速交替。

3）多台泵同时浇筑时，选定的位置要使其各自承担的浇筑量相接近，最好能同时浇筑完毕。

4）为使混凝土输送泵能在最优泵送压力下作业，如泵送距离过长或过高，最好考虑加用中继泵。

5）为了便于混凝土输送泵的清洗，其位置最好接近供水和排水设施，污水要经过沉淀方能排入城市下水管网。

6）混凝土输送泵车和泵的作业范围内，不得有高压线等障碍物。

7）要考虑供电方便与荷载容量。

8）当超高层建筑采用接力泵泵送混凝土时，接力泵的设置位置应使上、下泵的输送能力匹配。接力泵的楼面应验算其结构的承载力，必要时应采取加固措施。

5.3.6.2 混凝土输送管的选型和布置

1. 输送管和配件

（1）混凝土输送有直管、弯管、锥形管和软管。电焊钢管壁厚 2mm，使用寿命约为 15000~20000m³（输送混凝土量）；以及少量壁厚为 4.5mm、5.0mm 的高压无缝钢管，常用规格见表 5.10。

表 5.10　　　　　　　　　　　常用混凝土输送管规格

种　　类		管　径/mm		
		100	125	150
有缝直管	外径	109.0	135.0	159.2
	内径	105.0	131.0	155.2
	壁厚	2.0	2.0	2.0
高压直管	外径	114.3	139.8	165.2
	内径	105.3	130.8	155.2
	壁厚	4.5	4.5	5.0

（2）直管常用的管径规格有 100mm、125mm 和 150mm，对应的英制管径则为 4′、5′ 和 6′；长度规格有 0.5m、1.0m、2.0m、3.0m、4.0m 几种，常用的是 3.0m 和 4.0m 两种。弯管用拉拔钢管制成，常用规格管径亦为 100mm、125mm 和 150mm，弯曲角度有 90°、45°及 15°，常用曲率半径为 1.0m 和 0.5m。

（3）锥形管用拉拔钢管制成。混凝土输送泵的出口多为 175mm，混凝土输送管径为 125mm 和 100mm，故用锥形管过渡。锥形管处是容易堵塞混凝土之处。

（4）软管为橡胶软管，具有柔软、质轻的特点。设置在混凝土输送管路末端，利用其柔性将混凝土拌和物直接浇筑入模。常用软管的直径为 100mm 和 125mm，长度一般为 5m，使用寿命一般为浇筑 3000~5000m³ 的混凝土。

（5）输送管段之间的连接环，要求装拆迅速、有足够的强度和密封性能，不漏浆。

（6）泵送中（尤其是向上泵送时）一旦中断，混凝土拌和物在重力作用下会倒流产生反向压力。混凝土输送泵重新启动时，反向压力会使泵阀的换向困难、泵的吸入效率降低；还会使混凝土拌和物的质量发生变化，导致堵塞。为避免产生倒流和反向压力，在输送管的根部近混凝土输送泵出口处要增设一个截止阀。

2. 输送管的选择

（1）输送管直径的选择，取决于：

1）粗骨料的最大粒径，见表 5.11。

2）要求的混凝土输送量和输送距离。

3）泵送的难易程度。

4）混凝土输送泵的型号。

（2）大直径的输送管，可用较大粒径的骨料，泵送时压力损失小，但其笨重而且昂贵。

（3）在满足使用要求的前提下，选用小管径的输送管有以下优点：

表 5.11　　　　　　　　混凝土输送管管径与粗骨料最大粒径的关系

粗骨料最大粒径/mm		输送管最小管径
卵石	碎石	
20	20	100
25	25	100
40	40	125

1）末端用软管进行布料时，小直径管重量轻，使用方便。

2）混凝土拌和物产生泌水时，在小直径管中产生离析的可能性小。

3）泵送前，润滑管壁所用的材料省。

4）购置费用低。

3．配管设计

（1）混凝土输送管应根据工程特点、施工现场情况和批准的混凝土浇筑方案进行配管。配管设计的原则是：满足工程要求，便于混凝土浇筑和管段装拆，尽量缩短管线长度，少用弯管和软管。输送管的铺设应保证安全施工，便于清洗管道、排除故障和装拆维修。

（2）应选择没有裂缝、弯折和凹陷等缺陷且有出厂合格证明的输送管，输送管的接头应严密，有足够强度，连接用的管卡应能快速装拆。同一条管线中，应采用相同管径的混凝土输送管；同时采用新旧管段时，应将新管段布置在靠近混凝土输送泵出口处；管线宜布置的横平竖直。

（3）配管设计应绘制布管简图，列出各种管件、管连接环、弯管等的规格和数量，提出备件清单。

（4）垂直向上配管时，混凝土输送泵的泵送压力不仅要克服混凝土拌和物与管壁间的黏着力和摩阻力，还要克服混凝土拌和物在输送高度范围内的重力。为此，一般需在垂直向上配管下端与混凝土输送泵之间配置一定长度的水平管，利用水平管中混凝土拌和物的黏着力和摩阻力减少逆流压力的影响。地面水平管长度不宜小于垂直管长度的 1/4，且不宜小于 15m；或遵守产品说明书中的规定。如因场地条件限制无法满足上述要求时，可采取设置弯管等办法解决。

（5）当垂直向上配管的高度很高时，单靠设置水平管的办法不足以平衡逆流压力。应在混凝土输送泵 Y 形管出料口 3～6m 处设置截止阀。

（6）向下泵送施工（地下结构物）时，地上水平管轴线应与 Y 形管出料口轴线垂直，且应有一段向上倾斜，然后向下。

（7）在向下管段内的混凝土拌和物因有自重下坠现象，故向下的管端应倾斜设置。当配管与铅垂线的夹角为 4°～7° 时，应在管段的上端设排气阀。当高差 h 大于 20m 时，还应在倾斜管的下端设长度 $L \geqslant 5m$ 的水平管，依靠摩阻力阻止倾斜管段内的混凝土因自重产生自流。条件有限时，可增加弯管或环形管折算够 5m 长度。

（8）混凝土输送管的固定。混凝土输送管应有可靠的固定，不得直接支承在钢筋、模板及预埋件上，并应符合下列规定：

1）水平输送宜每隔一定距离，用支架、台垫和吊具等加以固定，以便排除堵管、装拆和清洗管道。

2）在垂直向上配管时，要采取措施固定在墙、柱或楼板预留孔处，以减少震动，每节管不得少于 1 个固定点，在管道和固定物之间宜安放缓冲物（木垫块等）。

3）垂直管下端的弯管，不应作为上部管道的支撑点，宜设钢筋支撑承受垂直管的重量。

4）当垂直管固定在脚手架上时，根据需要可对脚手架进行加固。

5）为了不使管路支设在新浇筑的混凝土上面，进行管路布置时，要使混凝土浇筑移动方向与泵送方向相反，在混凝土浇筑过程中，只需拆除管段，而不需增设管段。

6）管道接头卡箍处不得漏浆。

（9）当混凝土输送高度超过混凝土输送泵的最大输送高度时，可用接力泵（后继泵）进行泵送。接力泵出料的水平管长度亦不宜小于其上垂直管长度的 1/4，且不少于 15m，而且应设置一个容量约 1m^2，带搅拌装置的储料斗。

（10）对于输送管，炎热季节宜用湿罩布、湿草袋等加以遮盖，避免阳光照射。

（11）严寒季节施工宜用保温材料包裹混凝土输送管，防止管内混凝土受冻，并保证混凝土拌和物的入模温度。

（12）应定期检查管道，特别是弯管等部位的磨损情况，以防爆管。

（13）当水平距离超过 200m，垂直输送距离超过 40m，输送管垂直向下或斜管前面布置水平管，混凝土拌和物单位水泥用量低于 300kg/m^3 时，必须合理选择配管方法和泵送工艺，宜用直径大的混凝土输送管和长的锥形管，少用弯管和软管。

（14）在浇筑平面尺寸大的结构物（如楼板等）时，要结合配管设计考虑布料问题，必要时要设布料设备，使其能覆盖整个结构平面，能均匀、迅速地进行布料。

5.3.7　混凝土的泵送

混凝土的泵送如下：

（1）混凝土输送泵或泵车启动后，应先泵送适量的水以湿润混凝土输送泵的料斗、混凝土缸及输送管内壁等直接与混凝土接触部位。

（2）经泵送水检查，确认混凝土输送泵和输送管中无异物后，应采取下列方法之一进行混凝土输送泵和输送管内壁润滑：

1）泵送水泥浆。

2）泵送 1:2 水泥砂浆。

3）泵送与混凝土内除粗骨料外的其他成分相同配合比的水泥砂浆。水泥浆和水泥砂浆的用量见 5.12 表。

表 5.12　　　　　不同输送管长度的水、水泥浆和水泥砂浆的用量

输送管长度/m	水/L	水泥浆		水泥砂浆	
		水泥量/kg	稠度	用量/m^3	配合比（水泥：砂）
<100	30			0.5	1:2
100～200	30			1.0	1:1
>200	30	100	粥状	1.0	1:1

（3）润滑用的水泥浆或水泥砂浆应分散布料，不得集中浇筑在同一处。

（4）开始泵送，混凝土输送泵应处于慢速、匀速并随时可反泵的状态。泵送速度，应先慢后快，逐步加速。同时，应观察混凝土输送泵的压力和各系统的工作情况，待各系统运转顺利后，方可以正常速度进行泵送。

（5）正常泵送时，泵送要连续进行，尽量不要停顿，遇有运转不正常的情况，可放慢泵送速度。当混凝土供应不及时时，宁可降低泵送速度，也要保持连续泵送，但慢速泵送的时间，不能超过从搅拌站到浇筑的允许延续时间。不得已停泵时，料斗中应保留足够的混凝土，作为间隔推动管路内混凝土之用。

（6）短时间停泵，再运转时要注意观察压力表，逐渐的过渡到正常泵送。

（7）长时间停泵，应每隔 4～5min 开泵一次，使泵正转和反转各两个冲程。同时开动料斗中的搅拌器，使之搅拌 3～4 转，以防止混凝土离析（长时间停泵，搅拌器不宜连续进行搅拌，这样会引起粗骨料下沉）。如为混凝土输送泵车，可使浇筑软管对准料斗，使混凝土进行循环。

（8）如停泵时间超过 30～45min（视气温、坍落度而定），宜将混凝土从泵和输送管中清除。对于小坍落度的混凝土，更要严加注意。

（9）混凝土输送泵送应尽量连续进行。如必须中断时，其中断时间不得超过混凝土从搅拌至浇筑完毕所允许的延续时间。

（10）向下泵送时，为防止管路中产生真空，混凝土输送泵启动时，宜将设置在管路中的气门打开，待下游管路中的混凝土有足够阻力对抗泵送压力时，方可关闭气门。有时这种阻力需借助于将软管向上弯起才能建立。

（11）在泵送过程中，要定时检查活塞冲程，不使其超过允许的最大冲程。泵的活塞冲程虽可任意改变，为了防止油缸不均匀磨损和阀门磨损，宜采用最大的冲程进行运转。

（12）在泵送过程中，还应注意料斗内的混凝土量，应保持混凝土面不低于上口20cm，否则吸入效率低，而且易吸入空气形成阻塞。如吸入空气，逆流增多时，宜进行反泵反吸到料斗内，排除空气后再进行正常泵送。

（13）在泵送过程中，水箱或活塞清洗室中应经常保持充满水，以备急用。

（14）在混凝土拌和物泵送过程中，若需接长 3m 以上（含 3m）的输送管时，应预先用水、水泥浆或水泥砂浆进行湿润和润滑管道内壁。

（15）混凝土在泵送过程中，不得把拆下的输送管内的混凝土散落在未浇筑的地方。

（16）当混凝土输送泵出现压力升高且不稳定、油温升高、输送管明显振动等现象而泵送困难时，不得强制泵送，应立即查明原因，采取措施排除。可先用木槌敲击输送管、弯管和锥形管等易堵塞部位，并进行慢速泵送或反泵，防止堵塞。

（17）当混凝土输送管堵塞时，可采取下述方法进行排除：

1）使混凝土输送泵重复进行反泵和正泵，逐步吸出堵塞处的混凝土拌和物至料斗中，重新加以搅拌后再进行正常泵送。

2）用木槌敲击输送管，查明堵塞部位，将堵塞处混凝土拌和物击松后，在通过混凝土输送泵的反泵和正泵，排除堵塞。

3）当上述两种方法无效时，可在混凝土输送泵卸压后拆除堵塞部位的输送管，排除混凝土堵塞物后，再接管重新泵送。但在重新泵送前应先排除输送管内空气后，方可拧紧管段接头。

（18）在混凝土输送泵送过程中，如事先安排有计划中断时，应在预先确定的中断浇筑部位停止泵送。但中断时间不宜超过 1h。

（19）如因为混凝土供应和运输等原因，在混凝土输送泵送过程中出现非堵塞中断时，应采取下列措施：

1）拖式混凝土输送泵，可利用混凝土搅拌运输车内的料，进行慢速间歇泵送，或利用料斗内的料，进行间歇反泵和正泵。

2）慢速间歇泵送时，应每隔 4～5mim 进行 4 个行程的正、反泵。

3）混凝土输送泵送利用臂架将混凝土拌和物泵入料斗，进行慢速间歇循环泵送，利用输送管送混凝土时，亦可进行慢速间歇泵送。

（20）在混凝土输送泵送过程中，如发现泵送效率急剧降低时，应检查混凝土缸和分配阀的磨损情况。如果是新的混凝土输送泵缸套磨损严重，可掉头后再用，如果是新的混凝土套两头都已严重磨损，应更新新品。如果是分配阀严重磨损，应补焊修复或更换新的分配阀。

（21）多台混凝土输送泵同时泵送时，应预先规定各台泵的输送能力、浇筑区域和浇筑顺序，应分工明确、互相配合、统一指挥。

（22）混凝土输送泵送即将结束前，应正确计算尚需用的混凝土数量，并应及时利用通信设备告知混凝土搅拌站。在计算尚需用的混凝土数量时，亦应计入输送管内的混凝土数量，其数量见表 5.13。

表 5.13　　　　　　　　　　　　　　　　输送管长度与混凝土量的关系

输送管径/mm	每 100m 输送管内的混凝土量/m³	每立方米混凝土量的输送管长度/m
100	1.0	100
125	1.5	75
150	2.0	50

（23）泵送过程中废弃的和泵送终止时多余的混凝土拌和物，应按预先确定的场所和处理方法及时进行妥善处理。

（24）混凝土输送泵送结束时，应及时清洗混凝土输送泵和输送管，清洗方法有水洗和气（压缩空气）洗两种。实际施工中，混凝土输送管的清洗多用水洗。因为水洗操作比较简便，与气洗相比危险性也较小。

1）水洗时，从进料口塞入海绵球，使海绵球与混凝土拌和物之间不要有孔隙，以免压力水越过海绵球混入混凝土拌和物中，然后混凝土输送泵以大行程、低速运转，泵水产生压力将混凝土拌和物推出。清洗水不得排入已浇筑的混凝土内。

2）气洗时，混凝土输送泵以大行程、高转速运转，空气的压力约 1.0MPa，比水洗的危险性大，在操作上要严格按操作手册、规程的规定操作，在输送管出口处设防止喷跳工具，施工人员要远离出口方向，并且出口应朝安全方向防止粒料或海绵球飞出伤人。

（25）清洗混凝土输送泵前，宜反泵吸料，降低管路内的剩余压力。

（26）采用混凝土输送泵车时，要先把外伸支架固定后，再使用悬臂。整个悬臂伸出后，泵车不允许有任何移动，以防倾倒。只有在第 3 节悬臂折叠并采取安全措施后，才允许小于 10km/h 的速度移动。为防止悬臂在水平状态使用时泵车倾倒，水箱内的水一定要满。当风速在 10m/s 以上时，不能使用悬臂，如泵车停在斜坡处，勿伸长悬臂，以防自行滑行。

5.3.8　泵送混凝土的浇筑及振捣

混凝土的浇筑，应预先根据工程结构特点，平面形状和几何尺寸、混凝土制备设备和运输设备的供应能力、泵送设备的泵送能力、劳动力和管理能力，以及周围场地大小，运输道路情况等条件，划分混凝土浇筑区域，并明确设备和人员的分工，以保证结构浇筑的整体性和按计划进行浇筑。

混凝土的浇筑应符合国家现行标准《混凝土结构工程施工及验收规范》（GB 50204—2015）的有关规定。混凝土的浇筑顺序，应符合下列规定：

（1）当采用输送管输送混凝土时，应由远而近浇筑。

（2）在同一区域的混凝土，应按先竖向结构后水平结构的顺序，分层连续浇筑。

（3）当不允许留施工缝时，区域之间、上下层之间的混凝土浇筑间歇时间，不得超过混凝土的初凝时间。

（4）当下层混凝土初凝后，浇筑上层混凝土时，应先按留施工缝的规定处理。

5.3.8.1　框架结构混凝土的泵送浇筑

框架结构混凝土的泵送浇筑步骤如下：

（1）框架结构由柱、梁和板组成。浇筑时，每个浇筑区域内每排柱子应由外向内对称地顺序浇筑，不宜由一端向另一端推进，预防柱子模板逐渐受推倾斜而误差积累难以纠正。

（2）截面 400mm×400mm 以上、无交叉箍筋的柱子，如柱高不超过 4m，可从柱顶浇筑。浇筑柱子时，布料设备的出口离模板内侧面不应小于 50mm，且不得向模板内侧面直冲布料，也不得碰撞钢筋骨架，以防模板和钢筋骨架在混凝土拌和物冲击作用下产生不能恢复的变形。

（3）柱子浇筑完毕，如柱顶处有较大厚度的砂浆层，应加以处理。

（4）柱子浇筑后，应间隙 1～1.5h，待已浇筑的混凝土拌和物初步沉实，再浇筑上面的梁板结构。

（5）混凝土应分层浇筑，以便于捣实，分层厚度宜为 300～500mm。

（6）梁和板一般同时浇筑，从一端开始向前推进，应用混凝土输送泵浇筑不得在同一处连续布料，应在 2～3m 范围内水平移动布料，且宜垂直于模板布料，对于深梁（梁高大于 1m 时）才允许单独浇筑梁，此时的施工缝宜留在楼板板下 20～30mm 处。

（7）柱子与梁、板的混凝土强度等级不同时，应先浇筑柱子混凝土位于模板面标高，且向柱子周边的梁内浇筑一定长度（梁内近柱子处用钢丝网将不同的强度等级的混凝土拌和物隔开），然后再浇筑梁、板混凝土。最好由两个小组分别进行浇筑，务必防止强度等级较低的梁、板混凝土落入柱模板内。

（8）混凝土输送泵送速度较快，框架结构的浇筑要很好的组织，要加强布料和振捣工作，对于有预留洞、预埋件和钢筋太密的部位，预先制定技术措施，保证顺利布料和振捣密实。在浇筑时，应经常观察，当发现混凝土有不密实等现象，应立即采取措施予以纠正。

（9）水平结构的混凝土表面，因易出现收缩裂缝，要预先制定技术措施，预防和控制裂缝。应适时用木抹子磨平搓毛两遍以上。必要时，还应先用铁滚筒压两遍以上，盖塑料薄膜，并浇水养护，以防止产生收缩裂缝。

5.3.8.2　大体积结构混凝土的泵送浇筑

大体积结构混凝土的浇筑步骤如下：

（1）大体积混凝土结构（如桩基承台、箱基底板、厚底板、深梁和厚墙等），这类结构其上多有巨大荷载，整体性要求高，不允许留施工缝，要求一次连续浇筑完毕。

（2）大体积混凝土的泵送浇筑要提前制定详细的技术方案与措施，大体积混凝土的浇筑方法，有全面分层、分段分层和斜面分层 3 种，常用斜面分层法。

（3）用斜面分层浇筑时，按混凝土拌和物自动流淌形成的斜坡（1∶6～1∶10），自上而下斜向分层浇筑，每层厚度 300～500mm，按一个方向向前推进，直至浇筑结束（或与相邻浇筑区域相接），要保证使每浇筑层在初凝前就被上一层混凝土拌和物覆盖并捣实成为整体。

（4）大体积混凝土要求按不小于式（5.9）的浇筑量进行浇筑，即：

$$Q=\frac{FH}{T} \tag{5.9}$$

式中　Q——混凝土最小浇筑量，$\mathrm{m^3/h}$；

　　　F——混凝土浇筑区的面积，$\mathrm{m^2}$；

　　　H——浇筑层厚度，m；

　　　T——下层混凝土拌和物从开始浇筑到初凝为止所容许的时间间隔，h。

当每小时混凝土浇筑量不小于式（5.9）的计算值时，则可保证结构的整体性，在混凝土中不会出现施工缝。

（5）当下层浇筑的混凝土初凝之后，再浇筑上层混凝土时，则其间存在施工缝，在浇筑之前应先按留置施工缝的规定进行处理。

（6）大体积泵送混凝土的振捣，振动棒（插入式振动器）的移动间距宜为 400mm 左右，振捣时间宜为 15～30s，且隔 20min 后，宜进行二次复振。

（7）大体积泵送混凝土表面易产生收缩裂缝，应及时按温控技术措施的要求进行保温养护。

（8）大体积混凝土要控制水化热。混凝土内外温差要在规范允许之内。要在材料选用、浇筑方法、振捣和养护等方面设法避免因温度应力过大而产生温度裂缝。

5.3.9　混凝土养护及拆模

浇筑完 6～10h 内覆盖浇水养护，要保持混凝土表面湿润，普通混凝土养护不少于7d，抗渗混凝土养护不少于 14d，基础底板大体积混凝土要做好测温工作。一般情况下，混凝土浇筑后 3d 内，每 2h 测一次；4d 以后，每 4h 测一次，测温至混凝土内外温差不超过 25℃为止。防水混凝土拆模时结构表面的温度与环境气温的温差不得超过 15℃。

墙体混凝土的强度≥1.2MPa 后方可拆模。当模板螺栓松开后，应及时浇水内外养护。大模板起吊后墙的侧面应设专人涂刷合格的混凝土专用养护剂，涂刷必须均匀，且不少于两遍，墙顶面要继续浇水养护。当大气温度低于 5℃时，不得进行浇水养护。

楼梯及顶板的模板拆除，混凝土的强度必须满足拆模的要求。如无规定时，应符合《混凝土结构工程施工质量验收规范》（GB 50204—2015）的有关要求。

混凝土的拆模强度应以现场同条件养护试块为准，拆模时必须要有拆模申请单，并由技术主管人员签认。

5.3.10 质量标准

5.3.10.1 保证项目

混凝土所用的水泥、水、粗细骨料、外加剂等原材料和施工配合比必须符合设计要求和施工规范规定。对设计不允许有裂缝的结构，严禁出现裂缝；设计允许有裂缝的结构其裂缝宽度必须符合设计要求，有抗渗要求的混凝土严禁有渗漏现象。

5.3.10.2 基本项目

混凝土应振捣密实，不得有露筋、蜂窝、孔洞、缝隙和夹渣等缺陷。混凝土结构严禁有冷缝出现。

5.3.10.3 允许偏差项目

现浇混凝土结构构件的允许偏差和检验方法见表5.14。

表 5.14　　　　　　　现浇混凝土结构构件的允许偏差和检验方法

序号	项 目		允许偏差/mm				检 验 方 法
			单层多层	高层框架	多层大模	高层大模	
1	轴线位移	独立基础	10	10	10	10	尺量检查
		其他基础	15	15	15	15	
		柱、墙、梁	8	5	8	5	
2	标高	层高	±10	±5	±10	±10	用水准仪或尺量
		全高	±30	±30	±30	±30	
3	截面尺寸	基础	+15、−10	+15、−10	+15、−10	+15、−10	尺量检查
		柱、墙、梁	+8、−5	±5	+5、−2	+5、−2	
4	柱墙垂直度	每层	5	5	5	5	用2m靠尺检查
		全高	$H/1000$ 且不大于20	$H/1000$ 且不大于30	$H/1000$ 且不大于20	$H/1000$ 且不大于30	用经纬仪或吊线和尺量
5	表面平整度		8	8	4	4	
6	预埋件中心线偏移		10	10	10	10	
7	预埋管、孔洞中心线位置偏移		5	5	5	5	2m靠尺和塞尺
8	预埋螺栓中心线位置偏移		5	5	5	5	
9	预留洞中心线位置偏移		5	5	5	5	
10	电梯井	井筒长、宽对中心线	+25、−0	+25、−0	+25、−0	+25、−0	
		井筒全高垂直度	$H/1000$ 且不大于30	$H/1000$ 且不大于30	$H/1000$ 且不大于30	$H/1000$ 且不大于30	吊线和尺量检查

注 1. H 为柱高、墙全高。

　　2. 滑模、升板等结构的检查应按专门规定执行。

5.3.11 成品保护

成品保护措施如下：

（1）为保护钢筋、模板尺寸位置正确，严禁踩踏钢筋。

（2）在拆模或吊运其他物件时，不得碰坏施工缝处企口及止水带。

（3）振捣混凝土时保持好钢筋位置，保护好穿墙管、电线盒及预埋件和洞口位置，振捣时应注意不得挤偏或使预埋件挤入混凝土内。

（4）在混凝土浇筑时要派专人看护钢筋和模板，同时应注意混凝土不得污染钢筋，对钢筋应采取有效的保护措施，泵管口应用挡板，防止混凝土直接落在钢筋上，如有污染应用钢丝刷或湿布及时进行擦拭清理，有偏移的钢筋应及时扶正就位。

（5）在浇筑完的混凝土强度未达到 1.2MPa 时，严禁上人行走和堆放重物，特别是楼梯踏步的表面要采取有效的保护措施。

（6）冬期施工在已浇的楼板上覆盖保温材料时，要在铺的脚手板上操作，尽量不踩踏出脚印，或随盖随抹，将脚印处搓平。

5.3.12 注意的质量问题

需要注意的质量问题如下：

（1）严禁在混凝土内任意加水，必须严格控制水灰比。

（2）穿墙管外预埋止水环的套管和止水带，应在混凝土浇筑前将位置固定准确，止水环周围混凝土要细心振捣密实，防止漏振，主管与套管按设计要求用防水密封膏封严。

（3）严格控制混凝土的下料厚度，在墙柱混凝土浇筑前一定要先铺一道 50～100mm 厚的水泥砂浆，防止混凝土出现蜂窝、露筋和孔洞的产生。混凝土振捣人员必须经过严格的上岗培训。

（4）墙柱的模板内杂物要清理干净，防止混凝土出现夹渣、缝隙等缺陷。

5.3.13 质量记录

质量记录步骤如下：

（1）材料（水泥、砂、石、外加剂等）出厂合格证、试验报告，商品混凝土的出厂合格证。

（2）混凝土试块试验报告及强度评定。

（3）分项工程及验收批的质量检验评定。

（4）隐检、预检记录。

（5）混凝土的施工记录、冬期施工记录、测温记录。

（6）设计变更、洽商记录。

5.3.14 安全和环境保护

（1）施工现场必须戴好安全帽，临边及高空作业时必须按要求系好安全带。

（2）混凝土浇筑施工前应检查施工用电机、电线和操作架的安全可靠性；施工操作人员必须穿绝缘鞋，振捣人员必须戴绝缘手套。

（3）施工用电线必须架空铺设，夜间施工时应事先做好照明准备，要有足够的照明，以满足控制混凝土的浇筑质量。施工用电必须由专业电工接线，并要有值班人员到场指挥。

（4）冬期施工时，应注意在混凝土输送前，一定要检查泵管内是否有冰块堵塞，防止发生意外事故。采取升温措施的施工区域内严禁有易燃物品，并要有专人看护和灭火设施要齐备。

（5）在混凝土搅拌站附近要有清洗用的沉淀池，并定期进行清理，施工产生的污水均必须经过沉淀处理后，方可外排。混凝土输送泵车清洗的污水也必须排入沉淀池内。

（6）工地大门口必须设置清洗池，所有出入车辆，必须进行清洗后，才能进入城区街道。

（7）施工现场的砂子、水泥等易被风带走的细小颗粒材料，必须进行有效的覆盖，防止产生扬尘，污染空气。

任务 5.4　泵送混凝土现场常见问题的处理

5.4.1　泵送混凝土的材料选择

（1）骨料的级配。骨料级配对泵送性能有很大的影响，必须严格控制。根据钢筋混凝土工程施工及验收规范规定，泵送混凝土骨料最大粒径不得超过管道内径的 $1/4 \sim 1/3$。如果混凝土中细骨料含量过高，骨料总面积增加，需要增加水泥用量，才能全部包裹骨料，得到良好的泵送效果。细骨料含量少，骨料总面积减少，包裹骨料的水泥浆用量少，但骨料之间的间隙未被充满，输送压力传送不好，泵送就比较困难。

（2）水泥用量。水泥用量不仅要满足结构的强度要求，而且要有一定量的水泥泵浆作为润滑剂。它在泵送过程中的作用是传递输送压力，减轻接触部件间的磨损，减少摩擦阻力。水泥用量一般为 $270 \sim 320 \mathrm{kg/m^3}$。水泥用量超过 $320 \mathrm{kg/m^3}$，不仅不能提高混凝土的可泵性，反而会使混凝土黏度增大，增加泵送阻力。为提高混凝土的可泵性，可添加岩石粉末、粉煤灰和火山灰等，一般常掺加粉煤灰，根据经验，粉煤灰的掺入量为 $35 \sim 50 \mathrm{kg/m^3}$。

（3）水灰比和坍落度。泵送混凝土的水灰比应限制在 $0.4 \sim 0.6$，不得低于 0.4，水灰比大，混凝土稠度减小，流动性好，泵送压力会明显下降，但由于在压力作用下，混凝土过稀，骨料间的润滑膜消失，混凝土的保水性不好，容易发生离析而堵塞管道，因此应限制水灰比。

泵送混凝土的坍落度要适中，常用坍落度为 $8 \sim 15 \mathrm{cm}$，以 $9 \sim 13 \mathrm{cm}$ 为最佳值，坍落度大于 $15 \mathrm{cm}$ 应加减水剂。

5.4.2　混凝土输送泵的选型和布置

混凝土输送泵的选型和布置如下：

（1）混凝土输送泵的选择。目前我们使用的混凝土泵机常见的有两种，一种是带有布料杆可行走的泵车，另一种是牵引式固定泵。泵车的机动性强、移动方便，但价格较贵，适用于浇筑量较小、造型不太规则的建（构）筑物。固定泵机动性差，布泵时需要根据施工现场情况进行合理布置，但价格较低，更适合于建筑场地相对固定的建（构）筑物。

（2）泵机的布置。在选择泵机位置时，要使泵机浇灌地点最近，接近于有水源和照明设施，且施工道路、场地较为便利的作业环境下，泵机附近无障碍物以便于搅拌车行走、下料。泵机安装就位，最好在机架底部垫木块，增加附着力，以保证泵机稳定。泵机周围应当有一定空间以便于人员操作。泵机安装地点应搭设防护棚。

（3）泵机与搅拌车的匹配。常见的混凝土搅拌输送车的装载量有 5m³ 和 6m³ 两种。搅拌车在灌入混凝土后，搅拌筒做低速转动，转速为一定值，然后将混凝土运送到施工现场。由于搅拌站与施工现场有一段运送的距离，并且搅拌车的出料量与泵机输送量有一定的差值，因此存在泵机与搅拌运输车的数量匹配问题。

5.4.3　现场输送管道的敷设

管道的敷设对泵送效果有很大的影响，因此在现场布管时应注意以下几个问题：

（1）输送管道的配管线路最短，管道中尽量少采用弯管和软管，更应避免使用弯度过大的弯头，管道末端活动软管弯曲不得超过 180°，并不得扭曲。

（2）泵机出口要有一定长度的水平管，然后再接弯头，转向垂直运输，垂直管与水平管长度之比最好是 2:1。水平管长度不小于 15m。

（3）泵机出口不宜在水平面上变换方向，如受场地限制，宜用半径 1m 以上的弯头。否则压力损失过大，出口处管道最好用木方垫牢。

（4）垂直管道用木方、花篮螺栓、8 号线与接板的预留锚环固定，每间隔 3m 紧固一处，垂直管在楼板预留孔处用木楔子楔紧，否则会影响泵送效果。

（5）施工面上水平管越短越好，长度不宜超过 20m。否则应采取措施。

（6）变径管后至少第一节是直管、水平或略向下倾斜，然后再接弯道。泵送高度超过 10m 时在变径管和立管之间水平管长度不得小于高度的 2/3。

5.4.4　混凝土的输送

5.4.4.1　泵送前的准备工作

泵送前的准备工作如下：

（1）在泵送前要对泵机进行全面检查，进行试运转用系统各部位的调试，以保证泵机在泵送期间运转正常。

（2）检查输送管道的铺设是否合理、牢固。

（3）在泵送前先加入少量清水（约 10L 左右）使料斗、阀箱等部位湿润，然后再加入一定量的水泥砂浆，一般配合比为 1:2。泵浆的用量取决于输送管的长度。润滑阀箱需砂浆 0.07m³，润滑 30m 管道需砂浆 0.07m³。管道弯头多，应适当增加砂浆用量。

5.4.4.2　泵送作业

泵送作业如下：

（1）泵机操作人员要经过专业训练，掌握泵机制的工作原理及泵机制结构，熟悉泵机的操作程序，能处理一般简单事故。

（2）泵机用水泥砂浆润滑后，料斗内的泵浆未送完，就应输入混凝土，以防空气进入阀箱。如混凝土供应不上，应暂停泵送。

（3）刚开始泵送混凝土时，应缓慢压送，同时应检查泵机是否运转正常，输送管接头有无漏浆，如发现异常情况，应停泵检查。

（4）泵机料斗上应装有滤网，并派专人负责，以防过大石块进入泵机。发现大石块应及时拣出，以免造成堵塞。

（5）泵送混凝土时，混凝土应充满料斗，料斗内混凝土面最低不得低于料斗口的20cm。如混凝土供应不上，泵送需要停歇时，每隔 10min 反泵一次，把料重新拌和，以免混凝土发生沉淀堵塞管道。

5.4.4.3　清洗

泵机作业完成后应立即清洗干净。清洗泵机时要把料斗里的混凝土全部送完，排净混凝土缸和阀箱内的混凝土。在冲洗混凝土缸和阀箱时，切记不要把手伸入阀箱，冲洗后把泵机总电源切断，把阀窗关好。

5.4.5　管道堵塞原因及防止措施

5.4.5.1　堵管的常见原因

堵管的常见原因如下：

（1）骨料级配不合理，混凝土中有大卵石、大块片状碎石等。细骨料用量太少。搅拌车搅拌筒黏附的砂浆结块落入料斗中，也可能发生管道堵塞。

（2）混凝土配合比不合理，水泥用量过多，水灰比过大，混凝土坍落度变化大，都容易引起管道堵塞。

（3）管道敷设不合理。管道弯头过多，水平管长度太短，管道过长或固定不牢等都可使堵塞发生。

（4）泵送间歇时间过长，管道中混凝土发生离析，使混凝土与管道的摩擦力增大而堵塞管道。

5.4.5.2　堵塞部位的判断

堵塞部位的判断如下：

（1）前面软管或管道堵塞。泵机反转时，吸回料斗的混凝土很少，再次压送，混凝土仍然送不出去。

（2）混凝土阀或锥形管堵塞。进行反向操作时，压力计指针仍然停在最高位置，混凝土回不到料斗中来。

（3）料斗喉部和混凝土缸出口都堵塞，主回路的压力计指针在压送压力下，活塞动作，但料斗内混凝土不见减少，混凝土压送不出去。

5.4.5.3　防止管道堵塞措施及解决办法

防止管道堵塞措施及解决办法如下：

（1）在料斗上加装滤网，防止大石块进入料斗。

（2）要严格控制混凝土的配合比，保证混凝土的坍落度不发生较大的变化。

（3）泵机操作期间，操作人员必须密切注意泵机压力变化。如发现压力升高，泵送困难，即应反泵，把混凝土抽回料斗搅拌后再送出。如多次反泵仍然不起作用，应停止泵送，拆卸堵塞管道，清洗干净再开始泵送。

【项目典型案例应用】

3号厂房泵送混凝土施工方案

1. 工程概况

本工程分为主车间及辅助间，主车间的结构为混凝土排架结构，辅助间为混凝土剪力墙结构，抗震设计烈度Ⅷ度，施工场地东西长约100m，南北长约70m，按两个大施工流水段施工，既辅助间为一个流水段，主厂房为一个流水段，现场设置2台地泵，地泵的位置设于3号厂房入口处，便于混凝土罐车的运转。每台混凝土泵的输送能力为60m³/h，理论最大出口压力为18MPa。

2. 泵送混凝土的配合比要求

泵送混凝土的配合比，除了必须满足混凝土设计强度和耐久性的要求外，应使混凝土满足可泵性要求。

泵送混凝土的坍落度，可按国家现行标准《混凝土结构工程施工及验收规范》（GB 50204—2015）的规定选用。对不同泵送高度，入泵时混凝土的坍落度、混凝土入泵时的坍落度允许误差及混凝土经时坍落度损失值按表5.15和表5.16选用。

表5.15　泵送混凝土坍落度选用值

坍落度/mm	170
坍落度允许误差/mm	±30

表5.16　混凝土经时坍落度损失值

大气温度/℃	10～20	20～30	30～35
混凝土经时坍落度损失值/mm（掺粉煤灰，经时1h）	5～25	25～35	35～50

泵送混凝土的水灰比宜为0.4～0.6，本工程为0.6。

3. 泵送混凝土供应

泵送混凝土的供应包括拌制和运送。根据施工进度的需要，编制泵送混凝土供应计划，在施工过程中，加强通信联络和调度，确保连续均匀供给混凝土。避免混凝土坍落度损失过大，影响混凝土的泵送。

3.1　泵送混凝土的拌制

混凝土各种原材料的质量应符合配合比设计要求，并应根据原材料情况的变化及时调整配合比。拌制泵送混凝土，应严格按设计配合比对各种原材料进行计量。搅拌时其投料次序按规定执行，粉煤灰宜与水泥同步；外加剂的添加应符合配合比设计要求，且宜滞后于水和水泥，泵送混凝土搅拌的最短时间，应按国家现行标准执行。

3.2　泵送混凝土运送

泵送混凝土的运送采用混凝土搅拌运输车，混凝土搅拌运输车的数量根据所选用混凝土泵的输出量决定。

$$Q_1 = Q_{max}\alpha\eta$$

式中　Q_1——每台混凝土泵的实际平均输出量，m³/h；

$\quad\quad Q_{max}$——每台混凝土泵的最大输出量，m³/h；

$\quad\quad \alpha$——配管条件系数，可取0.8～0.9；

η——作业效率，根据混凝土搅拌车向混凝土泵供料的间断时间、拆装混凝土输送管和布料停歇等情况，可取 $0.5 \sim 0.7$。

则
$$Q_1 = 60 \times 0.85 \times 0.6 = 30.6 (\text{m}^3/\text{h})$$

当混凝土泵连续作业时，每台混凝土泵所需配备的混凝土搅拌运输车台数，可按下式计算：

$$N_1 = \frac{Q_1}{60 V_1} \left(\frac{60 L_1}{S_0} + T_1 \right)$$

式中　N_1——混凝土搅拌运输车台数，台；

Q_1——每台混凝土输送泵的实际平均输出量，m^3/h；

V_1——每台混凝土搅拌运输车的容量，m^3；

S_0——混凝土搅拌运输车的平均行车速度，km/h；

L_1——混凝土搅拌运输车的往返距离，km；

T_1——每台混凝土搅拌运输车的总计停歇时间，min。

则
$$N_1 = \frac{Q_1}{60 V_1} \left(\frac{60 L_1}{S_0} + T_1 \right) = \frac{30.6}{60 \times 6} \times \left(\frac{60 \times 40}{25} + 30 \right) = 11 (\text{辆})$$

总计：$2 \times 11 + 3 (\text{备用}) = 25 (\text{辆})$。

4. 混凝土泵送能力验算

根据混凝土泵的最大出口压力、配管情况、混凝土性能指标和输出量按下式计算：

$$\Delta P_H = \frac{2}{\gamma_0} \left[k_1 + k_2 \left(1 + \frac{t_2}{t_1} \right) V_2 \right] \alpha_2$$

$$L_{\max} = \frac{P_{\max}}{\Delta P_H}$$

$$k_1 = (3.00 - 0.01 S_1) \times 10^2 = (3.00 - 0.01 \times 170) \times 10^2 = 130$$

$$k_2 = (4.00 - 0.01 S_1) \times 10^2 = (4.00 - 0.01 \times 170) \times 10^2 = 230$$

式中　$L_{\max}$——混凝土输送泵的最大水平输送距离，m；

$P_{\max}$——混凝土输送泵的最大出口压力，Pa；

ΔP_H——混凝土在水平输送管内流动每米产生的压力损失，Pa/m；

γ_0——混凝土输送管半径，m；

k_1——黏着系数，Pa；

k_2——速度系数，Pa/(m/s)；

S_1——混凝土坍落度；

$\dfrac{t_2}{t_1}$——混凝土输送泵分配阀切换时间与活塞推压混凝土时间之比，一般取 0.3；

V_2——混凝土拌和物在输送管内的平均流速，m/s；

α_2——径向压力与轴向压力之比，对普通混凝土取 0.90。

则
$$\begin{aligned}
\Delta P_H &= \frac{2}{\gamma_0} \left[k_1 + k_2 \left(1 + \frac{t_2}{t_1} \right) V_2 \right] \alpha_2 \\
&= \frac{2}{0.0625} \times [130 + 230 \times (1 + 0.3) \times 2.04] \times 0.9 \\
&= 21310 (\text{Pa/m})
\end{aligned}$$

混凝土泵的最大水平输送距离按 100m，最大垂直输送距离按 8m，弯管水平换算长度按 5m，软管水平换算长度按 10m，共计 123m。

因 $L_{max}=P_{max}/\Delta P_H$，则 $P_{max}=L_{max}\Delta P_H=123\text{m}\times21310\text{Pa/m}=2.62\text{MPa}$。

故 $2.62\text{MPa}<$ 混凝土泵理论低压值 10.8MPa，满足使用要求。

5. 泵管的布置

基础混凝土用量约 600m³，±0.000mm 以上辅助间混凝土用量约 2000m³，主厂房预制柱混凝土约 160m³。

（1）计划设置两台地泵，置于 3 号厂房入口部位，浇筑 ±0.000mm 以下混凝土时，地泵沿防爆墙北侧敷设，一条由西向东至第一条施工缝处，另一条由东向西至第二条施工缝处，最后浇筑两条施工缝中间部位。

（2）泵管沿护坡壁延伸到底板面的高度，并用钢管将泵管架起，用扣件将钢管架固定牢固。在泵管经过的底板钢筋上，均架设钢管架，使泵管架设在钢管架上，严禁铺设在钢筋上。底板或楼板面上泵管架如图 5.1 所示。

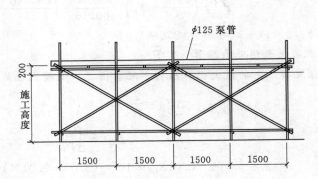

图 5.1　泵管架设示意图

（3）±0.000mm 以上辅助间墙体混凝土浇筑时，地泵布设位置同基础，泵管直接延伸到结构楼面上，并用泵管架架设牢固。

（4）辅助间屋面浇筑时，两台地泵同时使用，地泵布设位置同基础，泵管分别从防爆墙北面以西侧或辅助间东侧伸到所用的结构楼面上。泵管应用泵管架架设牢固，泵管架在同一层和施工层楼层的垂直转角和水平转角处必须与埋件固定，以此保证泵管固定牢固。

6. 泵送混凝土的浇筑

本工程分两个大施工段，第一施工段为主车间，第二施工段为辅助间，主车间杯形基础由一台混凝土泵泵送浇筑。第一施工段结束后，进入第二施工段，第二施工段以两个施工缝将该部分分为 1 段、2 段、3 段三个自然段，施工顺序为 1 段由混凝土泵 1 泵送，2 段到 3 段由混凝土泵 2 泵送。

6.1　泵送混凝土的浇筑顺序

（1）将混凝土输送管接到最远端，混凝土应由远而近浇筑。

（2）在浇筑墙体混凝土时，上下层之间的混凝土浇筑间歇时间，不得超过混凝土初凝时间。

6.2　泵送混凝土的布料方法

（1）在浇筑竖向结构混凝土时，布料设备的出口离模板内侧面不应小于 50mm，并且不向模板内侧面直冲布料，也不得碰撞钢筋骨架。

（2）浇筑水平结构混凝土时，不得在同一处连续布料，应在 2～3m 范围内水平移动布料，且垂直于模板。

（3）混凝土浇筑分层厚度为 500mm。当水平结构的混凝土浇筑厚度超过 500mm 时，按 1：6 坡度分层浇筑，且上层混凝土要超前覆盖下层混凝土 500mm 以上。

（4）有预留洞、预埋件和钢筋密集的部位，选用小直径的振捣棒，确保顺利布料和振捣密实。在浇筑混凝土时，经常观察，当发现混凝土有不密实等现象，应立即采取措施。

（5）水平结构的混凝土表面，要用木抹子磨平搓毛两遍以上，防止产生裂缝。

【项目拓展阅读材料】

（1）《混凝土结构工程施工规范》（GB 50666—2011）。

（2）《混凝土结构工程施工质量验收规范》（GB 50204—2015）。

（3）《混凝土质量控制标准》（GB 50164—2011）。

（4）《建筑工程施工技术》，钟汉华、李念国、吕香娟主编，北京大学出版社出版，2013 年版。

（5）《新型泵送混凝土技术及施工》，马保国主编，化工出版社出版，2006 年版。

（6）《试论泵送混凝土施工技术》[J]，科技咨询导报，2006（8）。

（7）《大体积泵送混凝土施工技术》[J]，科技情报开发与经济，2006（7）。

（8）《泵送混凝土施工技术》[J]，李占斌，山西建筑，2006（13）。

（9）《泵送混凝土堵管的原因及处理方法》[J]，苏勇敢、刘安朗，中州煤炭，2005（3）。

【项目小结】

本项目主要介绍泵送混凝土的特点，所使用的施工机械，泵送混凝土可泵性及可泵性对材料、配合比的要求，配合比的设计，泵送混凝土的搅拌、运输、浇筑、振捣及养护等施工工艺的注意事项、质量控制、成品保护、环境保护等内容。

要求学生了解泵送混凝土的施工机械，熟悉泵送混凝土施工的基本过程，能用相应的办公软件做泵送混凝土的调研以及编制调研报告，掌握泵送混凝土施工配料及配合比计算，掌握泵送混凝土工程施工的工艺流程、质量验收标准，掌握泵送混凝土施工中常见的问题的处理方法。

泵送混凝土已逐渐成为混凝土施工中一个常用的品种，它具有施工速度快、质量好、节省人工以及施工方便等特点，广泛应用于一般房建结构混凝土、道路混凝土、大体积混凝土和高层建筑等工程，所以掌握泵送混凝土技术已经成为一个土木人不可缺少的技能。

【项目检测】

1. 名词解释

（1）泵送混凝土。

（2）可泵性。

（3）坍落度。

（4）泌水实验。

（5）接力泵。

2. 单选题

(1) 最大泵送高度100m的混凝土入泵坍落度宜在（　　）范围。

A. 230～260mm　　B. 150～180mm　　C. 190～220mm　　D. 100～140mm

(2) 泵送混凝土的强度等级高于C60时，其搅拌时间需比普通混凝土长（　　）s。

A. 30～35　　B. 20～30　　C. 15～20　　D. 10～15

(3) 混凝土输送管应根据工程特点、施工地条件等合理选型布置，下列说法正确的是（　　）。

A. 布置平直，少用弯管和软管　　　　　B. 同一管线采用相同管径

C. 宜直接支撑在钢筋、模板上　　　　　D. 新管宜布置在泵送压力较小处

(4) 混凝土粗骨料最大粒径40mm，按要求混凝土输送管最小内径为（　　）。

A. 175mm　　B. 150mm　　C. 125mm　　D. 100mm

(5) 垂直向上架管时，地面水平管长度不宜小于垂直管长度的（　　），且不宜小于15m。

A. 1/3　　B. 1/4　　C. 1/5　　D. 15m

(6) 混凝土泵送过程中，如需添加或更换输送管，应在接管前对新接管道内壁进行（　　）。

A. 润滑　　　　B. 降温　　　　C. 喷漆　　　　D. 湿润

(7) 当混凝土泵机出现压力升高且不稳定、油温升高、输送管明显振动等现象，继而泵送困难，此时正确的做法是（　　）。

A. 强行泵送　　　　　　　　　　B. 停止泵送，油温降后继续泵送

C. 立即停泵卸压，拆管排除堵塞　　D. 不得强行泵送，立即查明原因

(8) 当输送管发生堵塞需要拆管时，应先对堵塞部位混凝土进行（　　）。

A. 敲击

B. 卸气

C. 卸浆

D. 卸压，查混凝土和易性，确认无误后才能放料泵送

(9) 泵送混凝土的可泵性试验，10s时的相对压力泌水率不宜大于（　　）。

A. 30%　　B. 40%　　C. 35%　　D. 45%

(10) 混凝土泵送过程中，下列规定错误的是（　　）。

A. 配备联络设备和专门指挥组织的调度人员

B. 多台混凝土泵同时作业应分工明确、相互配合、统一指挥

C. 严格按照规程和说明书操作混凝土泵

D. 混凝土泵送宜连续进行，间歇时间不能超过终凝时间要求

3. 简答题

(1) 泵送混凝土的优点和缺点有哪些？

(2) 泵送混凝土对原材料有哪些要求？

(3) 泵送混凝土对配合比设计有哪些要求？

(4) 简述泵送混凝土配合比与可泵性的关系。

（5）简述混凝土输送泵的选择和布置应注意的事项。

（6）简述混凝土输送管的选择和布置应注意的事项。

（7）简述泵送混凝土框架结构浇筑要点。

（8）简述大体积混凝土泵送浇筑的要点。

（9）输送管泵堵塞，应如何处理（回答需包含处理过程中的安全注意事项）？

（10）造成堵泵的常见原因有哪些？

项目6　预应力混凝土工程施工

【项目目标】

通过本项目的学习，了解预应力混凝土的概念、种类与材料要求。了解预应力混凝土的施工机具与设备。掌握先张法的施工工艺与技术要求。掌握后张法的施工工艺与技术要求。熟悉无黏结预应力混凝土的施工工艺与施工要求。熟悉预应力混凝土工程的施工质量验收与安全技术要求。

【项目描述】

预应力混凝土构件与普通混凝土构件相比，具有抗裂性好、刚度大、用料省、自重轻以及结构寿命长等优点，为建造大跨度结构、高层、超高层建筑结构创造了条件。本项目主要介绍预应力混凝土的基本概念及其分类、先张法施工工艺、夹具、张拉设备、后张法施工工艺、锚具、预应力钢筋的制作和无黏结预应力的施工技术。

【项目分析】

知识要点	技 能 要 求	相 关 知 识
先张法施工工艺	(1) 掌握先张法的施工工艺； (2) 能正确判断构件与设计的符合性、预制过程中设备的效率和施工方法； (3) 熟悉施工组织的适应性	(1) 台座、张拉设备的准备； (2) 预应力的施加，安装钢筋骨架和模板，浇筑混凝土，模板的拆除，混凝土的养护，预应力筋的放张
后张法施工工艺	(1) 掌握后张法的施工工艺； (2) 能正确判断构件与设计的符合性、预制过程中设备的效率和施工方法； (3) 熟悉施工组织的适应性	(1) 材料、机具的准备； (2) 模板的安装，钢筋的加工与制作，波纹管安装，混凝土拌和与浇筑，拆模，穿预应力钢丝束，张拉，孔道压浆和封锚，梁的起吊和堆放
无黏结预应力混凝土施工	(1) 掌握无黏结预应力混凝土的施工工艺； (2) 能正确判断构件与设计的符合性、预制过程中设备的效率和施工方法； (3) 熟悉施工组织的适应性	(1) 材料及主要机具准备； (2) 无黏结预应力筋的制作，无黏结筋的铺放，无黏结筋的张拉，锚头端部的处理
预应力混凝土工程施工质量验收与安全技术	(1) 掌握混凝土工程质量控制标准； (2) 掌握常见质量缺陷产生的原因、处理方法； (3) 掌握施工安全操作技术	(1) 预应力筋的制作与安装； (2) 预应力筋的张拉和放张； (3) 灌浆和封锚

【项目实施】

引例：某预应力混凝土屋架，采用机械后张法施工，两端采用螺丝端杆锚具，端杆长度为320mm，端杆外露长度为120mm，孔道尺寸为23.8m。预应力筋为冷拉 HRB335 级钢筋，直径为25mm，冷拉率为4%，弹性回缩率为0.5%，每根钢筋长度为8m，张拉控制应力 $\sigma_{con}=0.85f_{pyk}$（$f_{pyk}=500\text{N/mm}^2$），张拉程序为 $0\rightarrow1.03\sigma_{con}$，用 YC-60 穿心式千斤顶张拉。

思考：（1）钢筋的下料长度。

　　　（2）张拉时压力表的读数。

任务 6.1　概　　述

对于普通钢筋混凝土构件，如果要求不出现裂缝，则外荷载大小受限且钢筋的强度也得不到充分利用。若钢筋达到屈服强度时，则会产生很大的应变，由于钢筋和混凝土之间黏结力的存在，应变余量会在混凝土构件表面体现出较大的裂缝，试验表明这种裂缝的宽度往往会超出混凝土结构设计规范所允许的限值。为了使钢筋的强度得到充分的发挥且混凝土构件的裂缝宽度在规定限值以内，预应力混凝土构件的出现很好地解决了这些问题。

6.1.1　预应力混凝土的概念

预应力混凝土是在外荷载作用之前，用人工的方法在构件受拉区预先施加一对大小相等、方向相反的压力，让混凝土产生一定的压缩变形并处于一种预压内应力的状态。当构件在承受荷载作用时，产生的拉应力会抵消一部分或全部的预压应力，如果荷载足够大，受拉区的混凝土才承受到拉应力，从而会限制或者推迟构件裂缝的开展。

预应力混凝土结构能比较充分地利用高强度钢筋和高等级混凝土的良好性能，可以很好地提高构件的抗裂性，具有刚度大、用料省等优点，为建造大跨度结构创造了条件，但施工时需要有专门的施工工艺和设备工具，难度较大。

6.1.2　预应力混凝土的分类

按预加应力的方法不同，预应力混凝土可分为先张法和后张法两大类。

先张法是在混凝土构件浇筑前张拉钢筋，预应力是靠钢筋与混凝土之间的黏结力传递给混凝土。

后张法是在混凝土构件达到一定强度后张拉钢筋，预应力靠锚具传递给混凝土。

其中后张法按预应力筋和混凝土之间的黏结状态不同又可分为有黏结预应力混凝土和无黏结预应力混凝土。

通常施加预应力的方法有机械张拉法和电热张拉法。

6.1.3　预应力混凝土的材料要求

6.1.3.1　钢筋

预应力混凝土结构的钢筋有非预应力钢筋和预应力钢筋。

（1）非预应力钢筋：可采用 HRB335、HRB400、RRB400 级钢筋和乙级冷拔低碳钢丝。

（2）预应力钢筋：宜采用预应力钢绞线、消除应力钢丝等高强度钢筋，也可采用热处理钢筋、冷拉 HRB335 及 HRB400 级钢筋和精轧螺纹钢筋。

6.1.3.2　混凝土

为达到较高的预应力值，宜优先采用高标号混凝土。

（1）当采用热处理钢筋作预应力钢筋时，混凝土强度等级不宜低于 C30。

（2）当采用消除应力钢丝、钢绞线、热处理钢筋作预应力钢筋时，混凝土强度等级不宜低于 C40。

任务 6.2 先张法施工

先张法是先张拉预应力钢筋，后浇筑混凝土的施工方法。

具体内容是：先张拉钢筋并将其临时固定在台座或钢模上，然后浇筑混凝土，待混凝土达到一定强度（一般不低于混凝土标准强度的 75%），且预应力筋与混凝土间有足够黏结力时，放松预应力筋，预应力筋的弹性回缩力借助于混凝土与预应力筋间的黏结力，使构件受拉区的混凝土产生预压应力。

先张法一般适用于生产定型的中小型构件，如楼板、屋面板、檩条及吊车梁等。图 6.1 所示为预应力混凝土先张法生产示意图。

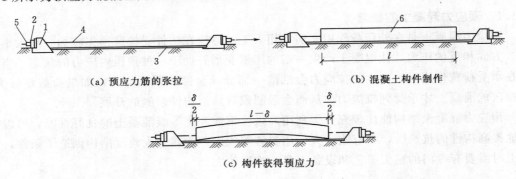

(a) 预应力筋的张拉 (b) 混凝土构件制作

(c) 构件获得预应力

图 6.1 先张法生产示意图

1—台座；2—横梁；3—台面；4—预应力筋；5—夹具；6—混凝土构件

先张法生产可采用台座法和机组流水法，本节主要介绍台座法生产预应力混凝土构件的施工方法。

台座法是在台座上生产预应力混凝土构件，即预应力筋的张拉、固定，混凝土的浇筑、养护及预应力筋放松等工序均在台座上进行，预应力筋放松前，其拉力由台座承受。

6.2.1 先张法的施工设备

先张法施工的主要设备包括台座、夹具和张拉设备。

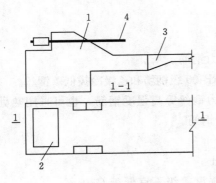

图 6.2 墩式台座

1—台墩；2—横梁；3—局部加厚台面；4—预应力筋

6.2.1.1 台座

台座是先张法施工的主要设备之一，它承受预应力钢筋的全部张拉力。因此，台座要求具有足够的强度，以免在张拉时产生结构破坏；还应有足够的刚度和稳定性，以免受力后产生变形、滑移而使预应力减少甚至发生倾覆。台座按构造型式不同分为：墩式台座和槽式台座。选用时根据构件种类、张拉力大小和施工条件而定。

1. 墩式台座

墩式台座由台墩、台面与横梁等组成，如图 6.2

所示。多用于生产中小型预应力构件。

台座的长度和宽度由场地大小、构件类型和产量而定，一般长度为 100～200m，宽度为 2～4m。由于台座长度较长，张拉一次可生产多根构件，也可减少因钢筋滑动引起的预应力损失。

2. 槽式台座

槽式台座由端柱、传力柱、横梁和砖墙组成，如图 6.3 所示。它既可承受拉力，又可作蒸汽养护槽，适用于张拉吨位较大的大型构件，如屋架、吊车梁等。

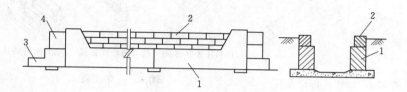

图 6.3 槽式台座
1—压杆；2—砖墙；3—下横梁；4—上横梁

6.2.1.2 夹具

夹具是先张法施工中预应力筋张拉和临时固定的锚固装置，夹具用于夹持钢筋，使预应力钢筋固定在台座的横梁上。按其用途不同可分为锚固夹具和张拉夹具。

夹具进入施工现场时必须检查其出厂质量证明书，进行必要的静载试验，符合质量要求后方可使用。

（1）夹具的性能应满足以下要求：

1）具有良好的自锚性能和松锚性能。

2）当夹具组件达到实际极限拉力时，其组成部件不得出现裂缝和破坏。

3）构造简单，能够多次重复使用，对于操作人员来说安全，不会造成危险。

（2）锚固夹具用于将钢筋锚固在定型钢模板上或台座的横梁上。

1）钢丝锚固夹具。常用的有钢质锥形夹具和镦头夹具。

a. 钢质锥形夹具：多用于锚固直径为 3～5mm 的单根钢丝，如图 6.4 所示。

b. 镦头夹具：多用于预应力钢丝固定端的锚固，如图 6.5 所示。

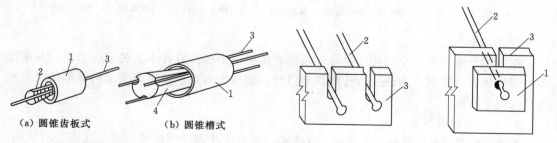

（a）圆锥齿板式　　　　（b）圆锥槽式

图 6.4 钢质锥形夹具
1—套筒；2—齿板；3—钢丝；4—锥塞

图 6.5 固定端镦头夹具
1—垫片；2—镦头钢丝；3—承力板

2）钢筋锚固夹具。常用圆套筒两片式或三片式夹具，由套筒和夹片组成，如图 6.6 所示。适用于锚固直径为 12mm、14mm 的单根冷拉 HRB335、HRB400、RRB400 级钢筋。

（3）张拉夹具。张拉夹具是将预应力筋与张拉设备连接起来进行预应力张拉的工具，常用的张拉夹具有月牙形夹具、偏心式夹具和楔形夹具等，如图 6.7 所示。

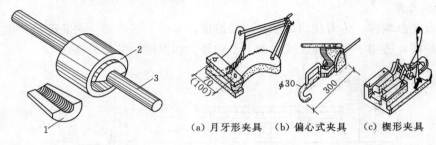

（a）月牙形夹具　（b）偏心式夹具　（c）楔形夹具

图 6.6　两片式销片夹具　　　　　图 6.7　张拉夹具
1—销片；2—套筒；3—预应力筋

6.2.1.3　张拉设备

张拉设备是用来张拉预应力钢筋的专用设备，常用的张拉设备有油压千斤顶、卷扬机和电动螺杆张拉机等。要求定期检测校核张拉设备的计量准确度，保证工作可靠，控制应力准确，能以稳定的速率加大拉力。

1. 油压千斤顶

油压千斤顶可用于张拉单根或成组的预应力筋，可直接从油压表的读数求得张拉应力值。施工中常用油压千斤顶与圆套筒三片式夹具配合张拉直径 12～20mm 的单根冷拉 HRB335、HRB400 和 RRB400 钢筋，也可用于钢绞线或钢丝束的张拉。如图 6.8 所示为 YC - 20 型穿心式千斤顶张拉过程示意图。

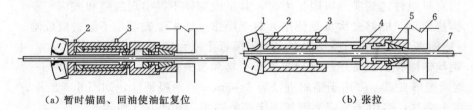

（a）暂时锚固、回油使油缸复位　　　　　（b）张拉

图 6.8　YC - 20 型穿心式千斤顶张拉过程示意图
1—偏心夹具；2—后油嘴；3—前油嘴；4—弹性顶压头；5—销片夹具；6—台座横梁；7—预应力筋

2. 卷扬机

在长线台座上生产小型构件时，多采用卷扬机单根张拉直径不大的预应力筋，其张拉力由弹簧测力计控制，当张拉力达到规定值时，用预先套在预应力筋上的圆锥形锚固夹具将其锚固于台座上。

3. 电动螺杆张拉机

电动螺杆张拉机由螺杆、电动机、变速箱、测力计及顶杆等组成。主要优点是功效高、张拉行程大、操作灵活和运行稳定等，但一次张拉力较小，多用于张拉单根预应力筋。

在选择张拉设备时，张拉机具的张拉力应不小于预应力筋设计张拉力的 1.5 倍；张拉机具的张拉行程不小于预应力筋伸长值的 1.1~1.3 倍。

6.2.2 先张法的施工工艺

先张法预应力混凝土构件在台座上生产时，其工艺流程如图 6.9 所示。

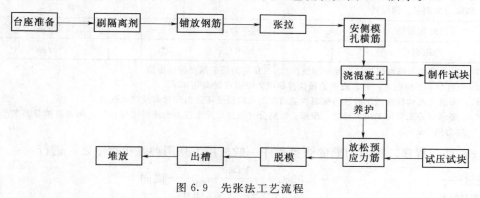

图 6.9 先张法工艺流程

6.2.2.1 预应力筋的铺设与张拉

1. 预应力筋的铺设

预应力筋铺设前，先做好台面的隔离层，应选择非油类模板隔离剂，隔离剂不得使预应力筋受污，以免影响预应力筋与混凝土的黏结。

预应力钢丝宜用牵引车铺设。钢丝接长可借助钢丝拼接器采用 20~22 号铁丝密排绑扎，如图 6.10 所示。预应力钢筋与螺丝端杆的连接可采用套筒式连接器，如图 6.11 所示。

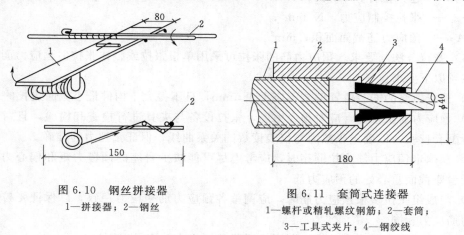

图 6.10 钢丝拼接器
1—拼接器；2—钢丝

图 6.11 套筒式连接器
1—螺杆或精轧螺纹钢筋；2—套筒；
3—工具式夹片；4—钢绞线

绑扎长度按规范规定：冷轧带肋钢筋不应小于 $45d$；刻痕钢丝不应小于 $80d$；钢丝搭接长度应比绑扎长度大 $10d$。

2. 预应力筋的张拉

先张法预应力筋可单根张拉，也可成组张拉。预应力筋的张拉应根据设计要求，采用合适的张拉方法、张拉程序和张拉顺序，并应有可靠的质量保证措施和安全技术措施。

（1）张拉控制应力的确定。预应力筋的张拉控制应力应符合设计要求，施工中需要超张拉时可比设计要求提高 5%，但其张拉控制应力一般不宜超过表 6.1 的规定。

表 6.1　　　　　　　　　　　　　　张拉控制应力允许值

钢 筋 种 类	张 拉 方 法	
	先张法	后张法
消除应力钢丝、钢绞线	$0.75 f_{ptk}$	$0.75 f_{ptk}$
热处理钢筋	$0.70 f_{ptk}$	$0.65 f_{ptk}$
冷拉钢筋	$0.90 f_{pyk}$	$0.85 f_{pyk}$

注　1. f_{ptk} 为预应力筋极限抗拉强度标准值；f_{pyk} 为预应力筋屈服强度标准值。

2. 当符合下列情况之一时，表中的张拉控制应力限值可提高 $0.05 f_{ptk}$：

(1) 要求提高构件在施工阶段的抗裂性能而在使用阶段受压区内设置的预应力钢筋。

(2) 要求部分抵消由于应力松弛、摩擦、钢筋分批张拉以及预应力钢筋与张拉台座之间的温差等因素产生的预应力损失。

(2) 张拉程序。预应力筋的张拉程序一般采用下列两种张拉程序之一进行：

程序一：　　　　　　　　$0 \to 1.05\sigma_{con} \xrightarrow{\text{持荷 2min}} \sigma_{con} \to$ 锚固

程序二：　　　　　　　　$0 \to 1.03\sigma_{con} \to$ 锚固

预应力钢筋宜采用程序一进行张拉，其目的是在高应力状态下加速预应力筋松弛早期发生，从而减少松弛引起的预应力损失；预应力钢丝宜采用程序二进行张拉，是为了弥补不可预见的预应力损失。

(3) 张拉力的计算。预应力筋张拉力 F_P 可按式（6.1）计算，即

$$F_P = (1+m)\sigma_{con} A_P \tag{6.1}$$

式中　m——超张拉百分率，%；

　　　σ_{con}——张拉控制应力，N/mm²；

　　　A_P——预应力筋截面面积，mm²。

(4) 张拉方法与要求。预应力筋的张拉可采用单根张拉或整体张拉。预应力筋的张拉时应注意以下要求：

1) 预应力筋的安装位置偏差不应大于 5mm，且不得大于构件最小截面边长的 4%。

2) 预应力筋张拉前，应对预应力筋、张拉设备与夹具进行检查和检验，且对张拉设备进行配套校验，以确定张拉力与仪表读数的关系曲线，保证张拉力的准确。

3) 在确定预应力筋张拉顺序时，应考虑尽可能减少台座的倾覆力矩和偏心力，先张拉靠近台座截面重心处的预应力筋。

4) 当成组张拉多根预应力筋时，应调整各预应力筋初应力一致，以保证张拉后全部预应力筋应力相同。

5) 张拉过程中预应力筋发生断裂或滑脱的预应力筋应予以更换。

6) 施工中应注意安全。张拉、锚固预应力筋应专人操作，张拉时，台座两端及沿台座长度方向应有防护设施，两端严禁站人，也不准进入台座，并做好预应力筋张拉记录。

(5) 预应力筋的张拉力校核。预应力筋的张拉力，一般采用伸长值校核。其实际伸长值与理论伸长值的偏差不应超过 ±6%；若超过，应暂停张拉，查明原因并采取措施予以调整后，方可继续张拉。预应力筋的理论伸长值 ΔL 按式（6.2）计算，即：

$$\Delta L = \frac{F_P l}{A_P E_S} \tag{6.2}$$

式中 F_P——预应力筋的张拉力，N；

l——预应力筋的长度，mm；

A_P——预应力筋的截面面积，mm^2；

E_s——预应力筋的弹性模量，N/mm^2。

预应力筋的实际伸长值，宜在初应力约为 $10\%\sigma_{con}$ 时开始测量，并加上初应力以下的推算伸长值。采用钢丝作为预应力筋时，伸长值可不做校核；但应在钢丝锚固后，采用钢丝内力测定仪测定钢丝的预应力值，其偏差不得大于或小于设计规定相应阶段预应力值的 5%。

预应力筋张拉锚固后，实际预应力值与工程设计规定检验值的相对允许误差应在 $\pm5\%$ 以内。

6.2.2.2 混凝土的浇筑与养护

1. 混凝土的浇筑

为了减少混凝土的收缩和徐变引起的预应力损失，在确定混凝土配合比时，应优先选用干缩性小的水泥，采用低水灰比、控制水泥用量，采用良好的骨料级配并振捣密实。

在预应力钢筋张拉、绑扎、预埋铁件安装及立模工作完成后，应立即浇筑混凝土，每条生产线应一次连续浇筑完成。混凝土浇筑时，振动器不得碰撞预应力筋并保证混凝土振捣密实。混凝土未达到一定强度前，不允许碰撞或踩动预应力筋，以保证预应力筋与混凝土形成良好的黏结力。

2. 混凝土的养护

预应力混凝土可采用自然养护或湿热养护。

自然养护按规定不得少于 14d，干硬性混凝土浇筑完毕后，应立即覆盖进行养护。

湿热养护时，应采取正确的养护制度，减少由于温差引起的预应力损失。为了减少温差造成的应力损失，控制室内温差应不超过 20℃，在混凝土强度达到 $10N/mm^2$ 后，再正常升温加热养护混凝土至规定的强度。用机组流水法钢模制作预应力构件，湿热养护时钢模与预应力筋同步伸缩，故不存在温差引起的预应力损失。

6.2.2.3 预应力筋的放张

预应力筋放张就是将预应力筋从夹具中松脱开，将张拉力通过预应力筋传递给混凝土。放张的过程也是传递预应力筋的过程。

1. 放张要求

放张预应力筋时，混凝土强度必须达到设计要求；如设计无要求时，应不得低于混凝土强度标准值的 75%。因此，在放张前，要对混凝土试块进行试压，以确定混凝土的实际强度。

2. 放张顺序

预应力筋的放张顺序，应按照设计要求进行。如设计无要求时，应满足下列规定：

（1）轴心预压力构件（如压杆、桩等）的所有预应力筋应同时放张。

（2）偏心预压力构件（如吊车梁），先同时放张预压力较小区域的预应力筋，再同时放张预压力较大区域的预应力筋。

（3）如不能按前述两项规定放张时，应分阶段、对称、相互交错地放张，以防止在放张过程中构件发生弯曲、裂纹及预应力筋断裂等现象。

（4）放张后，先切断放张端的预应力筋，让后逐次切断另一端。

3．放张方法

预应力筋的放张，应缓慢放松锚固装置，防止冲击，使各根预应力筋缓慢放松。

（1）中小型预应力混凝土构件中的钢丝或钢筋，一般数量不多，宜采用钢丝钳或氧炔焰切断，预应力筋的放张宜从生产线中间开始向两侧逐根放张，以减少回弹量有利于脱模。

（2）构件预应力筋较多时，可采用砂箱和楔块等放松装置，不得采用逐根放张的方法，应同时进行放张，以防止最后放张的预应力筋增力过大而断裂或构件端部的混凝土被拉裂。

任务 6.3　后 张 法 施 工

后张法施工是在浇筑混凝土构件时，在放置预应力筋的位置处预留相应孔道，待混凝土强度达到设计规定的强度值后，将预应力筋穿入孔道并进行张拉，然后利用锚具把预应力筋锚固，最后进行孔道灌浆。预应力筋的张拉力主要通过锚具传递给混凝土构件，使混凝土产生预压应力。锚具作为构件的一部分将永远留在构件上。如图 6.12 所示为预应力混凝土后张法生产示意图。

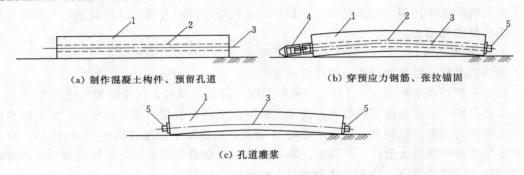

（a）制作混凝土构件、预留孔道　　　　（b）穿预应力钢筋、张拉锚固

（c）孔道灌浆

图 6.12　后张法生产示意图

1—混凝土构件；2—预留孔道；3—预应力筋；4—千斤顶；5—锚具

后张法施工的主要优点是直接在构件上张拉预应力筋，不需要专门的台座，现场生产时还可避免构件的长途搬运，适宜现场生产大型预应力构件，也是预制构件拼装的重要手段；缺点是施工工序复杂，锚具不能重复利用，施工费用较高。

根据施工方法不同，后张法预应力施工，又可分为有黏结预应力施工和无黏结预应力施工两类。

6.3.1　锚具及张拉设备

6.3.1.1　锚具

1．锚具的要求

锚具是后张法结构或构件中为保持预应力筋张拉力并将其传递到混凝土上用的永久性锚固装置。锚具除必须满足承载锚固性能外，还应具有下列性能：

（1）在预应力锚具组装件达到实际破断拉力时，全部零件均不得出现裂缝和破坏（设计规定者除外）。

（2）除能满足分级张拉和补张拉外，宜具有能放松预应力筋的性能。

（3）锚具或其附件上宜设置灌浆孔，灌浆孔应有足够的截面面积，以保证浆液畅通。

2. 锚具的种类

根据后张法施工选用预应力筋的不同，后张法所采用的锚具可分为单根粗钢筋锚具、钢筋束和钢绞线束锚具、钢丝束锚具。

（1）单根粗钢筋锚具。根据构件的长度和张拉工艺的要求，单根预应力钢筋可在一端或两端张拉。一般张拉端采用螺丝端杆锚具；固定端采用帮条锚具或镦头锚具。

1）螺丝端杆锚具是由螺丝端杆、垫板和螺母组成。螺丝端杆应采用与预应力筋同级别的钢筋制作，其截面面积不小于预应力筋截面面积，螺母和垫板采用 3 号钢制作。张拉前螺丝端杆锚具与预应力筋采用对焊连接，张拉设备与螺丝端杆用螺母锚固。该类锚具适用于锚固直径不大于 36mm 的热处理钢筋，如图 6.13 所示。

2）帮条锚具是由 3 根帮条和衬板组成。帮条采用与预应力筋同级别、直径略小的钢筋制作，长度一般为 50～55mm；衬板应采用普通低碳钢钢板，厚度一般为 15～20mm。3 根帮条应环绕预应力筋每隔 120°平行布置，并垂直于衬板与预应力筋焊接牢固，如图 6.14 所示。

3）镦头锚具是由镦头和垫板组成。镦头一般是直接在预应力筋端部热镦、冷镦或锻打成型。

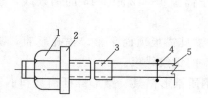

图 6.13　螺丝端杆锚具
1—螺母；2—垫板；3—螺丝端杆；
4—对焊接头；5—预应力筋

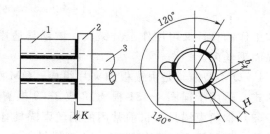

图 6.14　帮条锚具
1—帮条；2—衬板；3—预应力筋

（2）钢筋束和钢绞线束锚具。钢筋束和钢绞线束目前常用的锚具有 JM 型、KT-Z 型、XM 型、QM 型锚具和镦头锚具。

1）JM 型锚具是由锚环和 6 个夹片组成，是一种利用楔块原理锚固多根预应力筋的锚具，任意相邻两个夹片组成的圆槽可夹紧一根预应力筋。其构造如图 6.15 所示。它既可作为张拉端锚具，亦可作为固定端锚具，适用于锚固 3～6 根 ϕ12 的钢筋束或 4～6 根 ϕ12 的钢绞线束。

2）KT-Z 型锚具是由锚塞和锚环组成，由可锻铸铁成型，其构造如图 6.16 所示。KT-Z 型锚具适用于锚固 3～6 根 ϕ12 的钢筋束或钢绞线束。

3）XM 型锚具是由锚板与 3 片夹片组成，该类锚具有单孔锚具和多孔锚具，其构造如图 6.17 所示，中心线倾斜度 1∶20。它既可锚固单根预应力筋，又可锚固多根预应力筋；当锚固多根预应力筋时，既可单根张拉、逐根锚固，又可成组张拉，成组锚固；既可

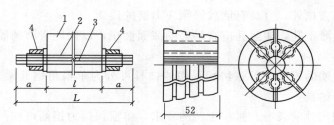

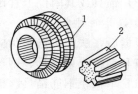

图 6.15　JM 型锚具　　　　　　　　　图 6.16　KT-Z 型锚具
1—混凝土构件；2—孔道；3—钢筋束；4—JM-6 型锚具的夹片　　　1—锚环；2—锚塞

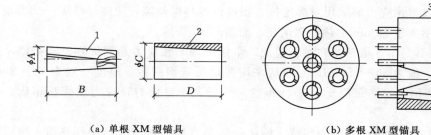

（a）单根 XM 型锚具　　　　　　　　　（b）多根 XM 型锚具

图 6.17　XM 型锚具
1—夹片；2—锚环；3—锚板

用作工作锚具，又可用作工具锚具。该锚具适用于锚固 1～12 根 ϕ15 的钢绞线，也可用于锚固钢丝束。

4）QM 型锚具是由锚板和夹片组成。QM 型锚具锚板顶面平整，锚孔垂直，夹片为三片式，适用于锚固 4～31 根 ϕ12 或 3～9 根 ϕ15 的钢绞线束。

（3）钢丝束锚具。目前常用的钢丝束锚具有钢质锥形锚具、锥形螺杆锚具和钢丝束镦头锚具，也可用 XM 型锚具和 QM 型锚具。

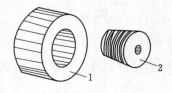

1）钢质锥形锚具是由锚环和锚塞组成，锥形锚塞的外表面上刻有细齿槽，当钢丝均匀布置在锚环锥孔的内侧时，锚塞可以夹紧钢丝防止滑动。该锚具与锥锚式双作用千斤顶配套使用张拉钢丝束，其构造如图 6.18 所示。

2）锥形螺杆锚具是由锥形螺杆、套筒和螺母等组成。适用于锚固 14～28 根直径 5mm 的钢丝组成的钢丝束，多用于张拉端，用拉伸机或 YC 型千斤顶张拉，其构造如图 6.19 所示。

图 6.18　钢质锥形锚具
1—锚环；2—锚塞

3）钢丝束镦头锚具分为张拉端的 DM5A 型锚具和固定端的 DM5B 型锚具。DM5A 型由锚环和螺母组成，锚环底板有多个锚孔，用于穿过钢丝。DM5B 型仅有一块锚板构成。该锚具用于锚固 12～54 根 ϕ5 碳素钢丝组成的钢丝束，其构造如图 6.20 所示。

6.3.1.2　张拉设备

张拉机具应根据预应力筋所选锚具的类型和预应力筋的张拉力而选用。后张法所使用的张拉设备主要由千斤顶、高压油泵和外接油管 3 个部分组成。

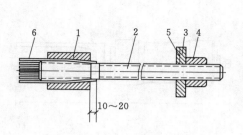

图 6.19　锥形螺杆锚具
1—套筒；2—锥形螺杆；3—垫板；4—螺母；
5—排气槽；6—碳素钢丝 $\phi 5$

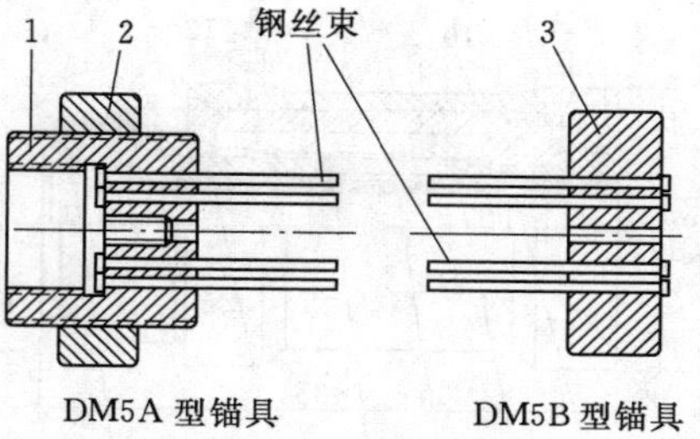

图 6.20　钢丝束镦头锚具
1—锚环；2—螺母；3—锚板

（1）拉杆式千斤顶：主要用于张拉带有螺丝端杆锚具、锥形螺杆锚具的预应力筋，其构造如图 6.21 所示。常用的有 YL-60 型，该型号千斤顶最大张拉力为 600kN，张拉行程 150mm。

（2）锥锚式千斤顶：主要用于张拉 KT-Z 型锚具锚固的钢筋束、钢绞线束和使用锥形锚具锚固的预应力钢丝束，其构造如图 6.22 所示。常用的型号有 Y238 型、Y260 型和 Y285 型。

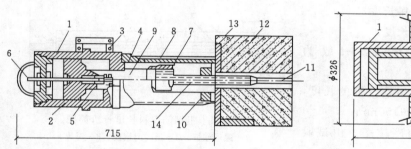

图 6.21　拉杆式千斤顶构造示意图
1—主油缸；2—主缸活塞；3—主缸油嘴；4—副缸；
5—副缸活塞；6—副缸油嘴；7—连接器；8—顶杆；
9—拉杆；10—螺母；11—预应力筋；12—混凝土
构件；13—预埋钢板；14—螺丝端杆

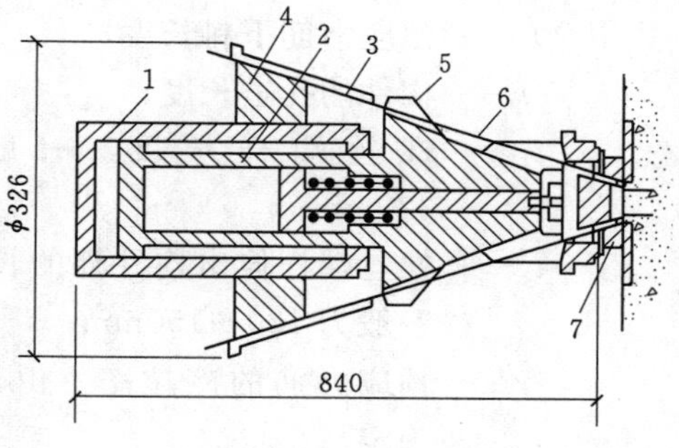

图 6.22　锥锚式千斤顶构造示意图
1—主缸；2—副缸；3—楔块；4—锥形卡环；
5—推楔翼片；6—钢丝；7—锥形锚头

（3）穿心式千斤顶：主要用于张拉采用 JM 型、QM 型、XM 型的预应力钢丝束、钢筋束和钢绞线束。其构造如图 6.23 所示。常用的型号有 YC20D、YC60、YC120 和 YC200 型。

（4）高压油泵：高压油泵是液压千斤顶的动力部分，与液压千斤顶配套使用，在选用与千斤顶配套的油泵时，应使油泵的额定压力不小于千斤顶的额定压力。ZB4/500 型为常用的电动高压油泵，该型号可以为各种预应力张拉千斤顶提供动力。

6.3.2　预应力筋的制作

6.3.2.1　单根预应力筋的制作

单根预应力筋一般采用热处理钢筋，其制作包括配料、对焊和冷拉等工序。预应力筋

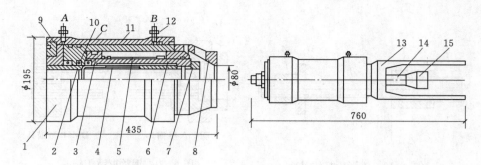

图 6.23　YC‑60 型千斤顶构造示意图

1—大缸缸体；2—穿心套；3—顶压活塞；4—护套；5—回程弹簧；6—连接套；7—顶压套；8—撑套；

9—堵头；10—密封圈；11—两缸缸体；12—油嘴；13—撑脚；14—拉杆；15—连接套筒

的下料长度应计算确定，要考虑结构构件的孔道长度、锚具厚度、千斤顶长度、焊接接头冷拉伸长值以及弹性回缩值等。

（1）预应力筋采用螺丝端杆锚具两端张拉时（图 6.24），其下料长度为：

$$L=\frac{L_0}{1+\gamma-\delta}+n\Delta=\frac{l+2l_2-2l_1}{1+\gamma-\delta}+n\Delta \tag{6.3}$$

式中　L——预应力筋下料长度；

l——构件的孔道长度；

l_1——螺丝端杆长度，一般为 320mm；

l_2——螺丝端杆伸出构件外的长度，一般为 $120\sim150$mm；

γ——预应力筋的冷拉率（由试验确定）；

δ——预应力筋的冷拉弹性回缩率，一般为 $0.4\%\sim0.6\%$；

n——对焊接头的数量；

Δ——每个对焊接头钢筋对焊长度损失，一般取一个钢筋直径。

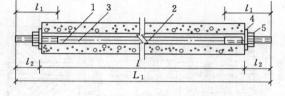

图 6.24　粗钢筋下料长度计算简图

1—螺丝端杆；2—预应力钢筋；3—对焊接头；4—垫板；5—螺母

（2）预应力筋一端采用螺丝端杆锚具张拉，固定端采用帮条锚具或镦头锚具时，其下料长度为：

$$L=\frac{l+l_2+l_3-2l_1}{1+\gamma-\delta}+n\Delta \tag{6.4}$$

式中　L、l、l_1、l_2、γ、δ、n、Δ——含义同式（6.3）；

l_3——帮条或镦头锚具所需钢筋长度。

6.3.2.2　钢筋束、钢绞线束的制作

由于钢筋束和钢绞线束的强度高、柔性好。近年来，它们越来越广泛的被用作预应力筋。钢筋束主要采用 $3\sim6$ 根 $\phi12$ 钢筋编束，钢绞线束主要采用 $3\sim6$ 根 $7\phi^s5$ 编束。该类预应力钢筋的制作一般包括开盘冷拉、下料和编束。下料切断时宜采用切断机或砂轮锯切

202

断，其中钢绞线切断前在切口两侧 5cm 处应采用铅丝绑扎。编束主要是为了保证穿入构件孔道的预应力筋不扭结，编束前应将钢绞线逐根理顺，用铅丝每隔 1m 绑扎。

以钢绞线束采用夹片锚具，以穿心式千斤顶张拉为例（图 6.25），其下料长度 L 为：

两端张拉时： $\qquad L=l+2\times(l_1+l_2+l_3+100)$ $\qquad$ （6.5）

一端张拉时： $\qquad L=l+2\times(l_1+100)+l_2+l_3$ $\qquad$ （6.6）

式中 $\quad l$ ——构件的孔道长度；

$\quad l_1$ ——夹片式工作锚厚度；

$\quad l_2$ ——穿心式千斤顶长度；

$\quad l_3$ ——夹片式工具锚厚度。

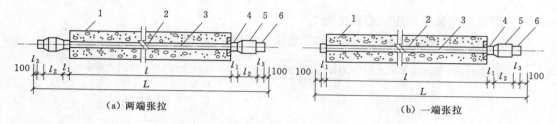

图 6.25 钢绞线下料长度计算简图

1—混凝土构件；2—孔道；3—钢绞线；4—夹片式工作锚；5—穿心式千斤顶；6—夹片式工具锚

6.3.2.3 钢丝束的制作

钢丝束用作预应力筋时，一般由几根到几十根直径为 $3\sim5$mm 的平行碳素钢丝编束而成，其制作工序包括调直、下料、编束和安装锚具等。

当采用 XM 型锚具、QM 型锚具、钢质锥形锚具时，预应力钢丝束的制作和下料长度计算基本上与预应力钢筋束、钢绞线束相同。

当采用镦头锚具一端张拉时，应考虑钢丝束张拉锚固后螺母位于锚环中部，钢丝的下料长度 L 可按式（6.7）计算（计算简图如图 6.26 所示）：

$$L=l+2a+2\delta-0.5(H-H_l)-\Delta L-C$$

$$\text{（6.7）}$$

当采用镦头锚具两端张拉时，钢丝的下料长度 L 可按式（6.8）计算（计算简图如 6.26 所示）：

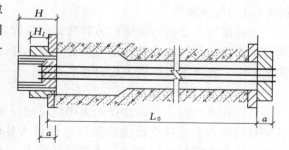

图 6.26 采用镦头锚具钢丝下料长度计算简图

$$L=2a+2\delta-H+H_l-\Delta L-C \qquad \text{（6.8）}$$

式中 $\quad l$ ——构件的孔道长度，mm；

$\quad a$ ——固定端锚板厚度或张拉端锚环底板厚度，mm；

$\quad \delta$ ——钢丝镦头预留量，一般可取 10mm；

$\quad H$ ——张拉端锚板高度，mm；

$\quad H_l$ ——螺母高度，mm；

ΔL——钢丝束张拉伸长值，mm；

　　C——张拉力达到规定值时，构件混凝土的弹性压缩量，mm。

当采用锥形螺杆锚具两端张拉时，钢丝的下料长度 L 可按式（6.9）计算：

$$L = l + 2l_1 - 2l_2 + 2l_3 + 2\delta \tag{6.9}$$

式中　l——构件的孔道长度，mm；

　　　l_1——螺杆露出构件外的长度，一般取 120～150mm；

　　　l_2——锥形螺杆锚具全长，一般取 380mm；

　　　l_3——套筒长度，一般取 100mm；

　　　δ——钢丝末端露出套筒外的长度，一般取 20mm。

6.3.3　后张法有黏结预应力混凝土施工

后张法有黏结预应力混凝土施工的工艺流程如图 6.27 所示。

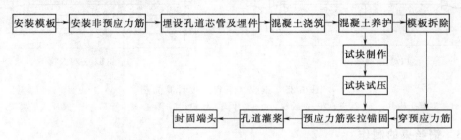

图 6.27　后张法工艺流程

后张法施工工艺中模板工程、钢筋的绑扎与安装及浇筑混凝土工程等工序在其他项目中已作介绍，本节只讲解与预应力施工有关的是孔道留设、预应力筋张拉和孔道灌浆 3 个部分。

6.3.3.1　孔道留设

孔道留设主要是为穿预应力筋及张拉锚固后灌浆用。孔道成型是后张法构件制作中的关键工作之一。预应力筋孔道形状有直线、曲线和折线 3 种类型，其曲线坐标应符合设计图纸要求。孔道留设的相关规定和要求有：

1. 孔道直径与间距

（1）孔道直径。孔道直径的大小应以能保证预应力筋顺利穿过为依据，对采用螺丝端杆锚具的粗钢筋孔道直径应比钢筋对焊接头处外径大 10～15mm 为宜；对钢绞线束、钢丝束，孔道直径应比预应力束或锚具外径大 10mm 以上为宜。

（2）孔道间距。

1）预制构件：孔道的水平净间距不宜小于 50mm；孔道至构件边缘的净间距不应小于 30mm，且不应小于孔道直径的 1/2。

2）框架梁、板：预留孔道垂直方向净间距不应小于孔道外径，水平方向净间距不宜小于 1.5 倍孔道外径；从孔壁算起的混凝土最小保护层厚度，梁底为 50mm，梁侧为 40mm，板底为 30mm。

2. 孔道留设的要求

（1）孔道应按设计要求的位置、尺寸埋设准确、牢固，浇筑混凝土时不应出现移位和变形。

（2）孔道应平顺，端部的预埋锚垫板应垂直于孔道中心线。

（3）成孔用管道应密封良好，接头应严密且不得漏浆。

（4）在设计规定位置上留设灌浆孔。灌浆孔应与预留孔道垂直，间距一般不大于 12m，孔径为 20mm，可用白铁皮管成孔。

（5）在曲线孔道的波峰部位应设置泌水管兼排气孔，排气孔不得遗漏或堵塞。

3. 孔道留设的方法

孔道留设的方法一般有钢管抽芯法、胶管抽芯法和预埋管法。钢管抽芯法只可留设直线孔道，胶管抽芯法和预埋管法则适用于直线、曲线和折线孔道。

（1）钢管抽芯法。在制作后张法预应力混凝土构件时，将钢管预先埋设在模板内孔道位置，在混凝土初凝后、终凝前抽出钢管，形成孔道。具体施工要求如下：

1）钢管应平直，表面要光滑，安放位置要准确。预埋前，钢管要除锈、刷油。一般采用间距不大于 1m 的钢筋井字架固定钢管位置。

2）每根钢管的长度不宜超过 15m，两端应各伸出构件断面 0.5m，以便旋转和抽管。较长构件则用两根钢管，中间用 0.5mm 厚的铁皮套管连接，要求套管和钢管紧密结合，以防漏浆，如图 6.28 所示。

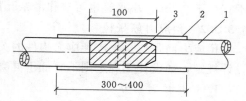

图 6.28　钢管连接方式
1—钢管；2—铁皮套管；3—硬木塞

3）在浇筑混凝土时，应避免振动设备直接接触钢管，以免产生位移。

4）在混凝土浇筑和养护过程中，为防止钢管与混凝土黏结，每隔一定时间需要慢慢转动钢管。

5）抽管时间与水泥品种、浇筑气温和养护条件有关。一般在混凝土初凝后、终凝前，以手指按压混凝土不粘浆且无明显印痕时则可抽管。

6）抽管顺序宜先上后下，抽管应用力平稳，速度均匀，边抽边转动，与孔道成一直线。

7）抽管后，应立即进行检查、清理孔道，为穿筋做好准备。

（2）胶管抽芯法。在制作后张法预应力混凝土构件时，在预应力筋的位置处预先埋设胶管，待混凝土初凝后再将胶管抽出的留孔方法。具体施工要求如下：

1）留设孔道用的胶管常采用有 5~7 层帆布夹层、壁厚 6~7mm 的普通橡胶管，胶管一端密封，另一端接上阀门，安放在预留孔道位置。

2）为防止在浇筑混凝土时胶管产生位移，用间距不大于 0.5m 的钢筋井字架绑扎固定在钢筋骨架上。

3）浇筑混凝土前，胶管内应充入压力为 0.6~0.8MPa 的压缩空气或压力水，此时胶管管径可增大约为 3mm，并将胶管端部密封。

4）在浇筑混凝土时，应避免振动设备直接接触胶管，并经常检查压力表数值是否正常，如有变化，应及时调整。

5）当构件孔道较长，可用两根胶管相接，由两端抽管。中间用 1mm 厚无缝钢管或铁皮套管连接。

6）抽管时间和顺序。待混凝土初凝后终凝前，打开胶管阀门放出压缩空气或压力水，胶管回缩与混凝土脱开，随即拔出胶管。抽管宜按先上后下、先曲后直的顺序将胶管抽出。

7）抽管后，应及时清理孔道堵塞物。

（3）预埋波纹管法。用钢筋井字架（间距不大于 0.8m）将带波纹的金属管、薄钢管或金属螺旋管固定在设计位置上，是混凝土构建中埋管成型的一种施工方法。该方法适用于预应力筋密集或曲线预应力筋的孔道铺设，但在电热后张法施工中，不得采用波纹管或其他金属管埋设的管道。金属螺旋管安装时，宜先在构件底模、侧模上弹安装线，并检查波纹管有无渗漏现象。同时，尽量避免波纹管多次反复弯曲，并防止电火花烧伤管壁。

在预应力筋孔道两端或中间，应设置灌浆孔和排气孔。灌浆孔是在波纹管上开口，用带嘴的塑料弧形压板与海绵垫覆盖，并用钢丝扎牢，再接塑料管。

曲线预应力筋孔道的每个波峰处，应设置泌水管。泌水管伸出混凝土构件表面的高度不宜小于 0.5m，泌水管也可兼作灌浆孔用。

6.3.3.2　预应力筋张拉

预应力筋张拉是生产预应力构件的关键。张拉预应力筋时，构件混凝土的强度应符合设计规定，如设计无规定则不宜低于混凝土标准强度的 75%。

1. 张拉控制应力

后张法施工张拉控制应力应符合设计规定，其张拉控制应力一般不宜超过表 6.1 的规定。

2. 张拉方法

根据预应力混凝土结构特点、顶应力筋形状与长度，以及施工方法的不同，预应力筋张拉方法有以下几种：

（1）一端张拉与两端张拉：较短的预应力筋可一端张拉；为了减少预应力筋与预留孔道壁摩擦而引起的应力损失，对于长度大于 30m 的直线预应力筋和大于 25m 的曲线预应力筋应两端张拉。

（2）分批张拉：对配有多束预应力筋的构件或结构分批进行张拉的方法。应考虑后批预应力筋张拉所产生的混凝土弹性压缩对先批张拉的预应力筋造成的预应力损失。因此，先前批张拉的预应力筋张拉力应加上该弹性压缩损失值对应的张拉力。

（3）分段张拉：在多跨连续梁板分段施工时，通常的预应力筋也需要逐段进行张拉。

（4）分阶段张拉：在后张法传力梁等结构中，为了平衡各阶段的荷载，多采取分阶段逐步施加预应力的方法。

（5）补偿张拉：为克服弹性压缩损失、减少钢材应力松弛损失及湿凝土收缩徐变损失等，对已张拉的预应力筋在早期预应力损失基本完成后，再进行补张拉的方法。

3. 张拉顺序

预应力筋一般应对称张拉。张拉顺序应符合设计要求，当设计无规定时，对配有多根预应力筋的构件，应采取分批、分阶段、对称张拉。

平卧重叠浇筑的预应力混凝土构件，预应力筋的张拉顺序是先上后下，逐层进行。为了减少上下层之间因摩擦引起的预应力损失，可逐层加大张拉力。

4. 后张法施工预应力筋的张拉程序、张拉力计算及伸长值验算

后张法施工预应力筋的张拉程序、张拉力计算及伸长值验算与先张法相同，设计单位应向施工单位提供。

5. 张拉注意事项

预应力张拉过程中应特别注意安全。在张拉构件的两端应设置保护装置，如用麻袋、草包装土筑墙，以防止螺帽滑脱、钢筋断裂飞出伤人。在张拉操作中，预应力筋的两端严禁站人，操作人员应在侧面工作。

6.3.3.3 孔道灌浆

为了防止预应力筋锈蚀，提高构件的抗裂性、耐久性和承载力，同时也可使预应力筋与混凝土有效黏结，预应力筋张拉后，应尽快用灰浆泵将水泥浆压灌到预应力孔道中。

1. 灌浆材料

（1）孔道灌浆应采用强度等级不低于 42.5 的普通硅酸盐水泥配制的水泥浆，水灰比控制在 0.4～0.45。对于孔隙较大的孔道，可采用砂浆灌浆。

（2）水泥浆应有足够的强度和流动性。水泥浆的抗压强度不应小于 $30N/mm^2$；搅拌后 3h 泌水率宜控制在 2%，不应大于 3%。

（3）为了增加孔道灌浆的密实性，在水泥浆或砂浆内可掺入对预应力筋无腐蚀的外加剂，如掺入占水泥重量 0.05% 的铝粉。

2. 施工要求

（1）灌浆前应全面检查构件孔道及灌浆孔、泌水孔和排气孔是否畅通。对抽芯成孔，可采用压力水冲洗孔道；对预埋管成孔，必要时可采用压缩空气清孔。对锚具夹片空隙和其他可能产生的漏浆处进行密封，封堵材料的抗压强度大于 10MPa 时方可灌浆。

（2）灌浆过程中，可用电动或手动灰浆泵进行灌浆，水泥浆应均匀缓慢连续注入，不得中断。在灌满孔道并封闭气孔后，宜继续以 0.5～0.7MPa 的压力灌浆，并稳定 2min 后，再封闭灌浆孔。

（3）当孔道直径较大且水泥浆不掺入微膨胀剂或减水剂进行灌浆时，可采取二次灌浆法或重力补浆法提高灌浆的密实性。

（4）灌浆顺序应先下后上，以避免上层孔道堵塞。直线孔道，应从构件的一端到另一端；曲线孔道灌浆宜由最低点注入水泥浆，至最高点排气孔排尽空气并溢出浓浆为止。

（5）当灰浆强度达到 15MPa 时，才能移动构件，达到 100% 设计强度时，才允许吊装。

6.3.4 后张法无黏结预应力混凝土施工

后张法无黏结预应力混凝土施工是在浇筑混凝土前，在预应力筋的表面涂刷上起润滑和隔离作用的沥青或油脂等涂料层，再用塑料管或布包裹，随后把预应力筋铺设和固定在模板内，然后浇筑混凝土，待混凝土达到设计强度后，对无黏结预应力筋进行张拉和锚固。此种施工工艺的预应力完全依靠锚具传递。

当前无黏结预应力施工工艺发展迅速，主要用于多跨单向平板、多跨双向平板、多跨双向密肋板的施工中。

6.3.4.1　无黏结预应力筋的制作

1. 预应力筋的组成

无黏结预应力筋由预应力筋、涂料层和外包层组成，如图 6.29 所示。

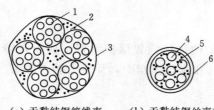

（a）无黏结钢绞线束　（b）无黏结钢丝束或单根钢绞线

图 6.29　无黏结预应力筋横截面示意图
1—钢绞线；2—沥青涂料；3—塑料布外包层；
4—钢丝；5—油脂涂料；6—塑料管外包层

（1）预应力筋：一般选用 7 根 Φ^{s}5 高强钢丝组成的钢丝束或钢绞线。

（2）涂料层：一般选用防腐专用建筑油脂和防腐沥青。要求在 $-20\sim70℃$ 的温度范围内不流淌、不吸湿、不透水，与预应力筋有较好的黏附能力且对钢筋、锚具和混凝土无腐蚀性。

（3）外包层：一般常用高密度聚乙烯或聚丙烯等挤压注塑成型作为预应力筋的涂层外包层。要求在 $-20\sim70℃$ 的温度范围内不脆化，有较好的化学稳定性、韧性和抗冲击破损性能，防水性好且对接触材料无腐蚀性。

2. 预应力筋的制作工艺

无黏结预应力筋的制作一般有挤压涂层工艺和缠纸工艺两种。

（1）挤压涂层工艺：钢丝束通过涂油装置涂油后通过塑料挤压机涂刷塑料薄膜，再经冷却筒槽成型塑料套管。

（2）缠纸工艺：在缠纸机上连续完成编束、涂油、镦头、缠塑料布和切断等工序。

6.3.4.2　无黏结预应力混凝土施工工艺

无黏结预应力构件施工中的主要问题是无黏结预应力筋的铺设、张拉和端部锚头处理。

1. 无黏结预应力筋的铺设

（1）无黏结预应力筋在铺设前应检查其外包层的完好程度，对轻微破损者，可用塑料带补包好；对破损严重的应予以报废。

（2）铺设顺序。先绑扎构件底部非预应力钢筋，接着铺设无黏结预应力筋，然后敷设水电管线，最后安装负弯矩钢筋。在单向板中，无黏结预应力筋与非预应力筋铺设基本相同；在双向板中，一般是先铺低的，再铺高的，这样可以避免钢丝束之间的相互穿插。

（3）就位固定。无黏结预应力筋的垂直位置，宜用支撑钢筋或钢筋马凳控制，其间距为 $1\sim2m$；无黏结预应力筋的水平位置应保持顺直。

（4）无黏结预应力筋铺设固定完毕后，应进行隐蔽工程验收，合格后方可浇筑混凝土。

2. 无黏结预应力筋的张拉

无黏结预应力筋的张拉与有黏结预应力钢丝束的张拉相似。

（1）张拉程序：一般采用 $0\rightarrow1.03\sigma_{con}$。

（2）张拉方法：无黏结曲线预应力筋的长度超过 25m 时，宜采取两端张拉。当预应力筋长度超过 60m 时，宜采取分段张拉。如遇到摩擦损失较大，宜先松动一次再张拉。

（3）张拉顺序：张拉顺序与铺设顺序一致，先铺设的先张拉，后铺设的后张拉。无黏结预应力混凝土楼盖结构的张拉顺序，宜先张拉楼板，后张拉楼面梁。板中的无黏结预应力筋，可依次张拉同一方向的，然后再依次张拉另一方向的；梁中的无黏结预应力筋宜分批对称张拉。

3. 锚具及端部处理

（1）锚具要求：无黏结预应力混凝土锚具是将预应力筋的张拉力传递给结构混凝土的唯一工具，因此锚具要能直接承受超负荷和重复荷载。实际工程中钢丝束常用钢丝镦头锚具，钢绞线常用 XM 型锚具。

（2）端部处理：无黏结预应力筋锚头端部处理，目前常采用两种方法：一种方法是在孔道中注入油脂并加以封闭，如图 6.30 所示；另一种方法是在两端留设的孔道内注入环氧树脂水泥砂浆（抗压强度不低于 35MPa）并将锚头封闭，防止预应力筋锈蚀，端头钢绞线预留长度不小于 150mm，多余部分散开弯折，埋设在相邻混凝土构件中以加强锚固。

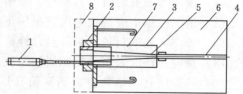

图 6.30　锚头端部处理方法

1—油枪；2—锚具；3—端部孔道；4—有涂层的无黏结预应力筋；5—无涂层的端部钢丝；6—构件；7—注入孔道的油脂；8—混凝土封闭

任务 6.4　预应力混凝土工程施工质量验收与安全技术

6.4.1　施工质量验收

按照《混凝土结构工程施工质量验收规范》（GB 50204—2015）的有关要求，预应力混凝土工程质量验收内容如下。

6.4.1.1　一般规定

施工质量验收的一般规定如下：

（1）预应力工程的施工应由具有相应资质等级的预应力专业施工单位承担。

（2）预应力筋张拉机具设备及仪表，应定期维护和校验。使用过程中出现反常现象时或在千斤顶检修后，应重新标定。

（3）浇筑混凝土前，应对预应力工程进行隐蔽工程验收。

6.4.1.2　原材料

原材料验收如下：

（1）水泥进场时，应对其品种、代号、强度等级、包装或散装仓号、出厂日期等进行检查，并应对水泥强度、安定性和凝结时间进行检验，检验结果应符合现行国家标准《通用硅酸盐水泥》（GB 175—2007）等相关规定。

（2）钢筋进场时，应按国家现行相关标准的规定抽取试件作屈服强度、抗拉强度、伸长率、弯曲性能和重量偏差检验，检验结果应符合国家现行相关标准的规定。

（3）预应力钢筋进场时，应按国家现行相关标准的规定抽取试件作抗拉强度、伸长率检验，其检验结果应符合国家现行相关标准的规定。

（4）锚具、夹具和连接器应按设计要求选用，其外观、硬度、静载锚固性能应符合现行国家标准《预应力筋用锚具、夹具和连接器》（GB/T 14370—2015）。

（5）无黏结预应力筋的涂包质量应符合无黏结预应力钢绞线标准的规定。

（6）预应力混凝土用金属螺旋管的尺寸和性能应符合国家现行标准《预应力混凝土用金属螺旋管》（JG/T 3013—1994）的规定。在使用前应进行外观检查，其内外表面应清洁，无锈蚀，不应有油污、孔洞和不规则的褶皱，咬口不应有开裂或脱扣。

6.4.1.3　预应力筋的制作与安装

预应力筋的制作与安装如下：

（1）预应力筋安装时，其品种、规格、级别和数量必须符合设计要求。

（2）施工过程中应避免电火花损伤预应力筋；受损伤的预应力筋应予以更换。

（3）预应力筋下料长度必须经过计算，当需要搭接和接长时，必须符合规范要求。

（4）预应力筋应采用砂轮锯或切断机切断，不得采用电弧切割。

（5）后张法有黏结预应力筋预留孔道的规格、数量、位置、间距和形状应符合设计要求。

（6）浇筑混凝土前穿入孔道的后张法有黏结预应力筋，宜采取防止锈蚀的措施。

6.4.1.4　预应力筋的张拉和放张

预应力筋的张拉和放张如下：

（1）预应力筋的张拉应符合控制应力规定。

（2）预应力筋张拉和放张时，应严格遵守张拉和放张程序、顺序的规定，并防止断裂和滑脱，断裂和滑脱的数量应在规范规定范围以内。对后张法预应力结构构件，钢绞线出现断裂或滑脱的数量不应超过同一截面钢绞线总根数的 3%，且每根断裂的钢绞线断丝不得超过一根；对多跨双向连续板，其同一截面应按每跨计算。

（3）预应力筋张拉和放张时混凝土强度必须符合设计要求和相关规定。

（4）预应力筋张拉锚固后实际建立的预应力值与工程设计规定检验值的相对允许偏差为 ±5%。

6.4.1.5　灌浆和封锚

灌浆和封锚如下：

（1）后张法有黏结预应力筋张拉后应尽早进行孔道灌浆，孔道内水泥浆应饱满、密实。

（2）灌浆应遵循灌浆程序和灌浆压力控制规定。

（3）锚具的封闭和保护应符合设计要求和相关规定。

（4）后张法预应力筋锚固后的外露部分宜采用机械方法切割，其外露长度不宜小于预应力筋直径的 1.5 倍，且不宜小于 30mm。

6.4.2　施工安全技术

施工安全技术要求如下：

（1）模板及支架应根据设计进行安装、使用和拆除，并应满足承载力、刚度和整体稳固性要求。

（2）操作千斤顶和测量伸长值的人员，要严格遵守操作规程，应在千斤顶侧面操作；

操作人员上岗必须戴防护眼镜或防护面罩，防止高压油泄漏伤害眼睛。

（3）油泵开动过程中，不得擅自离开岗位；如需离开，必须把油阀全部松开或切断电路。

【项目实训】

预应力板梁（先张法）施工工艺流程

1. 实训目的

掌握预应力构件先张法施工工艺流程，熟悉其相关操作要求，能够在教师指导下用先张法工艺完成工程构件。

2. 实训内容

每10人编为1个小组，设正、副小组长各1名。以小组为单位进行板梁预制。

先张法施工工序如下：

材料机具准备→施加预应力→安装钢筋骨架→安装模板→混凝土浇筑→拆除模板→混凝土的养护→预应力筋放张。

3. 技术要求

由老师指导学生按照要求到施工现场进行使用先张法制作预应力板梁，要求在规定时间内完成，时间为3h。要点如下：

（1）预应力筋的放张顺序，应符合设计要求；当设计无专门要求时，应符合下列规定：

1）对承受轴心预压力的构件（如压杆、桩等），所有预应力筋应同时放张。

2）对承受偏心预压力的构件，应先同时放张预压力较小区域的预应力筋，再同时放张预压力较大区域的预应力筋。

3）当不能按上述规定放张时，应分阶段、对称、相互交错地放张，以防止在放张过程中，构件产生弯曲、裂纹及预应力筋断裂等现象。

（2）放张后预应力筋的切断顺序，宜由放张端开始，逐次切向另一端。

4. 考核评价

具体考核评价见表6.2。

表 6.2　　　　　　　　　考 核 评 价 表

序号	考核内容	评分标准	满分	得　分
1	准备工作	准备充分	5	
2	配料	计量准确	5	
3	施加预应力	工艺流程正确	15	
4	安装钢筋骨架	钢筋位置准确牢固		
5	安装模板	表面平整、形状准确，无挠曲现象	10	
6	入模振捣	下料方法正确，振捣内实外光	5	
7	拆除模板	拆模顺序正确	5	

序号	考核内容	评分标准	满分	得分
8	混凝土的养护	养护方法得当	5	
9	预应力筋放张	放张顺序符合规定	15	
10	外观质量和尺寸偏差	外观良好，尺寸在允许偏差内	15	
11	安全、文明操作	工完清场，无材料浪费、无事故	15	

【项目典型案例应用】

某运河高架区间预应力混凝土构件专项施工方案

1. 工程概况

本工程为某市地铁 1 号线工程中的起点——某运河高架区间，所有预应力钢束均采用抗拉强度 $f_{ptk}=1860\mathrm{MPa}$，$\Phi^s 15.2\mathrm{mm}$ 的高强度、低松弛预应力钢绞线，弹性模量 $E_P=1.95\times10^5\mathrm{MPa}$。采用 MJ15 型锚固体系，塑料波纹管成孔，锚具应符合现行国家标准《预应力筋锚具、夹具和连接器》（GB/T 14370—2007）中相关要求。其中预应力主要分布在双线 30m 简支梁（$B=10.2\mathrm{m}$）、双线 25m 简支梁（$B=10.2\mathrm{m}$）、双线（25+40+25）m 连续梁（$B=10.2\mathrm{m}$）、双线（41+60+41）m 连续梁（$B=10.2\mathrm{m}$）及双线（37+60+37）m 连续梁（$B=10.2\mathrm{m}$）中，主要束型为 17-$\Phi^s15.2$，9-$\Phi^s15.2$，11-$\Phi^s15.2$，12-$\Phi^s15.2$，15-$\Phi^s15.2$ 及 19-$\Phi^s15.2$。

2. 编制说明

本方案是根据某市地铁 1 号线工程起点某运河高架区间结构施工图纸、现有的国家、行业、地方规范、标准和根据以往工程中积累的预应力施工方面的经验和实践证明的施工技术进行编制，本方案用于本工程的预应力结构的深化设计和施工指导依据。

3. 预应力施工工艺

3.1　预应力施工工艺流程

预应力施工工艺流程图如图 6.31 所示。

3.2　预应力筋施工技术措施

（1）预应力筋按照施工图纸规定进行现场下料，按施工图上的结构尺寸和数量，考虑预应力筋的长度、张拉设备及不同形式的组装要求，同时也考虑每根预应力筋的每个张拉端预留张拉长度及场地的平整度进行下料。

（2）预应力筋下料应用砂轮切割机切割，严禁使用电焊和气焊。

（3）对一端锚固、一端张拉的预应力筋逐根进行组装，组装后预应力筋外端应露出挤压套筒 1~5mm，然后将各种类型的预应力筋按照图纸的不同规格进行编号堆放。

（4）有黏结预应力筋展开后应平顺，不得有弯折，表面不应有裂纹、小刺、机械损伤、氧化铁皮和油污等。

（5）预应力筋在铺放使用前，应按规格分类标识，将其妥善保存放在干燥平整的地

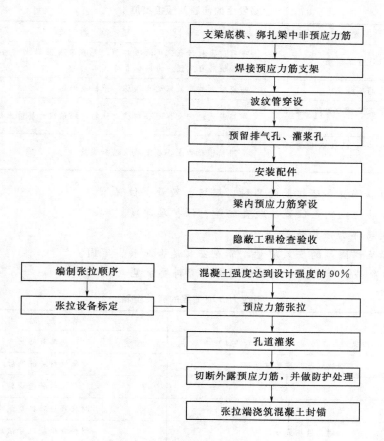

图 6.31 预应力施工工艺流程图

方，下边要有垫木，如露天放置需加盖塑料布，以避免材料因雨淋、遇水产生锈蚀，切忌砸压和接触电气焊作业，以避免预应力筋受损伤。

（6）塑料波纹管在使用前应进行外观检查，其内外表面应清洁，不应有油污、孔洞和不规则的褶皱。

（7）预应力筋上面不得堆放任何物品，如钢模板、木模板、架管、钢筋、水泥等。

（8）锚具、配件要存放在室内，码放整齐，按规格分类标识，避免受潮生锈。

（9）预应力筋进场后应尽量堆放在离施工现场比较近的位置，以减少材料转运。

3.3 预应力施工质量控制及资料归档

（1）预控措施及质量自检内容。

1）预控措施。在预应力施工过程中，针对不同的易发生的问题采取相应的预控措施，见表 6.3。

2）质量自检内容。在浇筑混凝土之前，应进行预应力隐蔽工程验收，根据现场实际情况实行三检制度，即自检、互检和交接检验制度，内容如下：

a. 预应力筋的品种、规格、数量、位置等。

表 6.3　　　　　　　　　　　　　　　易发生的问题及预控措施

编号	易发生问题	预控措施
1	布筋时位置不明确	布筋前要放好点，用油漆标明，并在浇筑混凝土前再用油漆涂一次，拆模后板底可见预应力筋位置标注
2	预应力筋不顺直	布筋时要按照放好的点布筋，并拉线调直
3	梁柱节点处预应力筋位置不易保证	布筋前要放好大样，合理排列柱筋，给预应力筋留出位置
4	张拉时油表的读数误差难以控制	采用精密压力表，尽量减少读数误差

b. 预应力筋锚具和连接器的品种、规格、数量、位置等。

c. 预应力筋的控制点位置及顺直偏差、保护层厚度。

d. 锚固区局部加强构造等。

e. 张拉端及锚固端的安装质量，节点安装是否正确、牢固。

（2）归档资料。预应力专项工程的有关资料要求见表 6.4。

表 6.4　　　　　　　　　　　　　　预应力专项工程的有关资料

序号	资料名称	收集时间
1	预应力施工方案（专业施工单位）	施工布筋前
2	钢绞线产品质量证明书	每批材料进场后
3	锚具质量合格证	每批材料进场后
4	预应力筋进场复试报告	材料每检验批复试后
5	锚具进场复试报告	材料每检验批复试后
6	张拉设备校验报告	预应力筋张拉前
7	预应力专项施工报验、隐检、质评等记录	每区段布筋后，浇筑混凝土之前
8	预应力筋张拉记录	预应力筋张拉后
9	设计变更、洽商	施工过程中
10	技术交底	各区段施工期间

4. 质量保证措施

4.1　技术保证措施

（1）在预应力施工之前要对工程的每道工序进行详细和明确的技术交底，按工艺标准组织施工，上、下道工序之间相互配合，做好工序的交接工作，并做好交接记录，严禁上道工序不合格而进行下道工序的施工。施工过程中应认真的检查各项技术措施的执行情况，按标准检查施工质量并做好施工日记。

（2）为了保证工程质量安全，关于预应力筋的张拉和底部支撑拆除之间的关系如下：梁下部的支撑在梁中的预应力张拉完成后才能拆除。

（3）预应力筋张拉时如有个别的钢绞线发生了滑丝或断丝的情况，可以降低张拉力，但是滑丝或断丝的数量不能超过同一截面的 2%，且每束中仅允许一根。

4.2　原材料的质量保证措施

（1）预应力技术对原材料的要求非常高：钢绞线不能生锈，钢绞线的每股丝之间不能夹有泥沙。因此，为避免以上事情的发生，现场对于预应力筋的保存和下料场地提出严格的要求，用卵石或混凝土铺设下料场地，为防止预应力筋的生锈可以将预应力筋在通风的地方放置，并将预应力筋悬空堆放用塑料布进行包裹。

（2）所有进场的原材料必须进行检验，检验合格后方可使用。

4.3　施工机械的质量保证措施

预应力筋张拉使用的千斤顶必须是经过实验室标定的，并且是在标定的有效期的时间内进行施工；每次机械设备使用完毕之后要进行保养，以保证千斤顶的正常工作；在施工的过程中如发现千斤顶和压力表表示不正常或实际的张拉伸长值和理论伸长值相差太大，那么要对千斤顶进行重新标定。

4.4　施工过程的质量控制

专职的预应力质量检查员对预应力施工的全过程进行跟踪检查，建立严格的检查制度，班组之间要进行自检、互检和交接检，对质量问题要不放过，实行班组施工挂牌留名制度，以便追查责任，技术人员应认真检查。

4.5　预应力施工的预控措施

在预应力施工过程中，针对不同易发生问题采取相应的预控措施，表 6.5。

表 6.5　　　　　　　　　　　　　　　**预应力施工的预控措施**

编号	易发生问题	预　控　措　施
1	布筋时位置不明确	布筋前要放好点，用油漆标明，并在浇注混凝土前再用油漆涂一次，拆模后板底可见预应力筋位置标注
2	预应力筋不顺直	布筋时要按照放好的点布筋，并拉线调直
3	张拉时油表的读数误差难以控制	采用精密压力表，尽量减少读数误差
4	应力损失过大	对称张拉，分级张拉

【项目拓展阅读材料】

（1）《混凝土结构工程施工规范》（GB 50666—2011）。

（2）《混凝土结构工程施工质量验收规范》（GB 50204—2015）。

（3）《建筑施工技术》，包永刚、王廷栋主编，黄河水利出版社出版，2011 年版。

（4）《新编建筑施工技术》，侯虹霞、李博、万连建主编，天津科学技术出版社出版，2015 年版。

（5）《建筑工程技术专业认知实训指导》，郑伟主编，中南大学出版社出版，2014 年版。

（6）《建筑施工技术实训指导》，刘彦青、郭阳明、尹海文主编，北京理工大学出版社出版，2014 年版。

（7）《建筑工程技术专业实训手册》，危道军主编，中国建筑工业出版社出版，2014 年版。

【项目小结】

本项目介绍了预应力混凝土结构工程施工的主要内容，包括预应力混凝土的分类、材料要求和工程施工质量验收与安全技术，重点介绍了预应力混凝土的两类施工方法——先张法和后张法。

先张法施工要熟悉施工用台座、夹具和张拉设备，重点要掌握先张法施工工艺，包括预应力筋的铺设与张拉、混凝土的浇筑与养护、预应力筋的放张。后张法施工要熟悉锚具、张拉设备和各种预应力筋的制作，重点掌握后张法的施工工艺，包括孔道留设、预应力筋张拉和孔道灌浆，同时也要熟悉无黏结预应力混凝土的施工，包括无黏结预应力筋的制作和无黏结预应力混凝土的施工工艺。

本项目内容具有非常重要的实用性和普遍性，尤其在大跨度工程当中应用非常广泛。希望同学们都能够较好地学习掌握。

【项目检测】

1. 名词解释

（1）先张法。

（2）后张法。

（3）墩式台座。

（4）螺丝端杆锚具。

（5）钢管抽芯法

2. 单选题

（1）预应力混凝土是在结构或构件的（   ）预先施加压应力而成。

A. 受压区　　　　　　B. 受拉区　　　　　　C. 中心线处　　　　　　D. 中性轴处

（2）预应力先张法施工适用于（   ）。

A. 现场大跨度结构施工　　　　　　B. 构件厂生产大跨度构件

C. 构件厂生产中、小型构件　　　　　　D. 现场构件的组并

（3）先张法施工时，当混凝土强度至少达到设计强度标准值的（   ）时，方可放张。

A. 50%　　　　　　B. 75%　　　　　　C. 85%　　　　　　D. 100%

（4）后张法施工较先张法施工的优点是（   ）。

A. 不需要台座、不受地点限制　　　　　　B. 工序少

C. 工艺简单　　　　　　D. 锚具可重复利用

（5）无黏结预应力的特点是（   ）。

A. 需留孔道和灌浆　　　　　　B. 张拉时摩擦阻力大

C. 易用于多跨连续梁板　　　　　　D. 预应力筋沿长度方向受力不均

（6）曲线铺设的预应力筋应（   ）。

A. 一端张拉　　　　　　B. 两端分别张拉

C. 一端张拉后另一端补强　　　　　　D. 两端同时张拉

（7）无黏结预应力筋张拉时，滑脱或断裂的数量不应超过结构同一截面预应力筋总量的（   ）。

A.1％　　　　　B.2％　　　　　C.3％　　　　　D.5％

(8) 对台座的台面进行验算是（　　　）。

A. 强度验算　　　B. 抗倾覆演算　　　C. 承载力验算　　　D. 挠度验算

(9) 预应力后张法施工适用于（　　　）。

A. 现场制作大跨度预应力构件　　　B. 构件厂生产大跨度预应力构件

C. 构件厂生产中小型预应力构件　　　D. 用台座制作预应力构件

(10) 无黏结预应力施工时，一般待混凝土强度达到立方强度标准值的（　　　）时，方可放松预应力筋。

A.50％　　　　　B.70％～75％　　　　C.90％　　　　　D.100％

3. 简答题

(1) 预应力混凝土工程施工中常用的预应力筋有哪些？

(2) 先张法与后张法的生产工艺在本质上有何不同？

(3) 说明先张法中张拉设备的种类及其要求。

(4) 先张法中预应力筋的张拉程序是什么？

(5) 预应力筋张拉时需要注意哪些问题？

(6) 后张法施工中锚具、预应力钢筋、张拉设备如何配套使用？

(7) 后张法中当采用锥形螺杆锚具两端张拉时，钢丝束的下料长度怎么计算？

(8) 后张法施工中孔道留设有哪些方法，分别适用于什么情况？

(9) 简述后张法的张拉顺序。

(10) 后张法中，孔道灌浆的施工要求是什么？

(11) 分析无黏结预应力与有黏结预应力施工有何本质区别。

(12) 简述无黏结预应力钢筋的张拉程序、张拉方法和张拉顺序。

项目7　现浇框架及框剪结构施工

【项目目标】

通过本项目的学习，熟悉一般框架（剪）结构的组成，理解并初步掌握一般框架（剪）结构的施工程序；初步掌握框架（剪）结构的施工测量放线、高程控制过程及质量要求；熟悉框架（剪）结构常用的施工组织形式，了解流水施工常用参数及计算方法；掌握框架（剪）结构基础及上部结构施工的技术要点；熟悉框架（剪）结构填充墙的施工技术要求及质量要求。

【项目描述】

混凝土框架（剪）结构主要具有平面布置灵活，抗震性能好的特点。它是目前公共建筑中使用广泛的结构形式之一。本项目主要介绍以下内容：简单论述框架（剪）结构施工过程，框架（剪）结构施工测量放线技术要点，框架（剪）结构施工组织形式，框架（剪）结构基础施工技术要点，框架（剪）结构上部结构施工技术要点，框架（剪）结构填充墙施工过程。

【项目分析】

知识要点	技　能　要　求	相　关　知　识
框架结构施工过程概述	（1）熟悉框架结构组成； （2）熟悉框剪结构组成； （3）熟悉框架（剪）结构的施工程序	（1）框架结构梁、柱、节点知识； （2）剪力墙的组成； （3）框架（剪）结构的施工顺序
施工平面控制网的确定及施工放样	（1）熟悉框架（剪）结构平面控制网确定的方法； （2）掌握框架（剪）结构高程控制点传导的方法； （3）掌握框架（剪）结构施工放样的方法	（1）平面控制网的确定； （2）高程控制点的传递； （3）建筑物的放样知识
框架（剪）结构施工过程的测量	（1）掌握结构室外平面控制网传递的方法； （2）掌握结构施工测量的内控法； （3）掌握施工过程中高程的竖向传递方法； （4）熟悉结构沉降观测方法	（1）控制网竖向传递知识； （2）高层框剪结构内部测量控制知识； （3）高程控制点的竖向传递； （4）建筑物沉降观测知识
混凝土框架结构施工组织方式简介	（1）了解结构常用的施工组织形式； （2）熟悉流水施工的参数计算； （3）熟悉流水施工的总工期计算与施工进度计划表的绘制	（1）依次施工、平行施工、流水施工； （2）流水施工参数分类； （3）流水施工组织形式的分类
框架（剪）结构基础施工技术要点	（1）熟悉基础施工程序； （2）掌握后浇带、电梯井集水坑等位置的模板支设方法； （3）熟悉大体积混凝土的施工方法，掌握大体积混凝土施工的技术要点	（1）基础钢筋绑扎程序； （2）基础特殊部位模板支设； （3）基础大体积混凝土施工过程及质量控制

知识要点	技能要求	相关知识
框架（剪）结构上部结构施工技术要点	（1）熟悉上部结构的施工程序； （2）掌握上部结构的单项工程施工工艺； （3）掌握框架（剪）上部结构关键部位施工的技术要点	（1）框架（剪）结构各分部分项工程施工工艺； （2）常用钢筋连接方式及质量要求； （3）后浇带、施工缝模板支设
框架（剪）结构填充墙施工	（1）熟悉框架结构填充墙的施工工艺； （2）掌握框架填充的施工技术要点； （3）掌握框架结构填充墙的质量验收方法及质量验收标准	（1）框架填充墙施工材料要求； （2）填充墙砂浆质量要求； （3）填充墙质量检查

【项目实施】

引例：某报社工程为全现浇钢筋混凝土框架剪力墙结构，建筑面积 40056.9m²，地下 2 层，地上 28 层（不含 2 个设备层），结构总高度 98.95m，其中地下 2 层为人防工程，层高为 3.9m，负 1 层为车库、层高 4.5m，1～4 层为办公，5 层以上为住宅。其中：1～3 层层高 4.8m，4 层层高 5.1m，5 层及以上层高 2.9m，设备层层高 1.8m。混凝土强度分别为：筏板 C35，抗渗等级 S8，掺 UEA；地下室至 5 层剪力墙、柱、梁、板均为 C45，其中地下室为 S8 抗渗混凝土，6～10 层剪力墙、柱、梁、板为 C40。11～18 层剪力墙、柱、梁、板为 C35，19 层以上剪力墙、柱梁板均为 C30。

思考题：（1）整个建筑物的施工程序和施工进度如何安排？

（2）如何保证建筑物的整体位置、构件位置、层高正确无误？

（3）基础大体积混凝土和一般的普通混凝土施工有什么区别？

（4）主体结构完成后内部隔墙和外围护墙如何施工，质量如何保证？

任务 7.1 现浇框架与框剪结构施工程序

混凝土框架结构和框剪结构相对于砌体结构、剪力墙结构具有开间大、平面布置灵活等优点，因此广泛应用于公共建筑中，其中框架结构由于抗侧移刚度较小，主要适用于低多层建筑；而框架剪力墙结构（简称框剪结构）由于在框架结构中布置剪力墙，水平荷载或作用主要由剪力墙承担，抗侧移刚度较大，故主要适用于高层建筑。

7.1.1 混凝土框架结构的组成

一般的建筑结构体系从大的方面来划分可分为基础部分和地上结构部分，由于基础部分是所有结构体系的共有部分，在此不多做论述，可参阅相关的地基基础教材。此处只对地上结构体系做简要的概述。

混凝土框架结构体系一般由楼板和框架两部分组成。楼板主要承受水平方向的竖直荷载，同时又对框架梁柱起到一定的支撑连接作用，可大大提高结构的整体性和空间刚度；框架部分从方向上可分为横向框架和纵向框架。无论是横向框架还是纵向框架其组成是相同的。框架部分一般由以下 3 个部分组成：框架梁、框架柱和梁柱节点。框架部分同时承担竖向和水平荷载或作用，并将荷载传递到基础部分。

7.1.2　混凝土框剪结构的组成

框剪结构是由楼板、框架及剪力墙组成的结构体系。楼板的作用与框架结构相同，框架部分组成如上所述。只是在框剪结构中框架部分的作用少有变化，框剪结构中框架部分主要承担竖向荷载，分担的水平荷载是较小的。水平荷载主要由抗侧移刚度较大的剪力墙部分来承担。剪力墙在承担大部分水平荷载的同时，还承担所支撑范围内的竖向荷载。剪力墙主要由两部分组成：墙肢和连梁，其中墙肢可分为墙身和边缘构件两部分。另外在框剪结构中剪力墙在每层的楼板处应设置边框梁。

7.1.3　混凝土框架（剪）结构的施工过程

从施工时间顺序上主要分为：测量放线、基坑支护和施工降水（深基坑）、土方开挖、地基处理或桩基工程、基础工程、主体工程、二次结构、装饰装修工程等。

从施工的工种主要划分为：测量放线、土石方工程、地基处理工程、防水工程、钢筋工程施工、模板工程施工及混凝土工程施工等。

其中普通钢筋工程、模板工程和混凝土工程等施工工艺已在前面章节中阐述过，这里不再重述。本章从结构整体施工的角度来阐述框架（剪）结构施工过程，其中重点阐述测量放线过程以及框架（剪）结构关键部位的施工技术、管理工作。

任务 7.2　施工平面控制网的确定及施工放样

工程测量时，为满足工程施工的特点，平面控制网按照"先整体后局部，高精度控制低精度"的原则，由高到低设置二级控制网，各级控制网相互衔接，统一为整体系统。

框架（剪）结构工程测量放线工作主要包括 3 个部分：场区平面控制网、建筑物平面控制网和建筑施工放样。大中型高层建筑或建筑群施工项目，应先建立场区平面控制网，再分别建立建筑物平面控制网；小规模或精度高的独立施工项目，可直接布设建筑物平面控制网。控制网应根据复核后的建筑红线桩或城市测量控制点准确定位测量，并应做好桩位保护工作。场区平面控制网，可根据场区的地形条件和建筑物的布置情况，布设成建筑方格网、导线网、三角网、边角网或 GPS 网。具体的场地平面控制网测量方案的编制和测量精度的控制可参考有关书籍和规范，此处不做详细阐述。此处重点讨论建筑物平面控制网的建立方法和建筑物的施工放样。

7.2.1　建筑物测量施工控制网的确定

建筑物施工控制网，应根据场区控制网进行定位、定向和起算；控制网坐标轴，应与工程设计所采用的主副坐标轴线一致；建筑物施工控制网应根据建筑的设计形式和特点，布设成十字轴线或矩形控制网。建筑物施工控制网也可根据建筑红线定位，建筑物施工平面控制网，应根据建筑物的分布、结构、高度及基础埋深分别布设一级或二级控制网。

建筑物施工平面控制网的建立，应符合下列规定：

（1）控制点，应选在通视良好、土质坚硬、利于长期保存、便于施工放样的地方。

（2）控制网加密的指标桩，宜选在建筑物行或列线方向上。

（3）主要的控制网点应埋设固定桩标。

（4）控制网轴线起始点的定位误差，不应大于 2cm；两建筑物间有联动关系时，不应大于 1cm，定位点不得少于 3 个。

（5）水平角观测回数应根据测角中误差的大小，从表 7.1 中选用。

表 7.1 　　　　　　　　　　　**水 平 角 观 测 回 数 表**

仪器精度等级 ＼ 仪器精度	2.5″	3.5″	4.0″	5″	10″
1″级仪器	4	3	2	—	—
2″级仪器	6	5	4	3	1
3″级仪器	—	—	—	4	3

注　"—"为高精度仪器不允许出现的误差或低精度仪器测量精度达不到。

（6）矩形网的角度闭合差，不应大于测角中误差的 4 倍。

（7）边长测量宜选用电磁波测距的方法，作业的主要技术要求，要符合相关规定；二级网的边长测量也可采用钢尺测距。

（8）矩形网应按平差结果进行实地修正，调整到设计位置。当增设轴线时，可采用现场改点法进行配赋调整；点位修正后，应进行矩形网角度检测。

建筑物在维护结构封闭前，应根据施工需要将建筑物外部控制点转移至内部，内部的控制点，宜设置在浇筑完成的预埋件上或预埋的测量标板上。引测的投点误差，一级不超过 2mm，二级不超过 3mm。

建筑物高程控制网，应符合下列规定：

（1）建筑物的±0.000mm 高程面，应根据厂区水准点测设。

（2）建筑物高程控制网应采用水准测量。符合线路闭合差，不应低于四等水准的要求。

（3）水准点可设置在平面控制网的标桩或外围固定地物上，也可单独埋设。水准点的个数不应少于 2 个。

（4）当场地高程控制点距离施工建筑物小于 200m 时，可直接利用。当施工中的高程控制点不能保存时，应将其高程引测至固定的建筑物或构筑物上，引测精度不应低于四等水准。

7.2.2　建筑物的施工放样

框架结构或框剪结构施工测量包括建筑物定位、放线；基础工程施工测量；框架（剪）主体结构施工测量等。进行施工测量之前，除了校验好所使用的测量仪器和工具外，尚应具备以下资料：

（1）总平面图。

（2）建筑物的设计说明。

（3）建筑物的轴线平面图。

（4）建筑物的基础平面图。

（5）土方开挖图。

（6）场区控制点坐标、高程及点位分布图。

7.2.2.1 定位放样的准备工作

1. 了解设计意图，熟悉和核对设计图纸

通过设计交底，了解工程全貌和主要设计意图、对测量精度的要求等。然后熟悉并核对与放样有关的建筑总平面图、建筑施工图和结构施工图。检查总的尺寸是否与各部位尺寸之和相符，总平面图与大样详图尺寸是否一致等。

2. 校核定位控制点和水准点

对建筑场地上的平面控制点，在使用前应校核其点位是否正确，并应实地检测水准点的高程。通过校核，取得正确的测量起始数据和点位。

3. 制定放样方案

根据设计要求、定位条件、现场地形和施工方案等因素制定施工放样方案。

4. 准备放样数据

除了计算出必需的放样数据外，尚需从下列图纸上查取框架（剪）结构平面尺寸和高程数据。

（1）从建筑总平面图上，查出或计算设计建筑物与原有建筑物或测量控制点之间的平面尺寸和高差，作为测设建筑物总体位置的依据。

（2）从建筑平面图中（包括底层及楼层）查取建筑物的总尺寸和内部各定位轴线之间的关系尺寸。它是施工放样的基本资料。

（3）从基础平面图上，查取基础边线与定位轴线的平面尺寸，以及基础布置和基础剖面位置关系。

以上 3 种设计图纸是施工定位、放线的依据。

（4）从基础详图中查取基础立面尺寸、设计标高以及基础边线与定位轴线的位置关系。它是基础高程放样的依据。

（5）从建筑物立面图和剖面图上，查取基础、地坪、楼板等设计高程。它是高程放样的主要依据。

5. 绘制放样略图

根据总平面图和基础平面图绘制放样略图，放样略图上应标有已有建筑物和拟建建筑物之间的平面尺寸、定位轴线间平面尺寸和定位轴线控制桩。

7.2.2.2 定位、放样过程

建筑物的定位，是根据放样略图和建筑物平面控制网将建筑物外墙轴线交点（简称角桩）放样到地面上，作为基础放样和细部放样的依据。

建筑物的放线是指根据已经定位的外墙轴线交点桩详细测设出建筑物各轴线的交点桩（或称中心桩），然后根据交点桩用白灰撒出基槽开挖边界线。放线步骤如下：

（1）在外侧轴线周边上测设定位轴线交点。所用仪器为经纬仪和钢尺，将经纬仪设在建筑物控制桩位点上，瞄准建筑物外侧轴线上的目标点，用钢尺测量内部各轴线与本轴线的交点位置并做好临时标记。

测设轴线时，操作宜符合下列规定：轴线线端点，应根据建筑物施工控制网中相邻的距离指标桩以内分法测定。轴线的投点，测角仪器的视线应根据中心线两端点决定；当无可靠校核条件时，不得采用测设直角的方法进行投点。丈量各轴线间的距离，钢尺零端要始终对在同一点上。

（2）测设轴线控制桩（引桩）。由于基槽开挖后，角桩和中心桩将被挖掉，为了在施工中恢复各轴线的位置，应把轴线定位点延伸到基坑外的安全地点，并做好编号标志且做好保护工作，其方法有设置轴线控制桩和龙门板两种形式。

将经纬仪安置在角桩上，瞄准另一角桩，沿视线方向用钢尺向基坑外侧量取 2～4m，打下木桩，桩顶钉上小钉子，准确标注轴线位置，并用混凝土包裹木桩。大型建筑物放线时，为了确保轴线控制桩的精度，通常先测设轴线控制桩，然后根据轴线控制桩测设角桩，而中小型建筑物的轴线控制桩则是根据角桩引测的。如有条件也可把轴线引测到周围原有地物上，并做好标记来代替轴线控制桩。

（3）施工标高的传递。施工标高的传递，宜采用悬挂钢尺代替水准尺的水准测量方法，并应对钢尺读数进行温度、尺长和拉力的修正。

传递点的数目，应根据建筑物的大小和高度确定。规模较小的多层民用建筑，宜从两处分别向上传递；高层建筑宜从 3 处分别向上传递。传递标高偏差小于 3mm 时，可取其平均值作为施工层的标高基准，否则应重新传递。

（4）设置龙门板。在一般的民用建筑群中，有时在基坑（槽）开挖线外一定距离处钉设龙门板。此方法现在在施工中应用较少，此处不做详述。

（5）撒出基坑（槽）开挖边界白灰线。在轴线的两端，根据引设的角桩或龙门板定出的基坑（槽）开挖边界标志拉直细线绳，并沿此线绳撒出白灰线，施工时按此线开挖。

任务 7.3　框架（剪）结构施工过程测量

框架结构施工过程主要包括基础结构施工和主体结构施工，以下分别阐述两部分施工过程中的测量工作。

7.3.1　基础结构施工过程中的测量工作

7.3.1.1　基础施工中高程的控制

基础施工中高程的控制如下：

（1）高程控制点的联测。在向基坑内引测标高时，首先联测高程控制网点。经联测确认无误后，方可向基坑内引测所需的标高。

（2）基坑标高基准点的引测方法：以现场高程控制点为依据，采用悬挂钢尺法（图7.1）。用水准仪以中丝读数法往基坑测设附合水准路线，将高程引测到基坑施工面上。标高基准点用红油漆标注在基坑侧面上，并标明数据。

（3）施工标高点的测设。施工标高点的测设是以引测到基坑的标高基准点为依据，采用水准仪以中丝读数法进行。施工标高点测设在墙、柱外侧立筋上，并用红油漆做好标记。

7.3.1.2　基坑（槽）开挖深度的确定

为了控制基坑（槽）开挖深度，在即将开挖到坑（槽）底设计标高时，用水准仪在坑（槽）壁上测设一些水平的小木桩，使木桩的上表面离坑（槽）底设计标高为一固定值（如 0.500m），用以控制开挖的深度。为了施工使用方便，一般在坑（槽）壁各拐角处和

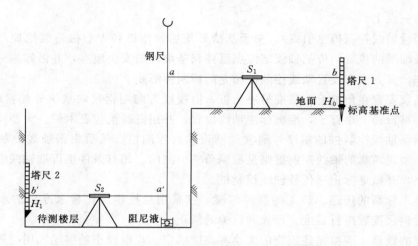

图 7.1　悬挂钢尺法传递标高示意图

坑（槽）壁每隔 3~4m 处均设置一水平桩，必要时可以沿水平桩上表面拉上白线绳作为清理坑（槽）底和基础垫层施工标高的依据。

7.3.1.3　基础结构施工中构件平面位置的确定

1. 在垫层上投测轴线、基础梁边线、基础边线及柱子边线

基础垫层施工完成后，根据引设的角桩、轴线控制桩或龙门板上的轴线标志，用经纬仪或线绳挂锤球的方法，将轴线投测到垫层上，并根据基础梁、柱子边线与轴线的位置关系，标注出梁、柱子边线并用墨线弹出。框架（剪）结构采用的基础形式一般包括柱下独基、柱下条基和筏板基础等。轴线确定后可查阅基础详图，确定基础边线与轴线的位置关系。在现场以轴线为基准确定基础边线并用墨线弹出。

2. 确定其他构件中线

根据基础平面布置图或基础详图，确定电梯井、基础开洞和基础次梁等非轴线位置上的构件中线及边线并用墨线弹出。

7.3.2　上部主体结构施工测量

上部主体结构施工测量工作的开展是以基础工程测量为依据，上部工程施工测量除低多层建筑物仍可用外控法，一般高层建筑物则可采用内控法。内控法是将建筑物 ±0.000mm 以下的施工所采用的控制外网移入建筑物内部。另外，建筑物上部（±0.000mm）以上施工测量主要包括以下几步工作：建筑物测量控制点的竖向传递、高程控制网的竖向传递以及楼层平面放线工作。

7.3.2.1　外控法轴线的竖向传递

外控法轴线的竖向传递方法有 3 种：

1. 经纬仪轴线投测法

经纬仪轴线投测方法分为以下两种：

（1）延长轴线法。具体做法是将建筑物的外侧轴线延长到建筑物的总高度以外或附近建筑物顶面上，然后在延长线上安置经纬仪，按正倒镜分中，向上逐层投测。此种方法一

般适用于低多层框架。

（2）侧向借线法。当建筑物场地四周窄小，建筑物周边轴线无法外延时，可将轴线向建筑物外侧平行移出 1.5m 左右（一般不超过 2m）得平移轴线的交点，在施工楼层的四角向外架设钢管操作平台。将经纬仪安置在外挑操作平台上，然后将平移交点引测到外挑平台上，再向内量出平移距离，即可得到楼层面的轴线位置。

2. 垂线投测法

用直径 0.5～0.8mm 的钢丝悬吊 10～20kg 重的重锤，逐层将基础轴线向上引测。为防止风吹晃动，可使用挡风屏，实践证明这种方法比较可靠。

3. 激光铅锤仪投测法

激光铅锤仪是由一个长 30cm 的激光管，悬挂在万向支架上构成。激光管可以自由摆动，静止时激光束处于铅垂方向。激光铅垂仪投测法的另一个装置是接收靶。此种方法测量精度高，也是目前框架（剪）结构施工中运用最广泛的一种投测方法。

施工层轴线的投测，宜使用 2s 级激光经纬仪或激光铅直仪进行。控制轴线投测至施工层后，应在结构面上按闭合图形对投测轴线进行校核。合格后才能进行本施工层上的其他测设工作；否则，应重新进行投测。

7.3.2.2　内控法简介

如前所述，目前高层框剪结构或多层框架主体结构施工测量常采用内控法。

1. 控制点的转移

当上部主体结构采用内控法时，基础施工完后，需要完成外控点向内控点的转移工作。待首层底板施工完成，预埋件埋设完毕后，利用经纬仪将轴线全部投测至首层底板上，按照基础底板的做法进行角度、距离校核等工作，完成测量内控点设置的工作。由外部控制向建筑物内部转移时，其投点误差，一级不应超过 2mm；二级不应超过 3mm。

2. 平面内控点的布设

内控点的布设及选型必须结合建筑物的平面几何形状，组成相应图形。为保证轴线投测点的精度，内控点要形成闭合几何图形，以提高边角关系。根据施工组织设计中施工流水段的划分进行内控点布设时，每一流水段至少布设 4 个点，并相互之间进行衔接，组成闭合图形，作为该流水段的测量内控点。

3. 内控点的竖向传递

当内控点系统建立后，内控点的竖向传递一般按照如下方法操作：先将铅直仪架设在对中架上，调整脚螺旋使气泡居中，并实施强制对中；然后接通电源使激光器发光，转动天顶准直仪使激光束垂直，清晰地发散至楼面预留孔上的光靶上，通过操作人员用对讲机通话联系，点取圆心点即为控制点的垂影点，各垂影点的连线即组成该楼面的轴线控制网。控制轴线投测至施工层后，应进行闭合校验。控制轴线应包括：建筑物外轮廓轴线；伸缩缝、沉降缝两侧轴线；电梯间、楼梯间两侧轴线；单元、施工流水段分界轴线。

施工垂直度测量精度，应根据建筑物的高度、施工精度的要求，以及现场观测、垂直度测量设备等综合分析而确定，但不应低于轴线投测的精度要求，图 7.2 所示为控制点竖向传递示意图。

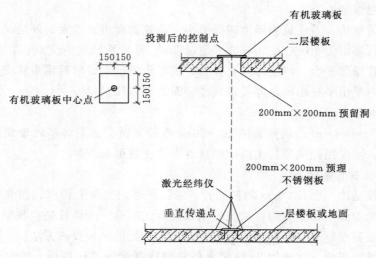

图 7.2　控制点竖向传递示意图

7.3.2.3　楼层平面放线

施工层放线时，应先在结构平面上校核投测轴线，再测设细部轴线和墙、柱、梁、门窗洞口等边线。待本施工段所有内控点都投测到楼层完成后，用经纬仪及钢尺对控制轴线进行角度、距离校核，结果达到规范或设计要求后，进行各条轴线的测放。室内应把建筑物轮廓轴线和电梯井门窗洞口等轴线的投测作为关键部位。为了有效地控制各层轴线误差在允许范围内，并达到在装修阶段仍能以结构控制线为依据测定，要求在施工层的放线中弹放下列控制线：所有主控轴线、细部轴线、墙体边线及门窗洞口边线等。

7.3.2.4　楼层高程的测量方法

1. 标高的竖向传递

标高的竖向传递采用悬吊钢尺法，每次（消除误差的积累及结构沉降等因素的影响）都用钢尺从高程基准点用悬吊钢尺与水准尺相配合的方法进行（计算时对钢尺进行尺长改正），直至达到需要投测标高的楼层，并做好明显标记，每施工段至少投测 2～3 个点。

2. 楼层标高抄测

施工层抄平之前，应先校测首层传递上来的基准点，当较差小于 3mm 时，取其平均高程引测水平线。抄平时，应尽量将水准仪安置在测点范围的中心位置，抄测完成后，换人进行复查。

7.3.2.5　支立模板时的测量控制

1. 中心线及标高的测设

根据轴线控制点将中心线测设在靠近墙体底部的楼层平面上，并在露出的钢筋上抄测出楼层＋500mm 或＋1000mm 的标高线，控制模板的平面位置及高度。

2. 模板垂直度的检测

模板支立好后，利用吊线坠法校核模板的垂直度，并通过检查线坠与轴线间的距离来校核模板的位置。

7.3.2.6 框架结构施工中测量误差限值

建筑物施工放样、轴线投测和标高传递不应超过表 7.2 的规定。

表 7.2　　　　　建筑物施工放样、轴线投测和标高传递的允许偏差

项　目	内　容		允许偏差
基础桩位放样	单排桩或群桩中的边桩		±10
	群桩		±20
各施工层上放线	外廊主轴线长度 L/m	$L \leqslant 30$	±5
		$30 < L \leqslant 60$	±10
		$60 < L \leqslant 90$	±15
		$L < 90$	±20
	细部轴线		±2
	承重墙、梁、柱边线		±3
	非承重墙边线		±3
	门窗洞口边线		±3
轴线竖向投测	每层		3
	总高 H/m	$H \leqslant 30$	5
		$30 < H \leqslant 60$	10
		$60 < H \leqslant 90$	15
		$90 < H \leqslant 120$	20
		$120 < H \leqslant 150$	25
		$150 < H$	30
标高竖向传递	每层		±3
	总高 H/m	$H \leqslant 30$	±5
		$30 < H \leqslant 60$	±10
		$60 < H \leqslant 90$	±15
		$90 < H \leqslant 120$	±20
		$120 < H \leqslant 150$	±25
		$150 < H$	±30

7.3.3　建筑物的沉降观测

框架（剪）在施工过程中和施工完成后应进行沉降观测，以便控制建筑物的沉降量，特别是控制建筑物的不均匀沉降。建筑物的沉降观测应测定建筑及地基的沉降量、沉降差及沉降速度，并根据需要计算基础整体倾斜和局部倾斜。

7.3.3.1　沉降观测点的设置

1. 沉降观测点的位置

沉降观测点的布设应能全面反映建筑及地基变形的特征，并能顾及地质情况及建筑结

构特点。观测点位宜选设在下列位置:

当设计图纸上标注沉降观测点位置时,应按照设计图纸上的位置确定。当设计图纸上没有标注时可按以下原则确定:建筑物的四角、核心筒四角、大转角处及每隔 2~3 根柱基上;高低层建筑物交接处的两侧;建筑后浇带和沉降缝两侧、基础埋深相差悬殊处、人工地基与天然地基接壤处、不同结构的分界处及地基填挖方分界处;对于宽度不小于 15m 或小于 15m 而地质复杂以及膨胀土地区的建筑物,应在承重内隔墙中部设内墙点,并在室内地面中心及四周设地面点;框架结构的每个或部分柱基上或沿纵横轴线上。

2. 沉降观测点的布设要求

沉降观测的标志可根据不同的建筑结构类型和建筑材料,采用墙(柱)标志、基础标志和隐蔽式标志等形式,并应符合下列规定:

(1) 各类标志的立尺部位应加工成半球形或有明显的突出点,并涂上防腐剂。

(2) 标志的埋设位置应避开雨水管、窗台线、散热器、暖水管及电器开关等有碍设标与观测的障碍物,并应视立尺需要离开墙(柱)面和地面一定距离。

7.3.3.2 沉降观测周期及观测时间的确定

沉降观测的周期和观测时间应按下列要求并结合实际情况来确定:

(1) 普通框架结构可在基础完工后或地下室砌完后开始观测,大型、高层框架(剪)结构可在基础垫层或基础底部完成后开始观测。

(2) 观测次数与间隔时间应视地基与加荷情况而定。民用高层建筑可每加高 1~5 层观测一次。若建筑施工均匀增高,应至少在增加荷载的 25%、50%、75% 和 100% 时各测一次。

(3) 施工过程中若暂停工,在停工时及重新开工时应各观测一次。停工期间可每隔 2~3 个月观测一次。

(4) 结构使用阶段的观测次数,应视地基土的类型和沉降速率的大小而定。除有特殊要求外,可在第一年观测 3~4 次,第 2 年观测 2~3 次,第 3 年后每年观测 1 次,直至稳定为止。

(5) 在观测过程中,若有基础附近地面荷载突然增减、基础口周边大量积水、长时间连续降雨等情况,均应及时增加观测次数。当建筑物突然发生大量沉降、不均匀沉降或严重裂缝时,应立即进行逐日或 2~3d 一次的连续观测。

(6) 建筑物沉降是否进入稳定阶段,应由沉降量与时间关系曲线判定。当最后 100d 的沉降速率小于 0.01~0.04mm/d 时可认为已进入稳定阶段。具体取值宜根据各地区地基土的压缩性能确定。

7.3.3.3 沉降观测的技术要求

框架(剪)结构沉降变形测量级别可根据相关规范来确定,一般为二级、三级,对二级、三级沉降观测,除建筑物转角点、交接点、分界点等主要变形特征点外,允许使用间视法进行观测,但视线长度不得大于相应等级规定的长度;观测时,仪器应避免安置在有空压机、搅拌机、卷扬机和起重机等振动影响的范围内;每次观测应记载施工进度、荷载量变动、建筑物倾斜裂缝等各种影响沉降变化和异常的情况。

7.3.3.4　沉降观测结果的整理

每次沉降观测完成后应进行计算分析，根据计算结果列表成图，当整个沉降观测完成后应提交下列图表：

（1）工程平面位置图及基准点分布图。

（2）沉降观测点位分布图。

（3）沉降观测成果表。

（4）时间—荷载—沉降量曲线图。

（5）等沉降曲线图。

任务 7.4　混凝土框架结构施工组织方式

7.4.1　施工组织方式分类

一般框架（剪）结构施工中，施工的组织形式主要分为三类：依次施工、平行施工和流水施工。

7.4.1.1　依次施工组织方式

依次施工（顺序施工）：是将工程对象任务分解成若干施工过程，按照一定的施工顺序，前一个施工过程完成后，后一个施工过程才开始施工；或前一个施工段完成后，后一个施工段才开始施工。

优点：每天投入的劳动力较少，施工机具使用集中，材料供应单一，施工现场管理简单，便于组织安排。

缺点：由于没有充分利用工作面去争取时间，所以工期较长。各队组织施工及材料供应无法保持连续均衡，有窝工现象。不利于提高施工质量和劳动生产率。当工程规模小、施工面有限时，常采用依次施工。

7.4.1.2　平行施工组织方式

平行施工：全部工程任务的各施工段同时开工、同时完工的一种组织形式。

优点：充分利用工作面，完成工程任务的时间最短即工期最短。

缺点：施工队组数成倍增加，机具设备也相应增加，材料供应集中。临时设施、仓库和堆场面积也要增加，从而造成组织安排和施工管理困难，增加施工管理费用。当施工工期紧、大规模建筑群或分期分批组织施工任务时可采用平行施工组织形式。

7.4.1.3　流水施工组织方式

流水施工：是指所有的施工过程按一定的时间间隔依次投入施工，各个施工过程陆续开工、陆续竣工，使同施工过程的施工队组保持连续、均衡施工，不同的施工过程尽可能平行搭接施工的组织形式。

流水施工的特点：流水施工所需的时间比依次施工的短，各施工过程投入的劳动力比平行施工的少，各施工队组的施工和物资消耗具有连续性和均衡性，比较充分地利用施工工作面；机具、设备、临时设施等比平行施工少，节约施工费用支出；材料等组织供应均匀。流水施工是目前广泛采用的一种工程施工组织形式。

7.4.2 组织流水施工的条件及有关参数的确定

7.4.2.1 流水施工的组织

流水施工的组织步骤如下：

（1）划分分部、分项工程。

（2）划分施工段。

（3）每个施工过程组织独立的施工队组。

（4）主要施工过程必须连续、均衡地施工。

（5）不同的施工过程尽可能组织平行搭接施工。

7.4.2.2 流水施工参数

流水施工参数主要包括：工艺参数、空间参数和时间参数。

（1）工艺参数：在组织流水施工时，用以表达流水施工在施工工艺上开展的顺序及其特征的参数，包括施工过程数和流水强度。

1）施工过程数：是指参与一组流水的施工过程数目。

常用的混凝土框架（剪）结构主体施工过程数包括以下部分：框架柱（剪力墙）钢筋制作、框架柱（剪力墙）钢筋安装、框架柱（剪力墙）模板安装、框架梁钢筋制作、框架梁钢筋安装、楼板钢筋制作和安装、框架梁板模板安装等。

2）流水强度：是指某施工过程在单位时间内所完成的工程量。

（2）空间参数：在组织流水施工时，用以表达流水施工在空间布置上所处状态的参数。主要包括工作面和施工段数。

1）工作面：某专业工种的工人在从事建筑产品施工过程中所必须具备的活动空间。

2）施工段数：把平面上划分的若干个劳动量大致相等的施工区段称为施工段。把建筑物垂直方向划分施工区段称为施工层。

划分施工段的基本要求：

a. 施工段的数目要合理。

b. 各施工的劳动量（或称工作量）要大致相等（相差宜在 15% 以内）。

c. 要有足够的工作面。

d. 要有利结构的整体性。

e. 以主导施工过程为依据进行划分。

f. 当组织流水施工对象有层次关系、分层分段施工时，应使各施工队组能连续施工。

（3）时间参数：在组织流水施工时，用以表达流水施工在时间排列上所处状态的参数，包括流水节拍、流水步距、平行搭接时间、技术与组织间歇时间、流水工期。

1）流水节拍：是指从事某一施工过程的施工队组在一个施工段上完成施工任务所需的时间。确定流水节拍的方法有定额计算法和经验估算法。

确定流水节拍应考虑的因素有：施工队组人数应符合该施工过程最小劳动组合人数的要求；要考虑工作面的大小或某种条件的限制；要考虑各种机械台班的效率或机械台班产量的大小；要考虑各种材料、构配件等施工现场堆放量、供应能力及其他有关条件的制约；要考虑施工及技术条件的要求。确定一个分部工程各施工过程的流水节拍时，应首先考虑主要的、工程量大的施工过程的节拍，其次确定其他施工过程的节拍值。节拍值一般取整数，必要时可保留 0.5d（台班）的小数值。

2）流水步距：流水步距是指两个相邻施工过程的施工队组相继投入同一施工段开始施工的最小时间间隔（不包括技术与组织间歇时间）。流水步距的数目等于（$n-1$）个参加流水施工的施工过程（队组）数。确定流水步距的基本要求是主要施工队组连续施工的需要、施工工艺的要求及最大限度搭接的要求。

3）平行搭接时间：在组织流水施工时，有时为了缩短工期，在工作面充分的条件下，如果前一个施工队组完成部分施工任务后，能够提前为后一个施工队组提供工作面，使后者提前进入前一个施工段，两者在同一施工段上平行搭接施工的搭接时间。

4）技术与组织间歇时间：技术间歇时间是指由建筑材料或现浇构件工艺性质决定的间歇时间；组织间歇时间是指由施工组织原因造成的间歇时间。

5）流水工期：是指完成一项工程任务或一个流水组施工所需的时间。

7.4.3 流水施工的基本组织形式

流水施工的基本组织形式如下：

（1）流水施工的分级。流水施工可分为分项工程流水施工、分部工程流水施工、单位工程流水施工及群体工程流水施工。

（2）流水施工的基本组织形式。图 7.3 所示为流水施工的基本组织形式。

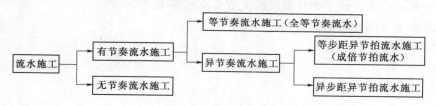

图 7.3 流水施工的基本组织形式

（3）有节奏流水施工。它是指同一施工过程在各个施工段上流水节拍都相等的一种流水施工方式。有节奏流水可分为等节奏流水和等步距异节拍流水。

1）等节奏流水：是同一施工过程在各个施工段上的流水节拍都相等，并且不同施工过程之间的流水节拍也相等的一种流水施工方式。其各施工过程的流水节拍均为常数，故也称为全等节拍流水或固定节拍流水。

2）等步距异节拍流水：是指同一施工过程在各个施工段上的流水节拍都相等，不同施工过程之间的流水节拍不完全相等，但各个施工过程的流水节拍均为最小流水节拍的整倍数，即各个流水节拍之间存在一个最大公约数。

（4）无节奏流水施工。是指同一施工过程在各个施工段上流水节拍不完全相等的一种流水施工方式。

1）无节奏流水施工的特点：

a. 每一个施工过程在各个施工段上的流水节拍不尽相等。

b. 各个施工过程之间的流水步距不完全相等且差异较大。

c. 各施工作业队能够在施工段上连续作业，但有的施工段之间可能有空闲时间。

d. 施工队组数等于施工过程数。

2）流水步距的确定：采用"累加数列法"进行确定，组织无节奏流水施工的关键就是正确计算流水步距。

【例 7.1】 某工程有 A、B、C、D、E 5 个施工过程，平面上划分成 4 个施工段，每个施工过程在各个施工段上的流水节拍见表 7.3。规定 B 完成后有 2d 的技术间歇时间，D 完成后有 1d 的组织间歇时间，A 与 B 之间有 1d 的平行搭接时间，试编制流水施工方案。

表 7.3 每个施工过程在各个施工段上的流水节拍

施工过程	施 工 段			
	1	2	3	4
A	3	2	2	4
B	1	3	5	3
C	2	1	3	5
D	4	2	3	3
E	3	4	2	1

解：根据题设条件该工程只能组织无节奏流水施工。

（1）求流水节拍的累加数列。

A：3，5，7，11
B：1，4，9，12
C：2，3，6，11
D：4，6，9，12
E：3，7，9，10

（2）确定流水步距。

1）KA.B

$$
\begin{array}{r}
3，5，7，11 \\
-)\quad 1，4，9，\ 12 \\
\hline
3，4，3，2，-12
\end{array}
$$

∴KA.B=4d

2）KB.C

$$
\begin{array}{r}
1，4，9，12 \\
-)\quad 2，3，6，\ 11 \\
\hline
1，2，6，6，-11
\end{array}
$$

∴KB.C=6d

3）KC.D

$$
\begin{array}{r}
2，3，6，11 \\
-)\quad\ 4，6，9，\ 12 \\
\hline
2，-1，0，2，-12
\end{array}
$$

∴KC.D=2d

4）KD.E

$$\begin{array}{rrrr} 4, & 6, & 9, & 12 \\ -)\quad 3, & 7, & 9, & 10 \\ \hline 4, & 3, & 2, & 3,\;-10 \end{array}$$

∴KD.E=4d

（3）确定流水工期。

$$T=(4+6+2+4)+(3+4+2+1)+2+1-1=28d$$

（4）绘制流水施工进度计划表（略）。

任务 7.5　混凝土框架结构基础施工程序及技术要点

7.5.1　混凝土框架地下部分施工主要程序框图

图 7.4 所示为混凝土框架地下部分施工主要程序框图。

这里重点介绍基础结构施工技术要点。

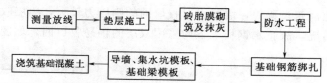

7.5.2　垫层施工

1. 工艺流程

土方开挖至设计标高→基坑清底→验槽→垫层混凝土浇筑。

图 7.4　混凝土框架地下部分施工主要程序框图

2. 基坑清理

在基坑清底过程中，必须将松散层、软弱层清理干净，基坑清理完成以后，施工单位、监理单位、业主、地勘、设计及质检站各单位参与验槽，验槽合格以后，做好相关的记录，准备实施基础垫层混凝土浇筑。

3. 垫层混凝土浇筑

设计要求基础垫层为 100 厚碎石找平，其上为 100 厚 C15 混凝土，施工采用商品混凝土，根据现场实际情况合理调配汽车泵或利用塔吊进行浇筑。

7.5.3　防水工程

框架（剪）结构基础防水一般采用卷材防水，图 7.5 所示为卷材防水的工艺流程，具体的卷材防水施工方法及质量要求可参阅相关书籍及规范。

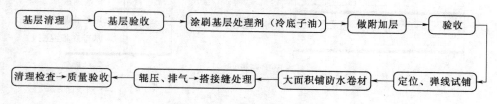

图 7.5　卷材防水的工艺流程

7.5.4　特殊部位模板工程

普通模板的安装方案已经在前面章节中讲述过，这里以梁板式筏板为例讲解基础特殊

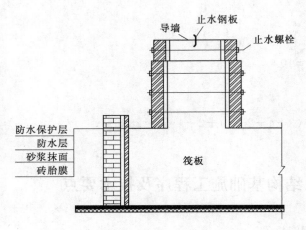

图 7.6 地梁处导墙吊模支设示意图

部位模板的安装方法,其他形式的基础形式可参考此种做法。

1. 外墙与筏板交接处模板的安装方法

由于基础外侧一般存在防水层,且在外墙与基础交接处一般设置止水带(一般为钢板),所以基础外侧模板一般采用砖胎膜,具体做法如图 7.6 所示。

2. 后浇带处模板

一般基础筏板后浇带的构造如图 7.7 所示。

基础后浇带施工中,一般使用快易收口网支设在后浇带的两侧;底板混凝土浇筑过程中,混凝土对收口网的侧压力较大,单层收口网的强度不足,容易出现爆裂的情况,故止水钢板上下均采用双层的快易收口网,如图 7.8 所示。

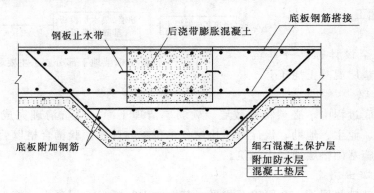

图 7.7 基础筏板后浇带示意图

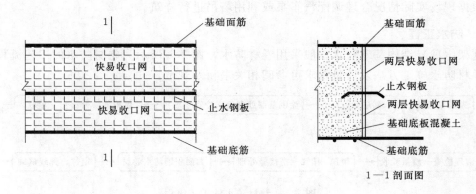

图 7.8 快易收口网安装示意图

(1)快易收口网的搭接说明。现场快易收口网尺寸由筏板厚度决定,要求快易收口网搭接长度不小于 300mm,此时在两端弯折快易收口网,如图 7.9 所示。

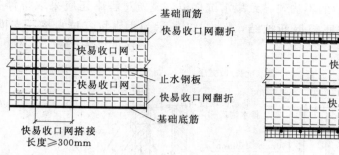

图 7.9　快易收口搭接示意图　　　　图 7.10　基础顶面钢丝网封堵示意图

（2）基础钢筋到基础混凝土面的封堵细节说明。基础钢筋无法穿过快易收口网，故该区段用钢丝网片拦截混凝土，如图 7.10 所示。

（3）快易收口网的支撑说明。快易收口网用的钢筋支撑，间距为 300mm，一端焊接在主筋上，另一端焊接在止水钢板上。另外要支设的斜撑，间距为 300mm，一端焊接在竖向支撑上，另一端焊接在主筋上。具体做法如图 7.11 所示。

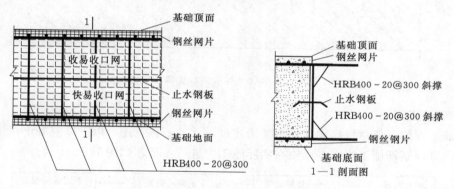

图 7.11　快易收口网支撑示意图

3. 集水坑和电梯井等处模板支设

筏板基础在电梯井、集水坑处一般存在斜坡。电梯井、集水坑施工时，按图纸挖至垫层底，待钢筋绑扎完成后，进行浇筑。底板集水水井、电梯基坑部位模板采用散拼吊模，背枋间距 200mm，阴角做 200mm 宽的压脚板和 50mm×100mm 的木枋，上口和下口用调节撑对撑，如图 7.12 所示为集水坑、电梯井吊模支设示意图。

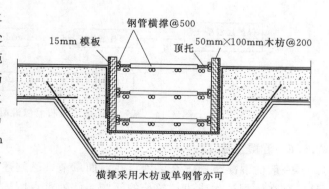

图 7.12　集水坑、电梯井吊模支设示意图

当底板集水坑（排水槽）高出筏板上平面时，模板支撑采用墙模支撑的形式，背枋间距 200mm，外侧采用钢管斜撑。集水坑混凝土浇筑时宜采取四面对称浇筑的原则，避免

集水坑四面收到混凝土侧压力的不均匀导致集水坑移位，浇筑过程中还应采取抗浮措施，可采用铁丝将吊模的上口与底板钢筋拉结，图 7.13 所示为集水坑（排水槽）支模板示意图。

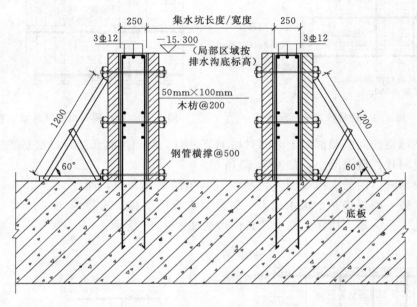

图 7.13　集水坑（排水槽）支模板示意图

7.5.5　钢筋工程

钢筋工程的一般项目已在前面章节阐述过，此处不再重述。以下以混凝土筏板基础为例，列出基础钢筋施工流程，以便在实际施工中进行参考，如图 7.14 所示。

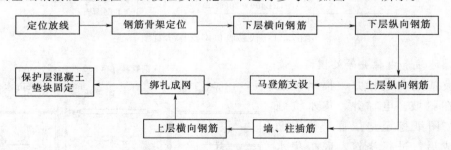

图 7.14　基础钢筋施工流程（以混凝土筏板基础为例）

7.5.6　混凝土施工

一般的混凝土施工有关项目在前面章节中已阐述，此处不再重述。当基础的尺寸过大时，存在体积过大或边长超长的问题。此处重点阐述大体积混凝土或超长混凝土施工时的注意事项。

当基础混凝土厚度超过 1m 或者基础混凝土构件（梁、承台）最小几何尺寸超过 1m 时，就应该按照大体积混凝土施工规范进行施工。以下将从大体积混凝土材料的选择、配合比设计、混凝土制备运输、混凝土浇筑过程等方面对大体积混凝土施工的过程进行论述。

1. 大体积混凝土材料的选择

（1）水泥要求：所用水泥应符合现行国家标准《硅酸盐水泥、普通硅酸盐水泥》（GB 175）的有关规定。当采用其他品种时，其性能指标必须符合国家现行有关标准的规定；应选用中、低热硅酸盐水泥或低热矿渣硅酸盐水泥，大体积混凝土施工所用水泥，其 3d 的水化热不宜大于 240kJ/kg，7d 的水化热不宜大于 270kJ/kg；当混凝土有抗渗指标要求时，所用水泥的铝酸三钙含量不宜大于 8%；所用水泥在搅拌站的入机温度不应大于 60℃。

（2）骨料的选择：除应符合普通混凝土用砂、石质量的有关规定外，尚应符合下列规定：细骨料宜采用中砂，其细度模数宜大于 2.3，含泥量不大于 3%；粗骨料宜选用粒径 5～31.5mm，并连续级配，含泥量不大于 1%；应选用非碱活性的粗骨料；当采用非泵送施工时，粗骨料的粒径可适当增大。

（3）外加剂的质量要求。外加剂质量及应用技术，应符合现行国家标准《混凝土外加剂》（GB 8076—2008）、《混凝土外加剂应用技术规范》（GB 50119—2013）和有关环境保护的规定。外加剂的品种、掺入量应根据工程所用胶凝材料经试验确定；应考虑外加剂对硬化混凝土收缩等性能的影响；耐久性要求较高或寒冷地区的大体积混凝土，宜采用引气剂或引气减水剂。

2. 大体积混凝土配合比设计

大体积混凝土配合比设计在满足普通混凝土配合比设计的基础上，尚应符合下列规定：当采用混凝土 60d 或 90d 强度作为指标时，应将其作为混凝土配合比的设计依据，所配制的混凝土拌和物，到浇筑工作面的坍落度不宜低于 160mm；应严格限制混凝土搅拌过程中的用水量，拌和水用量不宜大于 175kg/m³，水胶比不宜大于 0.55；当混凝土中掺入掺和材料时，应限制掺和料的百分比，粉煤灰掺入量不宜超过胶凝材料用量的 40%；矿渣粉的掺入量不宜超过胶凝材料用量的 50%；粉煤灰和矿渣粉掺合料的总量不宜大于混凝土中胶凝材料用量的 50%；砂率宜为 38%～42%；拌和物泌水量宜小于 10L/m³。

在确定混凝土配合比时，应根据混凝土的绝热温升、温控施工方案的要求等，提出混凝土制备时粗细骨料、拌和用水及入模温度控制的技术措施。

3. 大体积混凝土制备及运输

大体积混凝土的制备量与运输能力应满足混凝土浇筑工艺的要求，同时应满足施工工艺对坍落度、入模温度等的技术要求。混凝土拌和物的运输应采用搅拌运输车，运输车应具有防风、防晒、防雨和防寒设施。在搅拌运输过程中需补充外加剂或调整拌和物质量时，宜符合下列规定：当运输过程中出现离析或使用外加剂进行调整时，搅拌运输车应进行快速搅拌，搅拌时间应不小于 120s；运输过程中严禁向拌和物中加水。

在运输过程中，如果混凝土拌和物坍落度损失或离析严重，经补充外加剂或快速搅拌，已无法恢复混凝土拌和物的工艺性能时，不得浇筑入模。

4. 大体积混凝土施工

大体积混凝土施工内容主要包括大体积混凝土的施工方法、措施和温度控制、监测等方面内容。混凝土的浇筑施工如下：

1）大体积混凝土工程的施工宜采用整体分层连续浇筑施工，如图 7.15 所示。或推移式连续浇筑施工如图 7.16 所示。整体分层连续浇筑施工或推移式连续浇筑施工是目前大体积混凝土施工中普遍采用的方法，应优先采用。工程实践中也有称其为"全面分层、分段分层、斜面分层""斜向分层阶梯状分层""分层连续，大斜坡薄层推移式浇筑"等，采用连续浇筑施工时，不留施工缝，确保结构整体性强。分层连续浇筑施工的特点有：①混凝土一次需要量相对较少，便于振捣，易保证混凝土的浇筑质量；②可利用混凝土层面散热，对降低大体积混凝土浇筑体的温升有利；③可确保结构的整体性。对于实体厚度一般不超过 2m，浇筑面积大、工程总量较大，且浇筑综合能力有限的混凝土工程，宜采用整体推移式连续浇筑法。

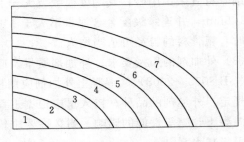

图 7.15　整体分层连续浇筑施工图　　　　图 7.16　推移式连续浇筑施工

大体积混凝土采用整体分层连续浇筑或推移式连续浇筑时，施工工艺应符合下列规定：

a. 混凝土的浇筑厚度应根据所用振捣器的作用深度及混凝土的和易性确定，整体连续浇筑时宜为 300～500mm。

b. 整体分层连续浇筑或推移式连续浇筑，应缩短间歇时间，并在前层混凝土初凝之前将次层混凝土浇筑完毕。层间最长的间歇时间不应大于混凝土的初凝时间。当层间间隔时间超过混凝土的初凝时间时，层面应按施工缝处理。

c. 混凝土浇筑宜从低处开始，沿长边方向自一端向另一端进行。当混凝土供应量有保证时，亦可多点同时浇筑。

d. 大体积混凝土宜采用二次振捣工艺，即在混凝土浇筑后即将凝固前，在适当的时间和位置给予再次振捣，以排除混凝土因泌水在粗骨料、水平钢筋下部生成的水分和孔隙，增加混凝土的密实度，减少内部微裂缝和改善混凝土强度，提高抗裂性。振捣时间长短应根据混凝土的流动性大小而定。

2）分层间歇施工方法。大体积混凝土（一般厚度大于 2m）允许采用分层间歇的施工方法，即采用设置水平施工缝分层施工法。已有的试验资料和工程经验表明，设置水平施工缝施工能有效地降低混凝土内部温升值，防止混凝土内外温差过大。当在施工缝表层和中间部位设置间距较密、直径较小的抗裂钢筋网片后，可有效地避免或控制混凝土裂缝的出现或开展。大体积混凝土施工设置水平施工缝时，除应符合设计要求外，尚应根据混凝土浇筑过程中温度裂缝控制的要求、混凝土的供应能力、钢筋工程的施工、预埋管件安装等因素确定其间隙时间。大体积混凝土施工采取分层间歇浇筑混凝土时，水平施工缝的处理应符合下列规定：

a. 清除浇筑表面的浮浆、软弱混凝土层及松动的石子，并均匀的露出粗骨料。

b. 在上层混凝土浇筑前，应用压力水冲洗混凝土表面的污物，充分润湿，但不得有积水。

c. 对非泵送及低流动性混凝土，在浇筑上层混凝土时，应采取接浆措施。

3）超长大体积混凝土施工，可以选用下列方法控制结构不出现有害裂缝：

a. 留置变形缝或后浇带施工。变形缝和后浇带的设置和施工应符合设计要求和现行国家有关标准的规定。

b. 跳仓法施工：跳仓的最大分块尺寸不宜大于 40m，跳仓间隔施工的时间不宜小于 7d，跳仓接缝处按施工缝的要求设置和处理。采用以上施工方法可在一定程度上减轻外部约束程度，减少每次浇筑段的蓄热量，防止水化热的积聚，减少温度应力；但应指出的是跳仓接缝处的应力一般较大，应通过计算确定配筋量和加强构造处理措施。

在大体积混凝土浇筑过程中，应采取措施防止受力钢筋、定位筋、预埋件等移位和变形，并及时清除混凝土表面的泌水。大体积混凝土浇筑面应及时进行二次抹压处理。大体积混凝土由于混凝土坍落度较大，在混凝土初凝前或混凝土预沉后在表面采用二次抹压处理工艺，并及时用塑料薄膜覆盖，可有效避免混凝土表面水分过快散失出现干缩裂缝，控制混凝土表面非结构性细小裂缝的出现和开展。必要时，可在混凝土终凝前 1～2h 进行多次抹压处理，在混凝土表层配置抗裂钢筋网片。

5. 混凝土的养护

大体积混凝土拆模后，不宜长期暴露在自然环境中。在混凝土浇筑完毕初凝前，宜立即进行喷雾养护工作。大体积混凝土应进行保温、保湿养护，在每次混凝土浇筑完毕后，除应按普通混凝土进行常规养护外，尚应及时按温控技术措施的要求进行保温养护，并应符合下列规定：

（1）保温养护工作应有专人负责。

（2）保湿养护的持续时间不得少于 14d，应经常检查塑料薄膜或养护剂涂层的完整情况，保持混凝土表面湿润。

（3）保温覆盖层的拆除应分层逐步进行，当混凝土的表面温度与环境温度的最大温差小于 20℃时，可全部拆除。

一般采用覆盖层进行保温、保湿，必要时，可搭设挡风保温棚或遮阳降温棚。

在保温养护过程中，应对混凝土浇筑体的里表温差和降温速率进行现场监测，当实测结果不满足温控指标的要求时，应及时调整保温养护措施。

6. 大体积混凝土施工过程中的温度控制

大体积混凝土工程施工前，宜对施工阶段大体积混凝土浇筑体的温度、温度应力及收缩应力进行试算，并确定施工阶段大体积混凝土浇筑体的升温峰值、里表温差及降温速率的控制指标，制定相应的温控技术措施。

（1）温控指标宜符合下列规定：

1）混凝土浇筑体在入模温度基础上的温升值不宜大于 50℃。

2）混凝土浇筑体的里表温差（不含混凝土收缩的当量温度）不宜大于 25℃。

3）混凝土浇筑体的降温速率不宜大于 2.0℃/d。

4）混凝土浇筑体表面与大气温差不宜大于 20℃。

（2）温度监测方法和温度控制点的布设。

1）大体积混凝土浇筑体里表温差、降温速率、环境温度及温度应变的测试。在混凝土浇筑后，每昼夜不应少于 4 次；入模温度的测量，每台班不少于 2 次。

2）大体积混凝土浇筑体内监测点的布置，应真实地反映出混凝土浇筑体内最高温升、里表温差、降温速率及环境温度，可按下列方式布置：监测点的布置范围应以所选混凝土浇筑体平面图对称轴线的半条轴线为测试区，在测试区内监测点按平面分层布置；在测试区内，监测点的位置与数量可根据混凝土浇筑体内温度场的分布情况及温控的要求确定；在每条测试轴线上，监测点位宜不少于 4 处，应根据结构的几何尺寸布置；沿混凝土浇筑体厚度方向，必须布置外面、底面和中间温度测点，其余测点宜按测点间距不大于 600mm 布置；保温养护效果及环境温度监测点数量应根据具体的需要来确定；混凝土浇筑体的外表温度，宜为混凝土外表以内 50mm 处的温度；浇筑体底面的温度，宜为混凝土浇筑体底面上 50mm 处的温度。测试元件接头安装位置应准确，固定应牢固，并与结构钢筋及固定架金属体绝热；测试元件的引出线宜集中布置，并应加以保护；测试元件周围应进行保护，混凝土浇筑过程中，下料时不得直接冲击测试测温元件及其引出线；振捣时，振捣器不得触及测温元件及引出线。

测试过程中宜及时描绘出各点的温度变化曲线和断面的温度分布曲线，发现温控数值异常时应及时报警，并应采取相应的措施。

任务 7.6　现浇框架（剪）主体结构施工技术要点

7.6.1　钢筋工程

7.6.1.1　钢筋加工

钢筋加工流程：调直→除锈→下料切断→弯曲成型→堆放→自检。

7.6.1.2　钢筋连接

1. 钢筋焊接的技术要点

框架结构施工中常用的焊接方法有 3 种：闪光对焊（用于水平纵筋连接）、电渣压力焊和电弧焊。电弧焊是传统的施工方法，此处不做详细的阐述。此处重点阐述闪光对焊和电渣压力焊的技术要点。

（1）基本规定。无论采用何种焊接工艺，在工程开工正式焊接之前参与该项施焊的焊工应进行现场条件下的焊接工艺试验，并经试验合格后，方可正式生产。

钢筋焊接施工前，应清除钢筋、焊接部位、钢筋与电极接触表面上的锈斑油污、杂物等；钢筋当有弯折、扭曲时，应予以矫直或切除。带肋钢筋进行闪光对焊、电弧焊及电渣压力焊时，应将纵肋对纵肋安放和焊接。

两种同牌号不同直径的钢筋进行闪光对焊和电渣压力焊时，闪光对焊径差不能超过 4mm，电渣压力焊，径差不超过 7mm，两根钢筋轴线应保证在一条直线上，接头的强度应按小直径计算；两根同直径不同牌号的钢筋可进行电渣压力焊，焊接工艺参数应按较高牌号钢筋选用。接头的强度应按较低牌号钢筋计算。

进行闪光对焊时，可随时观察电源电压波动的情况，当电源电压下降值大于 5％小于 8％时，应采取提高焊接变压器级数的措施，当电源电压下降值不小于 8％时，不得进行焊接；当环境温度低于－20℃时不宜进行各种焊接。雪天、雨天不宜进行焊接，必须焊接时，应采取遮蔽措施，未冷却的焊接接头不得碰触雨雪。

（2）闪光对焊技术要点及质量检查方法。常用的钢筋闪光对焊施工工艺有 3 种，生产中可按不同条件进行选用，当钢筋直径较小，级别较低时采用连续闪光对焊，当钢筋直径较粗，且钢筋端头较平整时，采用预热闪光对焊，当钢筋直径较粗，端头不平整采取闪光-预热-闪光对焊。采用连续闪光对焊施工工艺的最大钢筋直径见表 7.4。

表 7.4　　　　　　　　　　　　连续闪光对焊钢筋上限直径

焊机容量	钢筋级别		钢筋直径
160（150）	HPB300		22
	HRB335	HRBF335	22
	HRB400	HRBF400	20
	HRB500	HRBF500	20
100	HPB300		20
	HRB335	HRBF335	20
	HRB400	HRBF400	18
	HRB500	HRBF500	16
80（75）	HPB300		16
	HRB335	HRBF335	14
	HRB400	HRBF400	12

HRB500 钢筋焊接时，应采用预热闪光对焊或闪光-预热闪光对焊，当接头拉伸试验结果发生脆性断裂或弯曲试验不能达到规定要求时，还应在焊接机上进行焊后热处理。

闪光对焊的质量检查：

1）外观质量检查。闪光对焊首先应进行外观质量检查，并应符合下列规定：对焊接头表面应呈圆滑、带毛刺状，不得有肉眼可见的裂纹；与电极接触的钢筋表面不得有明显的烧伤；接头处的弯折角度不得大于 2°；接头处的轴线偏移不得大于钢筋直径的 1/10，且不得大于 1mm。

2）闪光对焊应分批进行力学性能检验，并应符合下列规定：

同台班内，由一个焊工完成的 300 同牌号、同直径钢筋焊接接头应作为一批。当同台班内焊接接头的数量较少，可在一周之内累计计算；累计计算仍不足 300 接头时，应按一批计算。力学性能试验时，应从每批接头中随机切去 6 个接头，其中 3 个做拉伸试验，3 个做弯曲试验；异径钢筋接头可只做拉伸试验。

（3）电渣压力焊的技术要点及质量检查方法。电渣压力焊适用于墙、柱等现浇混凝土竖向受力的连接，不得将水平焊接后钢筋横置于梁板等构件当作水平钢筋使用。电渣压力焊接头质量检验，应分批进行外观质量检查及力学性能检验，并应符合下列规定：

1）外观质量检查。电渣压力焊接头首先应进行外观质量检查，应符合下列规定：四周焊包凸出钢筋表面的高度，当钢筋直径不大于 25mm 时，不得小于 4mm；当钢筋直径不小于 28mm 时，不得小于 6mm；钢筋与电极接触处，应无烧伤缺陷；接头处弯折角度不得大于 2°；接头处轴线偏移距离不得大于 1mm。

2）力学性能检验规定。在框架（剪）结构中，应在不超过连续两楼层中 300 个同牌号钢筋接头作为一批；当不满足 300 个接头时，仍应作为一批；每批随机切去 3 个接头试件做拉伸试验。

2. 机械连接

机械连接是目前广泛应用于现浇框架（剪）结构纵向或横向钢筋的连接。机械连接的形式主要可分为直螺纹连接、锥螺纹连接和套筒挤压连接，由于螺纹连接构造简单、施工方便以及质量容易保证，所以得到广泛的采用。

（1）机械连接等级划分及选用。接头应根据抗拉强度、残余变形、高应力和大变形条件下反复拉压性能的差异，分为下列 3 个性能等级：Ⅰ级接头抗拉强度等于被连接钢筋的实际拉断强度或不小于 1.10 倍钢筋抗拉强度标准值，残余变形小并具有高延性及反复拉压的性能；Ⅱ级接头抗拉强度不小于被连接钢筋抗拉强度标准值，残余变形较小并具有高延性及反复拉压的性能；Ⅲ级接头抗拉强度不小于被连接钢筋屈服强度标准值的 1.25 倍，残余变形较小并具有一定的延性及反复拉压性能。在实际施工中选用等级时，混凝土结构中要求充分发挥钢筋强度或对延性要求高的部位应优先选用Ⅱ级接头。当在同一连接区段内必须实施 100％钢筋接头的连接时，应采用Ⅰ级接头；混凝土结构中钢筋应力较高但对延性要求不高的部位可采用Ⅲ级接头。

（2）框架（剪）结构施工中钢筋机械连接的技术要点。钢筋连接件的混凝土保护层厚度宜符合现行国家标准《混凝土结构设计规范》（GB 50010—2010）中受力钢筋的混凝土保护层最小厚度的规定，且不得小于 15mm。连接件之间的横向净距不宜小于 25mm；接头宜设置在结构构件受拉钢筋应力较小的部位，当需要在高应力部位设置接头时，在同一连接区段内，Ⅲ级接头的接头百分率不应大于 25％，Ⅱ级接头的接头百分率不应大于 50％，位于抗震框架梁柱端箍筋加密区外的Ⅰ级接头百分率可不受限制；机械接头宜避开抗震框架的梁端、柱端箍筋加密区；当无法避开时，应采用Ⅱ级接头或Ⅰ级接头，且接头百分率不应大于 50％；受拉钢筋应力较小的部位或纵向受压钢筋，接头百分率可不受限制。

（3）机械连接接头现场加工、安装及质量检验。直螺纹接头的现场加工应符合下列规定：钢筋端部应切平或镦平后加工螺纹；镦粗头不得有与钢筋轴线相垂直的横向裂纹；钢筋丝头长度应满足企业标准中产品设计的要求，公差应为 $0 \sim 2.0p$（p 为螺距）；钢筋丝头宜满足 6f 级精度要求，应用专用直螺纹量规检验，通规能顺利旋入并达到要求的拧入长度，止规旋入不得超过 $3p$。抽检数量为 10％，检验合格率不应小于 95％。安装接头时可用管钳扳手拧紧，应使钢筋丝头在套筒中央位置相互顶紧。标准型接头安装后的外露螺纹不宜超过 $2p$。

锥螺纹接头的现场加工应符合下列规定：钢筋端部不得有影响螺纹加工的局部弯曲；钢筋丝头长度应满足设计要求，使拧紧后的钢筋丝头不得相互接触，丝头加工长度公差应为$-0.5p\sim-1.5p$；钢筋丝头的锥度和螺距应使用专用锥螺纹量规检验；抽检数量为10%，检验合格率不应小于95%。接头安装时应严格保证钢筋与连接套的规格相一致。

（4）机械连接接头的现场质量检验与验收。

1）检验批的规定。接头的现场检验应按验收批进行。同一施工条件下采用同一批材料的同等级、同型式和同规格的接头，应以500个为一个验收批进行检验与验收，不足500个也应作为一个验收批。现场检验连续10个验收批抽样试件抗拉强度试验一次合格率为100%时，验收批接头数量可扩大1倍。

2）验收步骤：

a. 抽取其中10%的接头进行拧紧扭矩校核，拧紧扭矩值不合格数超过被校核接头数的5%时，应重新拧紧全部接头，直到合格为止。

b. 对接头的每一验收批，必须在工程结构中随机截取3个接头试件做抗拉强度试验，按设计要求的接头等级进行评定。当3个接头试件的抗拉强度均符合相应等级的强度要求时，该验收批应评为合格。如有1个试件的抗拉强度不符合要求时，应再取6个试件进行复检。复检中如仍有1个试件的抗拉强度不符合要求时，则该验收批应评为不合格。

现场截取抽样试件后，原接头位置的钢筋可采用同等规格的钢筋进行搭接连接，或采用焊接及机械连接的方法补接。

7.6.1.3　钢筋绑扎

钢筋绑扎的技术要求及质量检验已经在前面章节中论述过，这里列出框架（剪）结构中各种构件钢筋绑扎的工艺流程。

1. 墙体钢筋绑扎流程

图 7.17 所示为墙体钢筋绑扎流程图。

图 7.17　墙体钢筋绑扎流程图

2. 柱钢筋工艺流程

图 7.18 所示为柱钢筋工艺流程图。

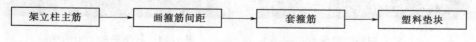

图 7.18　柱钢筋工艺流程图

3. 梁钢筋绑扎流程

图 7.19 所示为梁钢筋绑扎流程图。

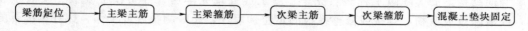

图 7.19　梁钢筋绑扎流程图

4. 楼板钢筋工艺流程

图 7.20 所示为楼板钢筋工艺流程图。

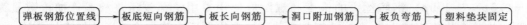

图 7.20　楼板钢筋工艺流程图

5. 钢筋成品保护

绑扎墙柱筋时应事先在侧面搭临时架子，上铺脚手板。钢筋绑扎人员不准蹬踩钢筋。底板、楼板上下层钢筋绑扎时，支撑马镫与钢筋绑扎牢固，防止操作时蹬踩变形。图 7.21 所示为钢筋套筒防止混凝土浆污染，图 7.22 所示为及时清理受污染钢筋，图 7.23 所示为钢筋套筒保护，图 7.24 所示为板钢筋施工中的保护。

图 7.21　钢筋套筒防止混凝土浆污染　　　　图 7.22　及时清理受污染钢筋

图 7.23　钢筋套筒保护　　　　　　图 7.24　板钢筋施工中的保护

7.6.2　模板工程

7.6.2.1　模板安装的一般要求

竖向结构钢筋等隐蔽工程验收完毕、施工缝处理完毕后，准备模板安装。安装柱模前，要清除垃圾杂物，焊接或修整模板的定位预埋件，做好测量放线工作，抹好模板下的找平砂浆。

7.6.2.2　模板的安装顺序

模板的安装顺序如下：柱、墙体模板定位、垂直度调整→模板加固→验收→顶板、梁

"满堂红"碗扣脚手架→主龙骨→次龙骨→柱头模板龙骨、梁底模板→绑扎梁钢筋→安装垫块→梁两侧模板→调整模板→顶板模板→拼装→测量顶模板标高、验收→进行下道工序。

7.6.2.3　特殊部位模板

1. 梁柱接头模板

所有模板体系在预制拼装时，要求模板接缝平整且缝隙小。将模板刨边，使边线平直，四角归方，接缝平整；梁底边、二次模板接头处，转角处均加垫 10mm 厚海棉条以防止混凝土浇筑时漏浆。采用 10# 槽钢进行抱箍方式加固，如图 7.25 所示。

2. 门窗洞口模板

门窗洞口模板采用定型钢木组合模板，门窗四周用活角铁夹组装。为加强刚度，内侧用木枋加固，施工时在门窗模两侧粘贴海棉条防止漏浆。为保证

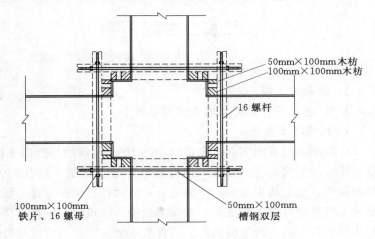

图 7.25　梁柱接头模板处理示意图

窗下墙的混凝土质量，在窗模下侧板上钻 2～3 个透气孔，便于排出振捣时产生的气泡。为防止门窗模纵向跑模，用短钢筋作为限位筋焊在附加筋上，以限制门窗模的位置。

3. 施工缝后浇带处模板

当结构施工图中存在施工缝或后浇带时，施工缝或后浇带处模板可按以下步骤支设：

（1）施工缝处模板的支设。墙、柱根部施工缝处理：为确保墙、柱根部不烂根，在安装模板时，所有墙柱根部均留设清扫口，混凝土浇筑前，需加砂浆找平层以防止混凝土浇筑时因漏浆而导致烂根。

（2）楼板接头处施工缝处理：要求模板接缝平整且缝隙小。所有模板体系在预制拼装时，将模板刨边，使边线平直，四角归方，接缝平整；梁底边、二次模板接头处和转角处均加垫 10mm 厚海绵条以防止漏浆。

（3）后浇带处模板处理。后浇带模板支设应一次到位，将板底模及梁底模、侧模连同支撑一起支设完毕，采用快拆体系，要求两侧模板的拆除不影响后浇带的支撑。后浇带两侧各搭设一列双排脚手架，每根脚手架立杆底部及顶部均设木枋，立杆上部加设快拆头，使木枋与板底或梁底模板顶紧。有梁的部位在梁宽中部加设两根立杆，并将该立杆与其他立杆连接起来。后浇带上部采用木模板进行封闭，避免垃圾等杂物进入后浇带，并应在后浇带两侧采用砂浆做好挡水措施。后浇带及施工缝采用快易收口网，如图 7.26 所示。

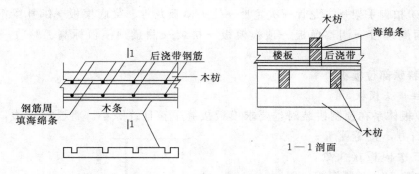

图 7.26 后浇带处模板示意图

7.6.3 混凝土工程

7.6.3.1 各类构件混凝土施工技术要求

1. 柱混凝土浇筑

柱混凝土浇筑前底部应先填以 50~100mm 厚的与混凝土同配合比的水泥砂浆，柱混凝土应分层振捣。使用插入式振捣器时，每层厚度不大于 500mm，振动棒不得触动钢筋和预埋件，除上面振捣外，下面要有人随时敲打模板。柱子混凝土应一次浇筑完毕，如需留施工缝时应留在主梁下面，在与梁板整体浇筑时，应在柱浇筑完毕后停歇 1~1.5h，使其获得初步沉实，再继续浇筑。柱混凝土浇筑完后，应随时将伸出的搭接钢筋整理到位。

当柱、墙混凝土设计强度等级高于梁、板混凝土设计强度等级时，柱头混凝土浇筑应符合下列规定：

（1）柱、墙混凝土设计强度比梁、板混凝土设计强度高一个等级时，柱、墙位置梁、板高度范围内的混凝土经设计单位同意，可采用与梁、板混凝土设计强度等级相同的混凝土进行浇筑。

（2）当梁板混凝土与柱混凝土强度等级相差两个等级及以上时，梁柱节点处的混凝土按柱子混凝土强度等级单独浇筑，应在交界区域采取分隔措施。分隔位置应在低强度等级的构件中，且距高强度等级构件边缘不应小于 500mm；可先用塔吊浇筑柱头处高强度的混凝土，在混凝土初凝前再浇筑梁板混凝土，并加强混凝土的振捣和养护，从而确保梁柱节点区的混凝土强度等级与柱一致。当梁柱节点钢筋较密时，浇筑此处混凝土时应用同强度等级的细石混凝土浇筑，并用小直径振捣棒振捣。

2. 墙体混凝土浇筑

墙体混凝土浇筑前，先在底部均匀浇筑 50mm 厚的与墙体混凝土同强度等级的不含细石的水泥砂浆，并用铁锹入模，不应用料斗直接灌入模内。浇筑墙体混凝土应连续进行，间隔时间根据混凝土初凝时间确定，每层浇筑高度应控制在高 600mm 左右。因此，必须预先安排好混凝土下料点的位置和振捣器操作人员的数量。

振捣器移动间距应小于 500mm，每振动一点的移动时间以表面呈现浮浆为度，为使上下层混凝土结合牢固，振捣器应插入下层混凝土 50mm。振捣时留意钢筋密集及洞口部位，为防止出现漏振，下料高度也要大体一致，大洞口的模板应开口，在洞内伸入振动棒进行振捣。墙体混凝土浇筑完毕，应将上口甩出的钢筋加以整理，用木抹子按标高线将墙上表面混凝土找平。

　　浇灌高度超过 2m，应用串筒或溜槽进行下料，以防止离析；模板应充分湿润并认真堵好缝隙；混凝土振捣严禁撞击钢筋，操作时避免踩踏钢筋，如有踩弯或脱扣等及时调整；保护层混凝土要振捣密实；正确掌握脱模时间，防止过早拆模，碰坏棱角。

　　3. 梁板混凝土浇筑

　　梁板同时浇筑，浇筑方法一般采用"赶浆法"，即先浇筑梁，根据梁高分层浇筑成阶梯形，当达到板底位置时再与板混凝土一起浇筑，随着阶梯形不断延伸，梁板混凝土浇筑连续向前进行。

　　浇筑板混凝土的虚铺厚度应略大于板厚，用平板振动器沿浇筑方向来回振捣，厚板采用插入式振捣棒沿浇筑方向拖拉振捣，并用铁插尺检查混凝土厚度，振捣完毕后用长木抹子抹平，施工缝处或预埋铁件及插筋处用木抹子找平，浇筑板混凝土时，不允许用振动棒铺摊混凝土。

7.6.3.2　混凝土成品保护

　　混凝土浇筑之前，在预留钢筋上缠绕塑料膜防止钢筋被混凝土污染，柱墙拆模后用塑料护角条对柱、墙及门窗洞口处混凝土阳角部分进行成品保护；对楼梯踏步采用满铺竹胶模板进行保护。柱角、楼梯踏步混凝土成品保护示意图如图 7.27 所示。楼板浇筑完混凝土强度达到 1.2MPa 以后，方可允许操作人员在上行走进行一些轻便工作，但不得有冲击性操作。墙、柱阳角、楼梯踏步用硬塑料条或小木条包裹进行保护，满堂架立杆下端垫木枋。利用结构做支撑支点时，支撑与结构间加垫木枋。

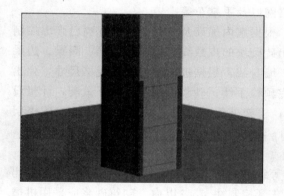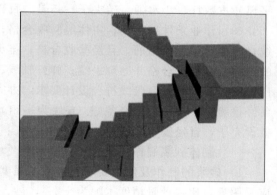

图 7.27　柱角、楼梯踏步混凝土成品保护示意图

任务 7.7　框架结构填充墙施工

　　框架结构填充墙施工是框架结构施工中不可缺少的工序。进行框架结构填充墙施工时，首先应了解框架填充墙施工的施工过程、技术要点和质量要求。

　　框架填充墙目前主要采用 3 种块材：烧结空心砖、蒸压加气混凝土砌块和轻骨料混凝土小型空心砌块。

7.7.1　施工准备

施工的准备工作如下：

（1）砖、砌块，品种和强度等级必须符合设计要求，并有出厂合格证、试验单，蒸压加气混凝土砌块，其产品龄期应超过 28d，含水率宜小于 30%。①抽检数量：烧结空心砖每 10 万块为一验收批，小砌块每 1 万块为一验收批，不足上述数量时按一批计，抽检数量为一组。②检验方法：检查砖、小砌块进场复验报告和砂浆试块试验报告及现场观察检查。烧结空心砖、蒸压加气混凝土砌块、轻骨料混凝土小型空心砌块等的运输、装卸过程中，严禁抛掷和倾倒；进场后应按品种、规格堆放整齐，堆置高度不宜超过 2m。蒸压加气混凝土砌块在运输与堆放中应防止雨淋。水泥品种及标号应根据砌体部位及所处的环境条件进行选择，一般宜采用 32.5 级普通硅酸盐水泥或矿渣硅酸盐水泥。砂为特细砂，含泥量不超过 5%，细度模量大于 0.5。其他材料、墙体拉结筋及预埋件等应满足设计和规范要求。采用普通砂浆砌筑填充墙时，烧结空心砖、吸水率较大的混凝土小型空心砌块应提前 1～2d 浇水湿润，蒸压加气混凝土砌块应在当天进行浇水湿润，砌块的润湿程度应满足下列要求，烧结空心砖的相对含水率为 60%～70%，吸水率较大的混凝土小型空心砌块和蒸压加气混凝土砌块相对含水率为 40%～50%。吸水率较小的轻骨料混凝土小型空心砌块及采用薄灰砌筑法施工的蒸压加气混凝土砌块，砌筑前不应对其浇（喷）水浸润；在气候干燥炎热的情况下，对吸水率较小的轻骨料混凝土小型空心砌块宜在砌筑前喷水湿润。

（2）主要机具：垂直运输机具、大铲、瓦刀、托线板、线坠、小白线、钢卷尺、铁水平尺、皮数杆、小水桶、砖夹子、扫帚、百格网以及手推车等。

（3）作业条件：基础、主体经验收合格；根据室内标高及窗台、窗顶标高已弹出控制线；墙面已预埋拉结筋，且经验收合格；排出砖砌块的皮数线，标明拉结筋、圈梁、边梁的尺寸，经检查合格并办理手续；弹好轴线、墙身线，根据进场砖的实际规格尺寸，弹出门窗洞口位置线，经验线符合设计要求，办完预检手续；砂浆由试验室做好试配，计量设备经检验，砂浆试模已经备好（6 块为一组）；框架外墙施工时，外防护脚手架应随楼层搭设完毕，且经验收合格。

（4）砌体砂浆制作、使用和强度质量要求。

1）砂浆的制作及使用要求。砂浆的强度等级和品种必须符合设计要求。砂浆配合比应采用重量比，计量精度水泥为 ±2%，砂、灰膏控制在 ±5% 以内。砌筑砂浆应采用机械搅拌，搅拌时间自投料完算起应符合下列规定：水泥砂浆和水泥混合砂浆不得少于 120s；水泥粉煤灰砂浆和掺用外加剂的砂浆不得少于 180s；掺液体增塑剂的砂浆应先将水泥、砂干拌混合均匀后将混有增塑剂的拌和水倒入干混砂浆中继续搅拌，掺固体增塑剂的砂浆，应先将水泥、砂、增塑剂干拌混合均匀后，将拌和水倒入其中继续搅拌，从加水开始，搅拌时间不宜小于 210s；预拌砂浆及蒸压加气混凝土砌块专用砌筑砂浆的搅拌及使用时间应按照厂方提供的说明书确定。

砂浆稠度一般控制在 50～70mm 为宜，现场拌制的砂浆应随拌随用，拌制的砂浆应在 3h 内使用完毕；当施工期间最高气温超过 30℃ 时，应在 2h 内使用完毕。不同种类的砌筑砂浆不得混用；湿润砂浆在存储、使用过程中不应加水，当存放过程中出现少量泌水时，应拌和均匀后使用；施工中不应采用强度等级低于 M5 水泥砂浆替代同强度等级的水泥混合砂浆，如需替代，应将水泥砂浆提高一个强度等级。

2）砌体砂浆质量检验及强度合格标注。

a. 抽检数量：每一检验批且不超过 250m³ 砌体的各类、各强度等级的普通砌筑砂浆，每台搅拌机应至少抽检一次。验收批的预拌砂浆、蒸压加气混凝土砌块专用砂浆，抽检可为 3 组；砌筑砂浆的验收批，同一类型、强度等级的砂浆试块应不少于 3 组。同一验收批砂浆只有一组或二组试块时，每组试块抗压强度的平均值应不小于设计强度等级值的 1.1 倍；对于建筑结构的安全等级为一级或设计使用年限为 50 年及以上的房屋，同一验收批砂浆试块的数量不得少于 3 组。

砂浆强度应以标准养护，28d 龄期的试块抗压强度为准。制作砂浆试块的砂浆稠度应与配合比设计一致。同一验收批砂浆试块强度平均值应不小于设计强度等级值的 1.1 倍；同一验收批砂浆试块抗压强度的最小一组平均值应不小于设计强度等级值的 85%。

b. 检验方法：在砂浆搅拌机出料口或在湿拌砂浆的储存容器出料口随机取样制作砂浆试块（现场拌制的砂浆，同盘砂浆只应制作一组试块），预拌砂浆中的湿拌砂浆稠度应在进场时取样检验。

7.7.2　填充墙砌筑施工程序

填充墙砌筑施工流程如下：基层验收、墙体弹线 → 复检 → 见证取样、拌制砂浆 → 复试 → 排砖摆底、墙体盘角 → 检查 → 立杆挂线、砌墙 → 构造柱、拉筋、浇筑混凝土 → 检查 → 验收、养护。

7.7.3　填充墙的操作要点及质量检查

填充墙的操作要点及质量检查如下：

（1）基层清理：剔出高于楼面的混凝土、水泥锅巴，并清扫干净。砌块砌筑前，清理砌块表面，检查砌块外观质量，不得使用断裂砌块。

（2）在厨房、卫生间、浴室等处采用混凝土小型空心砌块或蒸压加气混凝土砌块时，墙体宜浇筑混凝土坎台，其高度不宜小于 150mm。

（3）填充墙与墙、柱、梁的拉结筋一般采用化学植筋设置。当采用化学植筋的连接方式时，应进行实体检测。锚固钢筋拉拔试验的轴向受拉非破坏承载力检验值应为 6.0kN。抽检钢筋在检验值作用下应基材无裂缝、钢筋无滑移宏观裂损现象；持荷载 2min 期间荷载值降低不大于 5%。抽检数量按表 7.5 确定，检验方法为原位试验检查。

表 7.5　　　　　　　　　　检验批抽检锚固钢筋样本最小容量　　　　　　　　　　单位：根

检验批的容量	样本最小容量	检验批的容量	样本最小容量
≤90	5	281～500	20
91～150	8	501～1200	32
151～280	13	1201～3200	50

（4）填充墙与主体结构之间的连接应符合设计要求，未经设计同意，不得随意改变连接构造做法。每一填充墙与柱的拉结筋的位置超过一皮块体高度的数量不得多于一处。

（5）在填充墙上钻孔、镂槽或切锯时，应使用专用工具，不得任意剔凿。各种预埋件、预留洞、预埋管应按设计要求安装，不得砌筑后任意剔凿。

（6）抗震设防地区，应按照设计要求设置构造柱、连系梁，且填充墙门窗洞口部位，砌块砌筑时不应侧砌。

（7）填充墙砌体砌筑，应该在承重主体结构检验批验收合格后进行，填充墙顶部和主体承重结构之间空隙应该在填充墙砌筑后 14d 进行砌筑。填充墙砌至接近梁或板底时应留 150mm 左右的后塞口（角度一般为 60°～90°）。

（8）轻骨料混凝土小型空心砌块应采用整块砌块进行砌筑，当蒸压加气混凝土砌块需要断开时，应采用无齿锯切割，裁切长度不应小于砌块总长度的 1/3。

（9）轻骨料混凝土小型空心砌块，蒸压加气混凝土砌块等不同强度的同类砌块不得混砌也不能与其他砌块混砌体。窗台处和因安装门窗需要在门窗洞口处两侧填充墙上、中、下部可采用其他块体局部嵌砌；对于框架柱、梁不脱开方法的填充墙，填塞填充墙顶部与梁之间缝隙可采用其他块体。

（10）烧结空心砖墙应侧立砌筑，空洞应成水平方向，空心砖底部应砌筑 3 批普通砖，且门窗洞口两侧一转范围内应用烧结普通砖砌筑。砌筑时，第一批砖应进行试排，不够半砖处应采用普通砖或配砖补砌，竖缝应采用刮浆法即先抹砂浆后砌筑。烧结空心砖组砌时，应上下搭接，交接处应咬槎搭接，掉角严重的空心砖不宜使用。转角及交接处应同时砌筑，不得留直槎，留斜槎时，高度不宜超过 1.2m。外墙采用空心砖时，应采取防雨水渗漏措施。

（11）蒸压加气混凝土砌块填充墙砌筑时应上下错缝，搭接长度应不小于砌块的 1/3，且不小于 150mm。当不能满足时，应在水平灰缝中设置 $2\phi6$ 或者 $\phi4$ 钢筋网片加强。加强筋从砌块搭接的错缝部位起，每侧搭接长度不宜小于 700mm。轻骨料混凝土小型空心砌块搭砌长度不应小于 90mm；竖向通缝不应大于 2 皮。抽检数量为每检验批抽检不应少于 5 处，检查方法为观察和用尺检查。

（12）蒸压加气混凝土砌块采用薄层砂浆砌筑法砌筑时，砌筑砂浆应采用专用黏结砂浆；砌块不应用水浇湿，砌块与拉结筋的连接，应预先在砌块相应位置开设凹槽，砌筑时钢筋应放在凹槽的砂浆内；砌块砌筑过程中，挡在垂直面或水平面上有超过 2mm 的错边量时，应用钢尺磨板或磨砂板磨平，方可进行下道工序。

（13）填充墙的水平灰缝厚度和竖向灰缝宽度应正确。烧结空心砖、轻骨料混凝土小型空心砌块砌体的灰缝应为 8～12mm。蒸压加气混凝土砌块砌体当采用水泥砂浆、水泥混合砂浆或蒸压加气混凝土砌块砌筑砂浆时，水平灰缝厚度及竖向灰缝宽度不应超过 15mm；当蒸压加气混凝土砌块砌体采用蒸压加气混凝土砌块黏结砂浆时，水平灰缝厚度和竖向灰缝宽度宜为 3～4mm。抽检数量为每检验批抽查不应少于 5 处；检查方法为水平灰缝厚度用尺量 5 皮小砌块的高度折算；竖向灰缝宽度用尺量 2m 的砌体长度折算。

（14）临时施工洞的要求。墙上留设施工洞口时宽度不应超过 1m，其侧边距交接处墙面不应小于 500mm，临时施工洞口上应设置过梁，亦可在洞口上部采取逐层挑砖的方法封口，并应预埋水平拉结筋。当临时施工洞口补砌时，块材及砂浆的强度不应低于砌体材料的强度，脚手架眼应采用相同材料填塞，且灰缝饱满。临时施工洞口和脚手架眼补砌用的块材应用水湿润。

（15）砌砖。砌体宜采用一铲灰、一块砖、一挤揉的"三一"砌砖法，即满铺、满挤操作法。砌砖时砖要放平，砌砖一定要跟线，"上跟线，下跟棱，左右相邻要对平"。水平灰缝厚度和竖向灰缝宽度，在操作过程中，要认真进行自检，如出现有偏差，应随时纠正。埋设的拉筋或网片必须置于灰缝和芯柱内，不得漏放，其外漏部分不得随意弯折。砌筑时内外墙应同时砌筑，上、下十字错缝，转角处相互咬砌搭接。分段位置应在变形缝或门窗口角处，隔墙与墙或柱不同砌筑时，可留阳槎加预埋拉结筋。沿墙高按设计要求每50cm 预埋 2 根 $\phi6$ 钢筋，其埋入长度从墙的留槎处算起，（抗震设防裂度为 6 度时）每边均不小于 100cm，末端应加 90°弯钩。施工洞口也应按以上要求留水平拉结筋。砌块与混凝土柱、剪力墙相接时，每隔 400 或 600（根据砌块高度而定）设 2 根 $\phi6.5$ 墙拉结筋，拉结筋采用植筋的方式与结构连接。

（16）安装过梁、梁垫。安装过梁、梁垫时，其标高、位置及型号必须准确，坐灰饱满。如坐灰厚度超过 2cm 时，要用豆石混凝土铺垫，过梁安装时，两端支承点的长度应一致，并满足设计要求，不能满足长度的采用过梁留出钢筋后现浇混凝土。

（17）构造柱做法。凡设有构造柱的工程，在砌砖前应先根据设计图纸将构造柱位置进行弹线，并把构造柱插筋处理顺直。砌砖墙时，与构造柱连接处砌成马牙槎。每一个马牙槎沿高度方向的尺寸不宜超过 30cm。马牙槎应先退后进。拉结筋按设计要求放置，设计无要求时，一般沿墙高 50cm 设置 2 根 $\phi6$ 水平拉结筋，每边深入墙内不应小于 1m。构造柱在支模前，应将马牙槎外口贴双面胶，以免混凝土污染砖砌体，双面胶粘贴要求横平竖直。

（18）砌体内需留设脚手架眼时，脚手架眼留设必须符合规范规定。砌体完成后，脚手架眼应采用相同材料填塞，且灰缝饱满。临时施工洞口和脚手架眼补砌用的块材应用水湿润。

7.7.4　填充墙砌体工程部分项目允许偏差

填充墙砌体工程部分项目允许偏差如下：

（1）填充墙砌体尺寸、位置的允许偏差及检验方法应符合表 7.6 的规定。

表 7.6　　　　　　　　　填充墙砌体尺寸、位置的允许偏差及检验方法

序号	项　目		允许偏差/mm	检　验　方　法
1	轴线位移		10	用尺检查
2	垂直度（每层）	≤3m	5	用 2m 托线板或吊线、尺检查
		>3m	10	
3	表面平整度		8	用 2m 靠尺和楔形尺检查
4	门窗洞口高、宽（后塞口）		±10	用尺检查
5	外墙上、下窗口偏移		20	用经纬仪或吊线检查

注　抽检数量：每检验批抽查不应少于 5 处。

（2）填充墙砌体的砂浆饱满度及检验方法应符合表 7.7 的规定。

表 7.7　　　　　　　　　　填充墙砌体的砂浆饱满度及检验方法

砌体分类	灰缝	饱满度及要求	检验方法
空心砖砌体	水平	≥80%	采用百格网检查块体底面或侧面砂浆的黏结痕迹面积
	垂直	填满砂浆、不得有透明缝、瞎缝、假缝	
蒸压加气混凝土砌块、轻骨料混凝土小型空心砌块砌体	水平	≥80%	
	垂直	≥80%	

注　抽检数量：每检验批抽查不应少于 5 处。

7.7.5　成品保护

砂浆稠度应适宜，砌墙时应防止砂浆溅脏墙面，砌筑好的墙体不得碰撞撬动，否则应重新铺砂浆砌筑；墙体拉结筋、抗震构造柱钢筋、大模板混凝土墙体钢筋及各种预埋件、暖卫、电气管线等均应注意保护而不得任意拆改或损坏；墙体砌筑后，砂浆达到一定强度后才能支设构造柱、过梁模板；浇筑构造柱及过梁混凝土时，不能撬动或碰撞墙体；运料、卸料和翻架子时，要防止碰撞墙面及门窗洞口；在进料口周围，应用塑料薄膜或木板等遮盖，保持墙面洁净；尚未安装楼板或屋面板的墙和柱，当可能遇到大风时，应采取临时支撑等措施，以保证施工中墙体的稳定性。

7.7.6　安全要求

按有关规定配给劳保用品并合理使用；用电设施必须由专人检查维护；加强周边高空的安全防护。脚手架不应搁在墙上，应单独搭设双排脚手架或使用高凳施工通道，应保持畅通无阻；接料悬挑平台按照规范和安全施工方案有关的安全规定搭设；楼层的水平运输道路应清洁畅通；材料应分散堆放，距临边应在 1.5m 以上；灰砂机应设防护罩，用电线路和用电器应按规范搭接、布置，操作人员必须持有操作证。材料的吊运应符合安全规范，卸料平台的安设按方案验收挂牌使用；严禁向建筑物外剐砖。

【项目实训】

实训 1　框架结构填充墙施工

1. 实训目的

框架结构填充墙施工过程比较复杂，填充墙体施工质量受人为因素的影响较大，质量检查项目较多。组织学生现场参观框架结构填充墙的施工过程可以增强学生对填充墙施工过程的全面掌握。通过现场观察，可以提高学生对填充墙施工关键技术环节的理解掌握。通过参与填充墙质量检查验收过程，可以帮助学生对填充墙检查项目的记忆理解，掌握填充墙质量检验的方法，分辨质量检验的合格与否。

2. 实训内容

实训内容如下：

（1）以组为单位，每组 5～6 人，到工地现场参观框架（剪）结构填充墙施工，做好记录。主要记录填充墙的施工流程及技术要求。记录方式采用笔记、拍照或录像等方式。

（2）以组为单位，每组 5～6 人，组织学生进行砌体质量检验。

3. 技术要求

技术要求如下：

（1）每组配备一名教师负责学生的安全工作。进入工地必须佩戴安全帽。

（2）每组配备一名现场指导教师（具有现场施工经验），讲解填充墙的施工技术要点并做好现场答疑工作。

（3）每组配备靠尺、塞尺、线盒、5m 钢尺、吊线坠及百格网等检验工具。

4. 考核评价

考核评价如下：

（1）每人完成实训报告一份，要求不少于 1000 字。

实训报告主要包括以下内容：

1）框架结构填充墙施工过程的介绍。（10 分）

2）框架结构填充墙关键技术要点。（60 分）

3）论述框架结构填充墙的质量验收过程。（20 分）

（2）每组完成填充墙质量验收表格一份。（10 分）

实训 2　现浇框架及框剪结构施工

1. 实训目的

通过本项目的学习，读者已经熟悉了框架（剪）结构的施工过程。本次实训的目的是可以让学生直观感觉到框架（剪）结构的全过程，从而实现从理论到实践的升华。通过观看视频，学生可以亲眼看到框架结构施工的关键技术环节，可以加深对本项目重点和难点知识的理解和记忆，让知识从静态的过程转化为动态的过程。通过本次实训，学生可以把框架（剪）结构施工过程中每个孤立的知识点连成知识链，更好地理解框架结构各施工工序的先后顺序及搭接过程，增强学生知识的整体性。

2. 实训内容

实训内容如下：

（1）以班为单位，在多媒体教室观看框剪结构施工过程的录像视频。

（2）视频观看完后，以组为单位讨论视频内容，提出视频中的难点知识。

（3）配合视频回放，实训教师回答学生提出的问题。

（4）再次播放视频。

3. 技术要求

具有框剪结构施工视频一份，要求内容完整，主要施工部位齐全。为了节省时间视频要求做到重点突出。多媒体教室一个。

4. 考核评价

学生每人完成实训报告一份，字数不少于 1500 字。

实训报告应包括以下内容：

（1）框剪结构施工过程的整体描述。（20分）

（2）框剪结构施工组织方法的描述。（20分）

（3）框剪结构基础工程施工技术要点的描述。（20分）

（4）框剪结构上部主体结构施工技术要点的描述。（20分）

（5）自己对框剪结构施工过程中存在的问题及解决办法（20分）

【项目典型案例应用】

青岛流亭机场航站楼扩建工程
C区地下室剪力墙混凝土工程施工方案

1. 工程概况

流亭机场扩建航站楼C区地下室剪力墙混凝土工程，其墙厚度为500mm，从－6.900位置开始至－1.300处，总长约为280m，混凝土量约为850m³。混凝土强度等级为C40，防水等级为S12。剪力墙－1.300与地梁相接处（A－K轴/19－24轴）与剪力墙一并浇筑完毕，其混凝土量约650m³。

2. 施工工艺

2.1　混凝土的搅拌

严格按照混凝土配合比进行搅拌，混凝土后台设专人负责，配合比在搅拌站旁挂牌公布。混凝土搅拌前，加水对搅拌站机械及泵送管进行清洗并将积水倒净，使搅拌及输送设备充分湿润。

搅拌时间不少于120s，必须搅拌均匀、充分，使混凝土的各种组成材料混合均匀，颜色一致。现场每一泵站均设坍落度筒，按要求进行混凝土坍落度检测并做好记录。如出现异常，及时通知有关技术人员进行解决。

搅拌好的混凝土要做到基本倾尽。在全部混凝土卸出之前不得再投入拌和物，更不得采取边出料边进料的方法。严格控制好水灰比和坍落度，不得私自随意加减用水量。

2.2　混凝土的运输

除商品混凝土采用专用搅拌车运输外，其他现场搅拌混凝土的垂直及水平运输采用HBT700型混凝土输送泵。

（1）布管。输送管的布设要顺直，转弯宜缓，接头严密，架设牢固。泵管前端以软管及穿筒相接或是直接以泵管配备弯头伸入剪力墙，使穿筒或泵管前端离剪力墙底面2m左右，保证浇筑高度达到要求。泵管应定期检查，以防爆管。在高温季节施工时，注意每隔一定时间洒水湿润。

（2）润管。泵管先经水湿润，以湿润泵的料斗、活塞及输送管的内壁等直接与混凝土接触的部位，检查、确认混凝土泵和输送管中无杂物。

（3）泵送。泵送的速度应先慢后快，逐步加速。浇筑剪力墙时，宜先慢再快，到最后两管在C轴相会时，应放慢浇筑速度，或是用一台泵送混凝土，以保证分层浇筑。及时观察混凝土泵的压力和各系统的工作情况，待各系统运转顺利后，再按正常顺序进行泵送。泵送应连续进行，如必须中断时，其中断时间不得超过混凝土的凝结时间。泵送中，不得把拆下的输送管内的混凝土撒落在未浇筑的部位。当输送泵被堵时，应采取下列措施排除：①反复进行反泵和正泵，逐步吸出混凝土到料斗中，重新搅拌后再泵送；②可用木槌敲击等方法，查明堵塞部位，在管外击松混凝土后，重复进行反泵和正泵，排除堵塞；③拆除堵塞部位的泵管，排除混凝土堵塞物后，再接通管道。重新泵送前，应先排除管内的空气，拧紧接头。

当在泵送过程中，如设备出现问题，立即进行检修，检修时间不得超过混凝土的凝结时间，否则必须及时更换设备。

2.3　混凝土的浇筑

（1）混凝土在浇筑过程前、过程中、过程后均应严格执行强制性条文规定。在混凝土施工前，要对钢筋、模板、预埋件等进行验收，各专业会签，并经过甲方监理验收合格。对模板内的垃圾、木片、锯屑、泥土和钢筋上的油污、鳞落的铁皮等杂物，应清除干净。下达混凝土浇筑令后，才能进行混凝土的施工。

（2）浇筑方法。为保证剪力墙混凝土的质量及保证整个模板支撑体系的稳定性，必须进行分层浇筑。对于 K 轴，以汽车泵由 24 轴向 19 轴按浇筑厚度分层按序进行浇筑，2号、4 号泵在每侧的两柱中间布浇筑点，分别展开进行水平分层浇筑，浇筑厚度控制在500mm，采用事先做好的标志杆进行控制，当浇筑厚度达到时，两泵管按照布点顺序进行浇筑，直至混凝土在 C 轴相遇达到 500mm 后，两泵再从开始浇筑部位开始第二次分层浇筑，直至最后浇筑至预定标高。

由于混凝土采用泵送，受坍落度影响混凝土将沿剪力墙流淌，为保证混凝土的密实，振动棒每台泵至少配备三台以上，且视混凝土流淌距离情况均匀分开振捣。

（3）浇筑顺序。本区剪力墙混凝土量约 850m³，地梁混凝土约为 650m³，根据现场情况，采取如下浇筑顺序，如图 7.28 所示。

根据浇筑工艺，采取如图 7.28 所示的浇筑顺序。箭头表示混凝土浇筑方向。如现场出现特殊情况（如机械损坏、堵管等），时间不得超过混凝土的凝结时间，否则马上更换备用搅拌站，保证混凝土的连续浇筑。

当剪力墙遇架空区地梁时，采用钢筋与钢丝网事先做好施工缝的留置，位置设置在剪力墙外 1/3 地梁处。

（4）混凝土的振捣。混凝土浇筑前，振动棒每台泵要有 2 根备用。选定责任心强，技术好的人员振捣，进行详细交底，建立责任制，专业人员跟班作业，并制定必需的奖罚措施，严格按操作规范施工，不得出现漏振、欠振或过振现象。

振动棒的操作，要做到"快插慢拔"。在振捣过程中，宜将振捣棒上下略为抽动，以使上下振捣均匀。每次振捣时间为 10～30s，直到混凝土表面呈水平不再下沉、不出气泡、表面泛出灰浆为准。振动棒插点均匀，其作用半径为 30～40cm，振动棒移动距离应小于其作用半径的 1.5 倍，流淌坡脚必须振捣密实。夜间施工应加强照明，确保剪力墙混凝土浇筑的可控制性。现场要备有足够的碘钨灯，以便夜间施工有足够的照明度，不致影响施工。

2.4　施工缝的设置

（1）水平施工缝的留置。剪力墙-1.300 处应留置水平施工缝，其做法采用高宽均为

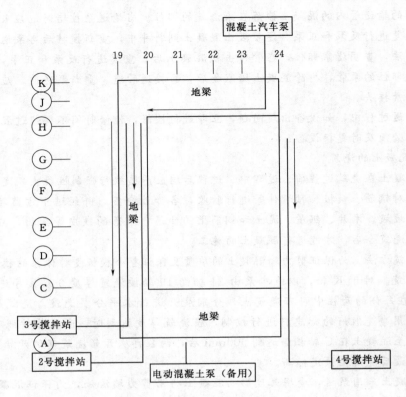

图 7.28　混凝土的浇筑顺序

100mm 的"凸"字形做法。

（2）施工缝的处理：水平施工缝浇筑混凝土前，将其表面浮浆和杂物清除，再铺净浆，后加铺 30～50mm 厚与混凝土同配合比的水泥砂浆，并及时浇筑混凝土。

（3）根据监理批复的 B 区地下室剪力墙方案的意见，本区亦遵照监理意见不设置垂直施工缝。

2.5　混凝土的养护

混凝土浇筑完毕后 12h 内对混凝土进行现场浇水养护。浇水养护次数应保持混凝土处于湿润状态，养护用水应与拌制用水相同，养护时间不少于 14d。对膨胀收缩补偿性混凝土，应覆盖薄膜或湿草袋，进行遮光覆盖养护（覆盖薄膜应严密，并应保持薄膜内有凝结水）。成立专门的混凝土养护小组，专人负责。剪力墙的养护方法采用如下方式：①涂刷养护液；②分别在内部、外部四周用钢管或 PVC 管设环路浇水养护。

2.6　试块的留置

试块分为同条件养护及标准养护，按规范规定留置混凝土试块的块数和组数，每 100m³（包括不足 100m³），取样定为三组抗压试块，试块应在混凝土浇筑地点与监理共同随机取样制作。制作好的试块应标好制作日期、试压日期和施工部位，送标养室进行标准养护。

3.　拆模及成品保护

（1）混凝土结构浇筑后，达到一定强度，方可拆膜。模板拆卸日期，应按结构特点和混凝土所达到的强度来确定。本批为不承重的侧面模板，在混凝土强度能保证其表面及棱角不因拆模而损坏时，方可拆模。

（2）拆模的混凝土结构，应在混凝土达到设计强度后，才允许承受全部计算荷载。施工中不得超载使用，严禁堆放过量建筑材料，以免破坏混凝土结构。

（3）已成品的混凝土结构，要加强保护，严禁磕碰、乱砸、随意开洞。

【项目拓展阅读材料】

（1）《工程测量规范》（GB 50026—2007）。

（2）《大体积混凝土施工规范》（GB 50496—2009）。

（3）《钢筋焊接及验收规程》（JGJ 18—2012）。

（4）《钢筋机械连接技术规程》（JGJ 107—2010）。

（5）《高层建筑混凝土结构技术规程》（JGJ 3—2010）。

（6）《砌体结构工程施工质量验收规范》（GB 50203—2011）。

（7）《砌体结构工程施工规范》（GB 50924—2014）。

（8）《混凝土工程施工与组织》，郝红科主编，中国水利水电出版社出版，2009 年版。

（9）《建筑工程施工技术》，钟汉华、李念国、吕香娟，北京大学出版社出版，2013 年版。

【项目小结】

本项目介绍了现浇混凝土框架（剪）结构施工的主要内容，包括框架（剪）结构的测量放线、施工组织方式、基础施工工艺及技术要点、上部结构施工工艺及技术要点以及框架结构填充墙的施工技术要求、质量验收方法及合格标准。

对于框架（剪）结构的测量放线应掌握施工工程中的测量放线工作，尤其是平面控制点和高程的竖向传递方法，内控法概念及应用。在施工组织方面，应掌握简单流水施工的参数计算，应该会计算分项工程流水施工工期；在基础施工方面，应掌握基础施工程序，且应该了解常用的基础混凝土施工方法，尤其是大体积混凝土施工的技术要求及质量要求。上部结构施工，应掌握常用的施工方法，重点掌握钢筋的连接形式及质量要求，混凝土的成品保护等。填充墙部分应掌握填充墙砌筑过程中的材料要求及质量验收方法。

因为本项目内容具有非常重要的实用性和普遍性，在工程实践当中应用非常广泛，所以本项目内容非常重要，希望同学们都能够较好地学习掌握。

【项目检测】

1. 名词解释

（1）流水施工。

（2）大体积混凝土。

（3）外控法。

（4）后浇带。

（5）跳仓法。

2. 单选题

（1）后浇带是为了在现浇混凝土结构施工中，为克服由于（　　）可能产生的裂缝而设置的临时施工缝。

A. 温度　　　　　　　　B. 收缩　　　　　　C. 应力　　　　　　D. 施工荷载

（2）下列（　　）项不属于混凝土结构。

A. 钢筋混凝土结构　　B. 索膜结构　　　C. 钢管混凝土结构　　D. 钢骨混凝土结构

（3）混凝土结构的房屋建筑中，适用高度最高的结构形式为（　　）。

A. 框架结构　　　　　　B. 筒体结构　　　　　C. 抗震墙结构　　　　　D. 框架-抗震墙结构

（4）下列混凝土框架结构的特点中，（　　）是不正确的。

A. 框架结构是由梁、柱构件通过节点连接形成的骨架结构

B. 框架结构由梁、柱承受竖向和水平荷载，墙体起维护作用

C. 框架结构由梁、柱、墙体共同承受竖向和水平荷载

D. 框架结构一般不宜用于过高的建筑，适用于不大于 60m 高的房屋

（5）钢筋混凝土结构中的抗震墙是指（　　）。

A. 钢筋混凝土剪力墙　　B. 填充墙　　　　　C. 混凝土砌块墙　　　　D. 配筋砖砌体墙

（6）浇筑时不得发生离析现象。当浇筑高度超过（　　）m 时，应采用串筒、溜槽或振动串筒下落。

A. 3　　　　　　　　　　B. 4　　　　　　　　　C. 5　　　　　　　　　　D. 6

（7）主次梁的楼板，宜顺着次梁方向浇筑，施工缝应留置在次梁跨度中间（　　）的范围内。

A. $l/5$　　　　　　　　　B. $l/4$　　　　　　　　C. $l/3$　　　　　　　　D. $l/2$

（8）自密实混凝土应分层浇筑，每层高度宜控制在（　　）mm 以内。

A. 600　　　　　　　　　B. 800　　　　　　　　C. 900　　　　　　　　D. 1000

（9）在建设工程常用网络计划的表示方法中，（　　）是以箭线及其两端节点的编号表示工作的网络图。

A. 双代号时标网络图　　　　　　　　　　　B. 单代号网络图

C. 双代号网络图　　　　　　　　　　　　　D. 单代号搭接网络图

（10）某工程计划中 A 工作的持续时间为 5d，总时差为 8d，自由时差为 4d，如果 A 工作的实际进度拖延 13d，则会影响工程计划工期（　　）。

A. 3d　　　　　　　　　　B. 9d　　　　　　　　C. 4d　　　　　　　　D. 5d

3. 简答题

（1）简述框架（剪）结构测量平面控制网（点）的竖向传递方法有哪些。

（2）简述框架（剪）结构高程控制点的竖向传递要求。

（3）简述框架（剪）结构采用的施工组织方式有哪些？各自的特点是什么？

（4）简述大体积混凝土常用的施工方法有哪些。

（5）简述钢筋的电渣压力焊施工技术要求和质量检验要求。

（6）简述钢筋机械连接的质量检查过程和合格标准。

（7）简述填充墙质量检查项目及合格标准。

项目8　单层钢筋混凝土排架结构厂房施工

【项目目标】

通过本项目的学习，了解单层厂房结构的形式及其各组成构件的作用。了解吊装构件的设备及机械。掌握单层钢筋混凝土排架结构厂房的施工工艺流程，包括施工前的准备工作有场地清理、预制构件的现场布置、构件的运输及堆放等；柱、吊车梁、屋架等构件的吊装及校正工艺；起重机械的选择与计算；熟悉混凝土结构吊装的质量及突发状况的处理措施。

【项目描述】

单层钢筋混凝土排架结构厂房是目前应用最广泛的厂房结构，相较于钢架厂房及多层框架厂房结构具有施工简单、造价低廉等优点。本项目主要介绍了单层钢筋混凝土排架结构厂房的施工工艺。

【项目分析】

知识要点	技 能 要 求	相 关 知 识
单层厂房概述	(1) 了解单层厂房的结构形式； (2) 掌握单层厂房结构各构件的组成及作用	(1) 排架和钢架结构； (2) 柱、吊车梁、屋架等构件的作用
安装设备及机械	(1) 了解起重索具及设备； (2) 了解起重安装机械	(1) 钢丝绳、滑车、千斤顶等设备的使用； (2) 起重机的特点及使用
单层厂房吊装的准备工作	(1) 掌握预制构件的现场布置； (2) 掌握构件的运输及堆放	(1) 构件的质量要求； (2) 堆放构件利于施工； (3) 构件的弹线和编号
构件安装工艺	(1) 掌握柱、吊车梁、屋架等构件的吊装、校正等吊装工艺； (2) 掌握起重机械的选择及计算； (3) 掌握构件的安装方法	(1) 数解法和图解法； (2) 分件安装法和综合安装法
构件吊装的质量与安全技术控制	(1) 熟悉构件的质量控制标准； (2) 熟悉常见事故的原因及处理措施	(1) 构件的允许偏差及验收方法； (2) 施工安全的注意事项

【项目实施】

引例：某车间为单层、单跨18m的工业厂房，柱距6m，共13个节间，厂房平面图、剖面图、主要构件尺寸、车间主要构件一览表见项目8典型案例应用中的图表。

思考：(1) 怎样选择起重机的类型和型号？

(2) 吊装柱、梁、屋架等构架的方法。

(3) 怎样确定起重机开行路线及停机位置？

任务 8.1　单层厂房概述

在工业建筑中，单层厂房是最普遍采用的一种结构形式，主要用于冶金、机械、化工和纺织等工业厂房。这类厂房一般设有较重的机械和设备，产品较重且轮廓尺寸较大，大型设备可以直接安装在地面上，便于产品的加工和运输。单层厂房便于定型设计、构配件的标准化、通用化、生产工业化、施工机械化。单层厂房由于其生产工艺流程较多、车间内部运输频繁、地面上放置较重的机械设备和产品，所以单层厂房不仅要满足生产工艺的要求，还要满足布置起重运输设备、生产设备及劳动保护的要求。

8.1.1　单层厂房的结构形式

单层厂房按结构材料大致可分为混合结构、钢筋混凝土结构和钢结构。一般来说，无吊车或吊车起重量≤50kN、跨度≤15m、柱顶标高≤8m，无特殊工艺要求的小型厂房，可采用混合结构（砖柱、钢筋混凝土屋架或木屋架或轻钢屋架）；当吊车起重量≥2500kN、跨度≥36m 的大型厂房或有特殊工艺要求的厂房（如设有 100kN 以上锻锤的车间以及高温车间的特殊部位等），一般采用钢屋架、钢筋混凝土柱或全钢结构；其他大部分厂房均可采用混凝土结构，一般应优先采用装配式和预应力混凝土结构。

目前，我国钢筋混凝土单层厂房的结构形式主要有排架结构和钢架结构，如图 8.1 所示。

排架结构是由屋架（或屋面梁）、柱、基础等构件组成，柱与屋架铰接，与基础钢接。根据生产工艺和使用要求的不同，排架结构可做成等高、不等高和锯齿等多种形式（图 8.2）；根据结构材料的不同，排架可分

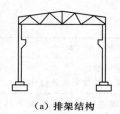
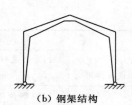

（a）排架结构　　　（b）钢架结构

图 8.1　钢筋混凝土单层工业厂房的两种基本类型

为：钢-钢筋混凝土排架、钢筋混凝土排架和钢筋混凝土-砖排架。此类结构能承受较大的荷载作用，在冶金和机械工业厂房中广泛应用，其跨度可达 30m，高度可达 20～30m，吊车吨位可达 150t 或 150t 以上。

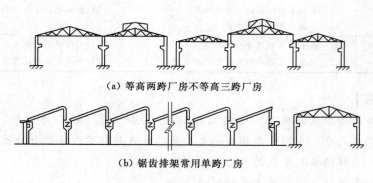

（a）等高两跨厂房不等高三跨厂房

（b）锯齿排架常用单跨厂房

图 8.2　单跨与多跨排架

8.1.2 单层厂房的组成构件

本书主要讲述钢筋混凝土铰结排架结构的单层厂房的施工工艺，这类厂房的结构构件组成如图 8.3 所示。

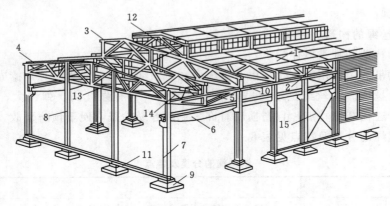

图 8.3 单层厂房结构组成

1—屋面板；2—天沟板；3—天窗架；4—屋架；5—托架；6—吊车梁；7—排架柱；
8—抗风柱；9—基础；10—连系梁；11—基础梁；12—天窗架垂直支撑；
13—屋架下弦横向水平支撑；14—屋架端部垂直支撑；15—柱间支撑

单层厂房排架结构通常由屋盖结构、吊车梁、连系梁、柱与基础、围护结构等部分组成并相互连接成整体。

8.1.2.1 屋盖结构

屋盖结构分为有檩体系和无檩体系。有檩体系由小型屋面板、檩条和屋架（包括屋盖支撑）组成；无檩体系由大型屋面板、屋架或屋面梁（包括屋盖支撑）组成，有时为满足工艺要求需抽柱时，还设有托架。单层厂房中多采用无檩屋盖。

屋盖结构的主要作用是承受屋面活荷载、雪载、自重以及其他荷载，并将这些荷载传给排架柱。屋盖结构的组成有：屋面板、天沟板、天窗架、屋架或屋面梁、托架及屋盖支撑。

8.1.2.2 吊车梁

吊车梁一般为装配式的，简支在柱牛腿上，主要承受吊车竖向和横向或纵向水平荷载，并将它们分别传至横向或纵向排架。

8.1.2.3 柱与基础

柱是单层厂房中承受屋盖结构、吊车梁、围护结构传来的竖向荷载和水平荷载的主要构件。

基础承受柱和基础梁传来的荷载并将它们传至地基。

8.1.2.4 围护结构

包括纵墙和横墙（山墙）及由墙梁、抗风柱（有时还有抗风梁或抗风桁架）和基础梁等组成的墙架。这些构件所承受的荷载，主要是墙体和构件的自重以及作用在墙面上的风荷载。

任务 8.2　起重索具、设备

8.2.1　钢丝绳

8.2.1.1　钢丝绳的构造、种类

钢丝绳的构造和种类概述如下：

（1）结构吊装中常用的钢丝绳由 6 束绳股和一根绳芯（一般为麻芯）捻成。绳股是由许多高强钢丝捻成。钢丝绳是结构吊装的主要绳索，它有强度高、弹性大、刚性好、耐磨、能承受冲击荷载等特点，且磨损后有许多毛刺容易检查，便于预防事故。

（2）钢丝绳的分类及特点见表 8.1。

表 8.1　　　　　　　　　　　钢丝绳的分类及特点

类　别		特　点
同向捻钢丝绳	左同向捻	钢丝绳捻的方向和绳股捻的方向一致。这种钢丝绳比较柔软，表面平整，它与滑轮或卷同凹槽的接触面积大，磨损较轻，但容易松散和产生扭结卷曲，吊重时易旋转，吊装中一般不用
	右同向捻	
交互捻钢丝绳	左交互捻	钢丝绳中钢丝捻的方向和绳股捻的方向相反。这种钢丝较硬、强度高，吊重时，不易扭结和旋转，吊装中应用广泛
	右交互捻	

8.2.1.2　钢丝绳的安全检查及使用

1. 钢丝绳的安全检查

（1）一般规定钢丝绳在一个节距内断丝的数量超过表 8.2 规定的数据时，应该报废。

表 8.2　　　　　　　钢丝绳报废标准（一个节距内的断丝数）

采用的安全系数	钢丝绳种类					
	6×19		6×37		6×61	
	交互捻	同向捻	交互捻	同向捻	交互捻	同向捻
5 以下	12	6	22	11	36	18
6～7	14	7	26	13	38	19
7 以上	16	8	30	15	40	20

（2）钢丝绳表面有磨损或腐蚀情况时，钢丝绳报废标准按表 8.3 所列数值降低。

表 8.3　　　　　　　　　　钢丝绳报废标准降低率

钢丝绳表面腐蚀或磨损程度（以每根钢丝的直径计）/%	在一个节距内断丝数所列标准乘下列系数/%	钢丝绳表面腐蚀或磨损程度（以每根钢丝的直径计）/%	在一个节距内断丝数所列标准乘下列系数/%
10	0.85	25	0.60
15	0.75	30	0.50
20	0.70	40	报废

（3）断丝数没有超过报废标准，但表面有磨损、腐蚀的旧钢丝绳，可按表8.4的规定使用。

表 8.4   钢丝绳合用程度判断

类别	钢丝绳表面现象	合用程度/%	使用场所
Ⅰ	各股钢丝位置未动，磨损轻微，无凸起现象	100	重要场所
Ⅱ	（1）各股钢丝已有变位、压扁及凸出现象，但未露出绳芯； （2）个别部分有轻微锈痕； （3）有断头钢丝，每米钢丝绳长度断头数目不多于钢丝总数的3%	75	重要场所
Ⅲ	（1）每米钢丝绳长度内断头数目超过总数的3%，但少于10%； （2）有明显锈痕	50	次要场所
Ⅳ	（1）绳股有明显的扭曲、凸出现象； （2）钢丝绳全部均有锈痕，将锈痕刮去后钢丝上留有凹痕； （3）每米钢丝绳长度内断头数超过10%，但少于25%	40	不重要场所

2. 使用注意事项

（1）钢丝绳解开使用时，应按正确方法进行，以免钢丝绳产生扭结。钢丝绳切断前应在切口两侧用细铁丝捆扎，以防切断后绳头松散。

（2）钢丝绳穿过滑轮时，滑轮槽的直径应比绳的直径大 1～2.5mm。滑轮槽过大，钢丝绳容易压扁；过小则容易磨损。滑轮的直径不得小于钢丝绳直径的 10～20 倍，以减小绳的弯曲应力。禁止使用轮缘破损的滑轮。

（3）应定期对钢丝绳加润滑油（一般以工作时间 4 个月左右加一次）。

（4）存放在仓库里的钢丝绳应成卷排列，避免重叠堆置，库中应保持干燥，以防钢丝绳锈蚀。

（5）在使用中，如绳股间有大量的油挤出，表明钢丝绳的荷载已相当大，这时必须勤加检查，以防发生事故。

8.2.2 滑车、滑车组

8.2.2.1 滑车

滑车的分类见表8.5。

表 8.5   滑 车 的 分 类

分 类 标 准	类 别
按滑轮的多少	单门、双门、多门等
按连接的结构形式	吊钩型、链环型、吊环型、吊梁型
按夹板是否可以打开	开口滑车、闭口滑车
按使用方式	定滑车：可以改变力的方向，不省力
	动滑车：可以省力，不改变力的方向

8.2.2.2 滑车组

滑车组的分类及使用时的注意事项如下：

（1）滑车组根据跑头（引出绳头）引出的方向不同，可分为 3 种，其特点见表8.6。

表 8.6   **滑车组的类别（按跑头引出方向不同分）**

类 别	特 点
跑头自动滑车引出［图 8.4（a）］	用力的方向与重物移动的方向一致
跑头自定滑车引出［图 8.4（b）］	用力的方向与重物移动的方向相反
双联滑车组［图 8.4（c）］	有两个跑头，可用两台卷扬机同时牵引。具有速度快一倍、受力较均衡、工作中滑车不产生倾斜等优点

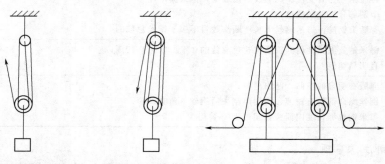

(a) 跑头自动滑车引出   (b) 跑头自定滑车引出   (c) 双联滑车组

图 8.4 滑车组的种类

（2）滑车组的使用一般应注意以下几点：

1）使用前应查明它的允许荷载，检查滑车的各部分，看有无裂缝和损伤情况，滑轮转动是否灵活等。

2）滑车组穿组后，要慢慢地加力；绳索收紧后应检查各部分是否良好、有无卡绳之处，若有不妥，应立即修正，不能勉强工作。

3）滑车的吊钩（或吊环）中心，应与起吊构件的重心在一条垂直线上，以免构件起吊后不平稳；滑车组下滑车之间的最小距离一般为 700～1200mm。

4）滑车使用前后都要刷洗干净，轮轴加油润滑，以减少磨损和防止锈蚀。

8.2.3 千斤顶

有关千斤顶的作用、类型及使用要点见表 8.7。

表 8.7   **千斤顶的作用、类型及使用要点**

项目	内 容
作用	千斤顶在结构吊装中，用于校正构件的安装偏差和矫正构件的变形，且可以顶升和提升大跨度屋盖等
类型	常用的千斤顶有 LQ 型螺旋式千斤顶和 YQ 型液压千斤顶
使用要点	（1）千斤顶使用前应拆洗干净，并检查各部件是否灵活、有无损伤；液压千斤顶的阀门、活塞、皮碗是否良好，油液是否干净。 （2）使用千斤顶时，应放在平整坚实的地面上。如松软地面，应铺设垫板，物体的被顶点应选择坚实的平面部位，还需加垫木板，以免损坏物件。 （3）应严格按照千斤顶的额定起重量使用。每次顶升高度不得超过活塞上的标志。如无标志，每次顶升高度不得超过螺杆丝扣或活塞总高的 3/4，以免将螺杆或活塞全部升起而损坏千斤顶。 （4）顶升时，先将物体稍微顶起一点后暂停，检查千斤顶、地面、垫木和物体等情况是否良好，如发现千斤顶偏斜和垫木不稳等不良情况，必须进行处理后才能继续工作。顶升过程中，应设保险垫，并要随顶随垫，其脱空距离应保持在 50mm 以内，以防千斤顶倾倒或突然回油而造成事故

8.2.4 卷扬机

8.2.4.1 卷扬机的种类、特点及应用

卷扬机的种类、特点及应用见表 8.8。

表 8.8   **卷扬机的种类、特点及应用**

种类	特 点	应 用
手动卷扬机	单筒式，钢丝绳的牵引速度为 0.5～3m/min	配以人字架、拔杆、滑车，可用作小型构件吊装。使用时摇把要对称安装，摇动摇把使齿轮正转，松下重物时应采用松摇把
电动卷扬机	快速卷扬机的速度为 25～50m/min，单头牵引力为 4～80kN	配以井架、龙门架、滑车等，可作垂直和水平运输
	慢速卷扬机其牵引速度为 6.5～22m/min，单头牵引力为 5～100kN	可作大型构件安装使用

8.2.4.2 卷扬机的固定、布置及使用

卷扬机的固定、布置及使用要点见表 8.9。

表 8.9   **卷扬机的固定、布置及使用要点**

项目	内 容
固定	卷扬机必须用地锚予以固定，以防工作时产生滑动或倾覆。根据受力大小，固定卷扬机有螺栓锚固法、水平锚固法、立桩锚固法和压重锚固法 4 种（图 8.5）
布置要点	（1）钢丝绳绕入卷筒的方向应与卷筒轴线垂直，这样能使钢丝绳圈排列整齐，不致斜绕和互相错叠挤压。 （2）在卷扬机正前方应设置导向滑车，导向滑车至卷筒轴线的距离应不小于卷筒长度的 15 倍，即倾斜角不大于 2°，以免钢丝绳与导向滑车槽缘产生过分的磨损。 （3）卷扬机至构件安装位置的水平距离应大于构件的安装高度，即当构件被吊到安装位置时，操作者视线仰角应小于 45°
使用要点	（1）卷扬机必须有良好的接地或接零装置，接地电阻不得大于 10Ω。在一个供电网路上，接地或接零不得混用。 （2）卷扬机使用前要先空运转，做空载正、反转试验 5 次，达到运转平稳无不正常响声；传动、制动机构灵活可靠；各紧固件及连接部位无松动现象；润滑良好，无漏油现象。 （3）钢丝绳的选用应符合原厂说明书的规定。卷筒上的钢丝绳全部放出时应留有不少于 3 圈；钢丝绳的末端应固定可靠；卷筒边缘外周至最外层钢丝绳的距离应不小于钢丝绳直径的 1.5 倍。 （4）卷筒上的钢丝绳应排列整齐，如发现重叠或斜绕时，应停机重新排列。严禁在转动中用手脚去拉踩钢丝绳。 （5）物件提升后，操作人员不得离开卷扬机。停电或休息时，必须将提升物降至地面

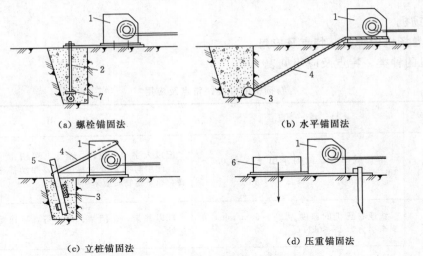

（a）螺栓锚固法　　　　　　　　　（b）水平锚固法

（c）立桩锚固法　　　　　　　　　（d）压重锚固法

图 8.5　卷扬机的固定方法

1—卷扬机；2—地脚螺栓；3—横木；4—拉索；5—木桩；6—压重；7—压板

任务 8.3　起重安装机械

8.3.1　桅杆式起重机

8.3.1.1　桅杆式起重机的种类、构造及性能

桅杆式起重机的种类、构造及性能见表 8.10。

表 8.10　　　　　　　　　　　桅杆式起重机的种类、构造及性能

种　类		构造、性能
独脚桅杆	木独脚桅杆	用木料或金属材料制造。一般由桅杆、起重滑车组、卷扬机、缆绳和地锚组成（图 8.6）；在使用中，独脚桅杆应保持一定的倾角，但不大于 10°；底部应设靴子，供移动时使用；固定应采用缆绳，一般为 6～12 根。对单根独脚桅杆，适用于预制柱、梁、屋架的吊装；多根独脚桅杆的组合，可用于大型结构的整体吊装
	管式独脚桅杆	
	格构式独脚钢桅杆	
	人字桅杆	人字桅杆又称人字拔杆，一般是用两根杆件（木杆或钢）用钢丝绳绑扎或铁件铰接而成（图 8.7）。人字桅杆底部设有拉杆（或拉绳），以平衡桅杆本身的水平推力，两杆间所成夹角以 30°为宜。其中一桅杆的底部装有一导向滑轮，起重索通过它连到卷扬机，另用一钢丝绳连接到锚碇，这样才能保证起重时人字桅杆底部稳固。人字桅杆若是向前倾斜，在后面用两根缆绳，左右各一根，必要时前面可增加一根。当拉力很大时，后面的缆绳可设置滑轮组
	悬臂桅杆	在独脚桅杆的中部或 2/3 高度处装上一根起重臂，即成悬臂桅杆。为了使起重臂铰接处的桅杆部得到加强，可用撑杆和拉条（或钢丝绳）进行加固。悬臂桅杆的形式如图 8.8 所示。悬臂桅杆的特点是能够获得较大的起升高度和相应的工作幅度，起重臂还能左右摆动 120°～270°，这为吊装工作带来较大的方便
	缆绳式桅杆	这种起重机（图 8.9）又称牵索式桅杆起重机，其不仅起重臂可以起伏，而且可作 360°回转，起重量一般为 15～60t，多用于构件多而集中的建筑物的吊装，如金属结构加工厂的起重作业。这种起重机需要设置较多的缆绳

266

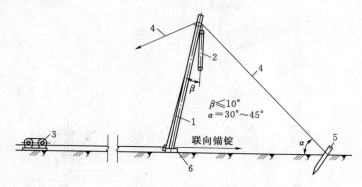

图 8.6 独脚桅杆

1—桅杆；2—起重滑轮组；3—卷扬机；

4—缆绳；5—缆绳锚锭；6—拖子

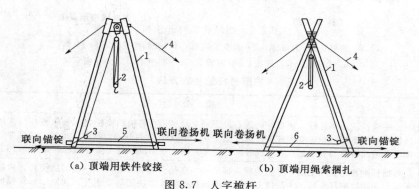

（a）顶端用铁件铰接   （b）顶端用绳索捆扎

图 8.7 人字桅杆

1—桅杆；2—起重滑轮组；3—导向滑轮；4—缆风绳；5—拉杆；6—拉绳

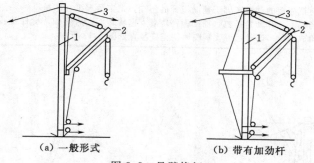

（a）一般形式   （b）带有加劲杆

图 8.8 悬臂桅杆

1—桅杆；2—起重臂；3—缆绳

8.3.1.2 独脚桅杆的竖立和移动

独脚桅杆的竖立和移动如下：

（1）独脚桅杆的竖立方法见表 8.11。

（2）移动先将后缆风慢慢放松，同时收紧前缆风，使桅杆向移动的一侧倾斜，倾斜角度一般不超过 10°，然后用卷扬机拖拉桅杆下部，将桅杆下部向前移动到桅杆后倾 10°，按此反复动作，即可将桅杆移动到所需要的位置。

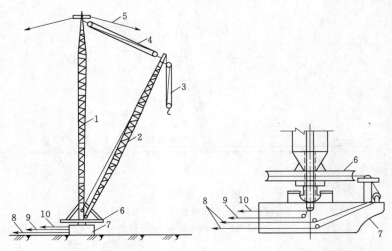

（a）全貌图　　　　　　　　　（b）底座构造示意图

图 8.9　缆绳式桅杆起重机

1—桅杆；2—起重臂；3—起重滑轮组；4—变幅滑轮组；5—缆绳；

6—回转盘；7—底座；8—回转索；9—起重索；10—变幅索

表 8.11　　　　　　　　　　　　　**独脚桅杆的竖立方法**

方法	操 作 过 程
滑行法	先将桅杆就地捆扎好，使桅杆的重心位于竖立地点，再将辅助桅杆立在竖立桅杆位置的附近，用辅助桅杆的滑车组吊在竖立桅杆重心以上约 1～1.5m 处，然后开动卷扬机，桅杆的顶端即上升，桅杆底端沿着地面滑行到竖立地点，当桅杆即要垂直时，收紧缆风就可竖好桅杆，如图 8.10 所示
旋转法	将桅杆脚放在竖立地点，并将桅杆头部垫高。在竖立地点附近，立一根辅助桅杆，将辅助桅杆的滑车组吊在距离桅杆头约 1/4 的地方。开动卷扬机，桅杆即绕底部旋转竖立起来，当转到桅杆与水平线夹角约 60°～70°时收紧缆风将桅杆拉直，如图 8.11 所示
起扳法	将辅助桅杆立在竖立桅杆的底端，与竖立桅杆互成垂直，并将其连接牢固。在两桅杆之间用滑车组连接。同时把起扳的动滑车绑在辅助桅杆的顶端，把定滑车绑在木桩上，并使起重钢丝绳通过导向滑车引到卷扬机上。开动卷扬机，辅助桅杆绕着支座旋转而向后倾倒，桅杆就被扳起，当扳到桅杆与水平线夹角成 60°～70°时，可收紧缆风使桅杆竖直如图 8.12 所示

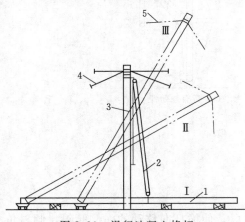

图 8.10　滑行法竖立桅杆

1—桅杆；2—滑车组；3—辅助桅杆；

4—辅助桅杆缆风；5—桅杆缆风

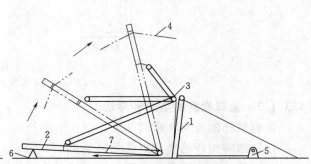

图 8.11　旋转法竖立桅杆

1—辅助桅杆；2—桅杆；3—滑车组；4—缆风；

5—卷扬机；6—支垫；7—反牵力

8.3.2 履带式起重机

8.3.2.1 履带式起重机的型号分类、主要技术性能及起重特性

1. 型号分类

履带式起重机是在行走的履带底盘上装有起重装置的起重机械，是自行式、全回转的一种起重机。它具有操作灵活、使用方便、在一般平整坚实的场地上可以带负荷行驶和作业的特点，是结构吊装中常用的起重机械，其型号分类及表示方法见表 8.12。

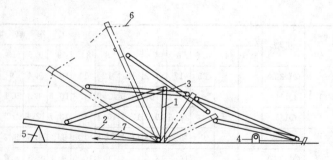

图 8.12 起扳法竖立桅杆

1—辅助桅杆；2—桅杆；3—滑车组；4—卷扬机；
5—支垫；6—缆风；7—反牵力

表 8.12　　　　　　　　　　履带起重机型号分类及表示方法

类	组	型	代号	代号含义	主要参数	
					名称	单位表示法
起重机型	履带起重机 Q、U（起、履）	机械式	QU	机械式履带起重机	最大额定起重量	t
		液压式 Y（液）	QUY	液压式履带起重机		
		电动式 D（电）	QUD	电动式履带起重机		

2. 履带起重机的起重特性

对 QU 系列见表 8.13，W_1-100 型见表 8.14，W200A 型和 WD200A 型见表 8.15。

表 8.13　　　　　　　　　　QU 系列履带起重机额定起重量

臂长/m	机型	工 作 幅 度/m																	
		3.5	4	4.5	6	7	7.5	8	8.5	9	9.5	10	10.5	11	12	12.5	14	15	16	17	18
10	QU32	32		26.5	18	14.8	13.7	12.7	12	11.2	10.3	9.7									
	QU32A	36		30	19	15.5	14	13.3	12.5	11	11	10.2									
	QU40		40	33	20.7	16.3	14.5	13.3	11.8	11	10.3	9.5									
	QU50		50		24.8	19.8	17.9	16.6	15.1	14.1	13.1	12.5									
13	QU16			16	10		7.2					4.8				3.5					
	QU25			25	17.6	14.4	13		12	11.3	10.6	10	9.5	8.9	8.5	7.7	7.3				
	QU32			25	17	14.2	13		12	11	10.5	9.8	9.2	8.7	8.2	7.3					
	QU32A				18	14.8	13.8	12.7	11.6	10.7	10	9.3	8.8	8.4	7.5						
	QU40				20.5	16	14.5	13	11.8	10.9	10.2	9.3	8.6	10	6.9						
	QU50				24.6	19.4	17.8	16.2	15	13.9	13	12.2	11.6	10.9	9.6						
16	QU25				16.1	13.4	12.3	11.3	10.6	9.9	9.4	8.8	8.4	7.9	7.1	6.6	6	5.5			
	QU32				23.1	16.2	13.3	12.3	11.3	10.4	9.8	9.3	8.6	8.2	7.7	6.9	6.5	5.7			

臂长/m	机型	工作 幅 度/m																		
		3.5	4	4.5	6	7	7.5	8	8.5	9	9.5	10	10.5	11	12	12.5	14	15	16	17	18
16	QU32A		25	17	14.2	13	12	11	10.6	9.4	9	8.3	7.8	6.7	6.8	6.5					
	QU40				20.4	16	14.5	12.9	11.8	10.8	9.8	9.1	8.3	7.8	6.7						
	QU50				24.5	19.3	17.7	16.1	15	13.7	12.8	12	11.4	10.8	9.5	8.7	7.8				
19	QU32				15.3	12.8	11.7	10.8	10	9.3	8.6	8.2	7.7	7.2	6.5	6.2	5.4	4.8	4.5		
	QU32A				16.2	13.3	12.4	11.4	10.5	9.9	9.3	8.7	8.2	7.7	6.6	6.3	5.5	5.3	4.9		
	QU40				20.3	15.9	14.4	12.8	11.7	10.6	9.8	9	8.1	7.2	6.6	6	5.1				
	QU50				24.4	19.2	17.6	15.9	14.8	13.6	12.7	11.9	11.2	10.6	9.4	8.6	7.8	7.2	6.6		
20	QU25			14.3	12.1	11.2	10.4	9.7	9.1	8.5		7.5	7.1	6.3	6.2	5.3	4.8	4.5	3.9		
22	QU32					14.4	11.8	11	10.2	9.4	8.8	8.2	7.7	7.3	6.8	6.1	5.7	5	4.5	4.2	3.5
	QU32A				15.4	12.9	11.8	10.9	10.1	9.4	8.7	8.3	7.6	6.5	6.2	5.4	4.9	4.6	3.9	3.4	
	QU40					15.8	14	12.7	11.6	10.6	9.8	8.9	8.3	7.6	6.5	5.5	4.9				
	QU50				24.1	18.9	17.2	15.6	15	13.3	12.5	11.6	11	10.3	9.1	8.8	7.5	6.9	6.3	5.3	
23	QU16				9					4.6					3		2.2				
25	QU32					9.7	9	8.5	7.4	6.8	6.5	5.8	5.4	4.7	4.2	3.9	3.3	2.8			
	QU32A						10.3	9.5	8.9	8.3	7.8	7.4	6.9	6.2	5.8	5.1	4.6	4.3	3.6	3.2	
	QU40						12.4	11.4	10.4	9.5	8.8	8.1	7.6	6.6	6	5	4.4	3.9	3.1		
	QU50							15.4	14.3	13.1	12.3	11.4	10.9	10.2	8.9	8.6	7.3	6.8	6.1	5.2	4.5
28	QU25							8.3	7.8	7.3	6.8	6.4	6	5.7	5	4.7	4	3.6	3.2	2.7	2.3
	QU32							8.6	7.9	7.4	6.8	6.4	5.9	5.5	4.9	4.6	3.9	3.3	3.1	2.5	21
	QU32A							9.8	9.1	8.6	7.9	7.5	6.9	6.6	5.9	5.5	4.7	4.1	3.7	2.8	2.5
	QU40							12.3	11	10.3	9.4	8.7	7.9	7.5	6.6	5.9	4.6	4.3	3.8	3	
	QU50							15.3	14.2	13	12.3	11.3	10.8	10.2	8.8	8.1	7.2	6.7	6	5.1	4.4

表 8.14　　　　　　　　W₁－100 型履带起重机的起重性能

工作幅度/m	臂长 13m		臂长 23m	
	起重量/t	起升高度/m	起重量/t	起升高度/m
4.5	15	11	—	—
5	13	11	—	—
6	10	11	—	—
6.5	9	10.9	8	19
7	8	10.8	7.2	19
8	6.5	10.4	6	19
9	5.5	9.6	4.9	19
10	4.8	8.8	4.2	18.9

工作幅度/m	臂长 13m		臂长 23m	
	起重量/t	起升高度/m	起重量/t	起升高度/m
11	4	7.8	3.7	18.6
12	3.7	6.5	3.2	18.2
13	—	—	2.9	17.8
14	—	—	2.4	17.5
15	—	—	2.2	17
17	—	—	1.7	16

表 8.15   **W200A、WD200A 型履带起重机起重性能**

工作幅度/m	臂长 15m		臂长 30m		臂长 40m	
	起重量/t	起升高度/m	起重量/t	起升高度/m	起重量/t	起升高度/m
4.5	50	12.1	—	—	—	—
5	40	12	—	—	—	—
6	30	11.7	—	—	—	—
7	25	11.3	—	—	—	—
8	21.5	10.7	20	26.5	—	—
9	17.5	10	16.5	26.3	—	—
10	15.5	9.4	14.5	26.1	8	36
11	13.5	8.7	12.7	25.6	7.3	35.8
12	11.7	8	12.1	25.4	6.7	35.6
14	9.4	5	9.4	24.6	5.6	35.1
16			7.5	23.5	4.8	34.3
18			6.1	22.4	4.1	33.8
20			5.5	21.2	3.4	32.9
22			4.8	19.8	2.8	31.8
24					2.5	30.6
26					2.1	29
28					1.8	27.1
30					1.5	25

8.3.2.2 履带起重机的使用与转移

1. 使用要求

使用要求如下：

（1）驾驶员必须熟悉起重机的技术性能，使用之前应对起重机的各项性能进行检查。

（2）起重机作业范围内不得有影响作业的障碍物，下方不得有人停留或通过，严禁用起重机载运人员。

（3）满载起吊时，起重机必须置于坚实的水平地面上：先将重物吊离地面 20～30cm，检查并确认起重机构的稳定性、制动器的可靠性和绑扎的牢固性后才能继续起吊。起吊时动作要平稳，并禁止同时进行两种动作。

（4）起重机的变幅指标器、力矩限制器、行程开关等安全保护装置，不得随意调整和拆除。严禁用限位装置代替操纵。对无提升限定装置的起重机，起重臂最大仰角不得超过 78°。

（5）起重机必须按规定的起重性能作业。不得起吊重量不明的物体，严禁用起重钩斜拉、斜吊以防倾倒。

（6）双机抬吊构件时，构件的重量不得超过两台起重机所允许起重量总和的 75%。绑扎时注意负荷的分配，每台起重机分担的负荷不得超过该机允许负荷的 80%。在起吊时必须对两机进行统一指挥，使两机动作协调，互相配合。在整个吊装过程中，两台起重机的吊钩滑车组都应基本保持垂直状态。

（7）起重机负载行走时，起重臂应与履带平行。行走转弯时圆心角不能太大，路面凹凸不平处不得转弯。

（8）起重机工作完毕后，应将起重机的发动机电门关闭，操纵杆推进空挡位置，制动杆推上制动位置。

（9）起重机在坡道上无载行驶，注意平衡起重机的重心，严禁下坡时空挡滑行。

（10）如遇大风、大雪、大雨或大雾时，应停止起重作业，并将起重臂转至顺风方向，并应收钩。

2. 转移

转移方式及要点见表 8.16。

表 8.16　　　　　　　　　　履 带 起 重 机 的 转 移

转移方式	要　点
自行转移	起重机自行转移，在行驶前应对行走机构进行检查，并搞好润滑、紧固、调整等保养工作；在行驶中每隔 1h 应检查、润滑一次。自行转移前，要察看沿途空中电线架设的情况，要保证起重机通过时，其机体、起重臂与电线的距离符合安全要求
平板拖车运输	（1）首先要了解所运输的起重机的自重、外形尺寸、运输路线和桥梁的安全承载能力、桥洞高度等情况。 （2）选用相应载重量的平板拖车。 （3）起重机上、下平板必须由经验丰富的人指挥并由熟悉该起重机性能、操作技术良好的驾驶员操作。 （4）起重机上平板时，拖车驾驶员必须离开驾驶室。拖车和平板均必须将制动器制动牢固，前后车轮用三角木掩牢，平板尾部用道木垫实（稍留一点空隙）。 （5）起重机在平板上的停放位置，应使起重机的重心大致在平板载重面的中心上，以使起重机的全部重量均匀地分布在平板的各个轮胎上。 （6）应将起重臂和配重拆下，并将回转制动器刹住，再将插销销牢，在履带两端加上垫木并用扒钉钉住，履带左右两面用钢丝绳或 5～6 股 8 号铅丝绑牢。如运距远、路面差，尚须用高凳或搭道木垛将尾部垫实。为了降低高度可将起重机上部人字架放下
铁路运输	采用铁路运输时，必须注意将支垫起重臂的高凳或道木垛搭在起重机停放的同一个平板上，固定起重臂的绳索也绑在这个平板上。如起重臂长度超出装起重机的平板，必须另挂一个辅助平板，但起重臂在此平板上不设支垫，也不用绳索固定，吊钩钢丝绳应抽掉，铁路运输大型起重机时，可向铁路运输部门申请凹形平板装载，以便顺利通过隧道

8.3.3 汽车起重机

8.3.3.1 汽车起重机型号分类

汽车起重机型号分类及表示方法见表 8.17。

表 8.17　　　　　　　　　　汽车起重机型号分类及表示方法

类	组	型	代号	代号含义	主要参数	
					名称	单位表示法
起重机型	汽车起重机 Q（起）	机械式	Q	机械式汽车起重机	最大额定起重量	t
		液压式 Y（液）	QY	液压式汽车起重机		
		电动式 D（电）	QD	电动式汽车起重机		

8.3.3.2 汽车起重机的使用要点

除了遵守履带起重机的各项使用要点外，还应注意以下几点：

（1）行驶前必须遵守与汽车有关的操作规程及交通规则。将起重臂放在支架上，吊钩用专用钢丝绳挂住。将车架尾部的两撑杆分别撑在尾部下方的两支座内（使撑杆稍微受力即可），并用锁架螺母锁定，以改善转台行驶时的受力情况。将锁式制动器插入销孔，以防旋转。

（2）作业场地应坚实平整。如遇松软地基或起伏不平的地面，一定要垫上合适的木块，在确认安全后方可开始作业。

（3）作业时，起重臂下严禁站人，下部车驾驶室不得坐人。重物不得超越驾驶室上方，不得在车前方起吊。

（4）伸缩式起重臂伸缩时，应按规定顺序进行。在伸臂的同时相应下降吊钩，当限位器发出警报时，须立即停止伸臂。起重臂缩回时，角度不得太小。

（5）起重臂伸出后，若出现前节长度大于后节伸出长度时，必须调整正常后方可作业。

（6）满负荷作业时，应注意检查起重臂的挠度。侧向作业时，要注意支腿情况。发现不正常情况时，应立即放下重物，检查调整正常后方能继续作业。

（7）起重机停驻后整机倾斜度一般不得大于 1.5°底盘车的手制动器必须锁死。吊重时不得扳动支腿操纵阀手柄。如需调整支腿时，必须将重物放至地面，起重臂放于正前方或正后方，方可调整。

（8）对起重机的关键部件，如起重臂等，要定期检查是否有裂缝、变形以及连接螺栓的紧固情况。有任何不良情况都不能继续使用。

8.3.4 塔式起重机

8.3.4.1 常见的塔式起重机的技术性能及起重特性

常见的塔式起重机的技术性能及起重特性如下：

（1）下回转快速拆装塔式起重机的起重特性如图 8.13～图 8.16 所示。

（2）常见上回转自升塔式起重机的起重特性如图 8.17 所示。

8.3.4.2 塔式起重机的安装、拆除

塔式起重机的安装方法及步骤见表 8.18，其拆除方法与安装方法相同，程序相反。

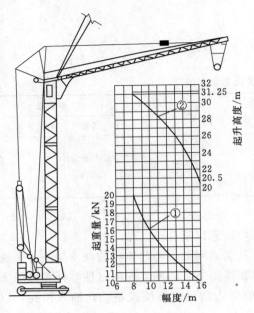

图 8.13 QT16 型塔式起重机外形
结构及起重特性

①—起重量与幅度关系曲线；②—起升
高度与幅度关系曲线

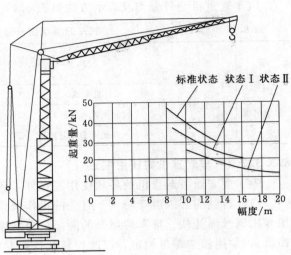

图 8.14 QT25 型塔式起重机外形结构及起重特性

标准状态—幅度 13m，吊钩高度 15m，臂根铰点高度 14.1m；
状态 I —幅度 16m，吊钩高度 19.7m，臂根铰点高度 17.5m；
状态 II —幅度 20m，吊钩高度 23m，臂根铰点高度 21m

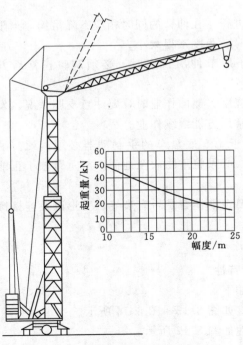

图 8.15 QT40 型塔式起重机外形
结构及起重特性

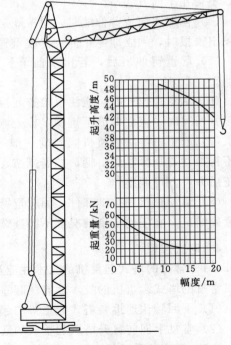

图 8.16 QTG60 型塔式起重机外形
结构及起重特性

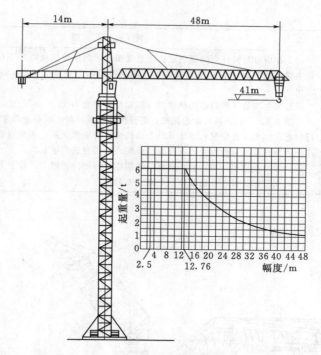

图 8.17 QTZ63 型塔式起重机外形和起重特性

表 8.18 塔式起重机的安装方法及步骤

方法	适用	操作步骤
整体自立法	轻型、中型下回转塔式起重机	安装前，先对设备和铺设的轨道进行全面检查，确认无误后方可进行安装。 （1）在离安装点 5m 以外，设置临时电源。拆除起重机的牵引杆，检查和拧紧各部位的螺栓；检查起升和变幅卷扬机制动器，确认无误后，支起导轮架和滑轮架 [图 8.18 (a)]。 （2）开动变幅卷扬机，使起重机行走架缓慢倾斜，并使前行走轮徐徐落在轨道上，拆下前拖行轮，使其移出轨道 [图 8.18 (b)]。 （3）缓慢松开变幅卷扬机制动器，使起重机后行走轮缓慢落在轨道上 [图 8.18 (c)]。然后将回转机构减速器极限力矩限制器锁盖打开，调整弹簧，使摩擦盘紧密接触，并用夹轨钳夹牢钢轨。将 4m³ 砂子装入配重箱，并将箱门锁好。解开起重臂与拖行轮间连接杆，并对起重机各部再进行一次全面检查和润滑。 （4）开动变幅卷扬机起立塔身 [图 8.18 (d)]，塔身立起后，用销钉将塔身与回转平台连成一体，并用两个千斤顶顶紧 [图 8.18 (e)]。 （5）拆开塔身与起重臂间连接杆，继续开动变幅卷扬机，拉起起重臂直至水平位置 [图 8.18 (f)]。 （6）松开夹轨钳，拆除拉板和松开千斤顶，调整回转机动极限力矩限制器的弹簧。然后对各机构再进行一次全面的检查和润滑，安装工作即告完成
旋转起扳法	需要解体转移而非自升的塔式起重机	（1）按要求铺设轨道并埋设扳塔身的地锚图 [图 8.19 (a)]。 （2）安装行走台车，门架于轨道上并安装压垂。 （3）组装塔身并安置于起扳起始位置处，将塔身下端与门架铰耳相连接 [图 8.19 (b)]。 （4）组装起重臂并安装就位，在其一端装上变幅拉杆，另一端通过拉索与地锚连接。

方法	适　用	操　作　步　骤
旋转起扳法	需要解体转移而非自升的塔式起重机	(5) 在塔身与臂杆之间穿绕起扳塔身滑车组，并在臂杆顶端和塔身顶端捆绑缆风。吊杆顶端缆风的下端与 150kN 地锚连接；塔顶缆风的下端绕在 50kN 地锚环上，做下落塔身之用。 　　(6) 竖立塔身。开动卷扬机将臂杆拉起至其仰角为 45°～60°时止，然后收紧并固定好缆风 [图 8.19 (c)]。再开动卷扬机，塔身便逐渐被拉起。当塔身离开枕木垛 50cm 时刹车进行检查。如无异常情况，继续开动卷扬机使塔身缓慢立起。当塔身接近竖直时，应稍收紧拴于塔顶的缆风进行保险，并与卷扬机配合使塔身缓慢地就位。 　　(7) 开动起重卷扬机，将平衡臂与塔帽连接并用拉绳固定，装上平衡重。 　　(8) 提升起重臂，穿绕变幅钢丝绳并安装就位

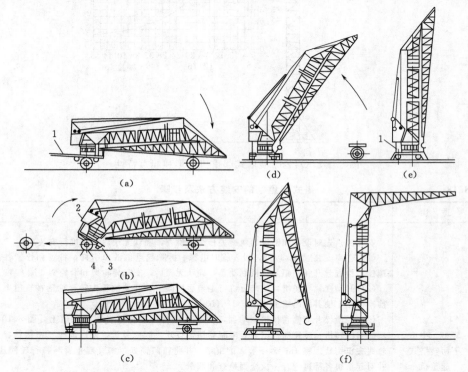

图 8.18　QT1-2 型塔式起重机的安装步骤（整体自立法）
1—拖运牵引杆；2—起重机行车架；3—前行走轮；4—前拖行轮

8.3.4.3　塔式起重机的操作要点

塔式起重机的操作要点如下：

（1）塔式起重机应有专职司机操作，司机必须受过专业训练。

（2）塔式起重机一般准许工作的气温为 +40～-20℃，风速小于六级。风速大于六级及雷雨天，禁止操作。

（3）塔式起重机在作业现场安装后，必须遵照《建筑机械技术试验规程》（JGJ 34—86）进行试验和试运转。

（4）起重机必须有可靠接地，所有电气设备外壳都应与机体妥善连接。

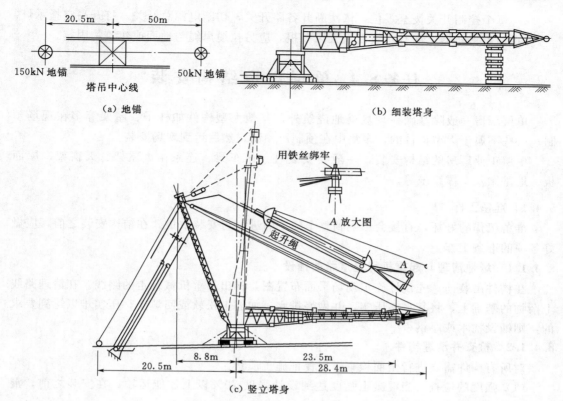

图8.19 用旋转起扳法安装塔式起重机

（5）起重机安装好后，应重新调节好各种安全保护装置和限位开关，如夜间作业必须有充足的照明。

（6）起重机行驶轨道不得有障碍或下沉现象。轨道面应水平，轨距公差不得超过3mm。直轨要平直，弯轨应符合弯道要求，轨道末端1m处必须设有止挡装置和限位器撞杆。

（7）工作前应检查各控制器的转动装置、制动器闸瓦、传动部分润滑油量、钢丝绳磨损情况及电源电压等，如有不符合要求的，应及时修整。

（8）起重机工作时必须严格按照额定起重量起吊，不得超载，也不准吊运人员、斜拉重物、拔除地下埋物。

（9）司机必须得到指挥信号后，方得进行操作，操作前司机必须按电铃、发信号。

（10）吊物上升时，吊钩距起重臂端不得小于1m。

（11）工作休息或下班时，不得将重物悬挂在空中。

（12）起重机的变幅指示器、力矩限制器以及各种行程限位开关等安全保护装置，均必须齐全完整、灵敏可靠。

（13）作业后，尚须做到下列几点：

1）起重机开到轨道中间位置停放，臂杆转到顺风方向，并放松回转制动器。小车及平衡重应移到非工作状态位置。吊钩提升到离臂杆顶端2～3m处。

2）每个控制开关拨至零位，依次断开各路开关，切断电源总开关，打开高空指示灯。

3）锁紧夹轨器，如有八级以上大风警报，应另拉缆风绳与地面或建筑物固定。

任务 8.4　单层厂房结构安装

单层厂房一般除基础在现场就地浇筑外，其他大型构件如柱子、屋架等多在现场预制；一些不属于大型构件的，多集中在预制厂预制，然后运到现场安装。

单层工业厂房的结构安装，一般要安装柱、吊车梁、连系梁、屋架、天窗架、屋面板、地基梁及支撑系统等。

8.4.1　准备工作

准备工作的好坏，直接会影响到整个施工的进度与安装质量。在结构安装之前，应做好各项的准备工作。

8.4.1.1　场地清理与起重机行走道路的铺设

在构件吊装前，先设计施工现场平面布置图，标出起重机械行走的路线。在清理路线上杂物的基础上，将其平整压实，并做好排水。如遇上松软或回填土，压实难以达到要求的，则铺设枕木或厚钢板。

8.4.1.2　检查并清理构件

对所有构件需要进行全面检查，以保证施工质量。

（1）强度的检查。当混凝土强度达到设计强度 70% 以上才能运输；在安装之前，混凝土构件必须达到设计强度的 100%。

（2）检查构件的外形尺寸、钢筋的搭接、预埋件的位置及大小。

（3）检查构件的表面，有无损伤、缺陷、变形、裂缝等。

（4）检查吊环的位置、有无变形。

8.4.1.3　构件的运输

1. 运输的基本要求

构件运输的基本要求如下：

（1）运输道路必须平整坚实，经常维修，并有足够的路面宽度和转弯半径。载重汽车的单行道宽度不得小于 3.5m，拖车单行道宽度不得小于 4m，双行道宽度不得小于 6m；采用单行道时，要有适当的会车点。载重汽车的转弯半径不得小于 10m，半拖式拖车转弯半径不宜小于 15m，全拖式拖车的转弯半径不宜小于 20m。

（2）钢筋混凝土构件的垫点和装卸车时的吊点，不论上车运输或卸车堆放，都应按设计要求进行。叠放在车上或堆放在现场上的构件，构件之间的垫木要在同一条垂直线上，且厚度相等。

（3）构件在运输时要固定牢靠，以防在运输中途倾倒。对于屋架等重心较高、支撑面较窄的构件，应用支架固定。

（4）根据路面情况掌握行车速度。

（5）根据吊装顺序，先吊先运，保证配套供应。

（6）对于不容易调头和又重又长的构件，应根据其安装方向确定装车方向，以利于卸车就位。必要时，在加工场地生产时，就应进行合理安排。

（7）构件进场应按结构构件吊装平面布置图所示位置堆放，以免二次搬运。

（8）若采用铁路或水路运输时，须设置中间堆场临时堆放，再用载重汽车或拖车向吊装现场转运。

2. 构件的运输方法

（1）柱子。长度在 6m 左右的钢筋混凝土柱一般用载重汽车运输，较长的柱用拖车运输。柱在运输中一般用两点支撑进行支垫，若较长，可用三点支撑。

（2）吊车梁。6m 长的钢筋混凝土吊车梁可用载重汽车或半拖车运输，吊车梁侧向刚度大，可放在车上运输。如梁的腹板较薄，路面较差，可将吊车梁倒放运输。

（3）屋架。6～12m 跨度的，可用汽车后挂"小炮车"；15～21m 跨度的整榀屋架可用平板拖车；24m 以上的屋架，若是半榀预制，用平板拖车运输，若是整榀预制，则需在拖车上设置牢固的钢支架并设"平衡梁"进行运输。

（4）屋面板。6m 长的可用载重汽车运输，9m 长的用平板拖车。每车装 4～5 块，屋面板之间同一端的垫木必须在一条垂直线上。其装车后的最大长度，如无设计规定，不应大于 1.1m。

（5）天窗架。一般用载重汽车装运，天窗架一般平放叠层装运。

8.4.1.4　构件堆放

构件堆放要求如下：

（1）构件堆放面积计算构件堆放面可参考表 8.19 内容。

表 8.19　每平方米场地可堆放的构件数

项次	构 件 名 称	每平方米可堆放构件数量/件
1	柱	0.10
2	吊车梁	0.15
3	基础梁	0.20
4	托架	0.21
5	屋架	0.12
6	楼梯踏步	4.00
7	大型屋面板、间壁板、楼梯板	0.80

（2）构件堆放的方法。构件的堆放应根据其刚度、受力情况及外形尺寸采取立放或平放。对于普通柱、梁、板的堆放可参考图 8.20，对屋架和屋面梁可参考图 8.21。

8.4.1.5　基础的准备

钢筋混凝土柱一般为杯形基础，钢筋混凝土柱基。在捣制混凝土时，应使定位轴线及杯口尺寸准确；在吊装柱子之前，要对杯底标高进行测量，柱子不大时，只在杯底中间测一点，若柱子比较大时，则要测杯底的 4 个角点，再量出柱底至牛腿的实际长度与设计长度的误差，算出杯底标高的调整值，并在杯口做出标志；若杯底偏高，则要凿去；若杯底的标高不够，则用水泥砂浆或细石混凝土将杯底填平至设计标高，可允许误差为 ±5mm。

在杯口顶面要弹出纵横轴线及吊装柱子的准线，作为校正的依据。

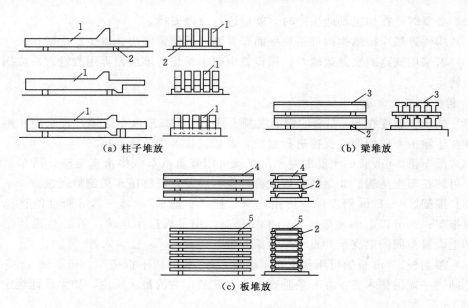

图 8.20　普通柱、梁、板的堆放方法
1—柱；2—垫木；3—T 形梁；4—双 T 板；5—大型屋面板

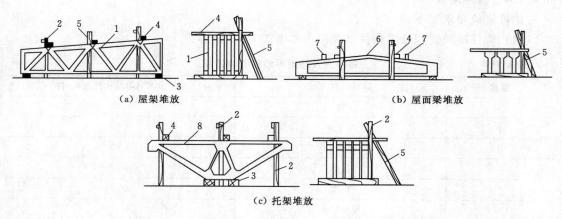

图 8.21　屋架、屋面梁和托架在专用堆放场的堆放
1—屋架；2—支架立柱；3—垫墩；4—横拉木杆；5—斜撑；6—屋面梁；7—吊环；8—托架

8.4.1.6　对构件弹线并编号

在每个构件上弹出安装中心线，作为安装、就位和校正的依据。

具体要求是：

（1）柱子。在柱身三面弹出安装准线。对于矩形柱，弹出几何中心线；对于工字形柱，除弹出中心线外，还应在工字形柱的两翼缘部位各弹出一条与中心线平行的准线；在柱顶要弹出截面中心线；在牛腿上还要弹出安装吊车梁的吊装准线。

（2）屋架。在屋架上弦弹出几何中心线；并从跨中向两端弹出天窗架、屋面板的吊装准线；在屋架的两端弹出安装准线。

（3）梁。在梁的两端及梁的顶面弹出安装中心线。

8.4.1.7　预制构件的现场布置

单层工业厂房施工，一般柱、屋架等大型构件均在现场预制。因此，对这些构件的平面布置既要考虑到构件预制施工的方便性，又要考虑到构件安装方法的可能性。对于柱子的布置，构件预制布置位置就是构件吊装布置位置；对于屋架布置，则应考虑两次布置，即预制与吊装布置及其方便性。对于大型构件，因不便运输，均采用现场预制，其柱子和屋架现场预制布置方案如下所述。

1. 屋架的布置

屋架一般安排在跨内叠层预制，布置方式有正面斜向布置、正反斜向布置和顺轴线正反布置 3 种基本方式，如图 8.22 所示。

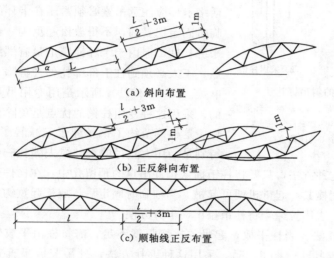

（a）斜向布置

（b）正反斜向布置

（c）顺轴线正反布置

图 8.22　屋架现场布置

2. 柱的布置

柱在现场预制时，其布置的基本方式有斜向布置、纵向布置和横向布置 3 种方式。一般多采用斜向布置方案，如图 8.23 所示。

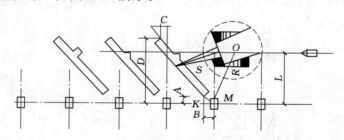

图 8.23　斜向布置柱子

8.4.2　安装工艺

单层工业厂房构件的种类繁杂，重量大，且长度不一。其吊装工艺包括绑扎、起吊、就位、临时固定、校正及最后固定等几道工序。

8.4.2.1　柱子安装

柱吊装方法分为直吊法和斜吊法，或者又分为旋转法和滑行法。

1. 柱的绑扎

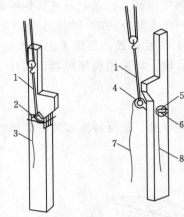

（a）采用活络卡环　　（b）采用柱销

图 8.24　柱的斜吊绑扎法

1—吊索；2—活络卡环；3—活络卡环插销
拉绳；4—柱销；5—垫圈；6—插销；
7—柱销拉绳；8—插销拉绳

（1）斜吊绑扎法。当柱平放，起吊的抗弯强度满足要求时，可以采用斜吊绑扎法（图 8.24）。柱吊起后呈倾斜状态。由于吊索歪在柱的一边，吊钩可低于柱顶，因此起重臂可以短些。图 8.24（a）所示是用两端带环的吊索及活络卡环绑扎的。由于卡环的插销不带螺纹，当柱临时固定之后，放松起重钩，拉动拉绳 3 可将卡环的插销拔出，吊索便会自动解开落下。使用活络卡环应注意吊索必须紧压在卡环的插销上，在柱未临时固定稳妥前，不得放松起重钩。也可使用普通卡环来绑扎柱，但由于卡环插销上带有螺纹，当柱临时固定后，工人必须到柱上部绑扎处去拆除卡环和吊索，比较麻烦。图 8.24（b）所示是用专用吊具——柱销来绑扎的。采用这种专用柱销的优点是免除了用吊索来捆扎构件，这样既节约了钢丝绳子又减轻了工人的体力劳动，特别是当用大直径的钢丝绳去绑扎一些重型构件，是十分困难的。采用这种方法，只要将柱销插入构件吊点的预留孔中，在构件另一边一个垫圈和一个插销把柱销栓紧，起重机便可起吊。当柱临时固定后，放松起重钩，先用拉绳 8 将插销拉出，再在另一边用拉绳 7 将柱销拉出，十分方便。

（2）直吊绑扎法。当柱平放，起吊的抗弯强度不足，需将柱由平放转为侧立然后起吊时，可采用直吊绑扎法（图 8.25）。采用这种绑扎方法，柱吊起后呈直立状态，横吊梁必须超过柱顶，所以需要较长的起重臂。

（3）两点绑扎法。当柱较长一点绑扎，起吊抗弯强度不足时，可用两点绑扎法（图 8.26）。当确定柱绑扎点的位置时，应使下绑扎点至柱重心的距离小于上绑扎点至柱重心的距离。这样，当柱吊起后可自行回转为柱顶向上的直立状态。

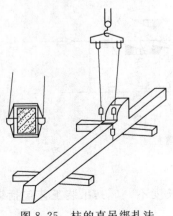

图 8.25　柱的直吊绑扎法

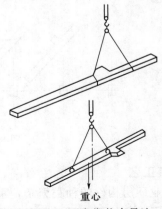

重心

图 8.26　两点绑扎直吊法

2. 柱子的起吊

（1）单机吊装法。单机吊装柱子有旋转法和滑行法两种。

1）旋转法。起重机一边起钩一边回转，使柱子绕柱脚旋转而吊起柱子的方法叫旋转法（图 8.27）。用此法吊柱时，为提高吊装效率，在预制或堆放柱时，应使柱的绑扎点、柱脚中心和基础杯口中心 3 点共圆弧，该圆弧的圆心为起重机的停机点，半径为停机点至绑扎点的距离。

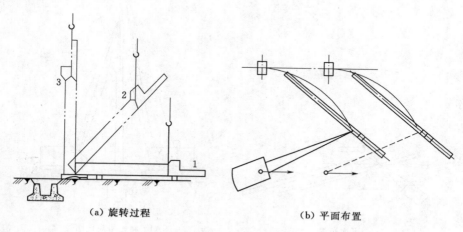

(a) 旋转过程　　　　　　　　　　(b) 平面布置

图 8.27　用旋转法吊柱

1—柱平放时；2—起吊中途；3—直立

2）滑行法。起吊柱过程中，起重机只起吊钩，使柱脚滑行而吊起柱子的方法叫滑行法（图 8.28）。用滑行法吊柱时，在预制或堆放柱时，应将起吊绑扎点（两点以上绑扎时为绑扎中心）布置在杯口附近，并使绑扎点和基础杯口中心两点共圆弧，以便将柱吊离地面后稍转动吊杆（或稍起落吊杆）即可就位。同时，为减少柱脚与地面的摩阻力，需在柱脚下设置托板和滚筒，并铺设滑行道。

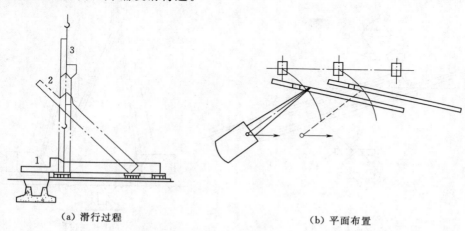

(a) 滑行过程　　　　　　　　　　(b) 平面布置

图 8.28　用滑行法吊柱

1—柱平放时；2—起吊中途；3—直立

（2）双机抬吊法。双机吊装柱子有滑行法和递送法两种。

1）滑行法。柱应斜向布置，并使起吊绑扎点尽量靠近基础杯口（图8.29），吊装步骤如下：柱翻身就位，在柱脚下设置托板和滚筒，并铺好滑行道，两机相对而立，同时起钩，直至柱被垂直吊离地面时为止，两机同时落钩，使柱插入基础杯口。

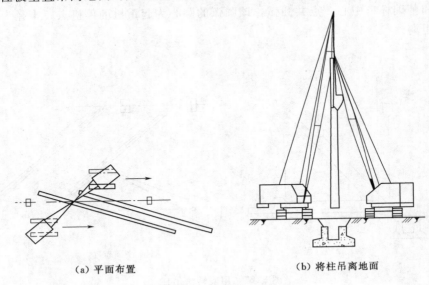

（a）平面布置　　　　　　　　（b）将柱吊离地面

图8.29　双机抬吊滑行法

2）递送法。柱应斜向布置，主机起吊绑扎点尽量靠近基础杯口（图8.30）。主机起吊柱，副机起吊柱脚配合主机起钩，随着主机起吊，副机进行跑车和回转，将柱脚递送到基础杯口上面。一般情况下，副机递送柱脚到杯口后，即卸去吊钩，让主机单独将柱子就位。此时，主机承担了柱子的全部重量。如主机不能承担柱子的全部重量，则需用主机、

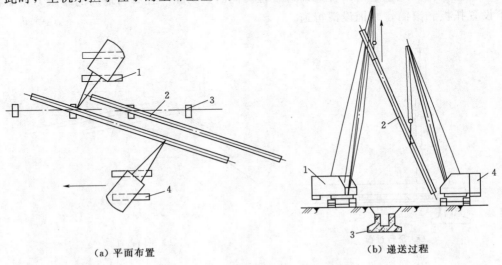

（a）平面布置　　　　　　　　（b）递送过程

图8.30　双机抬吊递送法

1—主机；2—柱；3—基础；4—副机

副机同时将柱子落到设计位置后副机才能卸钩。此时，为防止吊在柱子下端的起重机减载，在抬吊过程中应始终使柱子保持倾斜状态，直至将柱子落到设计位置后，再由吊柱子上端的起重机徐徐旋转吊杆将柱子转直。

（3）双机抬吊法注意事项。

1）尽量选用两台同类型的起重机。

2）根据两台起重机的类型和柱的特点，选择绑扎位置与方法，对两台起重机进行合理的荷载分配。为确保安全，各起重机的荷载不宜超过其额定起重量的 80%。用递送法如副机只起递送作用，应考虑主机满载。起吊时，如两机不是同时将柱子吊离地面，则此时两机的实际荷载与理想荷载分配不同，这在进行荷载分配时必须考虑到。

3）在操作过程中，两台起重机的动作必须互相配合，两机的吊钩滑车组不可有较大倾斜，以防一台起重机失重而使另一台起重机超载。

3. 柱就位和临时固定

柱就位是指将柱插入杯中并对好安装中线的一道工序。根据柱起吊后柱身是否能保持垂直状况来分有垂直吊装法和斜吊法两种。

（1）垂直吊装法。

1）操作人员在柱吊至杯口上空后，应各自站好位置，稳住柱脚并将其插入杯口。

2）当柱脚接近杯底时（约离杯底 3～5cm），刹住车，插入 8 个楔子（回转、起落吊杆或跑车），使柱身大致垂直。

3）用撬杠撬动或用大锤敲打楔子，使柱身中线对准杯底中线，对线时，应先对两个小面，然后平移柱对准大面。

4）落钩，将柱放到杯底，并复查对线，此时必须注意将柱脚确实落实。否则，架空的柱在校正时容易倾倒。

5）打紧四周楔子，两人应同时在柱的两侧面对打；一人打时要转圈分两次或三次逐步打紧，否则楔子对柱产生的推力较大，可能使已对好线的柱脚走动。

6）先落吊杆，落到吊索松弛时再落钩，并拉出活络卡环的销子，使吊索散开随即用坚硬的石块将柱脚卡死，每边卡两点并要卡到杯底，不可卡在杯口中部（图 8.31）。

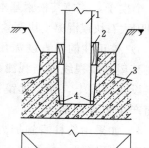

（2）斜吊法。

1）先将柱插入基础杯口，基本送到杯底。送到杯底的程度是柱刚刚着底，用大撬杠撬柱。

2）在柱的上风方向插入两个楔子，回转吊杆，使柱大致垂直。

3）对中线。

以下操作与垂直吊法相同（图 8.32）。

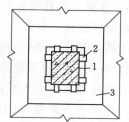

4. 柱的校正

（1）平面位置的校正。

1）钢钎校正法。将钢钎插入基础杯口下部，两边垫

图 8.31 柱的临时固定图
1—柱；2—楔子；3—杯形
基础；4—石子

285

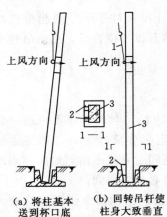

（a）将柱基本　　（b）回转吊杆使
送到杯口底　　　柱身大致垂直

图 8.32　斜吊法吊装柱
1—吊索；2—楔子；3—柱

以锲形钢板，然后敲打钢钎移动柱脚。

2）反推法。假定柱偏左，需向右移，先在左边杯口与柱间空隙中部放一大锤，如柱脚卡了石子，应将左边的石子拨走或打碎，然后在右边杯口上放丝杠千斤顶扒动柱，使之绕大锤旋转以移动柱脚。

（2）垂直度的校正。

1）敲打楔子法。敲打杯口的楔子，给柱身施加一水平力，使柱绕柱脚转动而垂直。为减少敲打时楔子的下行阻力，应在楔子与杯形基础之间垫以小钢楔或钢板。敲打时可稍松动地面的楔子，但严禁将楔子取出，并应用硬的石块将柱脚卡住，以防柱发生水平位移。此法适用于校正 10t 以下的柱。

2）敲打钢钎法。在柱顶倾斜的反方向杯口下部插入钢钎和旗形钢板，敲打钢钎，给柱脚施加一水平力，使柱绕杯口钢楔外转动而垂直。此法适用于校正 25t 以下的柱。

3）丝杠千斤顶平顶法。在杯口上水平放置丝杠千斤顶，操纵千斤顶，给柱身施加一水平力，使柱绕柱脚转动而垂直。此法可用于校正 30t 以内的柱。

4）千斤顶立顶法。用千斤顶给柱身施加一竖向力，使柱绕柱脚转动而垂直。校正双肢柱时，校正前需对千斤顶顶着的双肢柱平腹杆进行强度验算。此法可用于校正 30t 以上的柱。

（3）校正的注意事项。在实际施工中，无论采用何种方法，均必须注意以下情况：

1）应先校正偏差大的，如两个方向偏差相近，则先校正小面，后校正大面。校正好一个方向后，稍打紧两面相对的 4 个楔子，再校正另一个方向。

2）柱在两个方向的垂直度都校正好后，应再复查平面位置，如偏差在 5mm 以内，则打紧 8 个楔子，并使其松紧基本一致。8t 以上的柱校正后，如用木楔固定在基础上，最好在杯口另用大石块或混凝土块塞紧，柱底脚与杯底四周空隙较大者，宜用坚硬的石块将柱脚卡死。

3）校正柱的垂直度需用两台经纬仪观测。上测点应设在柱顶。经纬仪的架设位置，应使其望远镜视线面与观测面尽量垂直（夹角应大于 75°）。观测变截面柱时，经纬仪必须架设在轴线上，使望远镜视线面与观测面相垂直，以防止因上、下测点不在一个垂直面上而产生测量差错。

4）如采用给柱身施加力量使柱绕柱脚转动的方法校正（敲打钢钎法除外），在插柱时最好对准杯底线，并及时在杯底用坚硬石子将柱脚卡住。在柱倾斜一面敲打楔子或顶动柱时，可同时配合松动对面的楔子，但绝不可将楔子拔出，以防柱倾倒。

5）在阳光照射下校正柱的垂直度，要考虑温差的影响。由于温差影响，柱将向阴面弯曲，使柱顶有一个水平位移。水平位移的数值与温差、柱长度及厚度等有关。长度小于 10m 的柱可不考虑温差的影响。细长柱可利用早晨、阴天校正；或当日初校，次日晨复校；也可采取预留偏差的办法来解决（预留偏差值可通过计算或现场试验来确定）。

5. 柱最后固定

钢筋混凝土柱是在柱与杯口的空隙内浇灌细石混凝土做最后固定的。灌缝工作应在校正后立即进行。灌缝前，应将杯口空隙内的木屑等垃圾清除干净，并用水湿润柱和杯口壁。对于因柱底不平或柱脚底面倾斜而造成柱脚与杯底间有较大空隙的情况，应先灌一层稀水泥砂浆后，再灌细石混凝土。

灌缝工作一般分两次进行。第一次灌至楔子底面，待混凝土强度达到设计强度的25％后，拔出楔子，全部灌满。捣混凝土时，不要碰动楔子。

若灌捣细石混凝土时发现碰动了楔子，可能影响柱子的垂直，必须及时对柱的垂直度进行复查。

8.4.2.2　吊车梁的安装

1. 绑扎、起吊就位

临时固定吊车梁的吊装必须在基础杯口二次灌浆的混凝土强度达到设计强度的70％以上才能进行。

吊车梁绑扎时，两根吊索要等长，绑扎点要对称设置，以使吊车梁在起吊后能基本保持水平。吊车梁两头需用溜绳控制。就位时应缓慢落钩，争取一次对好纵轴线，以防在纵轴线方向撬动吊车梁而导致柱偏斜。

2. 校正

（1）垂直度的校正。吊车梁的垂直度用靠尺、线锤检查。T形吊车梁测其两端垂直度，鱼腹式吊车梁测其跨中两侧垂直度。

吊车梁垂直度允许偏差为5mm。T形吊车梁如本身扭曲偏差较大，通过校正使其两端的偏斜相反，而偏斜值应在5mm以内；鱼腹式吊车梁如本身有扭曲，可通过校正使其两侧相反方向偏斜值差在5mm以内。

（2）平面位置的校正。

1）拉钢丝法（拉通线法）。根据柱轴线用经纬仪将吊车梁的中线放到一跨四角的吊车梁上，并用钢尺校核跨距，然后分别在两条中线上拉根16～18号钢丝。钢丝中部用圆钢支垫，两端垫高20cm左右，并悬挂重物拉紧，钢丝拉好后，凡是中线与钢丝不重合的吊车梁均应用撬杠予以拨正（图8.33）。

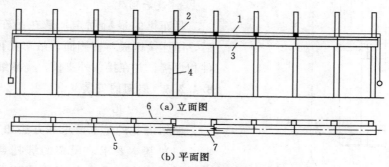

图 8.33　拉钢丝法校正吊车梁的平面位置
1—钢丝；2—圆钢；3—吊车梁；4—柱；5—吊车梁设计中线；
6—柱设计轴线；7—偏离中心线的吊车梁

2）仪器放线法。用经纬仪在各个柱侧面放一条与吊车梁中线距离相等的校正基准线。校正基准线至吊车梁中线距离 a 值，由放线者自行决定。校正时，凡是吊车梁中线至其柱侧基准线的距离不等于 a 值者，用撬杠拨正（图 8.34）。

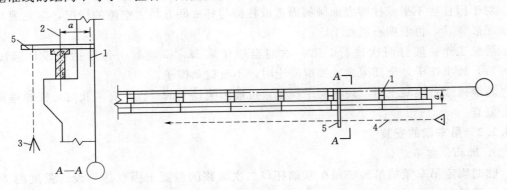

图 8.34　仪器放线法校正吊车梁的平面位置

1—校正基准线；2—吊车梁中线；3—经纬仪；4—经纬仪轴线；5—木尺

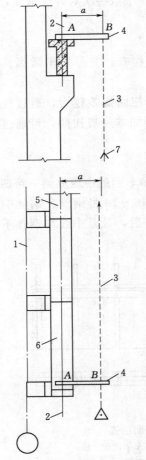

图 8.35　边吊边校法校正吊车梁的平面位置

1—柱轴线；2—吊车梁中线；3—经纬仪轴线；
4—木尺；5—已吊装、校正的吊车梁；
6—正吊装校正车梁；7—经纬仪

3）边吊边校法。在吊车梁吊装前，先在厂房跨度一端距吊车梁中线约 $40\sim60\text{cm}$ 的地面上架设经纬仪，使经纬仪的视线与吊梁的中线平行，然后在一木尺上画两条短线，记号为 A 和 B，此两条短线的距离，必须与经纬仪视线至吊车梁中线的距离相等。吊装后，将木尺的一条线 A 与吊车梁中线重合，用经纬仪看木尺的另一条线 B，并用撬杠拨动吊车梁，使短线 B 与经纬仪望远镜上的十字竖线重合（图 8.35）。用此法时，须经常目测检查已装好吊车梁的直线度，并用钢尺抽点复查跨距，以防操作时因经纬仪有走动而发生差错。

3. 最后固定

吊车梁的最后固定，是在吊车梁校正完毕后，用连接钢板与柱侧面、吊车梁顶端的预埋铁件相焊接，并在接头外支模，浇灌细石混凝土。

8.4.2.3　屋架的安装

1. 屋架绑扎

屋架绑扎的基本要求和方法如下：

（1）基本要求。屋架的绑扎点应选在上弦节点处，左右对称，并高于屋架重心，使屋架吊升后基本保持水平、不晃动、不倾翻。在屋架两端应加溜绳，以控制屋架转动。屋架吊点的数目及位置，与屋架的型式和跨度有关，一般由设计部门确定。绑扎时吊索与水平面的夹角不宜小于 45°，以免屋架承受过大的横向压力。必要时，为了减少屋架的起吊度及所受横向压力，可采用横吊梁。横吊梁应经过设计计算，以确保施工安全。

（2）绑扎方法。屋架跨度不大于 18m 时，绑扎两点即可［图 8.36（a）］；当跨度大于 18m 时，需四点绑扎［图 8.36（b）］；当跨度大于 30m 时，应考虑采用横吊梁以减少绑扎高度［图 8.36（c）］；对三角组合屋架等刚性较差的屋架，下弦不能承受压力，绑扎时应采用横吊梁［图 8.36（d）］。

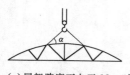
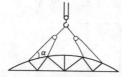

(a) 屋架跨度不大于 18m 时　　(b) 屋架跨度大于 18m 时　(c) 屋架跨度大于 30m 时　(d) 三角形组合屋架

图 8.36　屋架的绑扎

2. 屋架翻身

屋架一般平卧生产，运输或吊装时必须先翻身，由于屋架平面刚度较差，翻身过程中易损坏。为此，在翻身时应注意以下几个方面：

（1）重叠生产跨度 18m 以上的屋架翻身时，必须在屋架两端置以方木井字架（井字架高度与下一榀屋架上平面一样高），以便屋架由平卧翻转立直后搁置其上。

（2）翻身时，先将起重机吊钩基本上对准屋架平面中心，然后起吊使屋架脱模，并松开转向刹车，让车身自由回转，接着起钩，同时配合起落吊杆，争取一次将屋架扶直。做不到一次扶直时，应将屋架转到与地面成 70°后再刹车。在屋架接近立直时，应调整吊钩，使其对准屋架下弦中点，以防屋架吊起后摆动太大。

（3）如遇屋架间有黏结现象，应先撬动，必要时可用倒链或千斤顶脱模。

（4）24m 以上的屋架，若根据经验估算混凝土的抗裂度不够时，可在屋架下弦中节点处设置垫点，使屋架在翻身过程中，下弦中部始终着实。屋架立直后，下弦的两端应着实，中部则应悬空。为此，中垫点垫木的厚度应适中。

（5）凡屋架高超过 1.7m 高的，应在表面加绑木、竹或钢管横杆，用以加强屋架平面刚度，同时也能使操作人员站在屋架上安装屋面板、支撑与拆除吊点绑扎的卡环等绑扎铅丝前，应用千斤顶先略为顶起叠浇屋架的上弦，使铅丝能穿过构件间与横杆扎牢。

3. 屋架起吊

屋架起吊的准备工作和起吊方法如下：

（1）起吊的准备工作。屋架起吊前，应在屋架上弦自中央向两边分别弹出天窗架、屋面板的安装位置线和在屋架下弦两端弹出屋架中线。同时，在柱顶上弹出屋架安装中线。屋架安装中线应按厂房的纵横轴线投上去。其具体投法，既可以每个柱用经纬仪投，也可以用经纬仪只将一跨四角柱的纵横轴线投好，然后拉钢丝弹纵轴线，用钢尺量间距弹横轴线。如横轴线与柱顶截面中线相差过大，则应逐渐调整。

（2）起吊方法。

1）单机吊装。先将屋架吊离地面 50cm 左右，使屋架中心对准安装位置中心，然后徐徐升钩，将屋架吊至柱顶以上，再用溜绳旋转屋架使其对准柱顶，以便落钩就位，落钩时应缓慢进行，并在屋架刚接触柱顶时即刹车进行对线工作，对好线后，即作临时固定，并同时进行垂直度校正和最后的固定工作。

2）双机抬吊。双机抬吊时，屋架立于跨中，一台起重机停在前面，另一台起重机停在后面，共同起吊屋架。当两机同时起钩将屋架吊离地面约 1.5m 时，后机将屋架端头从起重臂一侧转向另一侧，然后两机同时升钩将屋架吊到高空。最后，前机旋转起重臂，后机则高空吊重行驶，递送屋架于安装位置，如图 8.37 所示。

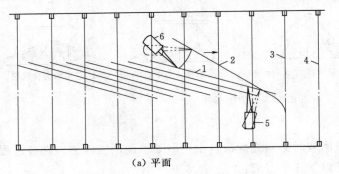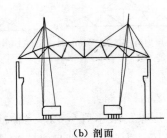

| （a）平面 | （b）剖面 |

图 8.37　双机抬吊安装屋架

1—准备起吊的屋架；2—调档后的屋架；3—准备就位屋架；4—已安装好的屋架；5—前机；6—后机

4. 临时固定、校正和最后固定

（1）临时固定。屋架吊升时先将屋架垂直吊离地面约 300mm，然后将屋架转至吊装位置下方，再将屋架提升超过柱顶约 300mm，然后将屋架缓缓降至柱顶进行对位。

屋架对位应以建筑物的定位轴线为准。因此，在屋架吊装前，应用经纬仪或其他工具在柱顶放出建筑物的定位轴线。如柱顶截面中线与定位轴线偏差过大时，可逐渐调整纠正，以免影响屋面板的搁置长度。

屋架对位后，立即进行临时固定。临时固定稳妥后，起重机才可脱钩离去。

第一榀屋架的临时固定必须十分可靠。因为这时它只是单片结构，而且第二榀屋架的临时固定还要以第一榀为支撑点。第一榀屋架的临时固定方法，通常是用 4 根缆绳从两边将屋架拉牢，也可将屋架与抗风柱连接作为临时固定。

第二榀屋架的临时固定，是用工具式支撑撑牢在第一榀屋架上，以后各榀屋架的临时固定也都是用工具式支撑撑牢在前一榀屋架上。

（2）校正与最后固定。屋架的校正主要是竖向偏差，可用垂球或经纬仪检查竖向偏差，并用工具式支撑来纠正偏差。用经纬仪检查屋架竖向偏差的方法是在屋架上安装 3 个卡尺，一个安装在上弦中点附近，另外两个分别安装在屋架的两端，自屋架几何中线向外量出一定距离（一般 500mm），在卡尺上作出标志。然后在距屋架定位轴线同样距离（500mm）外设经纬仪，观测 3 个卡尺上的标志是否在同一垂直平面上，用经纬仪检查屋架竖向偏差，虽然减少了高空作业，但经纬仪设置比较麻烦，所以在工地上仍广泛采用垂球来检查屋架竖向偏差。

用垂球检查屋架竖向偏差，也是在屋架上弦安装 3 个卡尺，但卡尺标志至屋架几何中线的距离可短些（一般 300mm），在屋架两端头卡尺的标志间连一通线，自屋架顶卡尺的标志处向下挂垂球，检查 3 个卡尺标志是否在同一垂直平面上。若发现卡尺上的标志不在同一垂直平面上，即表示屋架存在竖向偏差，可通过转动工具式支撑撑脚上的螺栓加以纠正，并在屋架两端的柱顶支座外垫入斜垫块。

屋架校至垂直后，立即用电焊将屋架作最后固定。焊接时，先焊接屋架两端成对角线的两侧边，再焊另外两边，避免两端同侧同时施焊，影响屋架的垂直度。

8.4.2.4 屋面板的安装

1. 屋面板的绑扎

钢筋混凝土肋形屋面板都有吊环，用吊索钩住吊环即可起吊。

预应力混凝土双孔屋面板没有吊环，需用兜索绑扎，此时应注意以下几点：

（1）兜索应对称设置，使板起吊时呈水平。

（2）兜索与板的夹角必须大于 60°，因此应使用横吊梁。

（3）一次吊两块以上的双孔板时，上下各层板的兜索至板端的距离应基本一致。否则，当下层板起吊后，上层板的兜索将向板中间滑动，甚至可能使上层板滑到地面而造成事故。

2. 安装、固定

（1）在屋架上安装屋面板时，应自跨边向跨中两边对称进行。

（2）安装天窗架上的屋面板时，在厂房纵轴线方向应一次放好位置，不可用撬杠撬动，以防天窗架发生倾斜。

（3）预应力混凝土自防水屋面板安装时，要使纵横缝宽窄均匀，相邻板面平整，不应有高差。空心板必须堵孔后再安装。

（4）屋面板在屋架或天窗架上的搁置长度要符合规定，四角要座实，每块屋面板至少有 3 个角与屋架或天窗架焊牢，必须保证焊缝的尺寸和质量。

8.4.3 起重机械的选择

8.4.3.1 起重机类型的选择

如前所述，结构吊装工程中常用的起重机类型有：履带式起重机、汽车式起重机、轮胎式起重机、塔式起重机和各种拔杆等，制定吊装方案时根据下列诸点进行选择：

（1）结构的跨度、高度、构件重量和吊装工程量等。

（2）施工现场条件。

（3）本企业和本地区现在起重设备的状况。

（4）工期要求。

8.4.3.2 起重机型号的选择

1. 选择的原则

所选起重机的 3 个工作参数，即起重量 Q、起重高度 H 和工作幅度（回转半径）R 均必须满足结构吊装的要求。

2. 起重量计算

（1）单机吊装起重量按式（8.1）计算：

$$Q \geqslant Q_1 + Q_2 \tag{8.1}$$

式中　Q——起重机的起重量，t；

　　Q_1——构件重量，t；

　　Q_2——索具重量，t。

（2）双机抬吊起重量按式（8.2）计算：

$$K(Q_主 + Q_副) \geqslant Q_1 + Q_2 \tag{8.2}$$

式中　K——起重量降低系数，一般取 0.8；

　　$Q_主$——主机起重量，t；

　　$Q_副$——副机起重量，t；

其余符号意义同前。

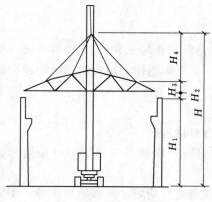

图 8.38　起重高度计算图示

3. 起重高度计算

起重机的起重高度按式（8.3）计算（图 8.38）：

$$H \geqslant h_1 + h_2 + h_3 + h_4 \tag{8.3}$$

式中　H——起重机的起重高度，m，从停机面算起至吊钩；

　　h_1——安装支座表面高度，m，从停机面算起；

　　h_2——安装间隙，视具体情况而定，一般取 0.2～0.3m；

　　h_3——绑扎点至构件吊起后底面的距离，m；

　　h_4——索具高度，m，绑扎点至吊钩面，视具体情况而定。

4. 起重臂长度计算

在一般情况下，当起重机可以不受限制地开到构件吊装位置附近吊装时，对起重半径没有要求，在计算起重量及起重高度后，便可查阅起重机的起重性能表或性能曲线来选择起重机的型号及起重臂长度，并可查得在此起重量和起重高度下相应的起重半径，作为确定起重机开行路线及停机位置时的参考。

当起重机不能直接开到构件吊装位置附近去吊装构件时，需根据起重量、起重高度和起重半径这 3 个参数，查起重机起重性能表或曲线来选择起重机的型号及起重臂长。

当起重机的起重臂需要跨过已安装好的结构去吊装构件时（如跨过屋架或天窗架吊屋面板），为了避免起重臂与已安装结构相碰，使所吊构件不碰起重臂，则需求出起重机的最小臂长及相应的起重半径。其方法有数解法和图解法。

（1）数解法求所需最小起重臂长，如图 8.39 所示。

$$\left. \begin{aligned} L &= l_1 + l_2 = \frac{h}{\sin\alpha} + \frac{f+g}{\cos\alpha} \\ h &= h_1 - E \\ \alpha &= \arctan^3 \sqrt{\frac{h}{f+g}} \end{aligned} \right\} \tag{8.4}$$

式中　L——起重臂长度，m；

　　h——起重臂底铰至构件（如屋面板）吊装支座的高度，m；

　　h_1——停机面至构件（如屋面板）吊装支座的高度，m；

　　f——起重钩需跨过已安装结构构件的距离，m；

　　g——起重臂轴线与已安装构件（如屋架）间的水平距离（不小于1m）；

　　E——起重臂底铰至停机面的距离，m；

　　α——起重臂仰角，(°)。

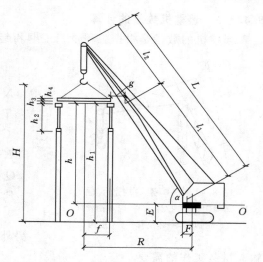

图 8.39　吊装屋面板时起重机起重臂
最小长度计算简图

以求得的 α 角代入 $\dfrac{h}{\sin\alpha}+\dfrac{f+g}{\cos\alpha}$，即可求出起重臂的最小长度，据此，可选择适当长度的起重臂，然后根据实际采用的起重臂及仰角 α 计算起重半径 R：

$$R=F+L\cos\alpha$$

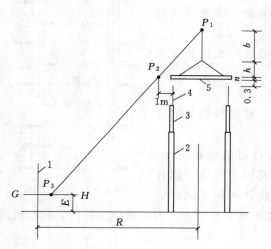

图 8.40　用图解法求起重臂的最小长度
1—起重机回转中心线；2—柱子；3—屋架；
4—天窗架；5—屋面板

根据计算出的起重半径 R 及已选定的起重臂长度 L，查起重机的性能表或性能曲线，复核起重量 Q 及起重高度 H，如能满足吊装要求，即可根据 R 值确定起重机吊装屋面板时的停机位置。

（2）图解法求起重机的最小起重臂长度。

作图方法及步骤如下（图 8.40）：

1）按比例（不小于 1∶200）绘出构件的安装标高，柱距中心线和停机地面线。

2）根据（$0.3+n+h+b$）在柱距中心线上定出 P_1 的位置。

3）根据 $g=1$m 定出 P_2。

4）根据起重机的 E 值绘出平行于停机面的水平线 GH。

5）连接 P_1、P_2，并延长使之与 GH 相交于 P_3（此点即为起重臂下端的铰点）。

6）量出 P_1P_2 的长度，即为所求的起重臂的最小长度。

屋面板的吊装，也可不增加起重臂，而采用在起重臂顶端安装一个乌嘴架来解决。一般设在乌嘴架的副吊钩与起重臂顶端中心线的水平距离为 3m，如图 8.41 所示。

8.4.3.3　起重机数量的计算

起重机的数量是根据工程量、工期和起重机的台班产量来确定，按式（8.5）计算：

$$N = \frac{1}{TCK} \sum \frac{Q_i}{P_i} \qquad (8.5)$$

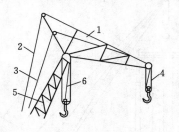

图 8.41　乌嘴架的构造示意

1—乌嘴架；2—拉绳；3—起重钢丝绳；
4—副钩；5—起重臂；6—主钩

式中　　N——起重机台数；

T——工期，d；

C——每天工作班数；

K——时间利用系数，一般取 0.8～0.9；

Q_i——每种构件的安装工程量，件或 t；

P_i——起重机的台班产量定额，件·台班或 t·台班。

另外，决定起重机的数量时，还应考虑到构件运输、拼装工作的需要。

8.4.4　结构安装方法

单层工业厂房的结构安装方法分为分件吊装法和综合吊装法两种。

8.4.4.1　分件吊装法

分件吊装法是指起重机每开行一次，仅吊装一种或两种构件，如图 8.42 所示。

第一次开行：吊装完全部柱子，并对柱子进行校正和最后固定。

第二次开行：吊装吊车梁、连系梁及柱间支撑等。

第三次开行：按节间吊装屋架、天窗架、屋面板及屋面支撑等。

分件吊装的优点是：构件便于校正；构件可以分批进场，供应亦较单一，吊装现场不致拥挤；吊具不需经常更换，操作程序基本相同，吊装速度快；可根据不同的构件选用不同性能的起重机，能充分发挥机械的效能。其缺点是不能为后续工作及早提供工作面，起重机的开行路线长。

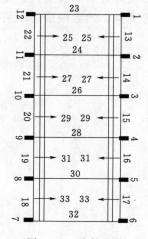

图 8.42　分件吊装

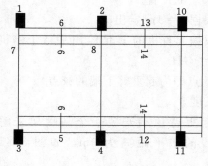

图 8.43　综合吊装

8.4.4.2　综合吊装法（又称节间安装）

综合吊装法是指起重机在车间内一次开行中，分节间吊装完所有各种类型的构件。即先吊装 4～6 根柱子，校正固定后，随即吊装吊车梁、连系梁和屋面板等条件，待吊装完一个节间的全部构件后，起重机再移至下一节间进行安装，如图 8.43 所示。

综合吊装法的优点：起重机开行路线短，停机点位置少，可为后续工作创造工作面，有利于组织立体交叉平行流水作业，以加快工程进度。其缺点：要同时吊装各种类型构件，不能充分发挥起重机的效能；且构件供应紧张，平面布置复杂，校正困难；必须要有严密的施工组织，否则会造成施工混乱，故此方法很少采用。只有在某些结构（如门式结构）必须采用综合吊装时，或当采用桅杆式起重机进行吊装时，才采用综合吊装法。

8.4.5　起重机的开行路线及停机位置

起重机的开行路线与停机位置和起重机的性能、构件尺寸及重量、构件平面布置、构件的供应方式、吊装方法等有关。

当吊装屋架、屋面板等屋面构件时，起重机大多沿跨中开行；当吊装柱时，则视跨度大小、构件尺寸、重量及起重机性能，可沿跨中开行或跨边开行，如图 8.44 所示。

当 $R \geqslant L/2$ 时，起重机可沿跨中开行，每个停机位置可吊两根柱子，如图 8.44（a）所示；

当 $R \geqslant \sqrt{\left(\dfrac{L}{2}\right)^2 + \left(\dfrac{b}{2}\right)^2}$ 时，起重机可吊装 4 根柱子，如图 8.44（b）所示；

当 $R < L/2$ 时，起重机沿跨边开行，每个停机位置吊装一根柱子，如图 8.44（c）所示；

当 $R \geqslant \sqrt{a^2 + \left(\dfrac{b}{2}\right)^2}$ 时，起重机可吊装两根柱子，如图 8.44（d）所示。

R 为起重机的起重半径，m；L 为厂房跨度，m；b 为柱的间距，m；a 为起重机开行路线到跨边轴线的距离，m。

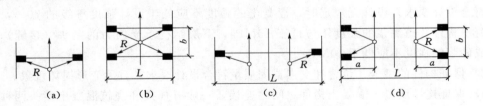

（a）　　　　　（b）　　　　　（c）　　　　　（d）

图 8.44　起重机吊装柱时的开行路线及停机位置

当柱布置在跨外时，起重机一般沿跨外开行，停机位置与跨边开行相似。图 8.45 所示为一个单跨车间采用分件吊装时，起重机的开行路线及停机位置图。起重机自轴线进场，沿跨外开行吊装列柱（柱跨外布置）；再沿轴线跨内开行吊装列柱（柱跨内布置）；再转到轴扶直屋架及将屋架就位；再转到轴吊装；列连系梁、吊车梁等；再转到轴吊装列品车梁等构件；再转到跨中吊装屋盖系统。

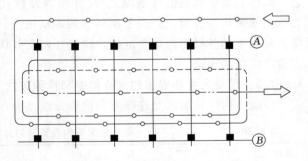

图 8.45　起重机开行路线及停机位置

当单层工业厂房面积大，或具有多跨结构时，为加速工程进度，可将建筑物划分为若干段，选用多台起重机同时进行施工。每台起重机可以独立作业，负责完成一个区段的全部吊装工作，也可选用不同性能的起重机协同作业，有的专门吊装柱子，有的专门吊装屋盖结构，组织大流水施工。

当厂房具有多跨并列和纵横跨时，可先吊装各纵向跨，以保证吊装各纵向跨时，起重机械、运输车辆畅通。如各纵向跨有高低跨，则应先吊高跨，然后逐步向两侧吊装。

任务 8.5　混凝土结构吊装的质量与安全技术

8.5.1　工程质量

8.5.1.1　质量要求

质量要求如下：

（1）从事结构吊装的人员必须充分重视工程质量。要认识到结构吊装工程质量是建筑物的主体工程质量的重要组成部分，它直接关系到建筑物的安全性、使用寿命和使用功能。

（2）在进行构件的运输或吊装前，必须认真对构件的制作质量进行复查验收。此前，制作单位须先进行自查，然后向运输单位和吊装单位提交构件的出厂证明书（附混凝土试块强度报告），并在自查合格的构件上加盖"合格"印章。

复查验收内容主要包括构件的混凝土强度和构件的外观质量。

（3）混凝土构件的安装质量必须符合下列要求：

1）保证构件在吊装中不断裂。为此，吊装时构件的混凝土强度、预应力混凝土构件孔道灌浆的水泥砂浆强度以及下层结构承受内力的接头（接缝）的混凝土或砂浆的强度，必须符合设计要求。设计无规定时，混凝土的强度不应低于设计强度等级的 70%，预应力混凝土构件孔道灌浆的强度不应低于 15MPa，下层结构承受内力的接头（接缝）的混凝土或砂浆的强度不应低于 10MPa。

2）保证构件的型号、位置和支点锚固质量符合设计要求，且无变形损坏现象。

3）保证连接质量。混凝土构件之间的连接，一般有焊接和浇筑混凝土接头两种。为保证焊接质量，焊工必须经过培训并取得考试合格证；所焊焊缝的外观质量（气孔、咬边、弧坑、焊瘤和夹渣等情况）、尺寸偏差及内在质量均必须符合施工验收规范的要求；为此必须采用符合要求的焊条和科学的焊接规范。为保证混凝土接头质量，必须保证配制接头混凝土的各材料计量要准确，浇捣要密实并认真养护，其强度必须达到设计要求或施工验收规范的规定。

8.5.1.2　混凝土构件安装的允许偏差和检验方法

混凝土构件安装的允许偏差和检验方法见表 8.20。

表 8.20　　　　柱、梁、屋架等构件安装的允许偏差和检验方法

项次	项　　目		允许偏差/mm	检验方法
1	杯形基础	中心线对轴线位置偏移	10	尺量检查
		杯底安装标高	+0，−10	用水准仪检查
2	柱	中心线对定位轴线位置偏移	5	尺量检查
		上下柱接口中心线位置偏移	3	

项次	项　目		允许偏差/mm	检验方法
2	柱	垂直度 <5m	5	用经纬仪或吊线和尺量检查
		垂直度 >5m	10	
		垂直度 >10m，多节柱	1/1000 柱高，且不大于 20	
		牛腿上表面和柱顶标高 <5m	3	用水准仪或尺量检查
		牛腿上表面和柱顶标高 >5m	5	
3	梁或吊车梁	中心线对定位轴线位置偏移	5	尺量检查
		梁上表面标高	+0，−5	用水准仪或尺量检查
4	屋架	下弦中心线对定位轴线位置偏移	5	尺量检查
		垂直度 桁架拱形屋架	1/250 屋架高	用经纬仪或吊线和尺量检查
		垂直度 薄腹梁	5	
5	天窗架	构件中心线对定位轴线位置偏移	5	尺量检查
		垂直度	1/300 天窗架高	用经纬仪或吊线和尺量检查
6	板	相邻板下表面平整度 抹灰	5	用直尺和楔形塞尺检查
		相邻板下表面平整度 不抹灰	3	
7	楼梯阳台	水平位置偏移	10	尺量检查
		标高	±5	用水准仪和尺量检查
8	工业厂房墙板	标高	±5	
		墙板两端高低差	±5	

8.5.2　安全技术

8.5.2.1　防止起重机倾覆的措施

防止起重机倾覆的措施如下：

（1）起重机的行驶道路必须平整坚实，地下墓坑和松软土层要进行处理。必要时，需铺设道木或路基箱。起重机不得停置在斜坡上工作，也不允许起重机两个履带一高一低。当起重机通过墙基或地梁时，应在墙基两侧铺垫道木和石子，以免起重机直接辗压在墙基或地梁上。

（2）应尽量避免超载吊装。但在某些特殊情况下难以避免时，应采取措施，如：起重机吊杆上拉缆风或在其尾部增加平衡重等。起重机增加平衡重后，卸载或空载时，吊杆必须落到与水平线夹角 60°以内。在操作时应缓慢进行。

（3）禁止斜吊。斜吊会造成起超负荷及钢丝绳出槽，甚至造成拉断绳索。斜吊还会使重物在离开地面后发生快速摆动，可能碰伤人或其他物体。

（4）应尽量避免满负荷行驶，如需作短距离负荷行驶，只能将构件吊离地面 30cm 左右，且要慢行，并将构件转至起重机的正前方，拉好溜绳，控制构件摆动。

（5）双机抬吊时，要根据起重机的起重能力进行合理的负荷分配，并在操作时要统一指挥，互相密切配合。在整个抬吊过程中，两台起重机的吊钩滑车组均应基本保持垂直状态。

（6）绑扎构件的吊索需经过计算，绑扎方法应正确牢靠；所有起重工具应定期检查。

（7）不吊重量不明的重大构件或设备。

（8）禁止在六级风的情况下进行吊装作业。

（9）指挥人员应使用统一的指挥信号，信号要鲜明、准确。起重机的驾驶人员应听从指挥。

8.5.2.2　防止高处坠落的措施

防止高处坠落的措施如下：

（1）操作人员在进行高处作业时，必须正确使用安全带。

（2）在高处使用撬杠时，人要立稳，如附近有脚手架或已安装好的构件，应一手扶住，一手操作。撬杠插进深度要适宜，如果撬动距离较大，则应逐步撬动，不宜急于求成。

（3）在雨天和雪天进行高处作业时，必须采取可靠的防滑、防寒和防冻措施。作业处和构件上有水、冰、霜、雪时均应及时清除。

（4）登高用的梯子必须牢固。梯脚底部应坚实，不得垫高使用。梯子的上端应有固定措施。立梯工作角度以 $75°±5°$ 为宜，踏板上下间距以 30cm 为宜，不得有缺档。

（5）梯子如需接长使用，必须有可靠的连接措施，且接头不得超过 1 处，连接后梯梁的强度，不应低于单梯梯梁的强度。

（6）固定式直爬梯应用金属材料制成。梯宽不应大于 50cm，支撑应采用不小于 $⌊70×6$ 的角钢，埋设与焊接均必须牢固。梯子顶端的踏棍应与攀登的顶面齐平，并加设 1～1.5m 高的扶手。

（7）操作人员在脚手板上通行时，应思想集中，防止踏上挑头板。

（8）安装有预留孔洞的楼板或屋面板时，应及时用木板盖严，或及时设置防护栏杆、安全网等防坠落措施。

（9）电梯井口必须设防护栏杆或固定栅门；电梯井内应每隔两层并最多隔 10m 设一道安全网。

（10）从事屋架和梁类构件安装时，必须搭设牢固可靠的操作台。需在梁上行走时，应设置护栏横杆或绳索。

8.5.2.3　防止高处落物伤人的措施

防止高处落物伤人的措施如下：

（1）地面操作人员必须戴安全帽。

（2）高处操作人员使用的工具、零配件等，应放在随身佩带的工具袋内，不可随意向下丢掷。

（3）在高处用气割或电焊切割时，应采取措施，防止火花落下而伤人。

（4）地面操作人员，应尽量避免在高空作业面的正下方停留或通行，也不得在起重机的起重臂或正在吊装的构件下停留或通过。

（5）构件安装后，必须检查连接的质量，只有连接确实安全可靠，才能松钩或拆除临时固定工具。

（6）设置吊装禁区，禁止与吊装作业无关的人员入内。

8.5.2.4　防止触电的措施

防止触电的措施如下：

（1）在吊装工程施工组织设计中，必须有现场电气线路及设备位置的平面图。现场电气线路和设备应由专人负责安装、维护和管理，严禁非电工人员随意拆改。

（2）施工现场架设的低压线路不得用裸导线。所架设的高压线应距建筑物 10m 以外，距离地面 7m 以上。跨越交通要道时，需加设安全保护装置。用于施工现场夜间照明的电线及灯具的高度不应低于 2.5m。

（3）起重机从电线下行驶时，起重机的起重臂最高点与电线之间应保持的垂直距离和起重机与电线之间应保持的水平距离见表 8.21。

表 8.21　　　　　　　　起重机与架空输电导线的安全距离　　　　　　　　　单位：m

输电导线电压/kV	1 以下	1～15	20～40	60～100	220
允许沿输电导线垂直方向最近距离	1.5	3	4	5	6
允许沿输电导线水平向最近距离	1	1.5	2	4	6

（4）构件运输时，构件或车辆与高压线的净距不得小于 2m，与低压线的净距不得小于 1m，否则，应采取停电或其他保证安全的措施。

（5）现场各种电线接头、开关应装入开关箱内，用后加锁，停电时必须拉下电闸。

（6）电焊机的电源线长度不宜超过 5m，并必须架高。电焊机手把线的正常电压，用交流电为 60～80V，要求手把线质量良好，如有破皮的情况，必须及时用胶布严密包扎。电焊机的外壳应该接地。电焊线如与钢丝绳交叉时应有绝缘隔离的措施。

（7）使用塔式起重机或长起重臂的其他类型起重机时，应有避雷防触电的设施。

（8）各种用电机械必须有良好的接地或接零措施。接地线应用截面不小于 25mm 的多股软裸铜线和专用线夹，不得用缠绕的方法接地和接零。同一供电网不得有的接地，有的接零。手持电动工具必须装设漏电保护装置。使用行灯电压不得超过 36V。

（9）在雨天或潮湿地点作业的人员，应穿戴绝缘手套和绝缘鞋。大风雪后，应对供电绝缘进行检查，防止断线而造成触电事故。

8.5.2.5　防火及防爆炸的措施

防火及防爆炸的措施如下：

（1）现场用火、用气（电）焊一律须向消防保卫人员申请或备案。明火作业要设专人看火管理，严格执行用火制度。焊接场地周围 5m 以内，严禁堆放易燃品。用火场所要准备好消防器材、器具，备足消火栓，并应经常检查保护器具的完好情况。

（2）各种可燃材料（如电石、保温材料等）不准堆放在电闸箱、电焊机、变压器和电动工具周围，防止材料长时间蓄热自燃。

（3）现场变电室、配电室必须保持干燥通风。电工值班休息室应与变、配电室分开。变、配电室 5m 内不可存放易燃材料。

（4）现场用空机罐、乙炔瓶、氧气瓶等高压容器出厂时，应有出厂合格证，并附有技术资料，应在安全可靠的地点存放。使用时要建立制度，严格检查各种安全装置是否齐全有效，对不符合规定和技术指标的高压容器不得使用。

（5）焊接机械的操作工棚不得使用易燃材料搭设，其周围也不得堆放易燃品和易爆品。室内使用电弧焊时，应有排气通风装置，电焊工应穿戴防护衣具。

（6）搬运氧气瓶时，必须采取防震措施，绝不可向地上猛摔。

（7）氧气瓶不应放在阳光下曝晒，更不可接近火源。冬季如果瓶的阀门发生冻结时，应用干净的抹布将阀门烫热，不可用火熏烤；还要防止机械油落到氧气瓶上。

（8）乙炔发生器的放置地点距火源应在 10m 以上，严禁在附近吸烟。如高空有电焊作业时，乙炔发生器不应放在下风口，同时乙炔发生器应装设逆止阀和水封，以防回火引起爆炸。

（9）电石桶应存放在干燥的房间内，并在桶下加垫，以防桶底锈蚀腐烂，使水分进入电石桶而产生乙炔。打开电石桶时应使用不会发生火花的工具（如铜凿）。

（10）高空焊接时，如下方有易燃物，须采取可靠的安全措施后方准焊接，焊接剩余的焊条头不得随意丢弃。

【项目实训】

单层装配式钢筋混凝土厂房施工

1. 实训目的

本实训项目为单层装配式钢筋混凝土厂房结构的施工方案的综合设计，包括施工方法的选择、施工工艺流程的设计和施工方案的确定等几个部分，目的是灵活应用所学结构安装知识，分析和解决结构安装工程的实际问题，为大型钢结构和大跨度结构以及高耸结构吊装施工打下良好基础。

2. 实训内容

（1）起重机械的选择。起重机械的选择，包括起重机的类型、型号及数量等内容。

1）起重机类型的选择。考虑到技术上的合理性与先进性，经济性及现实的可能性；根据厂房的跨度、构件重量、吊装高度及现场的条件确定。

2）起重机型号及起重臂长度的选择。当起重机类型确定之后，还需要进一步选择起重机的型号及起重机的臂长，使所选起重机的 3 个工作参数：起重量、起重高度和起重半径（工作幅度）满足结构吊装的要求。

（2）确定厂房结构的吊装方法。根据构件的重量、高度、形状、起重设备的特点和场地特征综合进行技术经济分析确定。

（3）现场预制构件的平面布置与起重机的开行路线。构件采用分件吊装法，柱与屋架在现场预制，其余构件由预制厂制作，运到现场排放后吊装。

1）起重机的开行路线。根据所选取的吊装各列柱的起重半径，均小于所在跨度的 1/2，所以吊装柱时需跨边开行；吊装梁系时，亦在跨边开行；吊装屋面结构时则在跨中开行。

2）构件的平面布置：按设计要求分别考虑预制阶段及吊装阶段的布置。

3. 技术要求

对厂房的平面布置特点、结构类型和构件属性（材料、重量、尺寸、形状和空间位置）以及场地的工程地质条件进行全面调查和综合分析研究，结合施工企业技术、设备和管理等方面的实际情况（可作适当假设）确定构件的施工方法和施工工艺流程以及整体结构的安装方案。

4. 考核评价

（1）考核内容及评分结构。

1）出勤率：本指标满分为 100 分，缺勤率超过 20％的学员，取消成绩。作为考核学员基本学习素质的一项指标，考核标准要求要严格，迟到 3 次算做缺勤一次。

2）实训表现：本指标的满分为 100 分，老师根据学员在实训过程中的表现（包括是否认真听讲，是否踊跃提出问题等）给出相应的成绩。

3）实训报告：本指标的满分为 100 分，检查实训报告的内容并给出相应的成绩。

4）答辩成绩：本指标的满分为 100 分，在实训结束后对学生进行答辩来考查学员在整个学习过程中对理论知识的掌握。

（2）总成绩的计算。

如果学员如"4. 考核评价"所列各项全部合格方可认为通过考核。

平均成绩＝出勤率×15％＋实训表现×10％＋实训报告×35％＋答辩成绩×40％

【项目典型案例应用】

某单层工业厂房结构吊装实例

1. 工程概况

某车间为单层、单跨18m 的工业厂房，柱距6m，共 13 个节间车间主要构件一览表见表 8.22，厂房平面图、剖面图如图 8.46 所示，主要构件尺寸如图 8.47 所示。

表 8.22　车间主要构件一览表

厂房轴线	构件名称及编号	构件数量	构件质量/t	构件长度/m	安装标局/m
Ⓐ、Ⓑ、①、⑭	基础梁 JL	32	1.51	5.96	
Ⓐ、Ⓑ	连系梁 LL	26	1.75	5.96	＋6.60
Ⓐ、Ⓑ	柱 Z_1	4	7.03	12.20	－1.40
Ⓐ、Ⓑ	柱 Z_2	24	7.03	12.20	－1.40
Ⓐ	柱 Z_3	4	5.80	13.89	－1.20
①、⑭	屋架 YWJ18－1	14	4.95	17.70	＋10.80
Ⓐ、Ⓑ	吊车梁 DL－8Z	22	3.95	5.95	＋6.60
Ⓐ、Ⓑ	吊车梁 DL－8B	4	3.95	5.95	＋6.60
	屋面板 YWB	156	1.30	5.97	＋13.80
Ⓐ、Ⓑ	天沟板 TGB	26	1.07	5.97	＋11.40

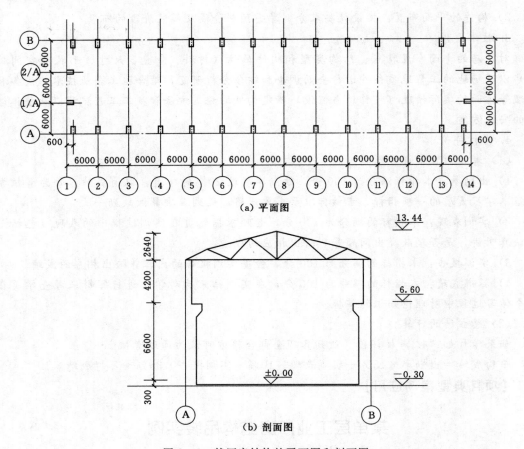

(a) 平面图

(b) 剖面图

图 8.46   某厂房结构的平面图和剖面图

1.1   起重机的选择及工作参数的计算

根据厂房的基本概况及现有起重设备的条件，初步选用 W_1-100 型履带式起重机进行结构吊装。主要构件吊装的参数计算如下：

(1) 柱。柱子采用一点绑扎斜吊法吊装。

柱 Z_1、Z_2 要求的起重量：

$$Q = Q_1 + Q_2 = 7.03 + 0.2 = 7.23 (\text{t})$$

柱 Z_1、Z_2 要求的起升高度（图 8.48）：

$$H = h_1 + h_2 + h_3 + h_4 = 0 + 0.3 + 7.05 + 2.0 = 9.35 (\text{m})$$

柱 Z_3 要求的起重量：

$$Q = Q_1 + Q_2 = 5.8 + 0.2 = 6.0 (\text{t})$$

柱 Z_3 要求的起升高度：

$$H = h_1 + h_2 + h_3 + h_4 = 0 + 0.3 + 11.5 + 2.0 = 13.8 (\text{m})$$

(2) 屋架。屋架要求的起重量：

$$Q = Q_1 + Q_2 = 4.95 + 0.2 = 5.15 (\text{t})$$

屋架要求的起升高度（图 8.49）：

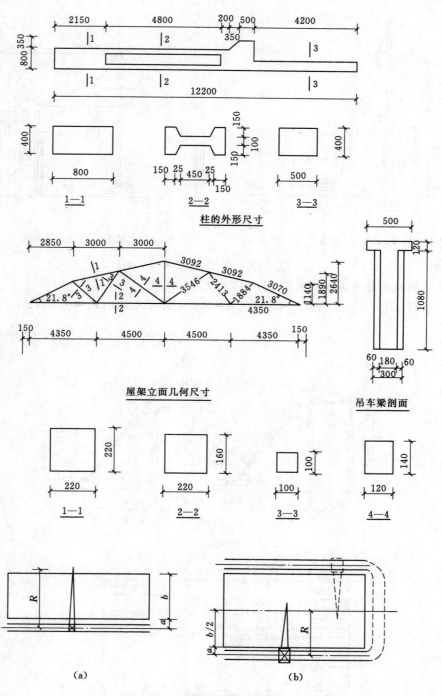

图 8.47　主要构件的尺寸图

$$H = h_1 + h_2 + h_3 + h_4 = 10.8 + 0.3 + 1.14 + 6.0 = 18.24(\text{m})$$

（3）屋面板。吊装跨中屋面板时，起重量：

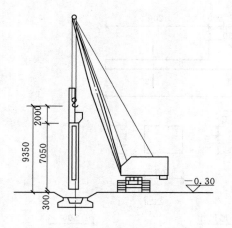

图 8.48　柱 Z_1、Z_2 起重高度计算简图

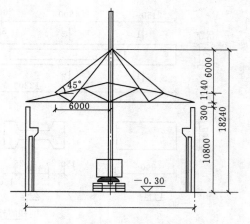

图 8.49　屋架起升高度计算简图

$$Q = Q_1 + Q_2 = 1.3 + 0.2 = 1.5 (\text{t})$$

屋面板要求的起升高度（图 8.50）：

$$H = h_1 + h_2 + h_3 + h_4 = (10.8 + 2.64) + 0.3 + 0.24 + 2.5 = 16.48 (\text{m})$$

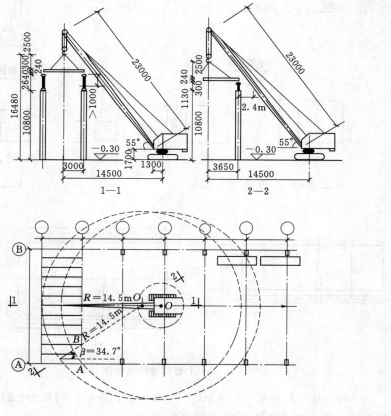

图 8.50　屋面板吊装工作参数计算简图

起重机吊装跨中屋面板时，起重钩需伸过已吊装好的屋架上弦中线 $f=3$m，且起重臂中心线与已安装好的屋架中心线至少保持 1m 的水平距离。因此，起重机的最小起重臂长度及所需起重仰角 α 为：

$$\alpha=\arctan\sqrt[3]{\frac{h}{f+g}}=\arctan\sqrt[3]{\frac{10.8+2.64-1.7}{3+1}}=55.07°$$

$$L=\frac{h}{\sin\alpha}+\frac{f+g}{\cos\alpha}=\frac{11.74}{\sin55.07°}+\frac{4}{\cos55.07°}=21.34(\text{m})$$

根据上述计算，选 W_1-100 型履带式起重机吊装屋面板，起重臂长 L 取 23m，起重仰角 $\alpha=55°$，则实际起重半径为：

$$R=F+L\cos\alpha=1.3+23\times\cos55°=14.5(\text{m})$$

查 W_1-100 型 23m 起重臂的性能曲线或性能表可知，$R=14.5$m 时，$Q=2.3$t$>$1.5t，$H=17.3$m$>$16.48m，所以选择 W_1-100 型 23m 起重臂符合吊装跨中屋面板的要求。

以选取的 $L=23$m、$\alpha=55°$复核能否满足吊装跨边屋面板的要求。

起重臂吊装Ⓐ轴线最边缘一块屋面板时起重臂与Ⓐ轴线的夹角 β，$\beta=\arcsin\frac{9.0-0.75}{14.5}$ $=34.7°$，则屋架在Ⓐ轴线处的端部 A 点与起重杆同屋架在平面图上的交点 B 之间的距离为 $0.75+3\tan\beta=0.75+3\times\tan34.7°=2.83(\text{m})$。可得 $f=\frac{3}{\cos\beta}=\frac{3}{\cos34.7°}=3.65(\text{m})$；由屋架的几何尺寸计算出 2—2 剖面屋架被截得的高度 $h_{\text{屋}}=2.83\times\tan21.8°=1.13(\text{m})$。

根据 $L=\frac{h}{\sin\alpha}+\frac{f+g}{\cos\alpha}$，有 $23=\frac{10.8+1.13-1.7}{\sin55°}+\frac{3.65+g}{\cos55°}$，得 $g=2.4$m。

因为 $g=2.4$m$>$1m，所以满足吊装最边缘一块屋面板的要求。也可以用作图法复核选择 W_1-100 履带式起重机，取 $L=23$m，$\alpha=55°$时能否满足吊装最边缘一块屋面板的要求。

根据以上各种吊装工作参数的计算，从 W_1-100 型 $L=23$m 履带式起重机性能曲线表及表 8.23 车间主要构件吊装参数可以看出，所选起重机可以满足所有构件的吊装要求。

表 8.23　　　　　　　　　　　　　　车间主要构件吊装参数

构件名称	柱 Z_1、Z_2			柱 Z_3			屋架			屋面板		
吊装工作参数	Q /t	H /m	R /m	Q /t	H /m	R /m	Q /t	H /m	R /m	Q /t	H /m	R /m
计算所需工作参数	7.23	9.35		6.0	13.8		5.15	18.24		1.5	16.48	
23m 起重臂工作参数	8	20.5	6.5	6.9	20.3	7.26	6.9	20.3	7.26	2.3	17.5	14.5

1.2　现场预制构件的平面布置与起重机的开行路线

构件吊装采用分件吊装的方法。柱子、屋架现场预制，其他构件（如吊车梁、连系梁和屋面板）均在附近预制构件厂预制，吊装前运到现场排放吊装。

（1）列柱预制。在场地平整及杯形基础浇筑后即可进行柱子预制。根据现场情况及起

重半径 R，先确定起重机的开行路线，吊装列柱时，跨内、跨边开行，且起重机开行路线距轴线的距离为 4.8m；然后以各杯口中心为圆心，以 $R=6.5m$ 为半径画弧与开行线路相交，其交点即为吊装各柱的停机点，再以各停机点为圆心，以 $R=6.5m$ 为半径画弧，该弧均通过各杯口中心，并在杯口附近的圆弧上定出一点作为柱脚中心，然后以柱脚中心为圆心，以柱脚至绑扎点的距离（7.05m）为半径作弧与以停机点为圆心，以 $R=6.5m$ 为半径的圆弧相交，此交点即柱的绑扎点。根据圆弧上的两点（柱脚中心及绑扎点）作出柱子的中心线，并根据柱子尺寸确定出柱的预制位置，如图 8.51（a）所示。

（2）列柱跨外预制。根据施工现场情况确定列柱跨外预制，由轴线与起重机的开行路线的距离为 4.2m，定出起重机吊装列柱的开行路线，然后按上述同样的方法确定停机点及柱子的布置位置，如图 8.51（a）所示。

（3）抗风柱的预制。抗风柱在①轴及⑭轴外跨外布置，其预制位置不能影响起重机的开行。

（4）屋架的预制。屋架的预制安排在柱子吊装完后进行；屋架以 3～4 榀为一叠安排在跨内叠浇。在确定屋架的预制位置之前，先定出各屋架排放的位置，据此安排屋架的预制位置。屋架的预制位置及排放布置如图 8.51（b）所示。

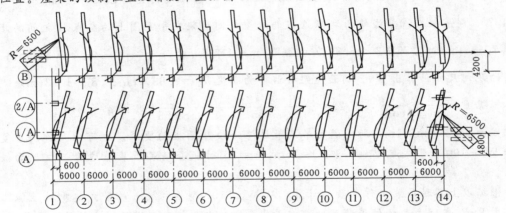

（a）柱子预制阶段的平面布置及吊装时起重机的开行路线

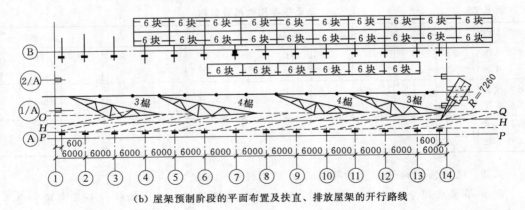

（b）屋架预制阶段的平面布置及扶直、排放屋架的开行路线

图 8.51　预制构件的平面布置与起重机的开行线路

按图 8.51 的布置方案,起重机的开行路线及构件的安装顺序如下:

起重机首先自轴跨内进场,按⑭→①的顺序吊装列柱;其次,转至轴线跨外,按①→⑭的顺序吊装列柱;第三,转至轴线跨内,按⑭→①的顺序吊装列柱的吊车梁、连系梁、柱间支撑;第四,转至轴线跨内,按①→⑭的顺序吊装列柱的吊车梁、连系梁、柱间支撑;第五,转至跨中,按⑭→①的顺序扶直屋架,使屋架、屋面板排放就位后,吊装①轴线的两根抗风柱;第六,按①→⑭的顺序吊装屋架、屋面支撑、大型屋面板、天沟板等;最后,吊装⑭轴线的两根抗风柱后退场。

【项目拓展阅读材料】

(1)《混凝土结构工程施工规范》(GB 50666—2011)。

(2)《混凝土结构工程施工质量验收规范》(GB 50204—2015)。

(3)《装配整体式混凝土结构工程施工》,济南市城乡建设委员会编写,中国建筑工业出版社出版,2015 年版。

(4)《装配整体式混凝土结构工程工人操作实务》,济南市城乡建设委员会编写,中国建筑工业出版社出版,2016 年版。

(5)《建筑工程施工技术》,钟汉华、李念国、吕香娟主编,北京大学出版社出版,2013 年版。

【项目小结】

本项目是建筑施工技术课程的重要内容。主要包括下面几个任务:

(1)单层厂房结构的分类及其构件组成。

(2)起重安装的机械及设备。

(3)单层钢筋混凝土排架结构厂房构件的吊装,主要叙述了吊装前的准备工作,各种构件(柱子、吊车梁、屋架和屋面板)的绑扎、起吊、对位、临时固定、校正及最后固定等施工过程。

(4)单层钢筋混凝土排架结构厂房构件安装方案中起重机的选择,起重臂最小长度的求解方法是学习的难点。构件的平面布置、起重机开行路线和停机点的确定是学习过程中的重点和难点。

(5)单层钢筋混凝土排架结构厂房构件安装的质量要求及安全技术。

本项目内容具有非常重要的实用性、普遍性,在工程实践当中应用非常广泛。所以本项目内容非常重要,希望同学们都能够较好地学习掌握。

【项目检测】

1. 名词解释

(1)独脚桅杆。

(2)滑行法。

(3)斜吊绑扎法。

(4)分件吊装法。

(5)综合吊装法。

2. 单选题

(1)柱子平卧抗弯承载力不足时,应采用(   )。

A. 直吊绑扎　　　　B. 斜吊绑扎　　　　C. 二点绑扎　　　　D. 一点绑扎

（2）构件吊装前其混凝土强度应符合设计要求。设计未规定时，应达到设计强度标准值的（　　）以上。

A. 50%　　　　　　B. 75%　　　　　　C. 90%　　　　　　D. 100%

（3）抗弯承载力满足要求，所吊柱子较长，而选用起重机起重高度不足时，可采用（　　）。

A. 一点绑扎　　　　B. 二点绑扎　　　　C. 斜吊绑扎　　　　D. 直吊绑扎

（4）柱子吊装后进行校正，其最主要的内容是校正（　　）。

A. 柱平面位置　　　B. 柱标高　　　　　C. 柱距　　　　　　D. 柱子垂直度

（5）吊车梁应待杯口细石混凝土达到（　　）的设计强度后进行安装。

A. 25%　　　　　　B. 50%　　　　　　C. 75%　　　　　　D. 100%

（6）吊屋架时采用横吊梁的主要目的是（　　）。

A. 减小起重高度　　B. 防止屋架上弦压坏　C. 减小吊索拉力　　D. 保证吊转安全

（7）分件安装法是分（　　）开行吊装全部结构构件。

A. 1 次　　　　　　B. 2 次　　　　　　C. 3 次　　　　　　D. 4 次

（8）综合吊装法的特点有（　　）。

A. 生产效率高　　　B. 平面布置较简单　C. 构件校正容易　　D. 开行路线短

（9）某构件自重为 50kN，索具为 3kN，配重为 7kN，则起重机的起重量应大于（　　）。

A. 50kN　　　　　　B. 53kN　　　　　　C. 60kN　　　　　　D. 57kN

（10）结构安装工程施工的特点不正确的是（　　）。

A. 构件类型多　　　B. 质量影响大　　　C. 受力变化简单　　D. 高空作业多

（11）有关桅杆式起重机的特点，不正确的是（　　）。

A. 构造简单　　　　B. 装拆方便　　　　C. 起重量大　　　　D. 服务半径大

（12）下列部件中不属于吊具的是（　　）。

A. 钢丝绳　　　　　B. 吊索　　　　　　C. 卡环　　　　　　D. 横吊梁

（13）下列工具中用于绑扎和起吊构件的工具是（　　）。

A. 卡环　　　　　　B. 吊索　　　　　　C. 横吊梁　　　　　D. 铁扁担

（14）更换装置后也可以成为挖掘机、打桩机等施工机械的是（　　）。

A. 汽车式起重机　　B. 履带式起重机　　C. 轮胎起重机　　　D. 都是

（15）当履带式起重机起重臂一定时，随着仰角的增大（　　）。

A. 起升荷载减小　　B. 起升高度减少　　C. 工作幅度增大　　D. 起升高度增大

（16）在柱吊装时，采用斜吊绑扎法的条件是（　　）。

A. 柱平卧起吊抗弯承载力满足要求　　　　B. 柱平卧起吊抗弯承载力不足

C. 柱混凝土强度达到设计强度的 50%　　　D. 柱身较长，一点绑扎抗弯承载力不足

（17）柱吊装后仅需要进行校正柱的（　　）。

A. 平面位置　　　　B. 垂直度　　　　　C. 标高　　　　　　D. A 和 C

（18）观测牛腿柱垂直度的方法是（　　）。

A. 托线板　　　　　B. 靠尺　　　　　　C. 两台经纬仪　　　D. 水准仪

(19) 吊车梁的吊装必须待柱杯口二次浇筑混凝土达到设计强度的（　　）。

A. 50%　　　　　　B. 40%　　　　　　C. 20%　　　　　　D. 75%

(20) 吊车梁的校正主要是校正（　　）。

A. 垂直度　　　　　B. 标高　　　　　　C. 平面位置　　　　D. A 和 C

(21) 有关屋架的绑扎，说法错误的是（　　）。

A. 绑扎点选在上弦节点处　　　　　　　B. 绑扎点左右对称

C. 吊索与水平线夹角<45°　　　　　　　D. 绑扎中心必须在屋架重心之上

(22) 屋架适合两点绑扎的跨度是（　　）。

A. 跨度≤18m　　　B. $L>30m$　　　C. $L>18m$　　　D. $L<30m$

(23) 在屋架吊升对位后，采用两道缆风绳拉牢临时固定的是（　　）。

A. 第一榀屋架　　　B. 第二榀屋架　　　C. 第三榀屋架　　　D. 第四榀屋架

(24) 不能确定起重机型号选择的因素是（　　）。

A. 场地　　　　　　B. 构件外形尺寸　　C. 构件重量　　　　D. 安装高度

(25) 在具体选用起重机的型号时，应考虑的工作参数是（　　）。

A. 起升荷载　　　　B. 起升高度　　　　C. 工作幅度　　　　D. 全选

3. 简答题

(1) 单层工业厂房吊装前要做哪些准备工作？

(2) 构件吊装前要做哪些方面的检查？

(3) 如何对牛腿柱子、吊车梁、屋架弹线进行编号？

(4) 吊装前，对杯口基础要做哪些准备工作？如何调整杯底标高？

(5) 柱子的绑扎方法有哪些？绘制一点绑扎斜吊法和一点绑扎直吊法的示意图。

(6) 柱子的吊升方法有哪些？试述旋转法和滑行法吊柱时的吊升过程，并绘制其吊升过程示意图。

(7) 如何对柱子进行对位和临时固定？

(8) 如何对柱子进行校正和最后固定？

(9) 试述吊车梁的绑扎、吊升、对位与临时固定的方法。

(10) 如何用通线法和平移轴线法校正吊车梁？

(11) 如何绑扎屋架？

(12) 屋架的扶直方法有哪些？什么叫正向扶直和反向扶直？

(13) 如何对屋架进行临时固定、校正和最后固定？

(14) 如何对屋面板进行绑扎、吊装及最后固定？

(15) 起重量、起升高度如何计算？

(16) 如何用数解法计算起重臂的最小长度？

(17) 如何用作图法求起重臂的最小长度？

(18) 什么叫分件吊装法？试述分件吊装法的吊装顺序。

(19) 什么叫综合吊装法？综合吊装法有何优缺点？

(20) 如何确定履带式起重机吊装柱子的开行路线及旋转法吊柱时的停机点位置？

项目9 混凝土工程季节性施工及绿色施工技术

【项目目标】

通过本项目的学习，了解冬期与雨季的施工特点及要求，掌握钢筋混凝土工程主要的冬期施工技术；熟悉蓄热法的原理和特点，了解混凝土加热养护的方法；熟悉了解目前混凝土工程绿色施工的技术措施。

【项目描述】

我国地域辽阔，气候变化大，冬期的低温和雨季的降水，常使土木工程施工无法正常进行，从而影响工程的进展。若能掌握冬期与雨季施工的特点，进行充分的施工准备，选择合理的施工技术进行冬期与雨季施工，对缩短工期、确保工程质量、降低工程费用具有重要意义。本项目主要介绍冬期与雨季施工特点及要求，钢筋工程和混凝土工程主要的冬期施工技术，以及绿色施工新技术等。

【项目分析】

知识要点	技能要求	相关知识
混凝土工程 冬期施工	(1) 了解冬期施工特点及危害； (2) 掌握钢筋混凝土工程主要的冬期施工技术	(1) 暖棚法； (2) 蓄热法
混凝土工程 雨季施工	(1) 了解雨季施工特点及危害； (2) 掌握钢筋混凝土工程主要的雨季施工技术	(1) 雨季防护； (2) 防雷措施
绿色施工技术	熟悉了解目前混凝土工程绿色施工的技术措施	"四节一环保"

【项目实施】

引例：综合交通枢纽配套交通工程新郑州站位于国铁石武客运专线新郑州站站房下，东站东西向垂直下穿国铁站房，西端为东风路，东端为圃田路。车站建筑、结构等土建工程主要包括车站立体工程、站厅层和站台层及辅助工程，盾构始发井、轨排井、电缆通道以及电力、通风空调等必要的设备预埋处理。车站主体为两层三跨框架结构，有效站台中心里程为 AK31＋000.79，设计起点里程分界里程（内墙）分别为右线 AK30＋885.99，终点里程（内墙）为 AK31＋480.19。车站立体结构外包长度594.2m，总建筑面积（含风道）27248m²。

本车站为郑州市综合交通枢纽站，位于郑州市郑东新区，属温暖带大陆性季风气候区，一年四季分明，春秋短暂、冬夏漫长。春季干旱多风沙，夏季炎热多雨，冬季较寒冷，干燥少雪；秋季是最好的季节，温润宜人。年平均气温为11.7℃，年平均降水量为640mm，据调查，一般从11月底进入冬季施工，近几年来冬季最低温度为－5℃左右。

思考：（1）该工程冬季如何组织施工？

（2）可以积极采取哪些绿色施工技术？

任务 9.1 季 节 性 施 工

　　季节性施工是指工程建设中按照季节的特点进行相应的建设，考虑到自然环境所具有的不利于施工的因素存在，应该采取措施来避开或者减弱其不利影响，从而保证工程质量、工程进度、工程费用和施工安全等各项均达到设计或者规范要求。

　　在工程的建设中，季节性施工主要指冬季和雨季的施工，当然因地而异，冬季施工可以没有；另外，也可能有台风季节施工和夏季施工。

　　（1）雨季施工：工程在雨季修建，需要采取防雨措施。

　　（2）冬季施工：工程在低温季（日平均气温低于5℃或最低气温低于0℃）修建，需要采取防冻保暖措施。

　　（3）台风季节施工：工程在台风比较频繁季修建，需要做好安全防护工作。

　　（4）夏季施工：工程在高温季修建，需要采取一定的温控措施以保证施工质量。

　　这里主要介绍钢筋混凝土工程冬期与雨季施工的特点和施工工艺。

9.1.1　冬期施工的特点和要求

9.1.1.1　冬期施工的定义

　　当室外平均气温连续5d低于5℃、或最低气温降至0℃及0℃以下，须采取特殊措施进行施工，方能满足质量要求时，即认为进入了冬期施工阶段。

9.1.1.2　冬期施工的特点

　　冬期施工的特点如下：

　　（1）冬期施工条件差、环境不利，是工程质量事故的多发季节，尤以混凝土和基础工程居多。

　　（2）冬期质量事故具有隐蔽性和滞后性。冬季施工、春季才能暴露，处理难度大，影响工程使用寿命。

　　（3）冬期施工的计划性和时间性强，准备工作时间短、技术要求复杂，仓促施工极易发生工程质量事故。

9.1.1.3　冬期施工的要求

　　冬期施工的要求如下：

　　（1）加强计划安排。冬期施工计划安排极其重要，当预计要进行冬期施工时，应提前进行冬期施工计划的安排。

　　（2）抓紧施工准备工作。包括材料、专用设备、能源和暂设工程等，应提前抓紧进行。仓促施工，既误工期，又影响质量。

　　（3）编制专题施工方案。根据国家规范、规程，编制指导冬期施工的专题施工方案。

　　（4）制定技术措施。在冬期施工的专题施工方案中，根据工程特点，明确冬期施工的技术关键，制定冬期施工的技术措施。

　　（5）重视技术培训和技术交底。对主要技术骨干、工长和班组长组织进行冬期施工的应知应会的培训和考核，合格后方能上岗。

9.1.2 钢筋混凝土工程的冬期施工

9.1.2.1 冬期施工的准备工作

冬期施工的准备工作如下：

（1）搜集当地有关气象资料，作为选择冬期施工技术措施的依据。

（2）安排好冬期施工项目，编制冬期施工技术措施或方案。将不适宜冬期施工的分项工程安排在冬期前后完成。

（3）根据冬期施工工程量提前准备好施工的临时设施、设备、机具、保温、防冻剂等材料及劳动防护用品。

（4）冬期施工前，对配制防冻剂的人员、测温保温人员、锅炉工等，应专门组织冬期施工技术培训，学习冬期施工的相关规范、冬期施工理论、操作技能、防火、防冻、防寒、防 CO 中毒、防滑、防止锅炉爆炸等知识和技能。

9.1.2.2 钢筋在负温下的应用

钢筋随着温度的降低，屈服点、抗拉强度提高，伸长率和冲击韧性下降，存在冷脆现象，当钢筋存在缺陷时，可能发生脆断。

（1）负温下的结构配筋优先选用小直径且分散配置，不得采用排筋密焊配筋；预应力混凝土构件不宜采用无黏结构造形式；后张法混凝土构件，孔道灌浆要密实，保证混凝土与钢筋共同工作。

（2）负温下的钢筋挤压接头或锥螺纹接头应经过负温试验验证。

（3）能使预应力钢筋产生刻痕或咬伤的锚夹具应进行负温性能试验。

（4）负温下使用的钢筋，在运输、加工过程中防止产生撞击、刻痕等缺陷，使用Ⅳ级钢筋及其他高强度钢筋时尤应注意。

当环境温度低于－5℃时，钢筋焊接接头应优先选用闪光对焊，也可使用电渣压力焊和电弧焊。

1）焊工须持有钢筋焊工上岗证，负温下施焊前须进行现场条件下的焊接性能试验，合格后方可施焊。

2）负温下焊接时应调整焊接工艺参数，使焊缝和热影响区缓慢冷却。焊接时严格防止产生过热、烧伤、咬肉和裂纹等缺陷，防止在接头处产生偏心受力状态。加强焊工的劳动保护，防止发生烧伤、触电及火灾等事故。

3）风力超过Ⅳ级时，应采取挡风措施。焊后未冷却的接头应避免碰到冰雪。

4）当环境温度低于－20℃，不得进行施焊。

9.1.2.3 混凝土工程的冬期施工

混凝土在湿度合适的条件下，温度高，硬化快、强度高；温度低，硬化慢、强度低。在 0℃时水化作用基本停止，在－3℃时混凝土中的水开始结冰。

当室外平均气温连续 5d 低于 5℃时，应采取冬期施工措施。

1. 冻害对混凝土质量的影响

（1）混凝土在初凝前或刚初凝即受冻害：水泥来不及水化或水化刚开始，本身无强度，水泥受冻处于"休眠"状态，恢复正常养护后，强度可重新发展至与未受冻基本相同。

（2）混凝土在初凝后、强度很小时遭受冻害：混凝土内部产生两种应力，即水泥水化作用引起的黏结应力和内部自由水引起的冻胀应力，由于黏结应力小于冻胀应力，混凝土内部会产生微裂缝，降低混凝土的密实度和耐久性；混凝土解冻后，其强度虽能继续增长，但不可能达到原设计的强度等级。

（3）混凝土达到某一强度值才遭受冻害：当混凝土达到某一强度，其产生的黏结应力大于冻胀应力时，混凝土内部不产生微裂缝，解冻后强度能正常增长至原设计强度等级，只不过增长较缓慢而已。这一强度值，被称为"混凝土受冻临界强度"。

2. 混凝土受冻临界强度

临界强度与水泥的品种、混凝土强度等级有关，硅酸盐水泥或普通硅酸盐水泥配制的混凝土为设计强度等级的 30%，矿渣硅酸盐水泥配制的混凝土为 40%，但 C10 及以下的混凝土不低于 5MPa。

3. 混凝土材料的选择及要求

混凝土材料的选择及要求如下：

（1）优先选用硅酸盐水泥或普通硅酸盐水泥，水泥强度等级不低于 42.5 级，最小水泥用量不少于 $300kg/m^3$，水灰比不大于 0.6。

（2）骨料中不得含有冰、雪、冻块及其他易冻裂物质。

（3）采用非加热养护法施工所选用的外加剂宜优先选用含引气成分的外加剂，含气量宜控制在 2%～4%。

（4）在钢筋混凝土中掺用氯盐类防冻剂时，氯盐掺入量不得大于水泥重量的 1%，混凝土必须振捣密实，不宜采用蒸汽养护。

（5）薄壁结构、中重级工作制吊车梁、动力基础、水工构筑物、预应力混凝土以及高温、高湿环境中的结构，与酸碱及硫酸盐相接触的结构等不准掺用氯盐。

4. 混凝土的搅拌

（1）原材料的加热：优先采用加热水的办法，当加热水仍不能满足要求时，再对骨料进行加热。水和骨料的加热温度一般不超过 80℃和 60℃；当水、骨料达到规定温度仍不满足热工计算要求时，可提高水温至 100℃，但水泥不得与 80℃以上的水直接接触；水泥不得直接加热，宜采用"暖棚法"加热并存放。

（2）搅拌前，先用热水或蒸汽冲洗搅拌机。投料时，先投骨料和已加热的水，然后再投入水泥；水泥不应与 80℃以上的水直接接触，避免水泥假凝。

（3）外加剂应与水泥同时加入。

（4）拌制掺有外加剂的混凝土时，搅拌时间应比常温时间延长 50%。

（5）混凝土拌和物出机温度不宜低于 10℃，入模温度不宜低于 5℃。

5. 混凝土的浇筑

（1）不得在强冻胀性地基土上浇筑混凝土。在弱冻胀性地基土上浇筑时，基土应进行保温，以免遭冻。

（2）分层浇筑厚大整体式结构混凝土时，已浇筑层的混凝土温度在未被上一层混凝土覆盖前应不低于 2℃；采用加热养护时，也不得低于 2℃。

（3）浇筑装配式结构接头的混凝土，应先将结合处的表面加热至正温。浇筑后的接头混凝土在温度不超过 45℃的条件下养护至设计要求强度；设计无规定时，强度不得低于强度标准值的 75%。

6. 蓄热法

利用原材料预热和水泥水化热，通过适当的保温，延缓混凝土的冷却，使混凝土在正温条件下达到受冻临界强度的一种常用的施工方法。此方法适用于室外最低气温不低于 -8℃（结构表面系数 7.5）的结构。

（1）蓄热法的特点：施工简单、不需外加热源、节能、冬期施工费用低，冬期施工应优先采用。只有确定蓄热法不能满足要求时，才考虑选择其他方法。

（2）蓄热法的 3 个要素：混凝土入模温度、围护结构的传热系数和水泥水化热值。蓄热法适用于不太寒冷地区（室外平均气温不低于 -15℃）或表面系数不大于 10 的厚大结构以及地下结构。

7. 蒸汽加热法

蒸汽加热法有两种：一种是湿热养护（棚罩法、蒸汽套法及内部通汽法），蒸汽与混凝土直接接触，利用蒸汽的湿热作用来养护混凝土；另一种是干热养护（毛管法、热模法），蒸汽作为热载体，通过散热器将热量传导给混凝土，使混凝土升温。蒸汽养护混凝土时，采用普通硅酸盐水泥时最高养护温度不超过 80℃，采用内部通气法最高加热温度不超过 60℃。

8. 暖棚法

在建筑物或构件周围搭设大棚，通过人工加热使棚内空气保持正温，混凝土的浇筑和养护均在棚内进行，适用于混凝土工程较集中（如地下工程）的区域。暖棚常以脚手架材料为骨架，塑料薄膜、帆布或编织布围护。优点：劳动条件好、效率高、质量有保证，施工操作与常温无异；缺点：暖棚搭拆用工多、供热需大量能源，费用较高，棚内温度低（通常不超过 10℃），混凝土强度增长慢。

采用暖棚法要保证棚内各点温度均不低于 5℃，采用明火升温时要注意防火防毒。当日平均气温低于 -10℃时，暖棚法难以奏效。

9.1.3 钢筋混凝土工程雨季施工

9.1.3.1 雨季施工的特点及要求

雨季是指在降雨量超过年降雨量 50% 以上的降雨集中季节。特点是降雨量大、降雨日数多、降雨强度强，经常出现暴雨或雷击。降雨会引起工程停工、塌方、基坑浸泡。

1. 雨季施工的特点

雨季施工的特点如下：

（1）突然性：由于暴雨，雨水倒灌、边坡坍塌等事故及山洪、泥石流等灾害往往不期而至，需要及早进行雨季施工的准备和防范措施。

（2）突发性：突发降雨对土木建筑结构和地基持力层的冲刷和浸泡具有严重的破坏性。

（3）持续性：雨季时间很长，阻碍了工程（主要包括土方工程、屋面工程等）的顺利进行，拖延工期。

2. 雨季施工的要求

雨季施工的要求如下：

（1）编制施工组织计划时，要根据雨季施工的特点，将不宜在雨季施工的分项工程提前或延后安排。对必须在雨季施工的工程应制定行之有效的技术措施。

（2）合理进行施工安排，做到晴天抓紧室外工作，雨天安排室内工作，尽量缩小雨天室外作业的时间和工作面。

（3）密切注意气象预报，做好抗强台风、防汛等准备工作，必要时应及时加固在建的工程。

（4）做好建筑材料的防雨、防潮工作。

9.1.3.2 雨季施工技术措施

1. 雨季施工的准备工作

雨季施工的准备工作如下：

（1）现场排水：施工现场的道路、设施必须做到排水畅通，尽量做到雨停水干。要防止地面水排入地下室、基础、地沟内。要做好对危石的处理，防止滑坡和塌方。

（2）应做好原材料、成品、半成品的防雨工作：水泥应按"先进先用""后进后用"的原则，避免久存受潮而影响水泥的性能。木门窗等易受潮、变形的半成品应在室内堆放，其他材料也应注意防雨及做好材料堆放场地的四周排水工作等。

（3）在雨季前做好施工现场房屋、设备的排水防雨措施。

（4）备足排水需用的水泵及有关器材，准备适量的塑料布、油毡等防雨材料。

2. 雨季施工原则

雨季施工的原则如下：

（1）预防为主的原则：做好临时排水系统的总体规划，提前准备做好雨季施工所需的材料和设备，编制有针对性的雨季施工措施。

（2）统筹规划的原则：根据"晴外、雨内"的原则，组织合理的工序穿插。对不适宜雨季施工的工程要提前或暂不安排，土方工程、基础工程、地下构筑物工程等雨季不能间断施工的，要调集人力组织快速施工，尽量缩短雨季施工时间。

（3）掌握气象变化情况：重大吊装、高空作业、大体积混凝土浇筑等更要事先了解天气预报，确保作业安全和保证混凝土质量。

（4）安全的原则：现场临时用电线路要绝缘良好，电源开关箱、配电箱、电缆线接头、箱、电焊机等须有防雨措施。

3. 钢筋混凝土工程雨季施工技术措施

（1）模板堆放场地不得有积水，垫木支撑处地基应坚实，上部设置防雨措施，雨后及时检查支撑是否牢固。

（2）拆模后模板要及时修理并涂刷隔离剂，涂刷前要掌握天气预报，以防隔离剂被雨水冲掉。

（3）雨季施工时，应加强对混凝土粗细骨料含水量的测定，及时调整用水量；混凝土浇筑前须清除模板内的积水。

（4）混凝土浇筑不得在中雨以上的情况下进行，如突然遇雨，应采取防雨措施，做好临时施工缝，方可收工。

（5）雨后继续施工时，先应清除表面松散的石子，对施工缝进行技术处理后，再进行浇筑。

（6）混凝土初凝前应采取防雨措施，用塑料薄膜保护。

4. 雨季施工的机械防雨和防雷设施

（1）机械棚要搭设牢固，防止倒塌漏雨。机电设备采取防雨、防淹措施，安装接地安全装置。机动电闸箱的漏电保护装置要可靠。

（2）雨季为防止雷电袭击造成事故，施工现场高出建筑物的塔吊、人货电梯、钢脚手架等须装设防雷装置。防雷装置由避雷针、接地线和接地体三部分组成。避雷针装在高出建筑物的塔吊、人货电梯、钢脚手架的最高顶端上；接地线可用截面积≤16mm² 的铝导线或≥12mm² 的铜导线，也可用直径≥8mm 的圆钢；接地电阻不宜超过 10Ω。

（3）基础工程应开设排水沟、基槽、坑沟等，深基坑应设置防护栏或警告标志，超过 1m 深的基槽、井坑应设支撑。

任务 9.2　绿 色 施 工 技 术

9.2.1　绿色施工的内涵和要点

9.2.1.1　绿色施工的内涵及框架

绿色施工是指工程建设中，在保证质量、安全等基本要求的前提下，通过科学管理和技术进步，最大限度地节约资源与减少对环境负面影响的施工活动，实现"四节一环保"（节能、节地、节水、节材和环境保护）。

绿色施工作为建筑全寿命周期中的一个重要阶段，是实现建筑领域资源节约和节能减排的关键环节。绿色施工是指工程建设中，在保证质量、安全等基本要求的前提下，通过科学管理和技术进步，最大限度地节约资源并减少对环境负面影响的施工活动，实现节能、节地、节水、节材和环境保护（"四节一环保"）。实施绿色施工，应依据因地制宜的原则，贯彻执行国家、行业和地方相关的技术经济政策。绿色施工应是可持续发展理念在工程施工中全面应用的体现，绿色施工并不仅仅是指在工程施工中实施封闭施工，没有尘土飞扬，没有噪声扰民，在工地四周栽花、种草，实施定时洒水等这些内容，它涉及可持续发展的各个方面，如生态与环境保护、资源与能源利用、社会与经济的发展等内容。

绿色施工总体框架由施工管理、环境保护、节材与材料资源利用、节水与水资源利用、节能与能源利用、节地与施工用地保护六个方面组成（图 9.1）。这六个方面涵盖了绿色施工的基本指标，同时包含了施工策划、材料采购、现场施工、工程验收等各阶段指标的子集。

9.2.1.2　绿色施工的要点

绿色施工应对整个施工过程实施动态管理，加强对施工策划、施工准备、材料采购、现场施工和工程验收等各阶段的管理和监督。

1. 环境保护技术要点

国家环保部门认为建筑施工产生的尘埃占城市尘埃总量的 30% 以上，此外建筑施工

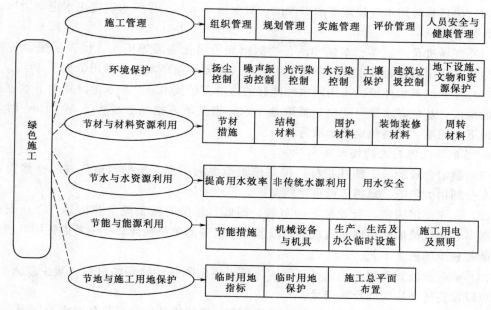

图 9.1 绿色施工的总体框架

还在噪声、水污染、土污染等方面带来较大的负面影响，所以环保是绿色施工中显著的一个问题。应采取有效措施，降低环境负荷，保护地下设施和文物等资源。

2. 节材与材料资源利用技术要点

节材是四节的重点，是针对我国工程界的现状而必须解决的重点问题。

（1）审核节材与材料资源利用的相关内容，降低材料损耗率；合理安排材料的采购、进场时间和批次，减少库存；应就地取材，装卸方法得当，防止损坏和遗撒；避免和减少二次搬运。

（2）推广使用商品混凝土和预拌砂浆、高强钢筋和高性能混凝土，减少资源消耗。推广钢筋专业化加工和配送，优化钢结构制作和安装方案，装饰贴面类材料在施工前，应进行总体排版策划，减少资源损耗。采用非木质的新材料或人造板材代替木质板材。

（3）门窗、屋面、外墙等围护结构选用耐候性及耐久性良好的材料，施工确保密封性、防水性和保温隔热性，并减少材料浪费。

（4）应选用耐用、维护与拆卸方便的周转材料和机具。模板应以节约自然资源为原则，推广采用外墙保温板替代混凝土施工模板的技术。

（5）现场办公和生活用房采用周转式活动房。现场围挡应最大限度地利用已有围墙，或采用装配式可重复使用围挡封闭。力争工地临建、临时围挡材料的可重复使用率达到 70%。

3. 节水与水资源利用的技术要点

（1）施工中采用先进的节水施工工艺。

（2）现场搅拌用水、养护用水应采取有效的节水措施，严禁无措施浇水养护混凝土。现场机具、设备、车辆冲洗用水必须设立循环用水装置。

（3）项目临时用水应使用节水型产品，对生活用水与工程用水确定用水定额指标，并分别计量管理。

（4）现场机具、设备、车辆冲洗、喷洒路面、绿化浇灌等用水，优先采用非传统水源，尽量不使用市政自来水。力争施工中非传统水源和循环水的再利用量大于30%。

（5）保护地下水环境。采用隔水性能好的边坡支护技术。在缺水地区或地下水位持续下降的地区，基坑降水尽可能少地抽取地下水；当基坑开挖抽水量大于50万 m³ 时，应进行地下水回灌，并避免地下水被污染。

4. 节能与能源利用的技术要点

（1）制定合理的施工能耗指标，提高施工能源利用率。根据当地气候和自然资源条件，充分利用太阳能、地热等可再生能源。

（2）优先使用国家、行业推荐的节能、高效、环保的施工设备和机具。合理安排工序，提高各种机械的使用率和满载率，降低各种设备的单位耗能。优先考虑耗用电能的或其他能耗较少的施工工艺。

（3）临时设施宜采用节能材料，墙体、屋面使用隔热性能好的材料，减少夏天空调、冬天取暖设备的使用时间及耗能量。

（4）临时用电优先选用节能电线和节能灯具，照明设计以满足最低照度为原则，照度不应超过最低照度的20%。合理配置采暖、空调、风扇的数量，规定使用时间，实行分段分时使用，节约用电。

（5）施工现场分别设定生产、生活、办公和施工设备的用电控制指标，定期进行计量、核算、对比分析，并有预防与纠正措施。

5. 节地与施工用地保护的技术要点

（1）临时设施的占地面积应按用地指标所需的最低面积设计。要求平面布置合理、紧凑，在满足环境、职业健康与安全及文明施工要求的前提下尽可能减少废弃地和死角，临时设施占地面积有效利用率大于90%。

（2）应对深基坑施工方案进行优化，减少土方开挖和回填量，最大限度地减少对土地的扰动，保护周边自然生态环境。

（3）红线外临时占地应尽量使用荒地、废地，少占用农田和耕地。利用和保护施工用地范围内原有的绿色植被。

（4）施工总平面布置应做到科学、合理，充分利用原有建筑物、构筑物、道路及管线为施工服务。

（5）施工现场道路按照永久道路和临时道路相结合的原则布置。施工现场内形成环形通路，减少道路占用土地。

6. 发展绿色施工的新技术、新设备、新材料与新工艺

（1）施工方案应建立推广、限制、淘汰公布制度和管理办法。发展适合绿色施工的资源利用与环境保护技术，对落后的施工方案进行限制或淘汰，鼓励绿色施工技术的发展，推动绿色施工技术的创新。

（2）大力发展现场监测技术、低噪声的施工技术、现场环境参数检测技术、自密实混凝土施工技术、清水混凝土施工技术、建筑固体废弃物再生产品在墙体材料中的应用技

术、新型模板及脚手架技术的研究与应用。

（3）加强信息技术的应用，如绿色施工的虚拟现实技术、三维建筑模型的工程量自动统计、绿色施工组织设计数据库的建立与应用系统、数字化工地、基于电子商务的建筑工程材料、设备与物流管理系统等。通过应用信息技术，进行精密规划、设计、精心建造和优化集成，实现与提高绿色施工的各项指标。

9.2.1.3 混凝土工程绿色施工技术措施

1. 高性能混凝土的应用

（1）掺加超细硅粉来填充混凝土中的孔隙，通过掺加粉煤灰或其他矿物料来提高混凝土的体积稳定性，减少混凝土裂缝。

（2）细度模数较小的细砂可以提高混凝土性能。

（3）稍加粉磨后的原状粉煤灰，可以提高混凝土的后期强度。

（4）基础底板、地梁等大体积混凝土结构可采用高性能混凝土。

（5）对于混凝土基础的一些不易振捣密实部位可采用高性能混凝土。

（6）后浇带混凝土浇筑可采用高性能混凝土。

（7）外加剂选用低成本、高效率品种。

（8）合理使用外加剂、粉煤灰、减少水泥用量。

2. 混凝土基础施工绿色施工措施

（1）模板。

1）施工时每次模板拆模后设专人及时清理模板上的混凝土和灰土，模板清理过程中的垃圾及时清运到施工现场制定的垃圾存放地点，保证模板清洁。

2）混凝土的浇筑尽力赶在白天进行，振捣设备选择低噪声产品。大体积混凝土浇筑采用溜槽下料方式，减少噪声排放，并且减少混凝土泵送费。

3）采用低噪声混凝土振捣棒，振捣混凝土时，不得振钢筋和钢模板，并做到快插慢拔。

4）模板、脚手架在支设、拆除和搬运时，必须轻拿轻放，上、下、左、右有人传递。

5）采用定型钢模、钢框竹胶板、玻璃钢模板代替木模板，用定型钢龙骨多层胶合板模板体系代替木方龙骨多层胶合板模板体系。

6）模板切割后油漆封边处理，以提高周转次数。

7）标准层施工，模板编号周转使用、禁止随意切割。

8）竹木胶板在施工前进行模板设计，先做配板图，尽可能使用整张模板。

9）大钢模改造采用现场设计、现场加工。

10）顶板支设采用部分钢管代替木方。

11）短木方用接木机接长后使用。

12）对拉螺栓周转使用。

13）梁柱支模断面尺寸采用规范负误差。

（2）钢筋。

1）使用专业加工与配送的成型钢筋。

2）大于 1m 的钢筋（直径 16mm 以上）可以焊接后用于某些非关键部位。

3）短的钢筋废料可焊接成马凳筋、梯子筋使用。

4）钢筋采购，按配料单确定所需定尺长度。

5）非承重结构采用钢筋头连接配筋。

6）主体结构施工提前考虑过梁数量和尺寸，利用剩余混凝土和钢筋头进行预制。

7）在楼板钢筋施工中采用塑料马镫代替传统钢筋马镫。

8）合理控制马镫数量，防止过多浪费。

（3）混凝土。

1）有条件的工地，采用中水和其他可利用水资源搅拌、养护混凝土。

2）混凝土养护塑料薄膜重复使用。

3）高层建筑采用整体提升或分段悬挑外脚手架。

4）混凝土泵管可采用新型蠕动泵管防止堵管。

5）在泵送混凝土之前，一定要先泵送一管水，以湿润混凝土泵的料斗和泵管。

6）泵送混凝土前、泵送水后，再泵送相同配合比的减石子水泥砂浆。

7）当环境温度过高时，极易使混凝土出现水分蒸发过快，很容易造成堵管。应该用草袋、旧麻袋等浇水后将输送管道盖起来，并随时洒水降温；当环境温度过低时，混凝土流动性会变差，也很容易造成堵管，应当覆盖草袋棉毡等给输送管道保温。

8）60m 以下高度时，采用海绵塞的水洗方法；60m 以上高度时，不用海绵塞的水洗方法。

9）常温下，地下室底板抗渗混凝土，宜采用水膜养护；水平结构可采用浇水养护或涂刷养护剂的方法；柱子系主要承重结构应尽可能采用包塑料布法；剪力墙结构最好采用涂刷养护剂法。

10）混凝土泵管清洗可采用活塞法，减少拆出料口和弯管的麻烦，也可节省大量水。

11）在作业面需要的混凝土量略少于混凝土输送管和泵车料斗内混凝土方量总和时，进行气泵反洗。

12）对混凝土配合比进行技术复核、控制水泥用量，适时进行混凝土试件抗压强度统计评定、及时调整配合比。

13）掌握好最后一施工部位、最后一车混凝土用量，防止超量进场造成浪费。

14）混凝土泵管中的混凝土用于制作过梁等小型构件。

15）在浇筑底板大体积混凝土施工中可采用溜槽代替混凝土泵。

16）基础混凝土浇筑可采用自密实混凝土，节省机具和人工。

17）底板垫层混凝土施工适当提高原土层标高。

18）混凝土掺加早强剂、提前拆模、加快施工进度，减少料具租赁费。

19）对裂缝宽度大于 0.2mm 且不贯通的裂缝和贯通不渗水裂缝进行环氧胶体灌浆补强。

【项目典型案例应用】

某车站混凝土工程冬季施工方案

1. 工程概况

综合交通枢纽配套交通工程新郑州站位于国铁石武客运专线新郑州站站房下，东站东西向垂直下穿国铁站房，西端为东风路，东端为圃田路。车站建筑、结构等土建工程主要包括车站立体工程、站厅层和站台层及辅助工程，盾构始发井、轨排井、电缆通道以及电力、通风空调等必要的设备预埋处理。车站主体为两层三跨框架结构，有效站台中心里程为 AK31＋000.79，设计起点里程分界里程（内墙）分别为右线 AK30＋885.99，终点里程（内墙）为 AK31＋480.19。车站立体结构外包长度 594.2m，总建筑面积（含风道）27248m²。

2. 冬季施工时间及范围

经过对近几年的温度分析，2009 年 11 月初寒潮的来临及持续的降雪，实测最低气温达到－7℃，因此本工程 2009 年冬季施工时间初步定为 11 月初至 2010 年 2 月中旬，但是具体的冬季施工期限要根据实际的气温而定，根据《建筑工程冬期施工规程》（JGJ/T 104—2011）的规定：凡室外日平均气温连续 5d 稳定低于 5℃，则此 5d 的第一天为进入冬季施工的初日；天气转暖后，最后一个 5d 的日平均气温稳定在 5℃ 以上，则此 5d 的最后一天为冬季施工的终日。根据郑州地区历年气温记录，一般规定每年 12 月 15 日至次年 2 月 15 日为冬季施工阶段。

3. 材料的防护措施

钢筋原材料与半成品均用方木或其他材料将下部垫高，使钢筋不与地面接触，再在钢筋表面用彩条布覆盖，防止下雨或下雪时弄湿钢筋使钢筋锈蚀，彩条布要用重物压住，防止大风把彩条布吹起。

4. 混凝土冬季施工技术措施

根据混凝土冬季施工特点，项目部编制了施工控制程序，在每次浇筑混凝土的过程中，均严格按照该施工程序进行控制，真正实现过程控制，对不符合控制程序要求的，立即给予整改。经过调整完毕符合要求后，方可继续向下一道工序流转。

为确保冬季施工的顺利开展，项目部定期或不定期对供应商进行抽检，确保冬季混凝土施工原材料的质量。

4.1 水泥

冬季施工前必须对供应商水泥进行检查，是否按项目部要求使用的水泥，冬季施工的时候，水泥应该优先选择硅酸盐水泥或普通硅酸盐水泥，水泥的标号为 42.5，水泥用量一般不少于 300kg/m³，水灰比不应大于 0.6。

4.2 骨料

应该清洁，不得有冰、雪、冻块及其他易冻裂物质。

4.3 外加剂

采用设计单位、业主单位认可、选型、监理单位验收合格的防冻剂、早强剂、复合型外加剂，必须有外加剂的出场合格证书，并经过实际考察合格后才能使用。拌和使用外加剂的时候，项目部指派专人到拌和站值班，监督外加剂的用量。

4.4 原材料温度控制

（1）现场水泥采用封闭保存，内设电暖气，提高水泥温度。一般说来，水泥温度应保持在 15℃ 左右，水泥不得直接加热。

（2）由于骨料保存在室外露天堆场，因此可在料堆上白天盖一层塑料布，使阳光照射的时候，骨料吸热升高温度，夜间再增加一层土工布保温。

（3）搅拌棚内需升火炉升温，保证搅拌材料拌前的温度。

（4）搅拌站需采用在蓄水池内安装加热器，升高拌和用水的温度，从而增加混凝土的拌和温度。一般说来，冬季施工的混凝土的拌和温度不得小于 15℃，标号高于和等于42.5 号的普通硅酸盐水泥最高接触水温为 60℃。

4.5　原材、环境测温

（1）测温仪器的配置。施工现场配备 10 支温度计：水泥库 2 间、搅拌棚 1 间、蓄水池 1 个、养护室 1 间。

（2）温度的测试方法。

1）测温孔的布置。测温孔的布置在有代表性的结构部位和温度变化易冷却的位置，全部测温孔均编号，并绘制测温孔布置图。

2）测温孔的做法。用 Φ20 钢管按照一定长度制作而成。一般说来，埋置独立基础、墙、柱的长度为 100mm，埋置墙、板的长度为墙、板厚度的 1/2。为保证孔内温度与混凝土温度一致，孔内需要灌水并用软木塞塞住孔口，软木塞中间钻一个洞，用于测温时放置温度计使用，见测温点做法图。

（3）测温方法及频次。在每个混凝土施工段浇筑前，都先测量相关原材、环境温度，以便于利用测得的温度数据进行混凝土热工计算，确保混凝土入模温度不低于 15℃。

4.6　入模温度是否满足

（1）判断依据。混凝土入模温度必须不低于 15℃。

（2）改进措施。如果热工计算不能满足要求，优先采用加热水的方法，当加热水仍不能满足要求时，再对骨料进行加热。水、骨料达到规定温度仍不满足热工计算要求的时候，可提高水温到 100℃（水泥不得与 80℃ 的水直接接触，标号高于或等于 42.5 号的普通硅酸盐水泥最高接触水温 60℃），但应改变投料顺序，拌制混凝土时，搅拌机投料顺序为先下砂、石、水搅拌后，再下水泥搅拌，搅拌时间比正常季节延长 50%。直到计算入模温度不低于 15℃ 时，方可开盘。

4.7　冬季施工施工现场的准备工作

（1）在浇筑混凝土前，必须将模板、成品钢筋上的积雪及冰清除干净，尤其是水平施工缝上的积雪及冰，必须彻底清理干净后，方可进行混凝土施工。

（2）冬季施工材料配备。冬季施工前必须先准备好保温布、塑料薄膜、养生布、测温计、防冻剂和抗冻混凝土配合比等。温度计、防冻剂、抗冻混凝土配合比必须提前报监理报批，经过监理审核批准后才能投入工程施工。

4.8　混凝土的浇筑

为减少运输过程中热量的损失，在选择商品拌和站的时候，充分考虑最近的供应商，在浇筑混凝土的时候，采用输送泵泵送混凝土，尽量减少混凝土的倒运次数，输送泵管采用草袋包裹保温。浇筑混凝土时，施工必须统筹安排，合理分配施工人员，尽量减少每段混凝土施工的时间，及时覆盖保温。

4.9　冬季施工的养护要求

由于郑州地区在 12 月中旬进入冬季施工，最低温度达到 −7℃，不能采用洒水养护，结合本车站结构为两层三跨结构，不易于加热保温，而且本车站结构采用普通硅酸盐水泥，混凝土为高性能抗渗混凝土，对混凝土强度的增长无特殊的要求，故冬季混凝土可采用负温养护法。采用负温养护，混凝土浇筑后的起始养护温度不应低于5℃，并应以浇筑后5d内的预计日最低气温来选用防冻剂。在最低温度不低于−5℃时，混凝土浇筑后，裸露表面应采用塑料薄膜覆盖，并附加一层养生布（养生布厚1.5cm）保温；温度低于−5℃时采用两层养生布进行覆盖。平时必须保持养生布的干燥性，晴天要翻晒保温层。

5. 安全注意事项及措施

对现场施工人员进行冬季安全施工教育，并进行交底；尤其是下雪、霜冻天气，如需要进行施工时，要派专人对现场施工人员进行监督工作，及时进行提醒，以防止安全问题的发生。

5.1 做好防滑工作

对脚手架上的斜道和场内运输道路，人行梯步，要有护栏和可靠的防滑措施，除应及时清扫道路、施工区域的霜雪外，可根据实际情况采用炉灰、锯末、砂子等防滑材料进行防滑。

5.2 做好高空防护工作

冬季施工，高空作业施工人员必须做好防护措施，如穿防滑鞋、戴安全带、防滑手套等，脚手架采用安全网防护，防止意外发生。尤其在风力六级以上严禁高空作业。

5.3 做好安全用电工作

安全用电始终是项目部的安全控制重点，特别是冬季施工用电，更应加强线路检查，加强对施工人员的安全施工意识。动力及照明线路在冬施前要进行检查加固，有损坏、老化的绝缘器材坚决更换，并做好线路的防风加固，以确保安全。

5.4 做好防寒工作

入冬前，对现场使用的机械设备和构筑物进行全面的检查、维护，凡是固定位置的施工机械等都应搭设防寒棚，确保冬季顺利施工。

【项目拓展阅读材料】

（1）《建筑工程绿色施工规范》（GB/T 50905—2014）。

（2）《混凝土结构工程施工规范》（GB 50666—2011）。

（3）《混凝土质量控制标准》（GB 50164—2011）。

（4）《混凝土工程施工与组织》，郝红科主编，中国水利水电出版社出版，2009年版。

（5）《建筑工程施工技术》，钟汉华、李念国、吕香娟主编，北京大学出版社出版，2013年版。

【项目小结】

本项目介绍了冬期与雨季施工的特点及要求，钢筋混凝土工程主要的冬期施工技术；熟悉了解混凝土加热养护的方法；雨季施工技术要点，当前混凝土工程绿色施工的技术措施。

冬期施工要求掌握冬季施工的概念、混凝土受冻后的危害以及暖棚法、蓄热法等工艺方法，雨季施工要求掌握雨季施工的准备工作，雨季施工重点预防抗强台风、防汛、做好建筑材料的防雨、防潮、排水等工作。绿色施工是当前建筑施工行业非常热门的一个发展趋势，随着国家各种节能减排政策的出台，建筑企业也越来越重视低碳环保，这里要求掌握绿色施工的概念和具体的技术措施，并能在实际工程中有效运用。

【项目检测】

1. 名词解释

(1) 冬期施工。

(2) 蓄热法。

(3) 蒸汽加热法。

(4) 暖棚法。

(5) "四节一环保"。

2. 单选题

(1) 当室外日平均气温连续 5d 稳定低于（　　　）时，混凝土工程必须采取冬季施工技术措施。

A. 0℃　　　　　　　B. −3℃　　　　　　　C. 5℃　　　　　　　D. 10℃

(2) 冬期施工中，混凝土入模温度不得低于（　　　）。

A. 0℃　　　　　　　B. 3℃　　　　　　　C. 5℃　　　　　　　D. 10℃

(3) 冬期施工中，配制混凝土用的水泥强度等级不应低于（　　　）。

A. 32.5　　　　　　B. 42.5　　　　　　C. 52.5　　　　　　D. 62.5

(4) 冬期施工中配制混凝土用的水泥宜优先采用（　　　）的硅酸盐水泥。

A. 活性低、水化热量大　　　　　　B. 活性高、水化热量小

C. 活性低、水化热量小　　　　　　D. 活性高、水化热量大

(5) 雨期施工中，砖墙的砌筑高度不宜超过（　　　）。

A. 1.0m　　　　　　B. 1.2m　　　　　　C. 1.5m　　　　　　D. 1.8m

(6) 利用钢筋尾料制作马凳、土支撑，属于绿色施工的（　　　）。

A. 节材与材料资源利用　　　　　　B. 节水与水资源利用

C. 节能与能源利用　　　　　　　　D. 节地与土地资源保护

(7) 在民工生活区进行每栋楼单独挂表计量，以分别进行单位时间内的用电统计，并对比分析，属于绿色施工的（　　　）。

A. 节材与材料资源利用　　　　　　B. 节水与水资源利用

C. 节能与能源利用　　　　　　　　D. 节地与土地资源保护

(8) 利用消防水池或沉淀池，收集雨水及地表水，用于施工生产用水，属于绿色施工的（　　　）。

A. 节材与材料资源利用　　　　　　B. 节水与水资源利用

C. 节能与能源利用　　　　　　　　D. 节地与土地资源保护

(9) 临时设施采用节能材料，墙体、屋面使用隔热性能好的材料，属于绿色施工的（　　　）。

A. 节材与材料资源利用　　　　　　B. 节水与水资源利用

C. 节能与能源利用　　　　　　　　D. 节地与土地资源保护

(10) 项目部用绿化代替场地硬化，减少场地硬化面积，属于绿色施工的（　　　）。

A. 节材与材料资源利用　　　　　B. 节水与水资源利用

C. 节能与能源利用　　　　　　　D. 节地与土地资源保护

3. 简答题

(1) 简述如何根据冬期雨季施工的特点做好前期的准备工作。

(2) 在土方冬期开挖中，其防冻方法有哪几种？各有什么特点？

(3) 混凝土受冻的模式和机理是什么？

(4) 混凝土冬期施工防早期冻害的措施有哪几种？

(5) 如何解释防冻外加剂的作用和机理？

(6) 混凝土冬期施工的养护方法有哪几种？各自有什么特点？

(7) 简述蓄热法养护的特点和适用范围。

(8) 砌筑工程的冬期施工应优先选用何种方法，对保温绝缘、装饰等有特殊要求的工程应采用何种方法？

(9) 简述各分部分项工程雨季施工的技术措施。

参 考 文 献

[1] 中华人民共和国住房和城乡建设部. JGJ 130—2011 建筑施工扣件式钢管脚手架安全技术规范 [S]. 北京：中国建筑工业出版社，2011.

[2] 中华人民共和国住房和城乡建设部. JGJ 59—2011 建筑施工安全检查标准 [S]. 北京：中国建筑工业出版社，2012.

[3] 中华人民共和国住房和城乡建设部. JGJ 96—2011 钢框胶合板模板技术规程 [S]. 北京：中国建筑工业出版社，2011.

[4] 中华人民共和国住房和城乡建设部. GB/T 50214—2013 组合钢模板技术规范 [S]. 北京：中国计划出版社，2014.

[5] 中华人民共和国住房和城乡建设部. JGJ 80—2016 建筑施工高处作业安全技术规范 [S]. 北京：中国建筑工业出版社，2016.

[6] 中华人民共和国住房和城乡建设部. JGJ 18—2012 钢筋焊接及验收规程 [S]. 北京：中国建筑工业出版社，2012.

[7] 中华人民共和国住房和城乡建设部. JGJ 107—2010 钢筋机械连接技术规程 [S]. 北京：中国建筑工业出版社，2010.

[8] 中华人民共和国住房和城乡建设部. GB 50204—2015 混凝土结构工程施工质量验收规范 [S]. 北京：中国建筑工业出版社，2015.

[9] 中华人民共和国住房和城乡建设部. GB 50026—2007 工程测量规范 [S]. 北京：中国计划出版社，2007.

[10] 中华人民共和国住房和城乡建设部. GB 50496—2009 大体积混凝土施工规范 [S]. 北京：中国建筑工业出版社，2009.

[11] 中华人民共和国住房和城乡建设部. JGJ 18—2012 钢筋焊接及验收规程 [S]. 北京：中国建筑工业出版社，2012.

[12] 中华人民共和国住房和城乡建设部. JGJ 3—2010 高层建筑混凝土结构技术规程 [S]. 北京：中国建筑工业出版社，2011.

[13] 中华人民共和国住房和城乡建设部. GB 50666—2011 混凝土结构工程施工规范 [S]. 北京：中国建筑工业出版社，2012.

[14] 中华人民共和国住房和城乡建设部. GB/T 50905—2014 建筑工程绿色施工规范 [S]. 北京：中国建筑工业出版社，2014.

[15] 中国建筑一局（集团）有限公司. 建筑工程季节性施工指南 [M]. 北京：中国建筑工业出版社，2014.

[16] 马保国. 新型泵送混凝土技术及施工 [M]. 北京：化学工业出版社，2006.

[17] 利仕选. 试论泵送混凝土施工技术 [J]. 科技咨询导报，2006 (8)：57.

[18] 于建华. 大体积泵送混凝土施工技术 [J]. 科技情报开发与经济，2006 (7)：296 - 297.

[19] 李占斌. 泵送混凝土施工技术 [J]. 山西建筑，2006 (13)：106 - 107.

[20] 苏勇敢，刘安朗. 泵送混凝土堵管的原因及处理方法 [J]. 中州煤炭，2005 (3)：50 - 76.

[21] 建筑施工手册第五版编委会. 建筑施工手册 [M]. 5 版. 北京：中国建筑工业出版社，2012.

[22] 李海峰. 建筑业职业技能岗位培训教材：钢筋工 [M]. 北京：中国环境科学出版社，2002.

[23] 黄华田，赵五一. 职业技能鉴定教材：架子工 [M]. 北京：中国劳动社会保障出版社，2000.

［24］　郝红科. 混凝土工程施工与组织［M］. 北京：中国水利水电出版社，2009.

［25］　钟汉华，李念国，吕香娟. 建筑工程施工技术［M］. 北京：北京大学出版社，2013.

［26］　包永刚，钱武鑫. 建筑施工技术［M］. 北京：中国水利水电出版社，2007.

［27］　郑伟. 建筑工程技术专业认知实训指导［M］. 长沙：中南大学出版社，2014.

［28］　刘彦青，郭阳明，尹海文. 建筑施工技术实训指导［M］. 北京：北京理工大学出版社，2014.

［29］　危道军. 建筑工程技术专业实训手册［M］. 北京：中国建筑工业出版社，2014.